高等学校教材

现代设计理论与方法

主　编　韩林山

副主编　武兰英　王利英

U0343811

黄河水利出版社

·郑州·

内 容 提 要

本书主要阐述设计领域中广泛应用的现代设计理论与方法。内容包括：优化设计、可靠性设计、机电产品造型设计、工程遗传算法、虚拟设计、并行设计、绿色设计以及常用工程软件介绍等。本书是编者在多年现代设计理论与方法教学和科研基础上编写的，其特点是：结构体系完整、重点突出，且在内容编排上由浅入深、通俗易懂，可扩展学生现代设计知识面、增强创新设计技能。

本书可作为高等学校工程类本科生和研究生教材，也可作为工程技术人员和管理决策人员的参考用书。

图书在版编目(CIP)数据

现代设计理论与方法／韩林山主编.—郑州：黄河水利出版社，2010.12
ISBN 978-7-80734-944-0

Ⅰ.①现… Ⅱ.①韩… Ⅲ.①机械设计 Ⅳ.①TH122

中国版本图书馆 CIP 数据核字(2010)第 241179 号

策划组稿：马广州　电话：0371-66023343　E-mail：magz@yahoo.cn

出 版 社：黄河水利出版社
地址：河南省郑州市顺河路黄委会综合楼 14 层　邮政编码：450003
发行单位：黄河水利出版社
发行部电话：0371-66026940、66020550、66028024、66022620(传真)
E-mail：hhslcbs@126.com
承印单位：河南省瑞光印务股份有限公司
开本：787 mm×1 092 mm　1／16
印张：19.5
字数：475 千字　印数：1—1 300
版次：2011 年 1 月第 1 版　印次：2011 年 1 月第 1 次印刷

定价：36.00 元

前 言

自20世纪60年代以来，随着科学技术的迅速发展和电子计算机的广泛应用，在传统设计基础上各种新的设计理论与方法不断涌现和发展，目前已成为一门新兴的综合性、交叉性学科——现代设计理论与方法。该学科在设计领域中的广泛应用将提高产品或工程设计质量、缩短设计周期、降低成本、延长使用寿命，并推动设计工作的现代化、科学化。该教材是为适应我国现代化建设和科学技术的发展需要，使学生扩展现代设计知识面、增强创新设计技能，培养高素质复合型人才而编写的。

本书是依据华北水利水电学院制订的现代设计理论与方法课程教学基本要求以及教学大纲，并结合编者多年的教学科研实践编写的。全书除绪论和附录外共有四篇十七章内容。绪论部分主要介绍现代设计理论与方法的基本概念、主要研究内容及其特点；第一篇七章内容主要介绍优化设计方面的基本概念、常用优化方法及其工程应用实例；第二篇四章内容主要介绍可靠性设计方面的基本概念及其常用的设计理论与方法；第三篇主要介绍机电产品造型设计方面的基本概念以及人机工程学、产品色彩设计等方面知识；第四篇五章内容主要介绍工程遗传算法、虚拟设计、并行设计、绿色设计以及常用工程软件等方面知识；附录部分为四种常用优化方法的C语言参考程序，以便学生上机练习。在编写过程中，编者力求通俗易懂，始终贯彻“少而精”和“理论联系实际”的原则，内容编排由浅入深，注重逻辑性与系统性，可作为高等学校工程类本科生和研究生教材，也可作为工程技术人员和管理决策人员的参考用书。

本书由华北水利水电学院韩林山、武兰英、王利英、纪占玲、刘楷安、高勇伟编写，其中韩林山编写绪论及第二章、第六章，武兰英编写第一章、第五章、第七章，王利英编写第三章、第十二章，纪占玲编写第四章、附录，刘楷安编写第八章、第九章、第十章、第十一章，高勇伟编写第十三章、第十四章、第十五章、第十六章、第十七章。

在编写本书过程中参考了大量文献资料，在此向相关作者表示感谢。

本书由韩林山担任主编，由武兰英、王利英担任副主编。西北工业大学王三民教授担任本书的主审，对本书进行了认真审查，并提出了一些宝贵的修改意见和建议，在此表示衷心的感谢。

由于编者水平有限，书中缺点、错误在所难免，恳请读者批评、指正，以便进一步提高教材质量。

编 者

2010 年 12 月

目　录

第二篇　可靠性设计方法

第三篇 机电产品造型设计

第四篇 其他现代设计方法

附录　常用优化方法的C语言参考程序

绪论

一、现代设计的基本概念

(一)设计的概念及特征

设计的含义是指人们为了满足社会功能需求，通过创造性思维，将预定的目标经过一系列规划、分析和决策，产生相应的文字、数据、图形等技术文件，这个过程就是设计。设计是人类改造自然的基本活动之一，它与人们的生产活动及生活紧密相连。人类在改造自然的过程中，一直从事设计活动，从某种意义上讲，人类文明的历史就是不断进行设计活动的历史。

设计有广义和狭义两种概念。设计的广义概念是指对事物发展过程的安排，包括发展的方向、程序、细节及达到的目标。设计的狭义的概念是指将客观需求转化为满足该需求的技术系统(或技术过程)的活动。各种产品包括机电产品的设计即是狭义的设计。

随着科学技术和生产力的不断发展，设计也在不断向深度和广度发展，其内容、要求、理论和手段等都在不断更新。将设计成果通过实践转化为某项工程或通过制造成为产品，造福于人类社会。产品的设计过程从本质上说就是创造性的思维与活动过程，是将创新构思转化为有竞争力的产品过程。

从设计定义出发可以看出，产品设计应该具有以下特征。

1. 需求特征

产品设计的目的是满足人类社会的需求，所以设计始于需要，没有需要就没有设计。

2. 创造性特征

时代的发展，使人们的需求、自然环境、社会环境都处于变化之中，从而要求设计者适应条件变化，不断更新老产品，创造新产品。

3. 程序特征

任何产品设计都有设计过程，它是指从明确设计任务到编制技术文件所进行的整个设计工作的流程。设计过程一般可以分为四个主要阶段：产品规划、原理方案设计、技术设计和施工设计，这种过程叫做设计程序。按设计程序进行工作，才能提高效率，保证设计质量。

4. 时代特征

设计活动受时代物质条件、技术水平的限制，如设计方法、设计手段、材料、制造工艺等。所以各种产品设计都具有鲜明的时代烙印。

认识了产品设计的特征，才能全面地、深刻地理解设计活动的本质，进而研究与设计活动有关的各种问题，以解决产品设计问题。

(二)设计发展的基本阶段

从人类生产的进步过程看，整个设计进程大致经历了以下四个阶段。

1. 直觉设计阶段

古代的设计是一种直觉设计。当时人们或许是从大自然现象中直接得到启示，或是全凭人的直观感觉来设计制造工具，设计者多为具有丰富经验的手工艺人，他们之间没有信息交流，产品的制造只是根据制造者本人的经验或者头脑中的构思完成的，设计与制造无法分开。设计方案在手工艺人头脑之中，无法记录表达，产品也是比较简单的。一项简单产品的问世，周期很长，这是一种自发设计。直觉设计阶段在人类历史中经历了一个很长的时期，17 世纪以前基本都属于直觉设计阶段。

2. 经验设计阶段

随着生产的发展，产品逐渐复杂起来，对产品的需求量也开始增大，单个手工艺人的经验或其头脑中自己的构思已很难满足这些需求，因而促使手工艺人必须联合起来，互相协作,并开始利用图纸进行设计。一部分经验丰富的人将自己的经验或者构思用图纸表达出来，然后根据图纸组织生产。到 17 世纪初，数学与力学结合后，人们开始运用经验公式来解决设计中的一些问题，并开始按图纸进行制造，如早在 1670 年就已经出现了有关大海船的图纸。图纸的出现，既可使具有丰富经验的手工艺人通过图纸将其经验或构思记录下来，传于他人，便于用图纸对产品进行分析、改进和提高，推动设计工作向前发展，还可满足更多人同时参加同一产品的生产活动，满足社会对产品的需求及生产率的要求。因此，利用图纸进行设计，使人类设计活动由自发设计阶段进步到经验设计阶段。

3. 半理论半经验设计阶段

20 世纪初以来，由于试验技术与测试手段的迅速发展和应用，人们对产品采用局部试验、模拟试验等设计辅助手段，通过中间试验取得较可靠的数据，选择较合适的结构，从而缩短了试制周期，提高了设计可靠性。这个阶段称为半理论半经验设计阶段(又称中间试验设计阶段)。随着科学技术的进步、试验手段的加强，设计水平得到进一步提高，共取得如下进展：①加强设计基础理论和各种专业产品设计机制的研究，如材料应力应变、摩擦磨损理论、零件失效与寿命的研究，从而为设计提供了大量信息，如包含大量设计数据的图表(图册)和设计手册等。②加强关键零件的设计研究，特别是加强了关键零件的模拟试验，大大提高了设计速度和成功率。③加强了“三化”，即零部件的标准化、通用化、系列化研究以及模块化研究，进一步提高了设计的速度和质量，降低了产品的成本。

半理论半经验设计由于加强了设计理论和方法的研究，与经验设计相比，其设计特点是大大减少了设计的盲目性，有效地提高了设计效率和质量，并降低了设计成本。这种设计方法也称为传统设计，至今仍被广泛采用。

4. 现代设计阶段

近 40 年来，由于科学与技术的迅速发展，对客观世界的认识不断深入，设计工作所需的理论基础和手段有了很大进步，特别是电子计算机技术的发展及应用，使设计工作产生了革命性的突变，为设计工作提供了实现设计自动化的条件。例如，利用 CAD 技术可以得到所需要的设计计算结果和生产图纸，并利用 CAM 技术，通过数控机床直接加工出所需要的零件，从而使人类设计工作步入现代设计阶段。

现代设计阶段的另一个特点就是对产品的设计，不仅要考虑产品本身的性能，还要考虑对系统和环境的影响，同时还要考虑经济和社会效益以及眼前和长远的发展。例如汽车设计，不仅要考虑汽车本身的有关技术问题，还需考虑使用者的安全、舒适、操作方便等，此外，还需考虑汽车的燃料供应和污染、车辆存放、道路发展等问题。总之，目前已进入现代设计阶段，它要求在设计工作中把自然科学、社会科学、人类工程学以及各种艺术、实践经验和聪明才智融合在一起，用于设计中。

(三)现代设计与传统设计

传统设计是以经验总结为基础，运用力学和数学知识所形成的经验、公式、图表、设计手册等作为设计依据，进行设计。传统设计是在长期运用中得到不断完善和提高，是符合当代技术水平的有效设计方法。但由于所用的计算方法和参考数据偏重于经验的概括和总结，往往忽略了一些难解或非主要的因素，因而造成设计结果的近似性较大，结果难免不确切或有失误。此外，信息处理、参数统计和选取、经验或状态的存储和调用等还没有一个理想的有效方法，计算和绘图也多用手工完成，这不仅影响设计速度和设计质量的提高，也难以做到精确和优化的效果。传统设计对技术与经济、技术与美学也未能做到很好的统一，给设计带来一定的局限性。这些都有待于进一步改进和完善。

图 1-1 所示为一般传统机械设计过程，由图可见，这一过程的特点是：第一，它的每一个环节都依靠设计者用手工方式来完成。从本质上来说，这些都是凭借设计者直接或间接经验，通过类比分析或经验公式来确定方案，对于特别重要的设计或计算工作量不太大的设计，有时可对拟定的几个方案做计算对比。方案选定后按机械零件的设计方法或者按标准选用，最后绘出整机及部件装配图和零件图，编写技术文件，从而完成整机设计。第二，按传统设计方法，设计人员的大部分精力耗费在零部件的常规设计(特别是繁重而费时的绘图工作)中，而对整机全局问题难以进行深入的研究，对于一些困难而费时的分析计算，常常不得不采用

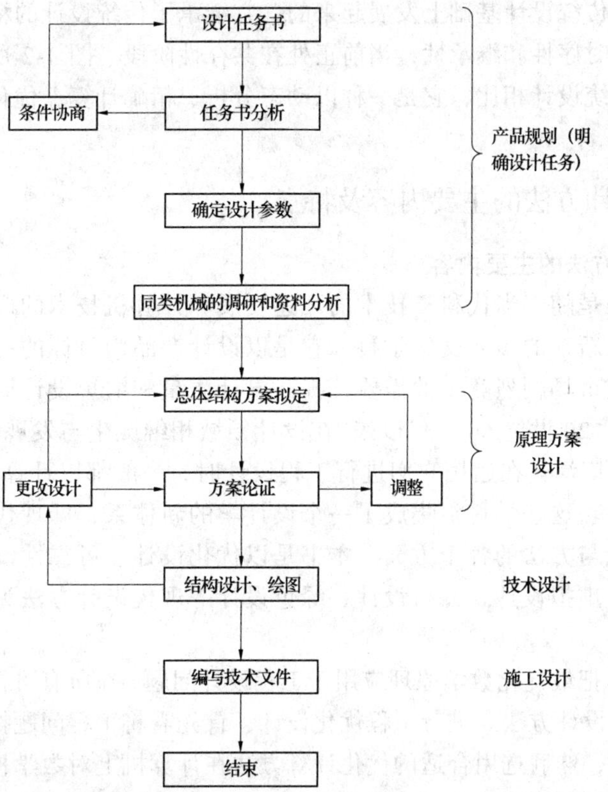

图 1-1　传统机械设计过程

作图法或类比法等粗糙方法，因此具有很大的局限性。主要表现在：①方案的拟定很大程度上取决于设计者的个人经验，即使同时拟定了少数几个方案，也难以获得最优方案；②在分析计算工作中，由于受人工计算条件的限制，只能采用静态的或近似的方法而难以按动态精确的方法进行计算，计算结果未能完整反映零部件的真正工作状态，影响了设计质量；③设计工作周期长，效率低，成本高。所以，传统设计方法是一种以静态分析、近似计算、经验设计、手工劳动为特征的设计方法。显然，随着现代科学技术的飞速发展，生产技术的需要和市场的激烈竞争以及先进设计手段的出现，这种传统设计方法已难以满足当今时代的需求，从而迫使设计领域不断研究和发展新的设计方法和技术。

20 世纪 60 年代以来，科学技术的飞速发展和计算机技术的应用与普及，给设计工作包括机电产品的设计工作带来了新的变化。随着科技发展，新工艺、新材料的出现，微电子技术、信息处理技术及控制技术等新技术对产品的渗透和有机结合，与设计相关的基础理论的深化和设计新方法的涌现，都给产品设计开辟了新途径。在这一时期，国际上在设计领域相继出现了一系列有关设计学的新兴理论与方法。为了强调它们对设计领域的革新，以区别于传统设计理论和方法，把这些新兴理论与方法统称为现代设计。当然，现代设计不仅指设计方法的更新，也包含了新技术的引入和产品的创新。目前现代设计所指的新兴理论与方法主要包括：优化设计、可靠性设计、有限元法、计算机辅助设计、动态设计、工业产品造型设计、人机工程、并行工程、价值工程、反求工程设计、模块化设计、相似性设计、虚拟设计、疲劳设计、三次设计、摩擦学设计、工程遗传算法等，且其发展方兴未艾。

现代设计是在传统设计基础上发展起来的，它继承了传统设计的精华。由于传统设计发展到现代设计有时序性和继承性，当前正处在共存性阶段。图 1-2 所示为现代设计的基本作业流程。与传统设计相比，它是一种以动态分析、精确计算、优化设计和 CAD 为特征的设计方法。

二、现代设计方法的主要内容及特点

(一)现代设计方法的主要内容

现代设计方法是随着当代科学技术的飞速发展和计算机技术的广泛应用而在设计领域发展起来的一门新兴的多元交叉学科。它是以设计产品为目标的一个总的知识群体的统称，是为了适应市场剧烈竞争的需要，提高设计质量和缩短设计周期，以及计算机在设计中的广泛应用。20 世纪 60 年代以来，在设计领域相继诞生与发展的一系列新兴学科，其种类繁多，内容广泛。在运用它们进行工程设计时，一般都以计算机作为分析、计算、综合、决策的工具。这些学科汇集成了一个设计学的新体系，即现代设计方法，它们包含了现代设计理论与方法的各个方面。本书是以优化设计、可靠性设计、工业产品造型设计、遗传算法、虚拟设计、并行设计、绿色设计等现代设计方法为例，来说明其基本内容和特点。

(1)优化设计是把最优化数学原理应用于工程设计问题，在所有可行方案中寻求最佳设计方案的一种现代设计方法。进行工程优化设计，首先需将工程问题按优化设计所规定的格式建立数学模型，然后选用合适的优化计算方法在计算机上对数学模型进行寻优求解，得到工程设计问题的最优设计方案。在建立优化设计数学模型的过程中，把影响设计方案选取的那些参数称为设计变量；设计变量应当满足的条件称为约束条件；而设计者选定来衡量设计方案优劣并期望得到改进的指标表现为设计变量的函数，称为目标函数。优化设计需把数学模型和优化算法放到计算机程序中用计算机自动寻优求解。常用的优化算法有0.618法、二次插值法、变尺度法、复合型法以及惩罚函数法，等等。

(2)可靠性是指产品在规定的条件下和规定的时间内，完成规定的功能的能力，它是衡量产品质量的一个重要指标。可靠性设计是以概率论和数理统计为理论基础，以失效分析、失效预测及各种可靠性试验为依据，以保证产品的可靠性为目标的现代设计方法。其基本内容是：选定产品的可靠性指标及量值，对可靠性指标进行合理的分配，再把选定的可靠性指标设计到产品中去。系统可靠性不仅取决于组成系统的单元的可靠性，而且也取决于组成单元的相互组合方式。

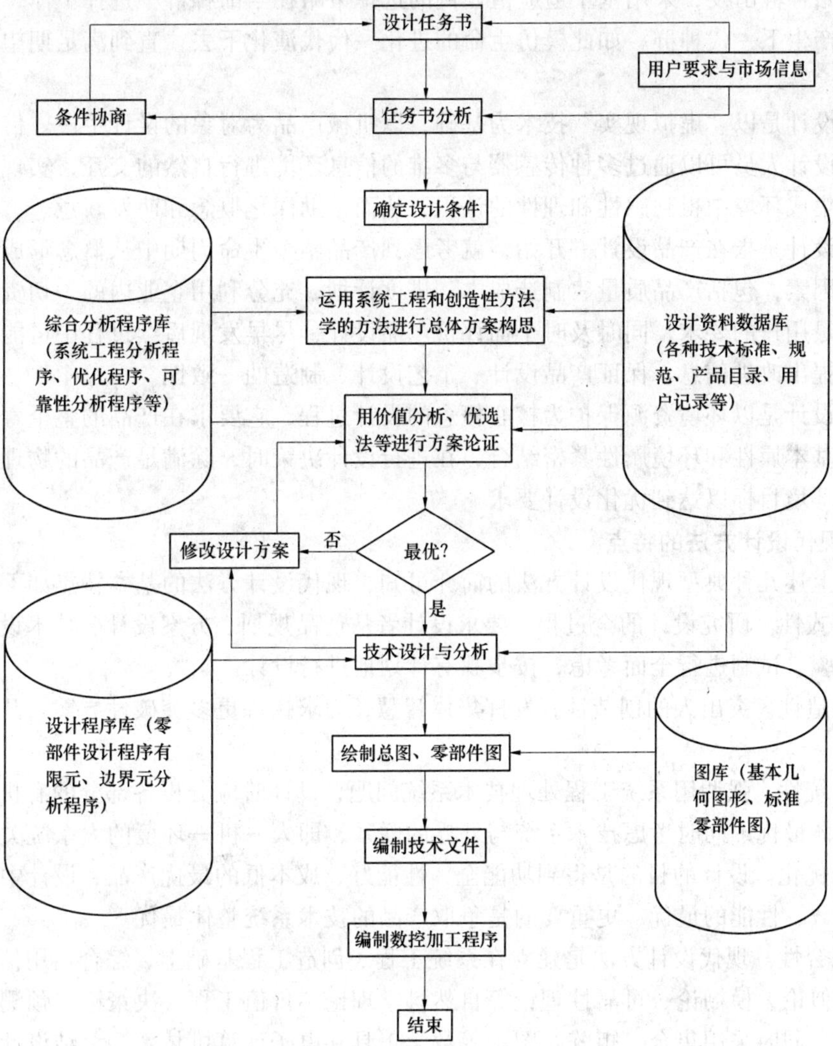

图 1-2　现代设计作业流程

(3)工业产品造型设计是工程技术与美学艺术相组合的一门新学科。它是在保证产品实用功能的前提下，用艺术手段按照美学法则对工业产品进行造型活动，对工业产品的结构尺寸、体面形态、色彩、材质、线条、装饰及人机关系等因素进行有机的综合处理，从而设计出优质美观的产品造型。实用和美观的最佳统一是工业产品造型设计的基本原则，最终应使产品在保证实用的前提下，具有美的、富有表现力的审美特征。主要内容包括：造型设计的基本要素、造型设计的基本原则、美学法则、色彩设计、色彩设计的原则、人机工程学等。

(4)其他设计方法。遗传算法是模拟达尔文的自然选择学说和自然界的生物进化过程的一种计算模型。它采用简单的编码技术来表示各种复杂的结构，并通过对一组编码表示进行简单的遗传操作和优胜劣汰的自然选择来指导学习和确定搜索的方向。遗传算法的操作对象是一群二进制串(称为染色体、个体)，即种群。这里每一个染色体都对应问题的一个解。从初始种群出发，采用基于适应值比例的选择策略在当前种群中选择个体，使用杂交和变异来产生下一代种群。如此模仿生命的进化一代代演化下去，直到满足期望的终止条件为止。

虚拟设计是以“虚拟现实”技术为基础，以机械产品为对象的设计手段。借助这样的设计手段设计人员可以通过多种传感器与多维的信息环境进行自然的交互，实现从定性和定量综合集成环境中得到感性和理性的认识，从而帮助深化概念和萌发新意。

并行设计是指在产品设计一开始，就考虑到产品整个生命周期中从概念形成到报废处理的所有因素，包括产品质量、制造成本、进度计划，充分利用企业内的一切资源，最大限度地满足用户的要求，同时及时全面评价产品设计，尽早发现后续过程中可能存在的问题，及时提出改进信息，保证产品设计、工艺设计、制造的一致性。

绿色设计是以环境资源保护为核心概念的设计过程，它要求在产品的整个寿命周期内把产品的基本属性和环境属性紧密结合，在进行设计决策时，除满足产品的物理目标外，还应满足环境目标以达到优化设计要求。

(二)现代设计方法的特点

通过上述几种典型现代设计方法的简介可知，现代设计方法的基本特点如下：

(1)程式性。研究设计的全过程，要求设计者从产品规划、方案设计、技术设计、施工设计到试验、试制进行全面考虑，按步骤有计划地进行设计。

(2)创造性。突出人的创造性，发挥集体智慧，力求探寻更多突破性方案，开发创新产品。

(3)系统性。强调用系统工程处理技术系统问题，设计时应分析各部分的有机关系，力求系统整体最优，同时考虑技术系统与外界的联系，即人—机—环境的大系统关系。

(4)最优化。设计的目的是得到功能全、性能好、成本低的最优产品，设计中不仅考虑零部件参数、性能的最优，更重要的是争取产品的技术系统整体最优。

(5)综合性。现代设计方法是建立在系统工程、创造工程基础上，综合运用信息论、优化论、相似论、模糊论、可靠性理论等自然科学理论和价值工程、决策论、预测论等社会科学理论，同时采用集合、矩阵、图论等数学工具和电子计算机技术，总结设计规律，提供多种解决设计问题的科学途径。

(6)计算机化。将计算机全面地引入设计，通过设计者和计算机的密切配合，采用先进的设计方法，提高设计质量和速度。计算机不仅用于设计计算和绘图，同时在信息储存、评价决策、动态模拟、人工智能等方面将发挥更大作用。

最后，应该指出，设计是一项涉及多种学科、多种技术的交叉工程。它既需要方法论的指导，也依赖于各种专业理论和专业技术，更离不开技术人员的经验和实践。现代设计方法是在继承和发展传统设计方法的基础上融汇新的科学理论和新的科学技术成果而形成的。因此，学习使用现代设计方法，并不是要完全抛弃传统的方法和经验，而是要让广大设计人员在传统方法和实践经验的基础上掌握一把新的思想钥匙。所以，不能把现代设计与传统设计截然分开，传统设计方法在一些适合的工业产品设计中还在应用。当然，现代设计方法也并非万能良药，现代设计中各种方法都有其特定作用和应用场合，例如优化设计，目前只能在指定方案下进行参数优化，不能自行创造最优设计方案。计算机辅助设计也只能帮助人做一些辅助性的工作，决不能代替人脑进行“创造性思维”。这就是现代设计与传统设计方法上的继承与改革的辩证关系。

现代设计方法是一门种类繁多，知识面广的学科群，它所涉及的内容十分广泛，而且随着科学技术的飞速发展，必将还会有许多新的设计方法不断涌现，因此它的内容还会不断发展。

三、学习现代设计方法的意义与任务

作为机电工程技术方面的高级专业人才，无论具体从事哪项工作，都会以不同的方式不同程度地涉及产品设计与创新。实际上，很多从事管理工作的人员也会直接地或间接地与产品的设计与创新发生联系。在我国加入 WTO 后，各方面的竞争都将更加激烈，没有优秀的产品设计和创新是难以在竞争中取胜的。这就要求所有相关人员了解现代设计方法及其在市场竞争中的作用，要求产品开发各个环节，尤其是设计与制造环节的工程技术人员熟练地掌握现代设计方法，以创造出综合性能优良的生产和生活用品。

设计对于一个产品来说是万里长征第一步，它不仅对产品的制造过程有重要影响，也对产品走向市场和产品的整个实用周期有重要影响。把好产品设计关，不仅可降低制造成本，保证产品实用性能和使用寿命，增强产品的市场竞争力，从而产生很好的经济效益，同时，优良的产品设计可降低制造和使用能耗，减少制造与实用过程对环境的负面影响，便于资源回收和再利用，有利于人类的可持续发展。此外，为了挖掘市场潜力，开拓新的消费市场，设计人员要以创新思维发明新的产品或赋予产品以新的功能，以开拓新的经济增长点，增强企业乃至一个国家在经济全球化进程中的竞争力。

要使设计技术更好地在经济和社会发展中发挥积极作用，设计人员及相关工程技术人员必须熟练地掌握现代设计方法和理论，并学会在实践中灵活地运用这些方法和理论。只有这样才可能避免由于设计阶段的不足甚至错误造成制造阶段成本高、周期长和产品使用中性能差、能耗大等缺陷，才有可能及时地把握创新的思想火花，创造出社会需要的综合性能优良的新产品，才能不断提高企业的竞争能力。对于不直接从事设计的管理人员和高层决策者来说，了解现代设计方法的原理和使用，就能对设计部门和设计人员制定更加合理的管理与指导政策，更加合理地配备资源，更为重要的是能帮助自己更好地进行宏观决策。

应该指出，现代设计是过去设计活动的延伸和发展，现代设计方法也是在传统设计方法基础上不断吸收现代理论、方法和技术以及相邻学科最新成就后发展起来的。所以，今天学习现代设计方法，其目的决不是要完全抛弃传统方法和经验，而是要在掌握传统方法实践经验的基础上再掌握一把新的思想钥匙和技术手段。

学习现代设计方法这门课程的任务是：①通过学习，了解现代设计方法的基本原理和主要内容，掌握各种设计方法的设计思想、设计步骤，以提高自己的设计素质，增强设计创新能力。②通过学习，在充分掌握现代设计方法理论的基础上，力求在产品设计过程中，能够不断地发展现代设计理论和方法，甚至发明和开创出新的现代设计方法和手段，以推动人类设计事业的进步。实践证明，随着现代科学和技术的飞速发展，新的设计理论和方法时时都在不断地孕育和诞生。

科学技术作为第一生产力，它的强大程度一方面取决于科学技术自身的发展水平，另一方面取决于它被人民理解的程度。只有当科学成为人们的常识，技术成为广大劳动者的本领，科学技术的物化成果成为人们广泛使用的工具和生活必需品时，它才会成为巨大的社会力量，而推动人类进步。可以相信，现代设计方法会成为设计工作者的得力助手，将为我国建设特色社会主义事业做出巨大贡献。

第一篇　优化设计方法

第一章　优化设计概述

第一节　优化设计特点及其发展概况

优化设计是 20 世纪 60 年代初发展起来的一门新学科，也是一项新技术，它是将最优化原理和计算技术应用于设计领域，其理论基础是数学规划，所采用的工具是电子计算机。因此优化设计可以形象地表示为：专业理论+数学规划论+电子计算机。

优化设计已广泛应用于各个工业部门。为什么人们如此重视这项新技术呢？因为“最优化”是每一项工程或每位产品设计者所追求的目标。任何一项工程或一个产品的设计都需要根据设计要求，合理选择设计方案，确定各种参数，以期达到最佳的设计目标，如质量轻、材料省、结构紧凑、成本低、性能好、承载能力高等。优化设计正是由于这样的需要而产生并发展起来的。利用这种新的设计方法，人们就可以从众多的设计方案中寻找出最佳的设计方案，从而大大提高设计效率和质量。

一、优化设计的特点

一般工程设计都有多种可行的设计方案。如何根据设计任务和要求，从众多可行方案中寻找出一个最好的方案，即最优方案，是设计者的首要任务。要圆满完成这样困难的任务，必须掌握可靠的先进设计方法。

传统设计者采用的是经验类比的设计方法。其设计过程可概括为“设计—分析—再设计”的过程，即首先根据设计任务及要求进行调查、研究和搜集有关资料，参照相同或类比现有的、已完成的、较为成熟的设计方案，凭借设计者的经验，辅以必要的分析及计算，确定一个合适的设计方案，并通过估算初步确定有关参数；然后对初定方案进行必要的分析及校核计算；如果某些设计要求得不到满足，则可进行设计方案的修改，设计参数的调整，并再一次进行分析及校核计算，如此多次反复，直到获得满意的设计方案为止。显然，这个设计过程是人工试凑与类比分析的过程，不仅需要花费较多的设计时间，增长设计周期，而且只限于在少数几个候选方案中进行分析比较。

优化设计具有常规设计所不具备的一些特点。主要表现在以下两个方面：

(1)优化设计能使各种设计参数自动向更优的方向进行调整，直至找到一个尽可能完善的或最合适的设计方案。常规设计虽然也能找到比较合适的设计方案，但都是凭借设计人员的经验来进行的，它既不能保证设计参数一定能够向更优的方向调整，同时也不可能保证一定能找到最合适的设计方案。

(2)优化设计的手段是采用电子计算机，能够在很短的时间内从大量的方案中选出最优的设计方案，这是常规设计所不能相比的。

二、优化设计发展概况

古典的优化方法主要是应用微分法和变分法。直到20世纪40年代初，由于军事上的需要产生了运筹学，提供了许多用古典微分法和变分法不能解决的最优化方法。20世纪50年代发展起来的数学规划理论，为优化设计奠定了理论基础。而20世纪60年代计算技术和计算机的发展，为优化设计的发展与应用提供了强有力的手段，使工程技术人员从大量烦琐的计算工作中解放出来，把主要精力转到模型的建立和优化方法的选择方面来，优化设计的应用从此得到飞速发展。

近 40 多年来，优化设计方法已在许多领域得到应用，并发挥着重要的作用，相对来讲，优化方法在机械设计中的应用稍晚一些，直到20世纪60年代后期才开始有较成功的应用，但发展却十分迅速，在机构综合、机械零部件设计、专用机械设计和工艺设计等方面都获得了应用，并取得丰硕的成果。

机构运动参数的优化设计是机械优化设计中发展较早的领域，不仅研究了连杆机构、凸轮机构等再现函数和轨迹的优化设计问题，而且还提出了一些标准化程序。机构动力学优化设计也有很大进展，如惯性力的最优平衡、主动件力矩的最小波动等的优化设计。机械零部件的优化设计，最近30多年也有很大发展，主要是研究各种减速器、滑动轴承和滚动轴承的优化设计以及轴、弹簧、制动器等的结构参数优化。除此之外，在机床、锻压设备、压延设备、起重运输设备、汽车等基本参数、基本工作机构和主体结构方面也进行了优化设计工作。

近几十年来，机械优化设计的应用愈来愈广，但还面临着许多问题。例如，机械产品设计中零部件通用化、系列化和标准化，整机优化设计模型及方法的研究，机械优化设计中离散变量优化方法的研究，更为有效的优化设计方法的发掘等一系列问题，都需做较大的努力才能适应机械工业发展的需要。

近年来，发展起来的计算机辅助设计(CAD)，引入优化设计方法后，在设计过程中既能够不断选择设计参数并评选出最优设计方案，又可以加快设计速度，缩短设计周期。在科学技术发展要求机械产品更新周期日益缩短的今天，把优化设计方法与计算机辅助设计结合起来，使设计过程完全自动化，已成为设计方法的一个重要发展趋势。

第二节　机械设计中的优化问题

作为从事机械设计的技术人员，总希望所设计的机械产品在满足基本工作要求的前提下，尽可能取得较高的经济效益和较好的使用性能，但由于机械设计中的参数往往很多，参数之间的关系比较复杂，所以用传统的设计方法和工具往往只能获得可行方案，难以获得能实现预期目标的最优方案。但有了优化设计方法，就可以将许多实际的机械设计问题转化为最优化问题，从满足基本要求的大量可行方案中利用电子计算机自动寻找出最优设计方案。

下面通过几个简单的例子来说明机械设计中的最优化问题。

一、销轴结构参数的优化设计问题

如图 1-1 所示，有一圆形等截面的销轴，一端固定在机架上，另一端作用着集中载荷 F=10 000 N 和转矩 T=100 N · m。已知销轴材料的许用弯曲应力为[σ]=120 MPa，许用扭转剪应力[τ]=80 MPa，允许挠度[f]=0.1 mm，密度ρ=7.8 t/m^3，弹性模量 E=2×10^5 MPa，要求在满足使用条件和结构尺寸(轴长不得小于 80 mm)限制的前提下使其质量最轻。

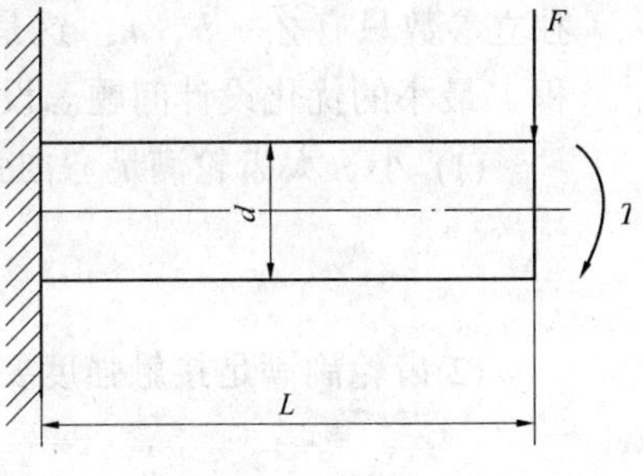

图 1-1 销轴

该销轴的力学模型是一个悬臂梁。它的质量 m(kg)的计算公式为

$$m=\frac{1}{4}\pi d^2 L\rho\times10^{-6}$$

可见销轴的质量 m 取决于其直径 d 和长度 L。这是一个合理选择 d 和 L 而使 m 最小的优化设计问题。该设计应满足的使用条件和结构尺寸限制如下所示。

(1)弯曲强度条件：

$$\sigma_{\max}=\frac{FL}{0.1d^3}\leqslant[\sigma]$$

(2)扭转强度条件：

$$\tau_{\max}=\frac{T}{0.2d^3}\leqslant[\tau]$$

(3)刚度条件：

$$f_{\max}=\frac{FL^3}{3EI}=\frac{64FL^3}{3E\pi d^4}\leqslant[f]$$

(4)销轴结构条件：

$$L\geqslant L_{\min}$$

这个问题虽简单，但用常规的设计方法已不易解决。

二、齿轮副参数优化设计问题

直齿圆柱齿轮副如图 1-2 所示。设该齿轮副的传动比 i=3.7，主动轮转速 n_1=745 r/min，传动功率 P=17 kW；齿轮副为单向传动，中等冲击，小齿轮材料用 40 MnB，调质至平均硬度 260 HBS，大齿轮材料用 ZG35SiMn，调质至平均硬度 225 HBS；大齿轮的许用接触应力为 $[\sigma]_{H_2}=620\text{ MPa}$；小齿轮许用弯曲应力为 $[\sigma]_{F_1}=169\text{ MPa}$，大齿轮的许用弯曲应力 $[\sigma]_{F_2}=115\text{ MPa}$。在以上条件下，设计齿轮副，使该传动副体积最小。

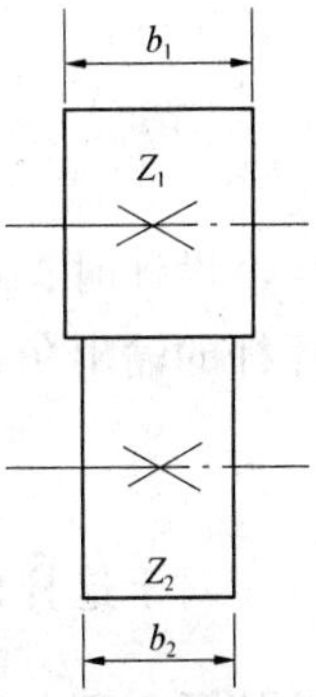

图 1-2 直齿圆柱齿轮副

圆柱齿轮的体积可近似地看成是其分度圆面积和齿宽的乘积。即

$$V=\sum_{i=1}^{2}\frac{1}{4}\pi d_i^2 b_i=\frac{1}{4}\pi[(mZ_1)^2 b_1+(mZ_2)^2 b_2]$$

可见，直齿圆柱齿轮副的体积取决于模数 m、齿数 Z_1、Z_2 和齿轮宽度 b_1、b_2。由于齿轮副中 b_1、b_2 相同或相差很小，故取 $b_1=b_2=b$，而 $Z_2=iZ_1$，所以，实际决定齿轮副体积的独立参数只有 Z_1、b、m。这是一个合理选择小齿轮齿数 Z_1、模数 m 和齿轮宽度 b 而使体积 V 最小的优化设计问题。设计齿轮副时必须满足的条件如下所示：

(1) 小、大齿轮满足弯曲强度要求，即

$$\sigma_{F_1} \leqslant [\sigma]_{F_1}, \quad \sigma_{F_2} \leqslant [\sigma]_{F_2}$$

(2)齿轮副满足接触强度要求，即

$$\sigma_H \leqslant [\sigma]_{H_2}$$

(3)设齿宽系数不超过 1.2，则需满足

$$\frac{b}{d_1} \leqslant 1.2$$

(4)应该保证小齿轮不发生根切，即

$$Z_1 \geqslant 17$$

三、平面四连杆机构的优化设计问题

平面四连杆机构的设计主要是根据运动学的要求，确定其几何尺寸，以实现给定的运动规律。

图 1-3 所示是一个曲柄摇杆机构。图中 l_1、l_2、l_3、l_4 分别是曲柄 AB、连杆 BC、摇杆 CD 和机架 AD 的长度。φ 是曲柄输入角，ψ_0 是摇杆输出的起始位置角。这里，规定 φ_0 为摇杆在右极限位置角 ψ_0 时的曲柄起始位置角，它们可以由 l_1、l_2、l_3 和 l_4 确定。通常规定曲柄长度 $l_1=1.0$，而在这里 l_4 是给定的，并设 $l_4=5.0$，所以只有 l_2 和 l_3 是设计变量。

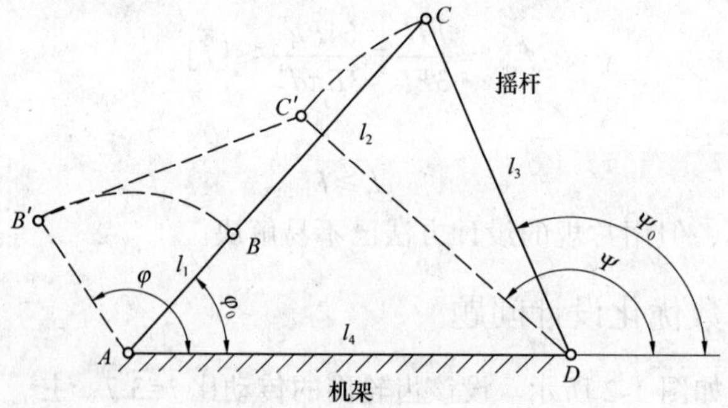

图 1-3　曲柄摇杆机构

设计时，可在给定最大和最小传动角的前提下，当曲柄从 φ_0 位置转到 φ_0+90°时，要求摇杆的输出角最优地实现一个给定的运动规律 $f_0(\varphi)$。例如，要求

$$\psi = f_0(\varphi) = \psi_0 + \frac{2}{3\pi}(\varphi - \varphi_0)^2$$

对于这样的设计问题，可以取机构的期望输出角 $\psi = f_0(\varphi)$ 和实际输出角 $\psi_j = f_j(\varphi)$ 之差的平方积分准则作为目标函数，使 $F(X) = \int_{\varphi_0}^{\varphi_0+\frac{\pi}{2}} (\psi - \psi_j)^2 \mathrm{d}\varphi$ 最小。

当把输入角φ取s个点进行数值计算时，它可以化简为$F(\boldsymbol{X})=f(l_3,l_4)=\sum_{i=0}^{s}(\psi_i-\psi_{ji})^2$最小。

相应的约束条件有

(1)曲柄与机架共线位置时的传动角，即

最大传动角 $\gamma_{max}\leqslant 135°$

最小传动角 $\gamma_{min}\geqslant 45°$

对本问题可以计算出

$$\gamma_{max}=\arccos\left(\frac{l_2^2+l_3^2-36}{2l_2l_3}\right)$$

$$\gamma_{min}=\arccos\left(\frac{l_2^2+l_3^2-16}{2l_2l_3}\right)$$

(2)曲柄存在条件，即

$$l_2\geqslant l_1,\ l_3\geqslant l_1$$
$$l_2+l_3\geqslant l_1+l_4$$
$$l_4-l_1\geqslant l_2-l_3$$

(3)边界约束。当l_1=1.0时，若给定l_4，则可求出l_2和l_3的边界值。例如，当l_4=5.0时，则有曲柄存在条件和边界值限制条件如下

$$l_2+l_3-6\geqslant 0$$
$$4-l_2+l_3\geqslant 0$$
$$1\leqslant l_2\leqslant 7$$
$$1\leqslant l_3\leqslant 7$$

从上面的例子可以看出，一个机械优化设计问题一般包括三部分内容：一是需要合理选择一组独立参数，称为设计变量；二是需要满足最佳的设计目标，这个目标是设计变量的函数，称为目标函数；三是所选取设计变量必须满足一定的限制条件，称为约束条件。这三者共同描述的优化设计问题就组成了优化设计的数学模型。

第三节　优化设计的数学模型

优化设计的数学模型，就是描述优化问题的设计内容、变量关系、有关设计条件和优化意图的数学表达式。

建立数学模型是优化设计的基础，数学模型能否严密而准确地反映优化问题的实质，是优化设计成败的关键。

一、设计变量

机械设计的一个方案，一般可用一组参数来表示。这些参数可以是表示构件形状、大小、位置等的几何量，也可以是表示质量、速度、力、力矩等的物理量。在这些参数中，有的参数在设计前可预先给定，设计过程中保持不变，称为设计常量。如本章第二节第一个问题中的载荷F、密度ρ和材料的许用应力$[\sigma]$等。有的参数是在设计过程中待选择的量，称为设计变量。

如本单第二节第一个问题中的销轴直径 d 和长度 L，第二个问题中的模数 m、小齿轮齿数 Z_1 等。设计变量应该是互相独立的基本参数，如本章第二节第二个问题中，由于传动比 i 为已知，而 $Z_2=iZ_1$，故只能取 Z_1 为设计变量，而不能同时取 Z_1、Z_2 为设计变量。

在最优化问题中，设计变量的个数称为维数。只含有一个设计变量的最优化问题，称为一维最优化问题；含有 n 个设计变量的最优化问题，称为 n 维最优化问题，设计变量越多，设计自由度越大，可供选择的方案越多，但难度也越大，求解越复杂。通常按照设计变量的多少，将最优化设计问题分为三类：设计变量在 2 ~ 10 个为小型问题，10 ~ 50 个为中型问题，50 个以上为大型问题。实际设计中常遇到的机械优化设计问题大多数是中、小型问题。

既然设计变量是一组数，它就可以用列矩阵来表达，例如把销轴优化设计问题中的设计变量表示为

$$\boldsymbol{X}=\begin{bmatrix}x_1\\x_2\end{bmatrix}=\begin{bmatrix}d\\L\end{bmatrix}=[d\quad L]^{\mathrm{T}}$$

把直齿圆柱齿轮副优化设计问题中的设计变量表示为

$$\boldsymbol{X}=\begin{bmatrix}x_1\\x_2\\x_3\end{bmatrix}=\begin{bmatrix}m\\Z_1\\b\end{bmatrix}=[m\quad Z_1\quad b]^{\mathrm{T}}$$

一个向量对应着空间的一个点，具有 n 个分量的一个向量对应着 n 维空间内的一个点，这个点可代表具有 n 个设计变量的一个设计方案，称为设计点，用符号 $\boldsymbol{X}$ 表示。设计点的集合称为设计空间。由于工程设计中的设计变量都属实数，所以称这种设计空间为实欧氏空间。若用符号 $\boldsymbol{R}^n$ 表示 n 维实欧氏空间，则可用集合概念写出

$$\boldsymbol{X}\in\boldsymbol{R}^n$$

对于二维优化问题，空间 $\boldsymbol{R}^2$ 是一个平面。对于三维优化问题，$\boldsymbol{R}^3$ 就是立体空间。当维数 $n>3$ 时，就只能把 $\boldsymbol{R}^n$ 想象成一个抽象的超越空间。超越空间的每一个设计点与 n 个变量 $x_1,x_2,\cdots,x_n$ 相对应。

一个工程设计问题，常有许多设计方案，其中有一个是最优的设计方案，对应最优设计方案的点称为最优设计点，用符号 $\boldsymbol{X}^*$表示。例如在第一个问题中，当销轴直径 d=4.309 cm，长度 L=8 cm 时，其质量达到最小，用最优点表示的设计方案是

$$\boldsymbol{X}^*=\begin{bmatrix}x_1^*\\x_2^*\end{bmatrix}=\begin{bmatrix}4.309\\8\end{bmatrix}$$

在机械优化设计中，设计变量有连续型、整型和离散型之分。例如，齿轮的齿数为整型设计变量，模数为离散型设计变量，而齿宽则可以作为连续型设计变量。一般连续型设计变量最为多见，所以在不加特殊说明的情况下，都将设计变量 $x_1,x_2,\cdots,x_n$ 视为连续型。

二、约束条件

设计空间虽然是所有设计方案的集合，但是这些设计方案并非都是工程实际所能接受的。例如，负的面积、负的长度和设计变量不能满足一定关系的设计方案等都是不可取的。因此，在设计过程中，为了得到可行的设计方案，必须根据实际要求，对设计变量的取值

加以种种限制，这些限制条件称为约束条件，或称为设计约束。根据约束条件的性质，可把设计约束分为性能约束和边界约束。由所设计的机械提出的性能方面的要求而制定的约束为性能约束，如设计变量的取值必须满足刚度、强度或运动性能的限制条件等。某些设计变量的取值范围就是边界约束，如销轴长度 L 不得小于给定值。

从另一方面讲，约束条件又可分为不等式约束和等式约束两种，其函数表达式为

$$g_u(\boldsymbol{X}) \geqslant 0 \quad (u=1, 2, \cdots, m)$$

$$h_v(\boldsymbol{X}) = 0 \quad (v=1,\ 2,\ \cdots,\ p,\ p<n)$$

如销轴的扭转剪应力必须小于许用值，即 $\tau_{\max} = \dfrac{T}{0.2d^2} \leqslant [\tau]$，代入已知数值并整理得

$$g_2(\boldsymbol{X}) = x_1^3 - 6.25 \geqslant 0$$

这是一个不等式约束，也是一个性能约束。

如若要求齿轮副优化问题中的两啮合齿轮具有等弯曲强度，则可建立等式约束

$$h(\boldsymbol{X}) = \frac{[\sigma]_{\mathrm{F_1}}}{\sigma_{\mathrm{F_1}}} - \frac{[\sigma]_{\mathrm{F_2}}}{\sigma_{\mathrm{F_2}}} = 0$$

式中　$\sigma_{\mathrm{F_1}}$、$\sigma_{\mathrm{F_2}}$——设计变量的函数。

带有设计约束的优化问题，称为约束优化问题，反之，则称为无约束优化问题。在机械设计中，绝大多数属约束优化问题。

在约束优化问题中，每一个不等式约束的极限条件 $g_i(\boldsymbol{X})=0$，在 n 维空间内形成一个 n 维“曲”面，称为约束曲面。这个曲面把空间分成两部分：一部分是 $g_i(\boldsymbol{X})>0$，另一部分是 $g_i(\boldsymbol{X})<0$。各约束曲面在 n 维空间内构成了一个区域 $\boldsymbol{D}$，在 $\boldsymbol{D}$ 内任意点都满足 $g_i(\boldsymbol{X}) \geqslant 0$ 的条件，称 $\boldsymbol{D}$ 为可行域，记作 $\boldsymbol{D}=\{g_i(\boldsymbol{X}) \geqslant 0\ (i=1, 2, \cdots, n)\}$，在可行域以外的区域称为非可行域。图 1-4 所示为二维问题的可行域。可行域内的点都是可行设计点，也称内点。内点所对应的设计方案都是可行方案。可行域外的点称为外点，因为它不能满足某些约束条件，所以外点对应的设计方案为非可行方案，即不能采用。当设计点处于某一不等式约束边界上时，称边界设计点。边界设计点属可行设计点，它是一个为该项约束所允许的极限设计方案。

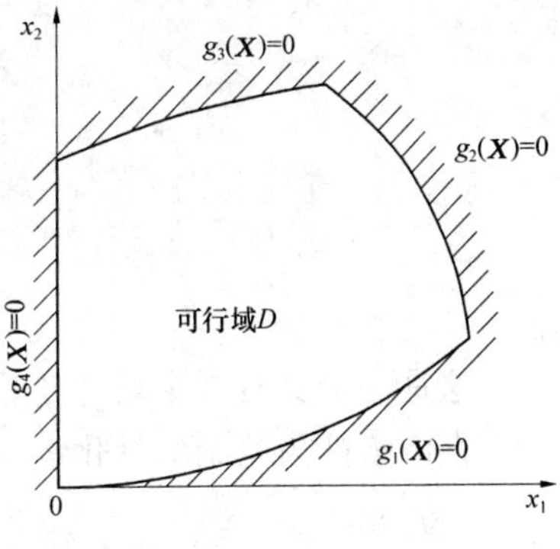

图 1-4　二维问题的可行域

三、目标函数

前已述及，一个机械设计问题，往往有许多可行设计方案。最优化的任务，就是要找出其中的最优方案。为找出最优方案，首先要确定设计所追求的目标。在机械设计中所追求的目标可以是质量最轻(如本章第二节第一个问题)，也可以是外形尺寸最小(如本章第二节第二个问题)等。我们把选定的设计变量作为自变量，所要追求的目标作为因变量，所建立的函数式就是目标函数，一般记为

$$F(\boldsymbol{X}) = F(x_1,\ x_2,\ \cdots,\ x_n)$$

为了方便算法的统一和后面的叙述，把优化问题归结为求目标函数极小值问题。即

$$F(\boldsymbol{X}^*) = \min F(\boldsymbol{X}) \quad (\boldsymbol{X} \in \boldsymbol{D} \subset \boldsymbol{R}^n)$$

式中　$F(\boldsymbol{X}^*)$——最优值。

对于某些追求目标函数极大值的问题，可把它转化为求其负值极小的问题。

在一个最优化设计问题中，若只有一个目标函数，则称为单目标函数的优化问题，如本章第二节第一个问题只要求销轴的质量最轻，它就是一个单目标函数的优化问题。若在某一设计中要求同时兼顾多个设计目标，这就构成了多目标函数的优化问题。

四、数学模型的表达式

设优化设计中有 n 个待优选的参数，即设计变量为 $\boldsymbol{X}=[x_1 \quad x_2 \ \cdots \ x_n]^{\mathrm{T}}$，要求在设计约束 $g_u(\boldsymbol{X})\geqslant 0 \quad (u=1,2,\cdots,m)$，$h_v(\boldsymbol{X})=0 \quad (v=1,2,\cdots,p,\ p<n)$ 的条件下，寻找一个最优点 $\boldsymbol{X}^*$，使目标函数 $F(\boldsymbol{X})$ 达到最小值，即 $F(\boldsymbol{X}^*)=\min F(\boldsymbol{X})$，上述问题可表达为如下数学模型

$$\left.\begin{aligned}&\min F(\boldsymbol{X})\\&\boldsymbol{X}\in\boldsymbol{D}\subset\boldsymbol{R}^n\\&\boldsymbol{D}:g_u(\boldsymbol{X})\geqslant 0 \quad (u=1,2,\cdots,m)\\&\quad h_v(\boldsymbol{X})=0 \quad (v=1,2,\cdots,p,\ p<n)\end{aligned}\right\} \tag{1-1}$$

上述优化问题按其 $F(\boldsymbol{X})$ 与 $g_u(\boldsymbol{X})$、$h_v(\boldsymbol{X})$ 函数性质的不同分为若干类：当 $F(\boldsymbol{X})$ 和 $g_u(\boldsymbol{X})$、$h_v(\boldsymbol{X})$ 都是设计变量的线性函数时，称为线性规划问题；当 $F(\boldsymbol{X})$ 或 $g_u(\boldsymbol{X})$、$h_v(\boldsymbol{X})$ 中有设计变量的非线性函数时，称为非线性规划问题；当 $m=p=0$，即约束不存在时，称为无约束规划问题。在机械优化设计中，绝大多数是有约束的非线性规划问题。

例如，极小化销轴质量的优化问题，经整理可以完整地表达为

$$\begin{aligned}&\min F(\boldsymbol{X})=6.126\times10^{-6}x_1^2x_2\\&\boldsymbol{X}=\begin{bmatrix}x_1\\x_2\end{bmatrix}=[x_1 \quad x_2]^{\mathrm{T}}=[d \quad L]^{\mathrm{T}}\\&\boldsymbol{X}\in\boldsymbol{D}\subset\boldsymbol{R}^2\\&\boldsymbol{D}:g_1(\boldsymbol{X})=x_1^3-833.3x_2\geqslant 0\\&\quad g_2(\boldsymbol{X})=x_1^3-6\,250\geqslant 0\\&\quad g_3(\boldsymbol{X})=x_1^4-3.4x_2^3\geqslant 0\\&\quad g_4(\boldsymbol{X})=x_2-80\geqslant 0\end{aligned}$$

这是一个具有 2 个设计变量、4 个设计约束的非线性规划问题。

直齿圆柱齿轮副的优化设计问题，经简化整理可表达为

$$\begin{aligned}&\min F(\boldsymbol{X})=\frac{\pi}{4}[(x_1x_2)^2x_3+(ix_1x_2)^2x_3]\\&\boldsymbol{X}=[m \quad Z_1 \quad b]^{\mathrm{T}}=[x_1 \quad x_2 \quad x_3]^{\mathrm{T}}\\&\boldsymbol{X}\in\boldsymbol{D}\subset\boldsymbol{R}^3\\&\boldsymbol{D}:g_1(\boldsymbol{X})=\frac{579.051\,6x_2^2-436.002x_2-110\,526}{x_1^2x_2x_3}+169\geqslant 0\\&\quad g_2(\boldsymbol{X})=\frac{14.110\,33x_2^2-856.464x_2-184\,689.6}{x_1^2x_2x_3}+115\geqslant 0\end{aligned}$$

$$g_3(\boldsymbol{X}) = x_2 - 17 \geqslant 0$$

$$g_4(\boldsymbol{X}) = -407\,963\sqrt{\frac{1}{x_1^2 x_2^2 x_3}} + 620 \geqslant 0$$

$$g_5(\boldsymbol{X}) = 1.2 - \frac{x_3}{x_1 x_2} \geqslant 0$$

这是一个具有 3 个设计变量，5 个设计约束的非线性规划问题。

第四节　优化问题的几何描述

用几何图形来解释非线性规划的最优化问题，可以清楚地表达出设计变量、约束条件与目标函数以及要求的最优方案之间的关系。

设有 n 个设计变量和目标函数构成一个 $n+1$ 维的坐标系。第 $1\sim n$ 个坐标轴分别代表设计变量 $x_1 \sim x_n$，而第 $n+1$ 个坐标轴代表目标函数 $F(\boldsymbol{X})$。如前述，每一个不等式约束在 n 维空间内形成一个 n 维曲面，各约束曲面在 n 维空间内构成了一个可行域 $\boldsymbol{D}$。在可行域内每一点代表一个设计方案，它相应有一定的目标函数值。所有目标函数值在 $n+1$ 维坐标系内构成一个 $n+1$ 维的“曲面”。约束优化问题，就是要寻找此“曲面”上函数值最小的点以及与该点相对应的 n 个设计变量，即在可行域内找出最优点 $\boldsymbol{X}^*$ 及其对应的目标函数最优值。

下面以 $n=2$ 的情况加以几何说明。

[例 1-1]　求二维约束非线性规划问题的最优解。其中

$$\min F(\boldsymbol{X}) = x_1^2 + x_2^2 - 4x_1 - 4x_2 + 8$$

$$\boldsymbol{X} \in \boldsymbol{D} \subset \boldsymbol{R}^2$$

$$\boldsymbol{D}: g_1(\boldsymbol{X}) = x_1 \geqslant 0$$

$$g_2(\boldsymbol{X}) = x_2 \geqslant 0$$

$$g_3(\boldsymbol{X}) = -x_1^2 - x_2^2 + 4 \geqslant 0$$

解　如图 1-5 所示，坐标轴 $0x_1$ 和 $0x_2$ 分别代表设计变量 x_1 和 x_2 的值，代表目标函数 $F(\boldsymbol{X})$值的第三个坐标轴在图中没有画出。现在我们令目标函数 $F(\boldsymbol{X})$的值等于一系列常数 c_1，c_2，$c_3,\cdots$，对应这些常数的设计点集合在 $x_1 0 x_2$ 坐标平面上形成了一族曲线，如图中虚线所示。每一条曲线上的各点都具有相等的目标函数值，它们就是目标函数的等值线。显然，本例中 $F(\boldsymbol{X})$的等值线族的方程是

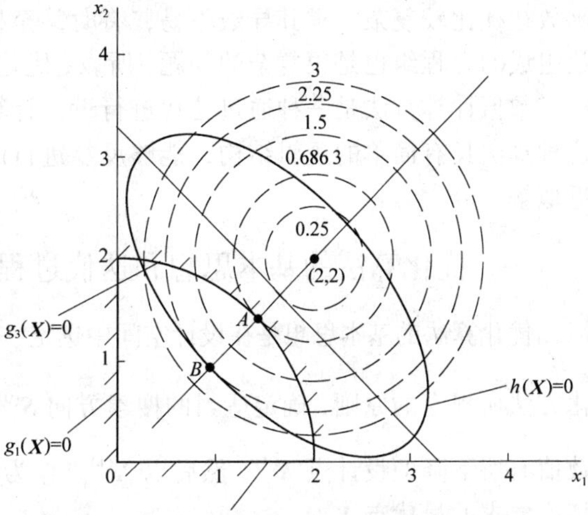

图 1-5　二维优化问题的几何解释

$$x_1^2 + x_2^2 - 4x_1 - 4x_2 + 8 = c_i$$

或

$$(x_1 - 2)^2 + (x_2 - 2)^2 = c_i$$

即该曲线族在 $x_1 0 x_2$ 平面上是以点(2, 2)为圆心、以 $\sqrt{c_i}$ 为半径的一族同心

圆，它是椭圆族的一个特例。

每个不等式约束方程在 $x_1 0 x_2$ 平面上为一条线，它们围成一个封闭区域，即可行域 $\boldsymbol{D}$。本例 $\boldsymbol{D} \subset \boldsymbol{R}^2$ 。优化问题就是要在可行域 $\boldsymbol{D}$ 内找出使目标函数值为最小的点 $\boldsymbol{X}^*$。该问题的最优点是在不等式约束方程 $g_3(\boldsymbol{X})$ 曲线与目标函数等值线相切的切点 A，最优解为

$$\boldsymbol{X}^* = [x_1^* \quad x_2^*]^{\mathrm{T}} = [1.414\,2 \quad 1.414\,2]^{\mathrm{T}}$$

$$F(\boldsymbol{X}^*) = 0.686\,3$$

当某个约束在最优点的值正好等于零时，则称此约束为适时约束或起作用约束，本例 $g_3(\boldsymbol{X})$ 就是一个适时约束。

不考虑约束时，目标函数的极小点称为无约束最优点，本例的无约束最优点是

$$\boldsymbol{X}^* = [x_1^* \quad x_2^*]^{\mathrm{T}} = [2 \quad 2]^{\mathrm{T}}$$

$$F(\boldsymbol{X}^*) = 0$$

若在本例中还需要满足一个等式约束方程

$$h(\boldsymbol{X}) = 73x_1^2 + 52x_2^2 + 72x_1x_2 - 356x_1 - 292x_2 + 433 = 0$$

则可行域 $\boldsymbol{D}$ 变为 $h(\boldsymbol{X}) = 0$ 上的一段曲线(见图 1-5)，此时最优点为 B 点，最优解是

$$\boldsymbol{X}^* = [x_1^* \quad x_2^*]^{\mathrm{T}} = [0.8 \quad 1.1]^{\mathrm{T}}$$

$$F(\boldsymbol{X}^*) = 2.25$$

由此可见，当存在等式约束时，可行域缩小。

第五节　优化计算的迭代过程和终止准则

通过上面的讨论可知，优化问题实质上就是在一定的约束(或无约束)条件下求目标函数的极值及其对应的最优点的数学问题。由数学理论知，求函数的极值和判断函数是否存在极值，都离不开求函数的导数或偏导数。求解多元函数的极值，还需要解偏导数方程组 $\nabla F(\boldsymbol{X}) = 0$ ，再用二阶偏导数矩阵判断其是否为极值点。但是，实际优化设计问题的目标函数往往比较复杂，求其导数不易，有时甚至根本就不存在，即使导数存在，求解由偏导数组成的方程组也是很复杂的问题，所以，优化计算中常用的寻优方法均为数值计算方法。

数值计算方法是一种通过迭代进行近似计算的方法，因此也称最优化数值迭代方法。这种算法具有简单的逻辑结构，能够反复进行同样的算术运算，逐渐得到具有足够精度的近似解。

一、优化算法的基本思想和迭代过程

优化算法的基本思想是在设计空间中选定一个初始点 $\boldsymbol{X}^{(0)}$，从这一点出发，按照某一优化方法所规定的原则，确定适当的搜索方向 $\boldsymbol{S}^{(0)}$与步长 $a^{(0)}$ ，在此方向上获得一个使目标函数值有所下降的设计点 $\boldsymbol{X}^{(1)}$，然后以 $\boldsymbol{X}^{(1)}$点作为新的初始点，重复上面过程，直至得到满足精度要求的最优点 $\boldsymbol{X}^*$。

优化算法的迭代过程可归纳如下：

(1)首先初选一个尽可能靠近最优点的初始点 $\boldsymbol{X}^{(0)}$。

(2)如已算出第 k 次迭代点 $\boldsymbol{X}^{(k)}$(开始计算时，$\boldsymbol{X}^{(k)}$就是初始点 $\boldsymbol{X}^{(0)}$)，但 $\boldsymbol{X}^{(k)}$还不是最优点，此时可选择一个搜索方向 $\boldsymbol{S}^{(k)}$，使沿 $\boldsymbol{S}^{(k)}$方向目标函数值下降。

(3)从 $\boldsymbol{X}^{(k)}$点出发，沿 $\boldsymbol{S}^{(k)}$方向作射线。在此射线上，定出步长因子 $a^{(k)}$，使所得的点

$$\boldsymbol{X}^{(k+1)} = \boldsymbol{X}^{(k)} + a^{(k)}\boldsymbol{S}^{(k)} \tag{1-2}$$

满足

$$F(\boldsymbol{X}^{(k+1)}) < F(\boldsymbol{X}^{(k)}) \tag{1-3}$$

(4)检验所得的新点 $\boldsymbol{X}^{(k+1)}$是否满足精度要求。若满足，$\boldsymbol{X}^{(k+1)}$点就可以作为近似局部极小点；否则以点 $\boldsymbol{X}^{(k+1)}$作为新的初始点，转步骤(2)继续进行搜索。

迭代计算逐步逼近最优点的搜索过程如图 1-6 所示。在此算法中，搜索方向 $\boldsymbol{S}^{(k)}$和步长因子 $a^{(k)}$ 构成每一次迭代的修正量。显然，合理地选择它们是优化方法的主要问题。现有的各种优化方法在选取搜索方向或步长上各有特点，但有一点是共同的：它们必须易于通过数值计算获得，并且能使目标函数值稳定地下降。

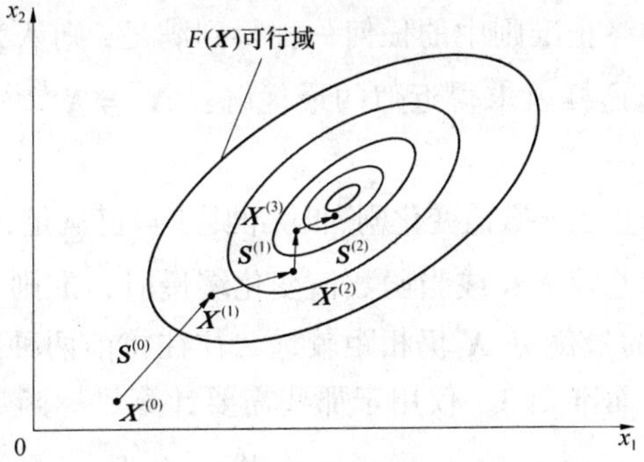

图 1-6　二维优化问题的迭代过程

二、迭代计算的终止准则

在迭代过程中，如果根据一个迭代公式能够计算出接近精确解的近似解，也就是说近似解序列 $\left\{x_i^{(k)}(i=1,\ 2,\ \cdots,\ n)\right\}$ 有极限 $\lim\limits_{k\to\infty} x_i^{(k)} = x_i^*$ $(i=1,2,\cdots,n)$，这里 x_i^* 为精确解，那么这种迭代公式叫做收敛的，否则叫做发散的。因此，所谓数值计算方法的收敛性，是指以某种迭代程序产生的一系列的设计点，即迭代点序列 $\boldsymbol{X}^{(k)}$ $(k=0,1,2,\cdots)$ 最终将收敛于最优点 $\boldsymbol{X}^*$而言的。即

$$\lim_{k\to\infty} \boldsymbol{X}^{(k)} = \boldsymbol{X}^* \tag{1-4}$$

从理论上讲，任何一种迭代算法都能产生无穷个设计方案 $\left\{\boldsymbol{X}^{(k)}(\ k=0,\ 1,\ 2,\cdots)\right\}$,而实际上只能进行有限次的修正计算，因此只要迭代点与理论极小点之间的距离足够小即可终止计算。但是，由于实际工程设计问题有时很难判断其目标函数的极小值，所以要确定一个完善的终止准则是很困难的，只能根据计算过程中的一些信息进行判断。

通常，判断是否应该终止迭代的依据即迭代终止准则有以下几种情况。

(一)点距准则

相邻两迭代点 $\boldsymbol{X}^{(k)}$ 、$\boldsymbol{X}^{(k+1)}$之间的距离已达到充分小，即

$$\left\|\boldsymbol{X}^{(k+1)} - \boldsymbol{X}^{(k)}\right\| \leqslant \varepsilon \tag{1-5}$$

(二)函数下降量准则

相邻两迭代点的函数值下降量已达到充分小，即

$$\left|F(\boldsymbol{X}^{(k+1)})-F(\boldsymbol{X}^{(k)})\right|\leqslant\varepsilon \tag{1-6}$$

或其相对值

$$\frac{\left|F(\boldsymbol{X}^{(k+1)})-F(\boldsymbol{X}^{(k)})\right|}{\left|F(\boldsymbol{X}^{(k)})\right|}\leqslant\varepsilon \tag{1-7}$$

(三)梯度准则

目标函数在迭代点的梯度模已达到充分小，即

$$\left\|\nabla F(\boldsymbol{X}^{(k+1)})\right\|\leqslant\varepsilon \tag{1-8}$$

式中的ε为给定的迭代精度或允许误差，可根据设计要求预先给定。

如果以上三种形式的终止准则中的任何一种得到满足，则认为目标函数值$F(\boldsymbol{X}^{(k+1)})$已收敛于该函数的最小值，这样就求得近似的最优解：$\boldsymbol{X}^*=\boldsymbol{X}^{(k+1)}$，$F(\boldsymbol{X}^*)=F(\boldsymbol{X}^{(k+1)})$，迭代计算可以结束。

最后还应指出，为了防止当函数值变化剧烈时，准则 1 虽已满足，而所得的最优值$F(\boldsymbol{X}^{(k+1)})$与真正最优值$F(\boldsymbol{X}^*)$仍相差较大；或当函数值变化缓慢时，准则 2 虽已得到满足，而所求得的最优点 $\boldsymbol{X}^{(k+1)}$与真正的最优点 $\boldsymbol{X}^*$仍相距较远，往往将前两种判据结合起来使用，即要求前两种准则同时满足。而准则 3，仅用于那些需要计算目标函数梯度的最优化方法。

第二章　优化设计的数学基础

第一节　矩　阵

矩阵是线性代数中的一个重要内容，是研究优化方法的一个有力工具，本节对矩阵的一些基础知识作一简要回顾。

一、矩阵定义

设有线性方程组

$$\left.\begin{aligned} a_{11}x_1+a_{12}x_2+\cdots+a_{1n}x_n&=b_1\\ a_{21}x_1+a_{22}x_2+\cdots+a_{2n}x_n&=b_2\\ \vdots\qquad\vdots\qquad\quad\ \vdots\quad&\ \ \vdots\\ a_{m1}x_1+a_{m2}x_2+\cdots+a_{mn}x_n&=b_n \end{aligned}\right\} \tag{2-1}$$

如果把方程组左端未知量的系数按其所在位置排成 m 行 n 列的一个表，并记作 $\boldsymbol{A}$，即

$$\boldsymbol{A}=\begin{bmatrix} a_{11} & a_{12} & \cdots & a_{1n}\\ a_{21} & a_{22} & \cdots & a_{2n}\\ \vdots & \vdots & & \vdots\\ a_{m1} & a_{m2} & \cdots & a_{mn} \end{bmatrix} \tag{2-2}$$

这就构成一个 $m\times n$ 阶矩阵。可见，由一组数(或符号)按一定次序排列成具有 m 行 n 列的形如式(2-2)的表，就称为 $m\times n$ 阶矩阵。在此矩阵中，横排称为行，纵排称为列，a_{ij} 表示第 i 行第 j 列的元素。

二、矩阵的运算

(一)矩阵的加减

两个同阶矩阵的加减，就是对应元素的加减。

$$\boldsymbol{C}=\boldsymbol{A}\pm\boldsymbol{B}\qquad 即\ c_{ij}=a_{ij}\pm b_{ij} \tag{2-3}$$

例如

$$\begin{bmatrix} 2 & 3 & -4\\ 5 & -1 & 0 \end{bmatrix}+\begin{bmatrix} 1 & -2 & 4\\ 3 & 5 & 2 \end{bmatrix}=\begin{bmatrix} 3 & 1 & 0\\ 8 & 4 & 2 \end{bmatrix}$$

(二)矩阵与数的乘法

当矩阵与数相乘时，就是矩阵中所有元素乘以该数。

$$\boldsymbol{C}=k\boldsymbol{A}\qquad 即\ c_{ij}=ka_{ij} \tag{2-4}$$

例如

$$2\begin{bmatrix} 2 & 1 & -1\\ -1 & 3 & 4 \end{bmatrix}=\begin{bmatrix} 4 & 2 & -2\\ -2 & 6 & 8 \end{bmatrix}$$

(三)矩阵的乘法

若

$$C=AB \tag{2-5}$$

则必须满足矩阵 A 的列数等于矩阵 B 的行数。在这种条件下，乘积 C 的元素 c_{ij} 等于矩阵 A 的第 i 行各元素分别与矩阵 B 的第 j 列各对应元素的乘积之和，即

$$c_{ij}=\sum_{k=1}^{m}a_{ik}b_{kj} \qquad (i=1,2,\cdots,m;\quad j=1,2,\cdots,n) \tag{2-6}$$

[例 2-1]　已知矩阵

$$A=\begin{bmatrix}2 & 3 & 4\\ 1 & 2 & 3\\ -1 & 1 & 2\end{bmatrix},\quad B=\begin{bmatrix}1 & 0\\ -1 & 1\\ 0 & 2\end{bmatrix}$$

试计算 $C=AB$。

解　因为 A 的列数等于矩阵 B 的行数，所以矩阵 A 和 B 可以相乘。

$$\begin{aligned}C=AB&=\begin{bmatrix}2 & 3 & 4\\ 1 & 2 & 3\\ -1 & 1 & 2\end{bmatrix}\begin{bmatrix}1 & 0\\ -1 & 1\\ 0 & 2\end{bmatrix}\\ &=\begin{bmatrix}2\times1+3\times(-1)+4\times0 & 2\times0+3\times1+4\times2\\ 1\times1+2\times(-1)+3\times0 & 1\times0+2\times1+3\times2\\ (-1)\times1+1\times(-1)+2\times0 & (-1)\times0+1\times1+2\times2\end{bmatrix}\\ &=\begin{bmatrix}-1 & 11\\ -1 & 8\\ -2 & 5\end{bmatrix}\end{aligned}$$

可见，C 的行数等于 A 的行数，C 的列数等于 B 的列数。

显然，矩阵乘法有如下几个性质：

$$\left.\begin{aligned}&A(BC)=(AB)C \qquad \text{即满足结合律}\\ &A(B+C)=AB+AC \quad \text{即满足分配律}\end{aligned}\right\} \tag{2-7}$$

但在一般情况下，$AB\neq BA$。

例如

$$A=\begin{bmatrix}2 & 3\\ 5 & -1\end{bmatrix},\quad B=\begin{bmatrix}1 & 4\\ -3 & -2\end{bmatrix}$$

而求出的

$$AB=\begin{bmatrix}-7 & 2\\ 8 & 22\end{bmatrix},\quad BA=\begin{bmatrix}22 & -1\\ -16 & -7\end{bmatrix}$$

其结果完全不同。

利用矩阵乘法，可以把方程组或函数表达为矩阵形式。

[例 2-2]　试写出线性方程组

$$\left.\begin{aligned}a_{11}x_1+a_{12}x_2+a_{13}x_3&=b_1\\ a_{21}x_1+a_{22}x_2+a_{23}x_3&=b_2\\ a_{31}x_1+a_{32}x_2+a_{33}x_3&=b_3\end{aligned}\right\}$$

的矩阵表达式。

解 从该方程组中引出如下矩阵

$$A=\begin{bmatrix} a_{11} & a_{12} & a_{13} \\ a_{21} & a_{22} & a_{23} \\ a_{31} & a_{32} & a_{33} \end{bmatrix},\quad X=\begin{bmatrix} x_1 \\ x_2 \\ x_3 \end{bmatrix},\quad B=\begin{bmatrix} b_1 \\ b_2 \\ b_3 \end{bmatrix}$$

按照矩阵相乘法则，方程组可表达为

$$\boldsymbol{AX}=\boldsymbol{B}$$

可见，用矩阵来表达方程组极为简便。

(四)转置矩阵

将矩阵

$$A=\begin{bmatrix} a_{11} & a_{12} & a_{13} \\ a_{21} & a_{22} & a_{23} \end{bmatrix}$$

中的行与列对调，得到新矩阵

$$A^{\mathrm{T}}=\begin{bmatrix} a_{11} & a_{21} \\ a_{12} & a_{22} \\ a_{13} & a_{23} \end{bmatrix}$$

则称矩阵 $\boldsymbol{A}^{\mathrm{T}}$ 为矩阵 $\boldsymbol{A}$ 的转置矩阵。

由于对称方阵中 $a_{ij}=a_{ji}$，其转置矩阵必与原方阵相等，即

$$\boldsymbol{A}^{\mathrm{T}}=\boldsymbol{A}$$

不难验证，矩阵乘积的转置规则是

$$\left.\begin{aligned} (\boldsymbol{AB})^{\mathrm{T}} &= \boldsymbol{B}^{\mathrm{T}}\boldsymbol{A}^{\mathrm{T}} \\ (\boldsymbol{ABC})^{\mathrm{T}} &= \boldsymbol{C}^{\mathrm{T}}\boldsymbol{B}^{\mathrm{T}}\boldsymbol{A}^{\mathrm{T}} \end{aligned}\right\} \tag{2-8}$$

即矩阵乘积的转置等于反序矩阵转置的乘积，例如

$$\left(\begin{bmatrix} 3 & 1 \\ 4 & 1 \end{bmatrix}\begin{bmatrix} 2 & 0 \\ -1 & 3 \end{bmatrix}\right)^{\mathrm{T}}=\begin{bmatrix} 5 & 3 \\ 7 & 3 \end{bmatrix}^{\mathrm{T}}=\begin{bmatrix} 5 & 7 \\ 3 & 3 \end{bmatrix}$$

而

$$\begin{bmatrix} 2 & 0 \\ -1 & 3 \end{bmatrix}^{\mathrm{T}}\begin{bmatrix} 3 & 1 \\ 4 & 1 \end{bmatrix}^{\mathrm{T}}=\begin{bmatrix} 2 & -1 \\ 0 & 3 \end{bmatrix}\begin{bmatrix} 3 & 4 \\ 1 & 1 \end{bmatrix}=\begin{bmatrix} 5 & 7 \\ 3 & 3 \end{bmatrix}$$

其结果完全相同。

同样还可以证明矩阵相加的转置规则为

$$(\boldsymbol{A}+\boldsymbol{B})^{\mathrm{T}}=\boldsymbol{A}^{\mathrm{T}}+\boldsymbol{B}^{\mathrm{T}} \tag{2-9}$$

[例 2-3] 已知矩阵 $\boldsymbol{A}=\begin{bmatrix} a_{11} & a_{12} \\ a_{21} & a_{22} \\ a_{31} & a_{32} \end{bmatrix}$，求乘积 $\boldsymbol{AA}^{\mathrm{T}}$。

解

$$AA^{\mathrm{T}}=\begin{bmatrix}a_{11}&a_{12}\\a_{21}&a_{22}\\a_{31}&a_{32}\end{bmatrix}\begin{bmatrix}a_{11}&a_{21}&a_{31}\\a_{12}&a_{22}&a_{32}\end{bmatrix}$$

$$=\begin{bmatrix}a_{11}^2+a_{12}^2&a_{11}a_{21}+a_{12}a_{22}&a_{11}a_{31}+a_{12}a_{32}\\a_{21}a_{11}+a_{22}a_{12}&a_{21}^2+a_{22}^2&a_{21}a_{31}+a_{22}a_{32}\\a_{31}a_{11}+a_{32}a_{12}&a_{31}a_{21}+a_{32}a_{22}&a_{31}^2+a_{32}^2\end{bmatrix}$$

[例 2-4]　已知矩阵

$$X=\begin{bmatrix}x_1\\x_2\\\vdots\\x_n\end{bmatrix},\quad Y=\begin{bmatrix}y_1\\y_2\\\vdots\\y_n\end{bmatrix}$$

求乘积 $X^{\mathrm{T}}Y$。

解

$$X^{\mathrm{T}}Y=x_1y_1+x_2y_2+\cdots+x_ny_n$$

可见，行矩阵与列矩阵乘积为一个数。

(五)逆矩阵

对于 n 阶方阵 A，若有另一 n 阶方阵 B，能满足 $AB=I$，则称 B 为 A 的逆矩阵。A 的逆矩阵记作 A^{-1}，则 $B=A^{-1}$。

逆矩阵的求法可通过对一个三阶方阵的讨论加以说明。

设有三阶方阵

$$A=\begin{bmatrix}a_{11}&a_{12}&a_{13}\\a_{21}&a_{22}&a_{23}\\a_{31}&a_{32}&a_{33}\end{bmatrix}$$

为非奇异方阵，构造另一个三阶矩阵

$$A^*=\begin{bmatrix}A_{11}&A_{21}&A_{31}\\A_{12}&A_{22}&A_{32}\\A_{13}&A_{23}&A_{33}\end{bmatrix}$$

式中的 A_{ij} 是行列式 $|A|$ 中元素 a_{ij} 的代数余子式，这样构成的矩阵 A^* 称做矩阵 A 的伴随矩阵。

注意：矩阵 A^* 是把行列式 $|A|$ 中各元素 a_{ij} 换成它的代数余子式 A_{ij} 后所得方阵的转置矩阵。则对于非奇异矩阵 A 的逆阵 A^{-1} 为

$$A^{-1}=\frac{A^*}{|A|}\tag{2-10}$$

将上面三阶方阵求逆阵的方法推广到 n 阶方阵求逆阵同样适用。

由公式(2-10)可知，方阵 A 有逆阵的充分必要条件是其行列式 $|A|\neq0$，即方阵 A 为非

奇异方阵。

[例 2-5] 求矩阵 $\boldsymbol{A}=\begin{bmatrix}1 & 2\\ 3 & 4\end{bmatrix}$的逆矩阵。

解 因为 $\boldsymbol{A}$ 的行列式$|\boldsymbol{A}|=-6+4=-2\neq 0$，所以矩阵 $\boldsymbol{A}$ 为非奇异矩阵，其逆阵 $\boldsymbol{A}^{-1}$ 存在。根据式(2-10)有

$$\begin{bmatrix}1 & 2\\ 3 & 4\end{bmatrix}^{-1}=\frac{1}{\begin{vmatrix}1 & 2\\ 3 & 4\end{vmatrix}}\begin{bmatrix}4 & -2\\ -3 & 1\end{bmatrix}=-\frac{1}{2}\begin{bmatrix}4 & -2\\ -3 & 1\end{bmatrix}=\begin{bmatrix}-2 & 1\\ \dfrac{3}{2} & -\dfrac{1}{2}\end{bmatrix}$$

三、二次型函数及正定矩阵

在优化方法讨论中，常用矩阵形式来表示一个二次函数。这里先引出一个二元二次函数的矩阵表达式。

设一般的二元二次函数

$$F(\boldsymbol{X})=mx_1^2+nx_2^2+px_1x_2+b_1x_1+b_2x_2+c$$

式中 $\boldsymbol{X}$ 表示一组变量 x_1, x_2(在多元函数中用 $\boldsymbol{X}$ 表示一组变量 $x_1,x_2,\cdots, x_n$ 的集合)。按矩阵运算法则，上面的函数可写成

$$F(\boldsymbol{X})=\frac{1}{2}[x_1\ \ x_2]\begin{bmatrix}2m & p\\ p & 2n\end{bmatrix}\begin{bmatrix}x_1\\ x_2\end{bmatrix}+[b_1\ \ b_2]\begin{bmatrix}x_1\\ x_2\end{bmatrix}+c$$

若令 $\boldsymbol{X}=\begin{bmatrix}x_1\\ x_2\end{bmatrix}$, $\boldsymbol{A}=\begin{bmatrix}a_{11} & a_{12}\\ a_{21} & a_{22}\end{bmatrix}=\begin{bmatrix}2m & p\\ p & 2n\end{bmatrix}$, $\boldsymbol{B}=\begin{bmatrix}b_1\\ b_2\end{bmatrix}$

则一般二元二次函数的矩阵表达式为

$$F(\boldsymbol{X})=\frac{1}{2}\boldsymbol{X}^{\mathrm{T}}\boldsymbol{A}\boldsymbol{X}+\boldsymbol{B}^{\mathrm{T}}\boldsymbol{X}+\boldsymbol{C} \tag{2-11}$$

式中的方阵 $\boldsymbol{A}$ 显然是一个对称方阵。

式(2-11)同样也可以是多元二次函数的矩阵表达式，各矩阵应是

$$\boldsymbol{X}=\begin{bmatrix}x_1\\ x_2\\ \vdots\\ x_n\end{bmatrix},\quad \boldsymbol{A}=\begin{bmatrix}a_{11} & a_{12} & \cdots & a_{1n}\\ a_{21} & a_{22} & \cdots & a_{2n}\\ \vdots & \vdots & & \vdots\\ a_{n1} & a_{n2} & \cdots & a_{nn}\end{bmatrix},\quad \boldsymbol{B}=\begin{bmatrix}b_1\\ b_2\\ \vdots\\ b_n\end{bmatrix}$$

其中 $\boldsymbol{A}$ 是一个对称方阵。

若在 n 元二次函数中仅含有变量的二次项，则称为 n 元二次齐次函数或简称为二次型。设 $F(x_1,x_2,\cdots,x_n)$是 $x_1,x_2,\cdots,x_n$ 的二次型，即

$$\begin{aligned}F(x_1,x_2,\cdots,x_n)&=a_{11}x_1^2+a_{22}x_2^2+\cdots+a_{nn}x_n^2+2a_{12}x_1x_2+2a_{13}x_1x_3+\cdots+\\ &\quad 2a_{1n}x_1x_n+2a_{23}x_2x_3+\cdots+2a_{2n}x_2x_n+\cdots+2a_{n-1,n}x_{n-1}x_n\\ &=\sum_{i,j=1}^{n}a_{ij}x_ix_j\quad (a_{ij}=a_{ji};\ \ j=1,2,\ \cdots,n)\end{aligned}$$

据此，任意二次型都可以写成

$$\begin{aligned}F(x_1,x_2,\cdots,x_n)&=a_{11}x_1^2+a_{12}x_1x_2+\cdots+a_{1n}x_1x_n+a_{21}x_2x_1+a_{22}x_2^2+\cdots+\\&\quad a_{2n}x_2x_n+\cdots+a_{n1}x_nx_1+a_{n2}x_nx_2+\cdots+a_{nn}x_n^2\\&=x_1(a_{11}x_1+a_{12}x_2+\cdots+a_{1n}x_n)+x_2(a_{21}x_1+a_{22}x_2+\cdots+\\&\quad a_{2n}x_n)+\cdots+x_n(a_{n1}x_1+a_{n2}x_2+\cdots+a_{nn}x_n)\\&=[x_1\ \ x_2\ \ x_3\ \ \cdots\ \ x_n]\begin{bmatrix}a_{11}&a_{12}&\cdots&a_{1n}\\a_{21}&a_{22}&\cdots&a_{2n}\\\vdots&\vdots&&\vdots\\a_{n1}&a_{n2}&\cdots&a_{nn}\end{bmatrix}\begin{bmatrix}x_1\\x_2\\\vdots\\x_n\end{bmatrix}\end{aligned}$$

即可把任意二次型写成矩阵形式

$$F(\boldsymbol{X})=\boldsymbol{X}^{\mathrm{T}}\boldsymbol{A}\boldsymbol{X} \tag{2-12}$$

其中

$$\boldsymbol{X}=[x_1\ \ x_2\ \ \cdots\ \ x_n]^{\mathrm{T}},\quad \boldsymbol{A}=\begin{bmatrix}a_{11}&a_{12}&\cdots&a_{1n}\\a_{21}&a_{22}&\cdots&a_{2n}\\\vdots&\vdots&&\vdots\\a_{n1}&a_{n2}&\cdots&a_{nn}\end{bmatrix}$$

由 $a_{ij}=a_{ji}(i,j=1,2,\cdots,n)$ 知，$\boldsymbol{A}$ 是一个对称方阵。

二元函数的二次型 $F(\boldsymbol{X})=a_{11}x_1^2+a_{12}x_1x_2+a_{21}x_2x_1+a_{22}x_2^2$ 的矩阵形式是

$$F(\boldsymbol{X})=[x_1\ \ x_2]\begin{bmatrix}a_{11}&a_{12}\\a_{21}&a_{22}\end{bmatrix}\begin{bmatrix}x_1\\x_2\end{bmatrix}\qquad \text{即：}F(\boldsymbol{X})=\boldsymbol{X}^{\mathrm{T}}\boldsymbol{A}\boldsymbol{X}$$

通常使系数 a_{12}=a_{21}，故式中 $\boldsymbol{A}$ 也是一个对称方阵。

[例 2-6]　试把函数 $F(\boldsymbol{X})=5x_1^2+x_2^2+5x_3^2+4x_1x_2-8x_1x_3-4x_2x_3$ 化成矩阵形式。

解　$F(\boldsymbol{X})$是一个三元二次齐次函数，可以写成二次型的矩阵表达式

$$F(\boldsymbol{X})=\boldsymbol{X}^{\mathrm{T}}\boldsymbol{A}\boldsymbol{X}$$

其中，$\boldsymbol{X}=\left[x_1\ \ x_2\ \ x_3\right]^{\mathrm{T}}$，$\boldsymbol{A}=\begin{bmatrix}5&2&-4\\2&1&-2\\-4&-2&5\end{bmatrix}$是一个 3 阶对称方阵。可以看出，对于二次齐次函数，把平方项的系数依次放在主对角线上，再依次把交叉项系数的一半放在主对角线的两侧，也即使 a_{ij}=a_{ji}，最终形成对称方阵 $\boldsymbol{A}$。

设有二次型 $F(\boldsymbol{X})=\boldsymbol{X}^{\mathrm{T}}\boldsymbol{A}\boldsymbol{X}$，若对于任意不为零的 $\boldsymbol{X}=[x_1\ \ x_2\ \cdots\ x_n]^{\mathrm{T}}$，总有 $F(\boldsymbol{X})>0$ 则称 $F(\boldsymbol{X})$为正定二次型，并称其相应的矩阵 $\boldsymbol{A}$ 为正定矩阵。

若对于任意不为零的 $\boldsymbol{X}=[x_1\ \ x_2\ \ \cdots\ \ x_n]^{\mathrm{T}}$，总有 $F(\boldsymbol{X})=\boldsymbol{X}^{\mathrm{T}}\boldsymbol{A}\boldsymbol{X}\geqslant 0$，则称该二次型为半正定二次型，并称其相应的矩阵 $\boldsymbol{A}$ 为半正定矩阵。

若二次型$-F(\boldsymbol{X})$为正定，则称 $F(\boldsymbol{X})$为负定二次型，并称其相应的矩阵 $\boldsymbol{A}$ 为负定矩阵。若$-F(\boldsymbol{X})$为半正定，则称 $F(\boldsymbol{X})$为半负定，并称其相应的矩阵 $\boldsymbol{A}$ 为半负定矩阵。

若二次型 $F(\boldsymbol{X})=\boldsymbol{X}^{\mathrm{T}}\boldsymbol{A}\boldsymbol{X}$ 对于某些 $\boldsymbol{X}$ 有 $F(\boldsymbol{X})>0$，而对另一些 $\boldsymbol{X}$ 又有 $F(\boldsymbol{X})<0$，则称其为不定二次型，相应的矩阵 $\boldsymbol{A}$ 称为不定矩阵。

可以证明，对称矩阵

$$\boldsymbol{A}=\begin{bmatrix} a_{11} & a_{12} & \cdots & a_{1n} \\ a_{21} & a_{22} & \cdots & a_{2n} \\ \vdots & \vdots & & \vdots \\ a_{n1} & a_{n2} & \cdots & a_{nn} \end{bmatrix}$$

为正定的充要条件是顺序各阶主子式均大于 0，即

$$a_{11}>0,\quad \begin{vmatrix} a_{11} & a_{12} \\ a_{21} & a_{22} \end{vmatrix}>0,\quad \cdots,\quad \begin{vmatrix} a_{11} & a_{12} & \cdots & a_{1n} \\ a_{21} & a_{22} & \cdots & a_{2n} \\ \vdots & \vdots & & \vdots \\ a_{n1} & a_{n2} & \cdots & a_{nn} \end{vmatrix}>0$$

这一条件可以用来判定对称矩阵 $\boldsymbol{A}$ 是否正定。

[例 2-7]　已知实对称矩阵

$$\boldsymbol{A}=\begin{bmatrix} 5 & 2 & -2 \\ 2 & 5 & -1 \\ -2 & -1 & 5 \end{bmatrix}$$

判别 $\boldsymbol{A}$ 是否正定。

解　此矩阵的顺序各阶主子式为

$$a_{11}=5>0,\quad \begin{vmatrix} a_{11} & a_{12} \\ a_{21} & a_{22} \end{vmatrix}=\begin{vmatrix} 5 & 2 \\ 2 & 5 \end{vmatrix}=21>0,\quad \begin{vmatrix} a_{11} & a_{12} & a_{13} \\ a_{21} & a_{22} & a_{23} \\ a_{31} & a_{32} & a_{33} \end{vmatrix}=\begin{vmatrix} 5 & 2 & -2 \\ 2 & 5 & -1 \\ -2 & -1 & 1 \end{vmatrix}=88>0$$

所以，矩阵 $\boldsymbol{A}$ 正定的。

[例 2-8]　试判别下面实对称矩阵的正定性

$$\boldsymbol{A}=\begin{bmatrix} 1 & 1 & 3 \\ 1 & 1 & 1 \\ 3 & 1 & 1 \end{bmatrix}$$

解　此矩阵的顺序各阶主子式为

$$a_{11}=1>0,\quad \begin{vmatrix} a_{11} & a_{12} \\ a_{21} & a_{22} \end{vmatrix}=\begin{vmatrix} 1 & 1 \\ 1 & 1 \end{vmatrix}=0,\quad \begin{vmatrix} a_{11} & a_{12} & a_{13} \\ a_{21} & a_{22} & a_{23} \\ a_{31} & a_{32} & a_{33} \end{vmatrix}=\begin{vmatrix} 1 & 1 & 3 \\ 1 & 1 & 1 \\ 3 & 1 & 1 \end{vmatrix}=-4$$

故 $\boldsymbol{A}$ 不是正定矩阵。

第二节　向　量

一、基本概念

图 2-1 所示为一直角坐标系 x_1ox_2，A、B 是平面上的两点，(x_1,x_2)、(y_1,y_2)分别是它们

的坐标，$\overrightarrow{oA}=\boldsymbol{X}$，$\overrightarrow{oB}=\boldsymbol{Y}$ 分别是它们对应的向量。这样，平面中的一个点与一个向量就建立了一一对应关系。很明显，一个点也即一个向量，完全对应于一个列矩阵，如 A 点对应于列矩阵 $\boldsymbol{X}=\begin{bmatrix}x_1\\x_2\end{bmatrix}$，我们称之为二维平面列向量；当向量由三个坐标决定时，称之为三维空间向量；当向量由 n 个($n>3$)坐标决定时，则称为超越空间向量，统称为 n 维向量。同样，n 维向量与 n 维超越空间的点一一对应，其大小和方向由 n 个坐标值$(x_1,x_2,\cdots,x_n)$所决定。这些向量和点都可用矩阵表示为

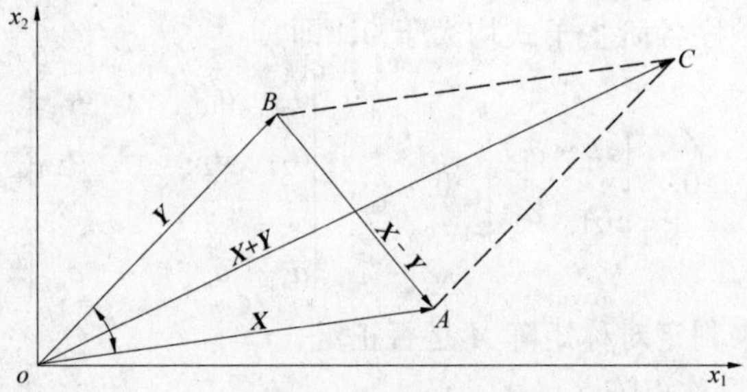

图 2-1　二维向量

$$\boldsymbol{X}=\begin{bmatrix}x_1\\x_2\\\vdots\\x_n\end{bmatrix}$$

其中，$x_1,x_2,\cdots,x_n$ 分别称为向量 $\boldsymbol{X}$ 的第 1，2，⋯，n 个分量。

在 n 维向量的 n 个坐标中，若只有一个为 1，其余均为零，显然它就是沿某坐标轴方向具有单位长度的向量，称为单位向量。在 n 维空间中，单位向量有 n 个，可记为

$$\left.\begin{aligned}\boldsymbol{e}_1&=[1\ 0\ 0\ \cdots\ 0]^{\mathrm{T}}\\\boldsymbol{e}_2&=[0\ 1\ 0\ \cdots\ 0]^{\mathrm{T}}\\&\ \vdots\\\boldsymbol{e}_n&=[0\ 0\ 0\ \cdots\ 1]^{\mathrm{T}}\end{aligned}\right\}\tag{2-13}$$

因此，任何 n 维向量都可以用其坐标表达式来表示

$$\boldsymbol{X}=x_1\boldsymbol{e}_1+x_2\boldsymbol{e}_2+\cdots+x_n\boldsymbol{e}_n\tag{2-14}$$

各分量全为零的向量称为 n 维零向量，记 $\boldsymbol{X}=\Theta$。零向量没有方向。

向量 $\boldsymbol{X}$ 的长度称为模，记作 $\|\boldsymbol{X}\|$。n 维向量的模可由它的各坐标值计算求得，即

$$\|\boldsymbol{X}\|=\sqrt{x_1^2+x_2^2+\cdots+x_n^2}=\sqrt{\sum_{i=1}^{n}x_i^2}\tag{2-15}$$

二、向量的运算

(一)向量的加减

把向量 $\boldsymbol{X}$ 和 $\boldsymbol{Y}$ 的各对应分量相加(或减)所得的量称为向量 $\boldsymbol{X}$ 和 $\boldsymbol{Y}$ 的和(或差)，即

$$\boldsymbol{X}\pm\boldsymbol{Y}=[x_1\pm y_1\ \ x_2\pm y_2\ \ \cdots\ \ x_n\pm y_n]^{\mathrm{T}}$$

图 2-1 表示了二维向量 $\boldsymbol{X}$ 与 $\boldsymbol{Y}$ 的加减。

(二)数与向量相乘

把向量 $\boldsymbol{X}$ 的各分量与数λ相乘构成的向量称为λ与向量 $\boldsymbol{X}$ 的乘积，即

$$\lambda\boldsymbol{X}=\lambda\begin{bmatrix}x_1\\x_2\\\vdots\\x_n\end{bmatrix}=\begin{bmatrix}\lambda x_1\\\lambda x_2\\\vdots\\\lambda x_n\end{bmatrix}=[\lambda x_1\ \ \lambda x_2\ \cdots\ \lambda x_n]^{\mathrm{T}}$$

(三)向量的点积(也称内积、数积)

把向量 $\boldsymbol{X}$ 和 $\boldsymbol{Y}$ 各对应分量的乘积 $x_i y_i(i=1,2,\cdots,n)$ 之和称为向量 $\boldsymbol{X}$ 和 $\boldsymbol{Y}$ 的点积，记作 $(\boldsymbol{X},\boldsymbol{Y})$或 $\boldsymbol{X}\cdot\boldsymbol{Y}$，即

$$\boldsymbol{X}\cdot\boldsymbol{Y}=x_1y_2+x_2y_2+\cdots+x_ny_n=\sum_{i=1}^{n}x_iy_i \tag{2-16}$$

显然，可以将 $\boldsymbol{X}\cdot\boldsymbol{Y}$ 表示成

$$\boldsymbol{X}\cdot\boldsymbol{Y}=\boldsymbol{X}^{\mathrm{T}}\boldsymbol{Y}\quad 或\quad \boldsymbol{X}\cdot\boldsymbol{Y}=\boldsymbol{Y}^{\mathrm{T}}\boldsymbol{X} \tag{2-17}$$

可以看出：$\boldsymbol{e}_i\cdot\boldsymbol{e}_i=1$，而 $\boldsymbol{e}_i\cdot\boldsymbol{e}_j=0\ (j\neq i)$。

若θ是两向量 $\boldsymbol{X}$、$\boldsymbol{Y}$ 间的夹角，则向量的点积定义为

$$\boldsymbol{X}\cdot\boldsymbol{Y}=\|\boldsymbol{X}\|\|\boldsymbol{Y}\|\cos\theta \tag{2-18}$$

三、向量的正交

(一)向量间的夹角

设有二维向量 $\boldsymbol{X}$ 与各坐标轴的夹角分别为 α_1、α_2，则 $\boldsymbol{X}$ 的分量(即向量 $\boldsymbol{X}$ 在坐标轴上的投影)为

$$x_i=\|\boldsymbol{X}\|\cos\alpha_i\quad(i=1,\ 2)$$

式中，$\cos\alpha_i$ 称为向量 $\boldsymbol{X}$ 的方向余弦。

若另有向量 $\boldsymbol{Y}$ 与坐标轴的夹角分别为β_1、β_2，则同理有

$$y_i=\|\boldsymbol{Y}\|\cos\beta_i\quad(i=1,\ 2)$$

则向量 $\boldsymbol{X}$、$\boldsymbol{Y}$ 的点积为

$$\begin{aligned}\boldsymbol{X}\cdot\boldsymbol{Y}=x_1y_1+x_2y_2&=\|\boldsymbol{X}\|\cos\alpha_1\|\boldsymbol{Y}\|\cos\beta_1+\|\boldsymbol{X}\|\cos\alpha_2\|\boldsymbol{Y}\|\cos\beta_2\\&=\|\boldsymbol{X}\|\|\boldsymbol{Y}\|(\cos\alpha_1\cos\beta_1+\cos\alpha_2\cos\beta_2)\end{aligned}$$

与点积定义式(2-18)相比较可知，两向量间的夹角余弦为

$$\cos\theta=\cos\alpha_1\cos\beta_1+\cos\alpha_2\cos\beta_2$$

对于两个 n 维向量间的夹角θ，则可写为

$$\cos\theta=\cos\alpha_1\cos\beta_1+\cos\alpha_2\cos\beta_2+\cdots+\cos\alpha_n\cos\beta_n \tag{2-19}$$

(二)正交向量

若两个非零向量 $\boldsymbol{X}$，$\boldsymbol{Y}$ 的夹角 $\theta=\dfrac{\pi}{2}$，则称它们为正交向量。正交向量必有

$$\boldsymbol{X}\cdot\boldsymbol{Y}=\|\boldsymbol{X}\|\|\boldsymbol{Y}\|\cos\theta=0\quad 或\quad \boldsymbol{X}^{\mathrm{T}}\boldsymbol{Y}=0 \tag{2-20}$$

设 $\boldsymbol{X}_1$, $\boldsymbol{X}_2$, …, $\boldsymbol{X}_k$ 为 k 个非零向量，若对于所有向量有 $\boldsymbol{X}_i \cdot \boldsymbol{X}_j = 0 \quad (i \neq j)$，则称该向量系为正交向量系。单位坐标向量系 $\boldsymbol{e}_1$, $\boldsymbol{e}_2$, …, $\boldsymbol{e}_n$，即为正交向量系。

第三节　多元函数

一、函数的等值线(面)

所谓函数的等值线，就是当函数 $F(\boldsymbol{X})$ 的值依次等于一系列常数时，自变量取得一系列值的集合。当函数有两个自变量时，函数值与自变量的关系是三维空间中的一个曲面。若 $F(\boldsymbol{X})$ 是 n 维函数，则函数值与 n 个自变量间呈 $n+1$ 维空间的超越曲面关系。

如图 2-2 所示，当二维函数 $F(\boldsymbol{X})$ 的值依次等于实数 a, b, c, d 时，在图示坐标系中得到一组相应高度的水平面，它们与空间曲面的交线为一组椭圆，在 x_1ox_2 平面上的投影就是一族椭圆曲线。把其中同一曲线上任一点所对应的自变量 x_1, x_2 坐标值代入函数 $F(\boldsymbol{X})$ 中，所得值都是相等的，因此称这族曲线为函数 $F(\boldsymbol{X})$ 的等值线。在极值处函数的等值线聚成一点，并位于等值线族的中心。当该中心为极小值时，则离开它愈远，函数值愈大；等值线愈稀疏说明函数值的变化愈平缓。总之，利用等值线的概念可形象地表达函数的变化规律。

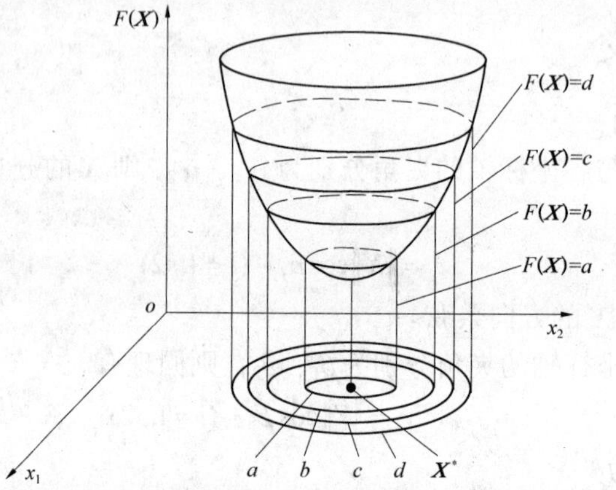

图 2-2　函数的等值线

对于三维或三维以上的函数(统称 n 维函数)，当给定函数值 $F(\boldsymbol{X})=c$ 时，$F(\boldsymbol{X})=c$ 就表示 n 维欧氏空间的一个曲面。在这个曲面上，函数 $F(\boldsymbol{X})$ 具有共同的值 c，称这个曲面为函数 $F(\boldsymbol{X})$ 的一个等值面。对于一切允许的 c 值，便得到一族曲面，称之为 $F(\boldsymbol{X})$ 的等值面族。在极值点附近，n 元函数的等值面一般为一族近似的椭球面，它们共同的中心，就是 n 元函数的极值点。

因此，求函数的极值点问题，也即求函数的最优点问题，可以归结为求其等值线(面)同心椭圆(椭球面)族的中心，根据求椭圆(椭球面)族中心的不同途径，就形成了各种不同的优化方法。

二、一阶导数和方向导数

从多元函数的微分学得知，对于一个连续可微函数 $F(\boldsymbol{X})$ 在某一点的一阶偏导数为

$$\frac{\partial F(\boldsymbol{X}^{(k)})}{\partial x_1},\ \frac{\partial F(\boldsymbol{X}^{(k)})}{\partial x_2},\ \cdots,\frac{\partial F(\boldsymbol{X}^{(k)})}{\partial x_n}$$

它表示函数 $F(\boldsymbol{X})$的值在 $\boldsymbol{X}^{(k)}$点沿各坐标轴方向的变化率。它们是一组标量值，也就是函数 $F(\boldsymbol{X})$在点 $\boldsymbol{X}^{(k)}$处沿各坐标轴的斜率。

一阶偏导数仅仅描述了函数沿坐标轴这一特定方向的变化率。为了求沿任一方向 $\boldsymbol{S}$ 的函数变化率，需要引入方向导数的概念。

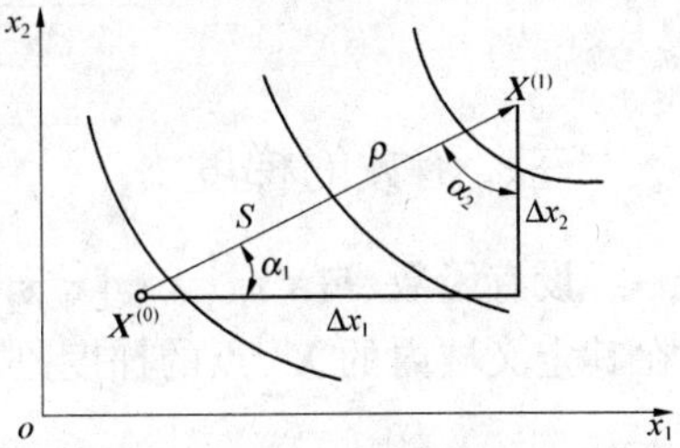

图 2-3　函数的方向导数

一个二维函数，其等值线族如图 2-3 所示。假定有一方向 $\boldsymbol{S}$，其模为 $\|\boldsymbol{S}\|=\rho=\sqrt{\Delta x_1^2+\Delta x_2^2}$，$\boldsymbol{S}$ 与坐标轴 x_1、x_2 之间的夹角分别为 α_1、α_2，则其函数在 $\boldsymbol{X}^{(0)}$点沿 $\boldsymbol{S}$ 方向的变化率，即方向导数为

$$\begin{aligned}\frac{\partial F(\boldsymbol{X}^{(0)})}{\partial \boldsymbol{S}}&=\lim_{\rho\to 0}\left[\frac{F\left(x_1^{(0)}+\Delta x_1,\ x_2^{(0)}+\Delta x_2\right)-F\left(x_1^{(0)},\ x_2^{(0)}\right)}{\rho}\right]\\&=\lim_{\rho\to 0}\left[\frac{F\left(x_1^{(0)}+\Delta x_1, x_2^{(0)}+\Delta x_2\right)-F\left(x_1^{(0)},\ x_2^{0}+\Delta x_2\right)}{\Delta x_1}\cdot\frac{\Delta x_1}{\rho}+\right.\\&\qquad\left.\frac{F\left(x_1^{(0)}, x_2^{(0)}+\Delta x_2\right)-F\left(x_1^{(0)},\ x_2^{(0)}\right)}{\Delta x_2}\cdot\frac{\Delta x_2}{\rho}\right]\\&=\frac{\partial F(\boldsymbol{X}^{(0)})}{\partial x_1}\cos\alpha_1+\frac{\partial F(\boldsymbol{X}^{(0)})}{\partial x_2}\cos\alpha_2\end{aligned}\tag{2-21}$$

这就是方向导数的计算公式。

对于 n 维函数，可以仿此推导求得 $F(\boldsymbol{X})$ 在 $\boldsymbol{X}^{(0)}$点沿 $\boldsymbol{S}$ 方向的方向导数为

$$\frac{\partial F(\boldsymbol{X}^{(0)})}{\partial \boldsymbol{S}}=\sum_{i=1}^{n}\frac{\partial F(\boldsymbol{X}^{(0)})}{\partial x_i}\cdot\cos\alpha_i\tag{2-22}$$

式中　$\dfrac{\partial F(\boldsymbol{X}^{(0)})}{\partial x_i}$——函数对坐标轴 x_i 的偏导数；

$\cos\alpha_i=\dfrac{\Delta x_i}{\rho}$——$\boldsymbol{S}$ 方向的方向余弦。

上述方向导数表明了函数 $F(\boldsymbol{X})$在 $\boldsymbol{X}^{(0)}$点沿 $\boldsymbol{S}$ 方向的变化率。它也是一个标量。其值为正时，表示函数 $F(\boldsymbol{X})$在 $\boldsymbol{X}^{(0)}$点处沿向量 $\boldsymbol{S}$ 方向是增加的；其值为负时，表示该函数在 $\boldsymbol{X}^{(0)}$点处沿向量 $\boldsymbol{S}$ 方向是减小的。

[例 2-9]　设函数 $F(\boldsymbol{X})=\dfrac{1}{4}\pi x_1^2 x_2$，求 $F(\boldsymbol{X})$在点 $\boldsymbol{X}^{(0)}=[1\ 1]^{\mathrm{T}}$ 处沿 $\boldsymbol{S}$ 方向的方向导数。向量 $\boldsymbol{S}$ 的方向为 $\alpha_1=\alpha_2=\dfrac{\pi}{4}$。

解　因为

$$\frac{\partial F(\boldsymbol{X})}{\partial x_1}=\frac{\pi x_1 x_2}{2},\quad \frac{\partial F(\boldsymbol{X})}{\partial x_2}=\frac{\pi x_1^2}{4}$$

由式(2-21)知，$F(\boldsymbol{X})$在 $\boldsymbol{X}^{(0)}$点处沿 $\boldsymbol{S}$ 方向的方向导数为

$$\frac{\partial F(\boldsymbol{X}^{(0)})}{\partial \boldsymbol{S}}=\frac{\pi x_1 x_2}{2}\cos\frac{\pi}{4}+\frac{\pi x_1^2}{4}\cos\frac{\pi}{4}=\frac{3\sqrt{2}}{8}\pi$$

三、函数的梯度

设有函数 $F(\boldsymbol{X})$，$\boldsymbol{X}=[x_1\ x_2\ \cdots\ x_n]^{\mathrm{T}}$，且函数 $F(\boldsymbol{X})$在某定义域内连续、可导，则 $F(\boldsymbol{X})$在其定义域内的 $\boldsymbol{X}^{(k)}$点的梯度是以其一阶偏导数为分量的一个列向量，记作

$$\nabla F(\boldsymbol{X}^{(0)})=\left[\frac{\partial F(\boldsymbol{X}^{(k)})}{\partial x_1}\ \frac{\partial F(\boldsymbol{X}^{(k)})}{\partial x_2}\ \cdots\ \frac{\partial F(\boldsymbol{X}^{(k)})}{\partial x_n}\right]^{\mathrm{T}} \tag{2-23}$$

而梯度的模是

$$\left\|\nabla F(\boldsymbol{X}^{(k)})\right\|=\sqrt{\left(\frac{\partial F(\boldsymbol{X}^{(k)})}{\partial x_1}\right)^2+\left(\frac{\partial F(\boldsymbol{X}^{(k)})}{\partial x_2}\right)^2+\cdots+\left(\frac{\partial F(\boldsymbol{X}^{(k)})}{\partial x_n}\right)^2} \tag{2-24}$$

函数梯度的概念在优化设计中具有重要意义，这里我们强调指出它的几个特征：

(1)函数 $F(\boldsymbol{X})$在给定点的梯度是一个向量。它的大小就是函数在该点的方向导数的最大值。它的正向是函数值最速上升方向，负向是函数值最速下降方向。

(2)由于梯度的模因点而异，即函数在不同点的最大增加率是不同的，所以，函数在某点的梯度向量只是指出了在该点极小邻域内函数的最速上升方向，是函数的一种局部性质。

(3)函数在给定点的梯度方向是函数等值线或等值面在该点的法线方向。

[例 2-10]　求函数 $F(\boldsymbol{X})=\frac{\pi}{4}x_1^2 x_2$ 在点 $\boldsymbol{X}^{(0)}=[1\ 1]^{\mathrm{T}}$ 处的梯度。

解　因为

$$\frac{\partial F(\boldsymbol{X}^{(0)})}{\partial x_1}=\frac{\pi}{2}x_1 x_2\Big|_{(1,1)}=\frac{\pi}{2},\qquad \frac{\partial F(\boldsymbol{X}^{(0)})}{\partial x_2}=\frac{\pi}{4}x_1^2\Big|_{(1,1)}=\frac{\pi}{4}$$

所以

$$\nabla F(\boldsymbol{X}^{(0)})=\begin{bmatrix}\dfrac{\partial F(\boldsymbol{X}^{(0)})}{\partial x_1}\\[2mm] \dfrac{\partial F(\boldsymbol{X}^{(0)})}{\partial x_2}\end{bmatrix}=\begin{bmatrix}\dfrac{\pi}{2}\\[2mm] \dfrac{\pi}{4}\end{bmatrix}$$

四、函数的二阶导数矩阵(海森矩阵)

对于一般的 n 元函数 $F(\boldsymbol{X})$，它的 n 个一阶偏导数 $\frac{\partial F(\boldsymbol{X})}{\partial x_1}$，$\frac{\partial F(\boldsymbol{X})}{\partial x_2}$，…，$\frac{\partial F(\boldsymbol{X})}{\partial x_n}$ 仍然是 n 元函数，若这些一阶偏导数的导数也存在，那么就可以得出下面的二阶偏导数，即

$$
\begin{matrix}
\dfrac{\partial^2 F(\boldsymbol{X})}{\partial x_1 \partial x_1}, & \dfrac{\partial^2 F(\boldsymbol{X})}{\partial x_1 \partial x_2}, & \cdots, & \dfrac{\partial^2 F(\boldsymbol{X})}{\partial x_1 \partial x_n} \\
\dfrac{\partial^2 F(\boldsymbol{X})}{\partial x_2 \partial x_1}, & \dfrac{\partial^2 F(\boldsymbol{X})}{\partial x_2 \partial x_2}, & \cdots, & \dfrac{\partial^2 F(\boldsymbol{X})}{\partial x_2 \partial x_n} \\
\vdots & \vdots & & \vdots \\
\dfrac{\partial^2 F(\boldsymbol{X})}{\partial x_n \partial x_1}, & \dfrac{\partial^2 F(\boldsymbol{X})}{\partial x_n \partial x_2}, & \cdots, & \dfrac{\partial^2 F(\boldsymbol{X})}{\partial x_n \partial x_n}
\end{matrix}
$$

n 元函数的二阶偏导数共有 n^2 个，可简记为

$$\frac{\partial^2 F(\boldsymbol{X})}{\partial x_i \partial x_j} \quad (i,\ j=1,\ 2,\ \cdots,\ n)$$

若将上面的二阶偏导数按求导次序排成一个矩阵，则可简记为

$$\boldsymbol{H} = \nabla^2 F(\boldsymbol{X}) = \left[\frac{\partial^2 F(\boldsymbol{X})}{\partial x_i \partial x_j}\right] \quad (i, j=1, 2, \cdots, n)$$

这是一个 $n \times n$ 阶方阵，其中 $i \neq j$ 的二阶偏导数称为混合偏导数。如果一阶偏导数在定义域内处处连续可微，则二阶混合偏导数与求导的先后次序无关，即有

$$\frac{\partial^2 F(\boldsymbol{X})}{\partial x_i \partial x_j} = \frac{\partial^2 F(\boldsymbol{X})}{\partial x_j \partial x_i} \quad (i,\ j=1,\ 2,\ \cdots,\ n \text{且} i \neq j)$$

由此可知，函数的二阶偏导数矩阵

$$\boldsymbol{H} = \begin{bmatrix}
\dfrac{\partial^2 F(\boldsymbol{X})}{\partial x_1 \partial x_1} & \dfrac{\partial^2 F(\boldsymbol{X})}{\partial x_1 \partial x_2} & \cdots & \dfrac{\partial^2 F(\boldsymbol{X})}{\partial x_1 \partial x_n} \\
\dfrac{\partial^2 F(\boldsymbol{X})}{\partial x_2 \partial x_1} & \dfrac{\partial^2 F(\boldsymbol{X})}{\partial x_2 \partial x_2} & \cdots & \dfrac{\partial^2 F(\boldsymbol{X})}{\partial x_2 \partial x_n} \\
\vdots & \vdots & & \vdots \\
\dfrac{\partial^2 F(\boldsymbol{X})}{\partial x_n \partial x_1} & \dfrac{\partial^2 F(\boldsymbol{X})}{\partial x_n \partial x_2} & \cdots & \dfrac{\partial^2 F(\boldsymbol{X})}{\partial x_n \partial x_n}
\end{bmatrix} \tag{2-25}$$

是一个 $n \times n$ 阶对称方阵，即

$$\boldsymbol{H} = \boldsymbol{H}^{\mathrm{T}}$$

这个由二阶偏导数组成的对称方阵 $\boldsymbol{H}$，通常称为海森(Hessian)矩阵。

[例 2-11]　求函数 $F(\boldsymbol{X}) = x_1^4 + 2x_2^3 + 3x_3^2 - x_1^2 x_2 + 4x_2 x_3 - x_1 x_3^2$ 的海森矩阵。

解　因为

$$\frac{\partial F(\boldsymbol{X})}{\partial x_1} = 4x_1^3 - 2x_1 x_2 - x_3^2,\quad \frac{\partial F(\boldsymbol{X})}{\partial x_2} = 6x_2^2 - x_1^2 + 4x_3,\quad \frac{\partial F(\boldsymbol{X})}{\partial x_3} = 6x_3 + 4x_2 - 2x_1 x_3$$

而

$$\frac{\partial^2 F(\boldsymbol{X})}{\partial x_1^2} = 12x_1^2 - 2x_2,\quad \frac{\partial^2 F(\boldsymbol{X})}{\partial x_1 \partial x_2} = -2x_1,\quad \frac{\partial^2 F(\boldsymbol{X})}{\partial x_1 \partial x_3} = -2x_3$$

$$\frac{\partial^2 F(\boldsymbol{X})}{\partial x_2^2}=12x_2\text{，}\quad \frac{\partial^2 F(\boldsymbol{X})}{\partial x_2 \partial x_3}=4\text{，}\quad \frac{\partial^2 F(\boldsymbol{X})}{\partial x_3^2}=6-2x_1$$

所以，海森矩阵为 3×3 阶对称方阵，即

$$\boldsymbol{H}=\begin{bmatrix} 12x_1^2-2x_2 & -2x_1 & -2x_3 \\ -2x_1 & 12x_2 & 4 \\ -2x_3 & 4 & 6-2x_1 \end{bmatrix}$$

五、多元函数的泰勒展开式

在最优化方法的讨论中，常用到多元函数的线性近似和二次近似的概念，这实际上就是在某一点按泰勒(Taylor)展开后取一次项或二次项来代替函数在该点的性态。

一元函数的泰勒展开可描述为：如果函数 $F(x)$在 $x^{(0)}$点某邻域内有直至 n+1 阶导数，则该函数可表示为$(x-x^{(0)})$的 n 次多项式与一个余项 R_n之和，即

$$F(x)=F(x^{(0)})+F'(x^{(0)})(x-x^{(0)})+\frac{1}{2!}F''(x^{(0)})(x-x^{(0)})^2+\cdots+\frac{1}{n!}F^n(x^{(0)})(x-x^{(0)})^n+R_n$$

在实际计算中，常忽略二阶以上的高阶微量，只取前三项，则函数可近似表达为如下多项式

$$F(x)\approx F(x^{(0)})+F'(x^{(0)})(x-x^{(0)})+\frac{1}{2}F''(x^{(0)})(x-x^{(0)})^2$$

或

$$\Delta F(x)=F(x)-F(x^{(0)})\approx F'(x^{(0)})\Delta x+\frac{1}{2}F''(x^{(0)})\Delta x^2$$

对于二元函数 $F(x，y)$在$(x^{(0)}，y^{(0)})$点处的泰勒展开式为

$$\begin{aligned} F(x,y)=&F(x^{(0)},y^{(0)})+[F'_x(x^{(0)},y^{(0)})\Delta x+F'_y(x^{(0)},y^{(0)})\Delta y]+\\ &\frac{1}{2!}[F''_{xx}(x^{(0)},y^{(0)})\Delta x^2+2F''_{xy}(x^{(0)},y^{(0)})\Delta x\Delta y+F''_{yy}(x^{(0)},y^{(0)})\Delta y^2]+\\ &\frac{1}{3!}[F^{(3)}_{x^3}(x^{(0)},y^{(0)})\Delta x^3+3F^{(3)}_{x^2y}(x^{(0)},y^{(0)})\Delta x^2\Delta y+\\ &3F^{(3)}_{xy^2}(x^{(0)},y^{(0)})\Delta x\Delta y^2+F^{(3)}_{y^3}(x^{(0)},y^{(0)})\Delta y^3]+\cdots \end{aligned}$$

对于 n 元函数，在 $\boldsymbol{X}^{(0)}$点展开成的泰勒多项式具有与二元函数的泰勒展开式完全相同的形式，只是其中自变量为

$$\boldsymbol{X}=\begin{bmatrix} x_1 \\ x_2 \\ \vdots \\ x_n \end{bmatrix}$$

考虑到问题的简化，只取到二阶偏导数项，则多元函数 $F(\boldsymbol{X})$在 $\boldsymbol{X}^{(0)}$点的泰勒展开式为

$$F(\boldsymbol{X})\approx F(\boldsymbol{X}^{(0)})+\sum_{i=1}^{n}\frac{\partial F(\boldsymbol{X}^{(0)})}{\partial x_i}\Delta x_i+\frac{1}{2!}\sum_{i,j=1}^{n}\frac{\partial^2 F(\boldsymbol{X}^{(0)})}{\partial x_i\partial x_j}\Delta x_i\Delta x_j$$

将上式写成矩阵形式为

$$F(\boldsymbol{X}) \approx F(\boldsymbol{X}^{(0)}) + \left[\nabla F(\boldsymbol{X}^{(0)})\right]^{\mathrm{T}} \Delta\boldsymbol{X} + \frac{1}{2}\Delta\boldsymbol{X}^{\mathrm{T}}\boldsymbol{H}_0\Delta\boldsymbol{X} \tag{2-26}$$

式中

$$[\Delta F(\boldsymbol{X}^{(0)})]^{\mathrm{T}} = \left[\frac{\partial F(\boldsymbol{X}^{(0)})}{\partial x_1} \quad \frac{\partial F(\boldsymbol{X}^{(0)})}{\partial x_2} \quad \cdots \quad \frac{\partial F(\boldsymbol{X}^{(0)})}{\partial x_n}\right]$$

$$\Delta\boldsymbol{X} = \begin{bmatrix} \Delta x_1 \\ \Delta x_2 \\ \vdots \\ \Delta x_n \end{bmatrix}$$

$\boldsymbol{H}_0$是函数$F(\boldsymbol{X})$在$\boldsymbol{X}^{(0)}$点的海森矩阵，且$\boldsymbol{H}_0 = \left[\dfrac{\partial^2 F(\boldsymbol{X}^{(0)})}{\partial x_i \partial x_j}\right] \quad (i, j = 1,\ 2,\ \cdots,\ n)$。

六、多元函数的极值

由极值理论可知，任一单值、连续、可微的一元函数$y = F(x)$在$x = x^{(0)}$点处有极值的充分必要条件是

$$F'(x^{(0)}) = 0 \text{和} F''(x^{(0)}) \begin{cases} >0\text{有极小值} \\ <0\text{有极大值} \end{cases}$$

通常称$F'(x^{(0)}) = 0$的点为驻点，所以极值点一定是驻点，但驻点不一定都是极值点。如图 2-4 所示，$F(x)$处的一阶导数为零，故点$x^{(0)}$是$F(x)$的驻点，但不是极值点。

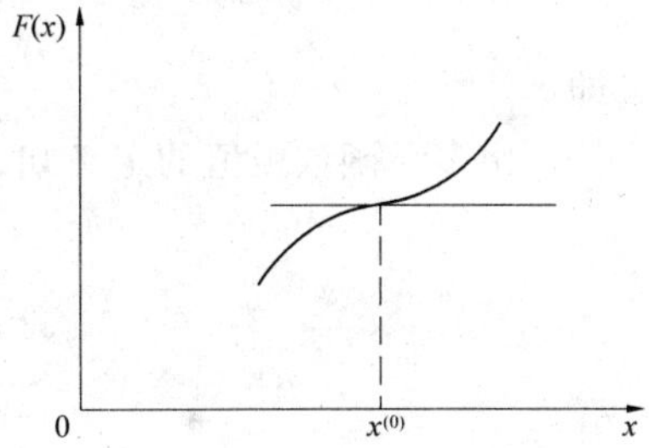

图 2-4　一元函数的驻点

现在讨论一般情况——多元函数的极值问题。

定义：设多元函数$F(\boldsymbol{X})$，若在$\boldsymbol{X}^*$点附近足够小的邻域，即$\left\|\boldsymbol{X} - \boldsymbol{X}^*\right\| \leqslant \varepsilon$，对于所有点$\boldsymbol{X}$都有$F(\boldsymbol{X}) > F(\boldsymbol{X}^*)$，则称$\boldsymbol{X}^*$为极小点，相应的函数值$F(\boldsymbol{X}^*)$为极小值如图 2-5(a)所示；相反，对于所有点$\boldsymbol{X}$都有$F(\boldsymbol{X}) < F(\boldsymbol{X}^*)$，则称$\boldsymbol{X}^*$为极大点，相应的函数值$F(\boldsymbol{X}^*)$为极大值，如图 2-5(b)所示。

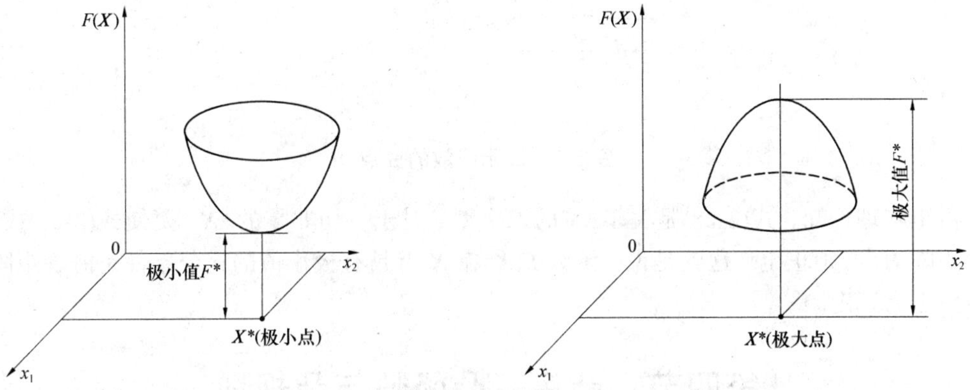

(a)　(b)

图 2-5　函数的极值

可以证明，在多元函数的极值点处，满足

$$\frac{\partial F(\boldsymbol{X}^*)}{\partial x_i}=0 \quad (i=1,\ 2,\ \cdots,\ n)$$

所以，多元函数在$\boldsymbol{X}^*$点有极值的必要条件为该点的各一阶偏导数均等于零。前已述及，由某点各一阶偏导数组成的向量称为函数的梯度，因此，上述必要条件可表示为

$$\nabla F(\boldsymbol{X}^*)=0 \tag{2-27}$$

与一元函数类似，满足式(2-27)的点不一定是极值点，图 2-6 所示的二元函数曲面上 K 点所对应的$\boldsymbol{X}^{(0)}$点虽然有 $F'_{x_1}(\boldsymbol{X}^{(0)})=0, F'_{x_2}(\boldsymbol{X}^{(0)})=0$，但$\boldsymbol{X}^{(0)}$点并不是极值点，而是驻点。因此，有必要进一步探讨多元函数极值存在的充分条件。在优化问题的讨论中，感兴趣的是求函数的极小值。所以，下面进一步阐明函数存在极小值的充分条件。

若 n 元函数 $F(\boldsymbol{X})$在$\boldsymbol{X}^*$点的某一邻域内连续且有直至 n+1 阶的连续导数，则在此点附近用泰勒公式展开后的矩阵形式为

$$F(\boldsymbol{X})\approx F(\boldsymbol{X}^*)+\left[\nabla F(\boldsymbol{X}^*)\right]^{\mathrm{T}}\Delta\boldsymbol{X}+\frac{1}{2}\Delta\boldsymbol{X}^{\mathrm{T}}\boldsymbol{H}^*\Delta\boldsymbol{X}$$

因为$\boldsymbol{X}^*$为极值点，故必满足其必要条件$\nabla F(\boldsymbol{X}^*)=0$，则上式可改写为

$$F(\boldsymbol{X})-F(\boldsymbol{X}^*)\approx\frac{1}{2}\Delta\boldsymbol{X}^{\mathrm{T}}\boldsymbol{H}^*\Delta\boldsymbol{X}$$

在$\boldsymbol{X}^*$点附近的邻域内，若对一切$\boldsymbol{X}$恒有

$$F(\boldsymbol{X})-F(\boldsymbol{X}^*)>0$$

即

$$\Delta\boldsymbol{X}^{\mathrm{T}}\boldsymbol{H}^*\Delta\boldsymbol{X}>0 \tag{2-28}$$

由多元函数极值的定义知，$\boldsymbol{X}^*$必为极小点。

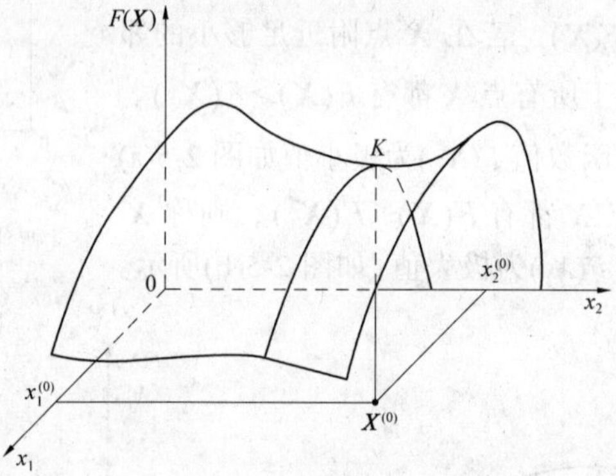

图 2-6 二元函数的驻点

由矩阵理论知，式(2-28)是关于$\Delta\boldsymbol{X}$的二次型，对于一切非零的$\Delta\boldsymbol{X}$，要使式(2-28)成立，海森矩阵$\boldsymbol{H}^*$必须正定。这就是说，函数 $F(\boldsymbol{X})$在$\boldsymbol{X}^*$点具有极小值的充分条件是海森矩阵在该点附近为正定。

第四节 凸集、凸函数与凸规划

前已述及，$\boldsymbol{X}^*$是函数 $F(\boldsymbol{X})$的极小点，这只是就$\boldsymbol{X}^*$点附近而言，是一种局部性质，$F(\boldsymbol{X}^*)$

并不一定是整个区域上的最小值。而优化设计的目标，是求某一特定区域上的最小值。为了判断某一极值是否为某特定区域上的最优值，我们来介绍凸集、凸函数和凸规划的概念。

一、凸集

设 $\boldsymbol{D}$ 为 n 维欧氏空间中的一个集合。若其中任意两点 $\boldsymbol{X}^{(1)}$、$\boldsymbol{X}^{(2)}$之间的连线都属于该集合，则称这种集合 $\boldsymbol{D}$ 为 n 维欧氏空间的一个凸集。

图 2-7(a)是二维空间的一个凸集；图 2-7(b)不是凸集；图 2-7(c)中集合 $\boldsymbol{D}$ 是一个凸集。显然，球体是三维空间的一个凸集。

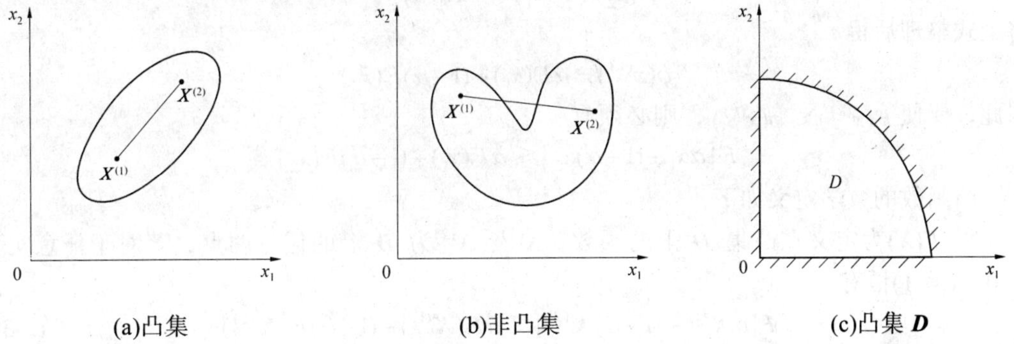

图 2-7　二维空间的凸集与非凸集

$\boldsymbol{X}^{(1)}$、$\boldsymbol{X}^{(2)}$两点之间的连线，可用数学式表达为

$$\boldsymbol{X}=\alpha\boldsymbol{X}^{(1)}+(1-\alpha)\boldsymbol{X}^{(2)} \tag{2-29}$$

式中，α为 0 到 $1(0\leqslant\alpha\leqslant1)$间的任意实数。

二、凸函数

如图 2-8(a)所示的一元函数 $F(x)$。自变量定义域为$[a, b]$，在定义域内任取两点 x_1、x_2，连接对应函数曲线上的点 K_1 和 K_2 得一直线，设该直线的方程是$\varphi(x)$。若在区间$[x_1, x_2]$内的任意点 $x^{(k)}$所对应的函数值 $F(x^{(k)})$都小于或等于该点的函数值$\varphi(x^{(k)})$，则称 $F(x)$在区间$[a, b]$内为凸函数。

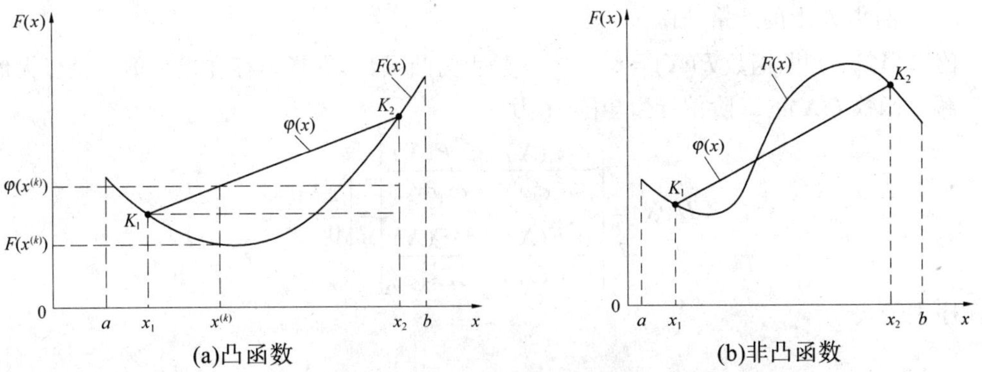

图 2-8　凸函数与非凸函数

那么，此时 $x^{(k)}$点的函数值 $F(x^{(k)})$及其对应的 K_1K_2 直线上的函数值$\varphi(x^{(k)})$到底是多大呢？

若区域$[a，b]$是一个凸集，则其上 x_1 与 x_2 两点间的任意点 $x^{(k)}$由式(2-29)可表达为

$$x^{(k)} = \alpha x_1 + (1-\alpha)x_2 \qquad (0 \leqslant \alpha \leqslant 1)$$

即

$$\frac{x_2 - x^{(k)}}{x_2 - x_1} = \alpha$$

由图 2-8(a)的几何关系可知

$$\frac{F(x_2) - \varphi(x^{(k)})}{F(x_2) - F(x_1)} = \frac{x_2 - x^{(k)}}{x_2 - x_1} = \alpha$$

将上式整理后得

$$\varphi(x^{(k)}) = \alpha F(x_1) + (1-\alpha)F(x_2)$$

因此，要使 $F(x^{(k)}) \leqslant \varphi(x^{(k)})$，则必须有

$$F\left[\alpha x_1 + (1-\alpha)x_2\right] \leqslant \alpha F(x_1) + (1-\alpha)F(x_2)$$

凸函数的数学定义如下：

设 $F(\boldsymbol{X})$为定义在凸集 $\boldsymbol{D}$ 上的函数，$\boldsymbol{X}^{(1)}$、$\boldsymbol{X}^{(2)}$为 $\boldsymbol{D}$ 上的任意两点，若对于任意实数$\alpha\,(0 \leqslant \alpha \leqslant 1)$恒有

$$F[\alpha \boldsymbol{X}^{(1)} + (1-\alpha)\boldsymbol{X}^{(2)}] \leqslant \alpha F(\boldsymbol{X}^{(1)}) + (1-\alpha)F(\boldsymbol{X}^{(2)}) \tag{2-30}$$

则称函数 $F(\boldsymbol{X})$为定义在凸集 $\boldsymbol{D}$ 上的一个凸函数，若上式以“<”成立，则称函数 $F(\boldsymbol{X})$为严格凸函数。

凸函数具有如下两个重要性质：

(1)设 $F(\boldsymbol{X})$为定义在凸集 $\boldsymbol{D}$ 上的凸函数，且λ是一个正数($\lambda>0$)，则$\lambda F(\boldsymbol{X})$也是定义于凸集 $\boldsymbol{D}$ 上的凸函数。

(2)设函数 $F_1(\boldsymbol{X})$、$F_2(\boldsymbol{X})$为定义于凸集 $\boldsymbol{D}$ 上的凸函数，有正实数$\alpha>0$，$\beta>0$，则线性组合 $F(\boldsymbol{X}) = \alpha F_1(\boldsymbol{X}) + \beta F_2(\boldsymbol{X})$也是凸集 $\boldsymbol{D}$ 上的凸函数。

这两条性质可以用来判别几个凸函数组合起来后，所得的函数是否还为凸函数。

要想知道一个函数是否为凸函数，除根据定义直接判断外，还可用下面的凸性条件来判断：

设 $F(\boldsymbol{X})$为定义在凸集 $\boldsymbol{D}$ 上的函数，且存在连续二阶导数，则 $F(\boldsymbol{X})$为 $\boldsymbol{D}$ 上的凸函数的充要条件是 $F(\boldsymbol{X})$的海森矩阵 $\boldsymbol{H}(\boldsymbol{X})$处处是半正定的。若海森矩阵 $\boldsymbol{H}(\boldsymbol{X})$对一切 $\boldsymbol{X}\in\boldsymbol{D}$ 都正定，则 $F(\boldsymbol{X})$是凸集 $\boldsymbol{D}$ 上的严格凸函数。

[例 2-12]　判断函数 $F(\boldsymbol{X}) = x_1^2 + x_2^2 - 1$ 是否为凸函数，并指出存在极小值还是极大值？

解　函数 $F(\boldsymbol{X})$的二阶偏导数矩阵 $\boldsymbol{H}$ 为

$$\boldsymbol{H}(\boldsymbol{X}) = \begin{bmatrix} \dfrac{\partial^2 F(\boldsymbol{X})}{\partial x_1^2} & \dfrac{\partial^2 F(\boldsymbol{X})}{\partial x_1 \partial x_2} \\ \dfrac{\partial^2 F(\boldsymbol{X})}{\partial x_2 \partial x_1} & \dfrac{\partial^2 F(\boldsymbol{X})}{\partial x_2^2} \end{bmatrix} = \begin{bmatrix} 2 & 0 \\ 0 & 2 \end{bmatrix}$$

其顺序主子式

$$a_{11}=2>0,\qquad \begin{vmatrix} a_{11} & a_{12} \\ a_{21} & a_{22} \end{vmatrix}=4>0$$

所以，$\boldsymbol{H}(\boldsymbol{X})$处处正定，因此函数 $F(\boldsymbol{X})$为严格凸函数，且存在极小值。

三、凸规划

对于约束优化问题：

$$\begin{aligned} &\min F(\boldsymbol{X}) \\ &\boldsymbol{X}\in \boldsymbol{D}\subset \boldsymbol{R}^n \\ &\boldsymbol{D}=\left\{\boldsymbol{X}\middle|g_i(\boldsymbol{X})\geqslant 0\quad (i=1,\ 2,\ \cdots,n)\right\} \end{aligned}$$

若 $F(\boldsymbol{X})$为凸函数，$g_i(x)\geqslant 0$所组成的区域 $\boldsymbol{D}$ 为凸集，则称这个数学规划问题为凸规划。

凸规划的重要性质是：其局部极小点一定是全局最小点。

设 $F(\boldsymbol{X})$为凸集 $\boldsymbol{D}$ 上的凸函数，则函数 $F(\boldsymbol{X})$的任一局部极小点必为全局极小点。若 $F(\boldsymbol{X})$是一个严格凸函数，则它有唯一极小点。

因此，对于定义在整个实数空间 $\boldsymbol{R}^n$ 或定义于凸集 $\boldsymbol{D}$ 上的函数来说，只要它满足凸性条件，就保证了驻点必为全局极小点。优化方法的很多结论都是以函数具有凸性为前提的，所以函数的凸性在优化理论及算法收敛性的讨论中起着重要的作用。

习　题

[2-1]　判别矩阵 $\boldsymbol{A}=\begin{bmatrix} 2 & 1 & 3 \\ 4 & -1 & 2 \\ 1 & 2 & -1 \end{bmatrix}$是否为奇异矩阵，若 $\boldsymbol{A}$ 是非奇异矩阵，求其逆阵 $\boldsymbol{A}^{-1}$。

[2-2]　已知矩阵 $\boldsymbol{A}=\begin{bmatrix} 1 \\ -1 \\ 2 \\ 3 \end{bmatrix}$，$\boldsymbol{B}=\begin{bmatrix} 3 \\ 2 \\ -1 \\ 0 \end{bmatrix}$，试计算 $\boldsymbol{A}\boldsymbol{B}^{\mathrm{T}}$ 和 $\boldsymbol{B}^{\mathrm{T}}\boldsymbol{A}$。

[2-3]　矩阵$\begin{bmatrix} 5 & -2 & -1 \\ -2 & 2 & 1 \\ -1 & 1 & 5 \end{bmatrix}$是否正定？

[2-4]　试将函数 $F(\boldsymbol{X})=x_1^2-x_1x_2+x_2^2$ 写成矩阵向量式，并判断其二次型的系数矩阵是否为正定。

[2-5]　已知向量 $\boldsymbol{a}=[2\ \ 3\ \ 1]^{\mathrm{T}},\boldsymbol{b}=[1\ \ -1\ \ 4]^{\mathrm{T}}$，写出矢量 $\boldsymbol{c}=\boldsymbol{a}-3\boldsymbol{b}$ 的坐标表达式。

[2-6]　试用矩阵形式表示函数 $F(\boldsymbol{X})=x_1^2+x_2^2-x_1x_2-10x_1-4x_2+60$，并写出其海森矩阵。

[2-7]　求函数 $F(\boldsymbol{X})=\dfrac{3}{2}x_1^2+\dfrac{1}{2}x_2^2-x_1x_2-2x_1$ 在点 $\boldsymbol{X}^{(0)}=[-2\ \ 4]^{\mathrm{T}}$ 处的梯度。

[2-8] 求函数 $F(\boldsymbol{X})=x_1^2+x_1x_2+x_2^2-6x_1-3x_2$ 的极值点，并判断该点是极大点还是极小点。

[2-9] 试证明函数 $F(\boldsymbol{X})=x_1^4-2x_1^2x_2+x_1^2+x_2^2-4x_1+5$ 在点(2，4)处具有极小值。

[2-10] 已知函数 $F(\boldsymbol{X})=\dfrac{x_1^{\,2}}{2a}+\dfrac{x_2^{\,2}}{2b}$，其中 $a>0$，$b>0$，问：

(1)该函数是否存在极值?

(2)若极值存在，试确定它的极值点 $\boldsymbol{X}^*$，并判别它是极小点还是极大点?

[2-11] 试证明 $F(\boldsymbol{X})=x_1^{\,2}+x_2^{\,2}-x_1x_2-5x_2+30$ 为凸函数。

[2-12] 试用矩阵向量形式表示 $F(\boldsymbol{X})=4x_1^2+x_2^2-2x_1x_2-10x_1-4x_2+10$，并证明它在可行域 $\boldsymbol{D}=\{(x_1,x_2)|-\infty<x_i<+\infty,\ i=1,\ 2\}$ 上是凸函数。

第三章　一维优化方法

求一元函数 $F(x)$的极小点和极小值问题就是一维优化问题。求解一维优化问题的方法称为一维优化方法。一维优化方法是优化问题中最简单、最基本的方法。因为它不仅可以解决单变量目标函数的最优化问题，而且在求多变量目标函数的最优值时，大多数方法都要反复多次地进行一维搜索，用到一维优化方法。一维优化方法很多，本章只介绍常用的黄金分割法和二次插值法。

一维优化一般分为以下两大步骤：

(1)确定初始搜索区间$[a，b]$，该区间应是包括一维函数极小点在内的单峰区间。

(2)在单峰区间$[a，b]$内寻找极小点。

第一节　初始单峰区间的确定

一、单峰区间

对于所有的一维优化方法，首先遇到的问题是：如何确定一个初始搜索区间，使该区间内含有函数的极小点 x^*，且在该区间内函数有唯一的极小点。这个搜索区间就是单峰区间。

单峰区间的定义：设函数 $F(x)$在区间$[x_1，x_2]$内有定义，且

(1)在区间$[x_1，x_2]$内存在极小点 x^*，即有 $\min F(x)=F(x^*)$，$x\in[x_1,x_2]$。

(2)对区间$[x_1，x^*]$上的任意自变量 x，有 $F(x)>F(x+\Delta x)$，$\Delta x>0$；对区间$[x^*，x_2]$上的任意自变量 x，有 $F(x)<F(x+\Delta x)$，$\Delta x>0$，则称区间$[x_1，x_2]$为函数 $F(x)$的单峰区间。如图 3-1 所示的函数曲线，区间$[x_1，x_2]$就是该函数的单峰区间。

在单峰区间内，在极小点 x^*的左边，函数是严格减小的；在 x^*的右边，函数是严格增加的，即函数值在单峰区间具有“高—低—高”特征，或符合“大—小—大”规律。

如果函数 $F(x)$在区间$[a，b]$上有多个极值点，则称为多峰函数，如图 3-2 所示，对于多峰函数 $F(x)$，只要适当划分区间，也可以使该函数 $F(x)$在每一个子区间上都是单峰的。

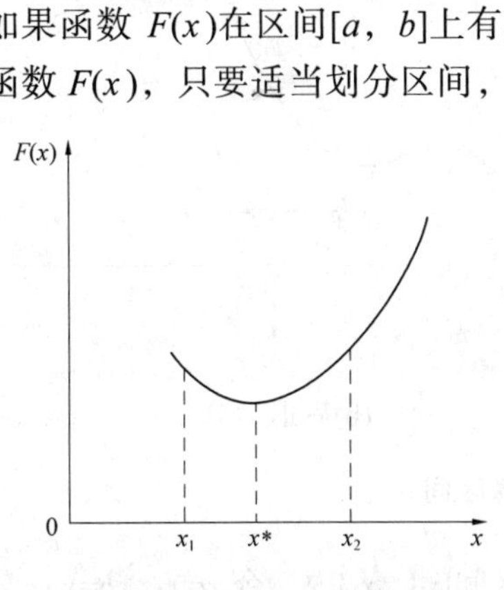

图 3-1　函数的单峰区间

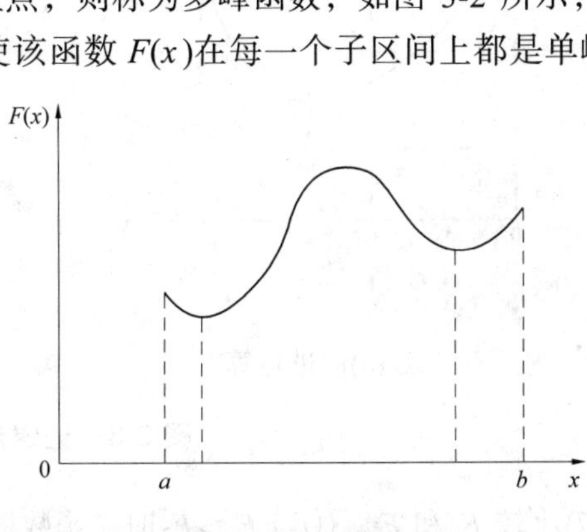

图 3-2　多峰函数

二、确定单峰区间的进退算法

对于简单的单变量函数，单峰区间可以根据实际情况人为地选定。但对于复杂的单变量函数，一般需要借助电子计算机，利用一定的方法自动地确定单峰区间。下面讨论确定单峰区间的进退算法。

进退算法的基本思想是按照一定的规则试算若干个点，比较其函数值的大小，直至找到函数值按“高—低—高”变化的单峰区间为止。其搜索过程如下：

(1)选择一个适当的初始步长 h，一般取 $h>0$。

(2)如图 3-3 所示，从任意点 x_0 出发，以 $x_1=x_0$，$x_2=x_1+h$ 为两个试算点，计算该两点的函数值 $F_1=F(x_1)$，$F_2=F(x_2)$。

(3)比较 F_1 和 F_2 的大小，若 $F_1>F_2$，转第(4)步作前进运算；若 $F_1\leqslant F_2$，转第(6)步作后退运算。

(4)当 $F_1>F_2$ 时，如图 3-3(a)所示，极小点在 x_2 的右方，应加大步长作前进运算。取 $h\Leftarrow 2h$，计算 $x_3=x_2+h$ 和 $F_3=F(x_3)$。

(5)比较 F_2 和 F_3。①当 $F_3>F_2$ 时，则满足 $F_1>F_2$，$F_2<F_3$，即 x_1、x_2、x_3 三点函数值形成“高—低—高”的情况，函数极小点必在区间[x_1，x_3]内。令 $a=x_1$，$b=x_3$，初始搜索区间[a，b]确定。②当 $F_3\leqslant F_2$ 时，则极小点还在 x_3 的右方，应继续作前进运算：放弃 x_1 点，作置换，$x_1=x_2$，$x_2=x_3$，$F_1=F_2$，$F_2=F_3$ 及 $h\Leftarrow 2h$。再取新点 $x_3=x_2+h$，并求 $F_3=F(x_3)$转第(5)步。反复上述过程，直到函数值出现“高—低—高”时，取左右两端点为初始搜索区间的两端点。

(6)当 $F_1\leqslant F_2$ 时，由图 3-3(b)知极小点在 x_1 的左方，应作后退运算。取 $h\Leftarrow -h/4$，作符号置换，$z=x_1$，$x_1=x_2$，$x_2=z$ 及 $W=F_1$，$F_1=F_2$，$F_2=W$。取 $x_3=x_2+h$，并计算 $F_3=F(x_3)$。

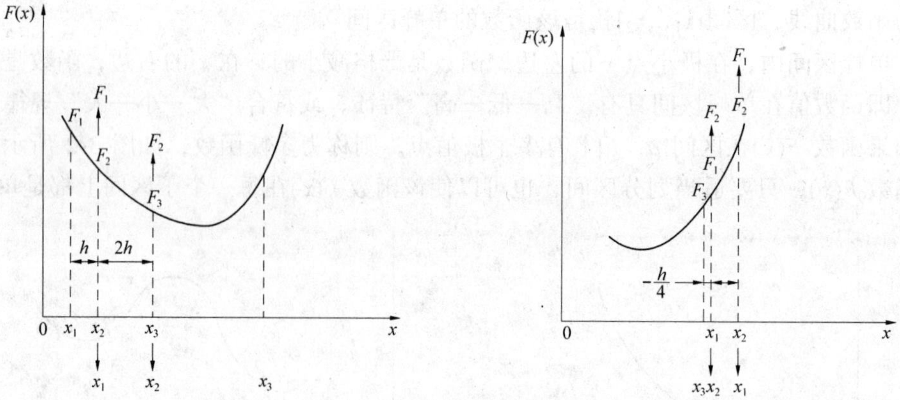

(a)前进运算　　(b)后退运算

图 3-3　进退法确定单峰区间

(7)比较 F_2 和 F_3。①当 $F_3>F_2$ 时，函数极值点在区间[x_3，x_1]内。令 $a=x_3$，$b=x_1$，输出初始搜索区间[a，b]。②当 $F_3\leqslant F_2$ 时，则认为极小点还在 x_3 的左方，应继续作后退运算。作置

换，$x_1=x_2$，$x_2=x_3$，及 $F_1=F_2$，$F_2=F_3$ 及 $h \Leftarrow 2h$。取新点 $x_3=x_2+h$，并求 $F_3=F(x_3)$转第(7)步。

反复上述过程，直到函数值出现“高—低—高”时，取左、右两端点为初始单峰区间的两端点。

上述过程开始时，必须选定初始点 x_0 和步长 h。x_0 可以任意选取，最简单的方法是取 $x_0=0$，步长 h 可任意选定，但如果选得过小，需要迭代许多次才能找到一个搜索区间；如果选得太大，虽然一步就可能把极小点包括进来，但找出的单峰区间有可能并非真正意义上的单峰区间。

三、进退算法确定单峰区间的计算框图

用进退算法确定单峰区间的计算框图，如图 3-4 所示。

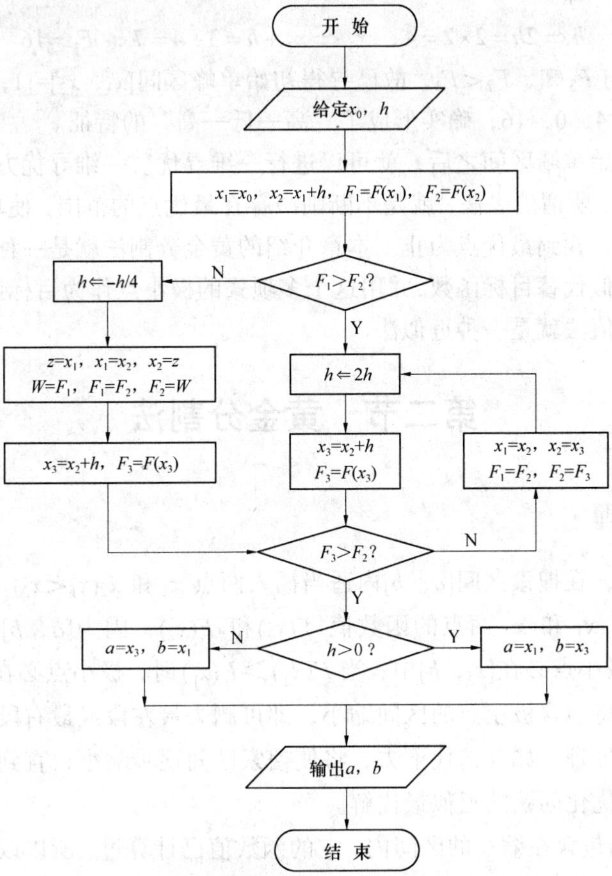

图 3-4　进退算法确定单峰区间的计算框图

四、计算举例

为具体说明初始单峰区间的寻找过程，举例如下。

[例 3-1]　用进退算法确定函数 $F(x)=x^2-6x+9$(见图 3-5)的初始单峰区间$[x_1，x_2]$。取初始点 $x_0=0$，初始步长 $h=1$。

解　因为初始步长 h、初始点 x_0 已给定，故只需按图 3-4 所示的框图计算，计算如下：

(1)取 $x_1=0$，因 $h=1$，则 $x_2=x_1+h=0+1=1$

$$F_1=F(x_1)=F(0)=9$$

$$F_2=F(x_2)=F(1)=4$$

(2)因为 $F_1>F_2$，故作前进运算，则

$$h\Leftarrow 2h=2\times 1=2$$

$$x_3\Leftarrow x_2+h=1+2=3$$

$$F_3=F(x_3)=0$$

(3)因有 $F_2>F_3$，再继续作前进运算，则

$$x_1\Leftarrow x_2=1,\quad F_1\Leftarrow F_2=4$$

$$x_2\Leftarrow x_3=3,\quad F_2\Leftarrow F_3=0$$

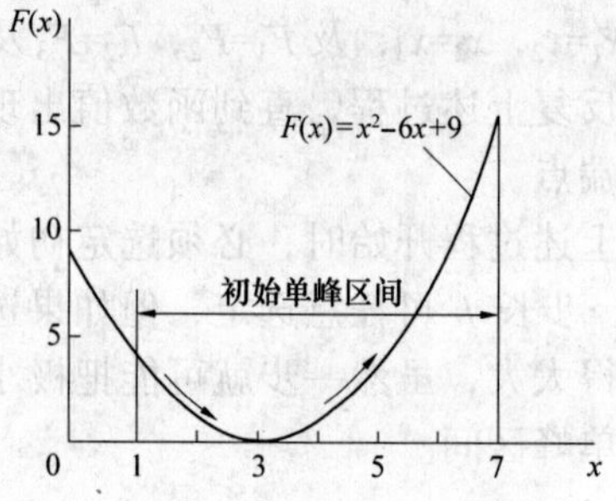

图 3-5 例 3-1 的函数图形

所以步长增至两倍，即

$$h\Leftarrow 2h=2\times 2=4,\quad x_3\Leftarrow x_2+h=3+4=7,\quad F_3=16$$

(4)再比较 F_2 与 F_3 知，$F_2<F_3$，故已寻得初始单峰区间 $[x_1,\ x_3]=[1,\ 7]$。此时，相邻三点的函数值分别是 4，0，16，确实形成了“高—低—高”的特征。

当已确定了初始单峰区间之后，就可以进行一维寻优。一维寻优方法一般可以分为消去法和近似法两种。所谓消去法，就是不断削减存在最优点的范围，使单峰区间逐渐缩短，直至满足终止条件，找到最优点为止。本章介绍的黄金分割法就是一种消去法。近似法是用一个多项式来近似代替目标函数,并用这个多项式的极小点作为目标函数的近似最优点。本章介绍的二次插值法就是一种近似法。

第二节　黄金分割法

一、基本原理

如图 3-6 所示，在搜索区间 $[a,\ b]$ 内适当插入两点 x_1 和 $x_2(x_1<x_2)$，它们把 $[a,\ b]$ 分为三段。计算并比较 x_1 和 x_2 两点的函数值 $F(x_1)$ 和 $F(x_2)$，因为 $[a,\ b]$ 是单峰区间，故当 $F(x_2)<F(x_1)$ 时，极小点必在 $[x_1,\ b]$ 中；当 $F(x_2)\geqslant F(x_1)$ 时，极小点必在 $[a,\ x_1]$ 中。无论发生哪一种情况，都将包含极小点的区间缩小，即可删去最左段或最右段。然后在保留下来的区间上作同样的处理，如此迭代下去，将使搜索区间逐步缩小，直到满足预先给定的精度时，即获得一维优化问题的近似最优解。

因为 x_1 或 x_2 仍包含在缩小的区间内，它的函数值已计算过，所以以后的每次迭代只需插入一个新点，并计算这个新点的函数值就可进行比较。

黄金分割法要求在区间 $[a,\ b]$ 中插入的两点位置是对称的。如图 3-6 所示，$ax_1=x_2b$。设区间长为 L，插入的每一点把区间分为较长的一段 l 和较短的一段 $(L-l)$。如图 3-6(b)所示，$x_1b=ax_2=l$，$ax_1=x_2b=L-l$。这样，无论删去哪一段，保留的区间长度总是 l。在每次迭代中，整个区间长度 L 与较长一段长度 l 的比等于较长一段长度 l 与较短一段长度 $(L-l)$ 的比，即

$$\frac{L}{l}=\frac{l}{L-l}=\frac{1}{\lambda}$$

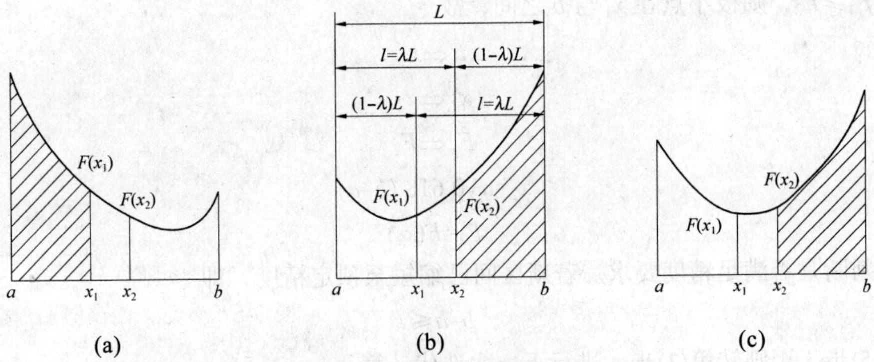

图 3-6　函数值的比较情况

式中　λ——比例系数。

由上式得

$$l^2 - L^2 + Ll = 0$$

即

$$\left(\frac{l}{L}\right)^2 + \frac{l}{L} - 1 = 0$$

也即

$$\lambda^2 + \lambda - 1 = 0$$

解此方程并取其正根得

$$\lambda = \frac{\sqrt{5}-1}{2} \approx 0.618$$

于是

$$l=\lambda L=0.618L, \quad L-l=0.382L$$

黄金分割法之所以这样取点，是因为这样才能使得函数值在计算同样次数的条件下区间缩短最快。由于内分点在区间的 0.618 处，因此黄金分割法也称为 0.618 法。

二、算法步骤与计算框图

黄金分割法的具体计算步骤如下。

(1)给定单峰区间$[a, b](a<b)$及允许误差$\varepsilon>0$。

(2)取点

$$x_1 = a + 0.382(b-a)$$
$$x_2 = a + 0.618(b-a)$$

并计算其函数值

$$F_1=F(x_1), \quad F_2=F(x_2)$$

(3)比较函数值 F_1 与 F_2 的大小，有以下两种情况：

若 $F_1<F_2$，则极小点在 a 与 x_2 之间，故令

$$b \Leftarrow x_1$$
$$x_2 \Leftarrow x_1$$
$$F_2 \Leftarrow F_1$$
$$x_1=a+0.382\,(b-a)$$
$$F_1= F(x_1)$$

若 $F_1 \geqslant F_2$，则极小点在 x_1 与 b 之间，故令

$$a \Leftarrow x_1$$

$$x_1 \Leftarrow x_2$$

$$F_1 \Leftarrow F_2$$

$$x_2 = a + 0.618\,(b - a)$$

$$F_2 = F(x_2)$$

(4)判断是否满足精度要求。若新区间已缩短至预定精度，即

$$b - a \leqslant \varepsilon$$

则转第(5)步，否则转第(3)步，进行下一次迭代计算。

(5)最终区间的中点即为最优点，其对应的函数值即为最优值。它们组成最优解：

$$x^* = \frac{1}{2}(a+b), \quad F^* = F(x^*)$$

黄金分割法的计算框图见图 3-7。

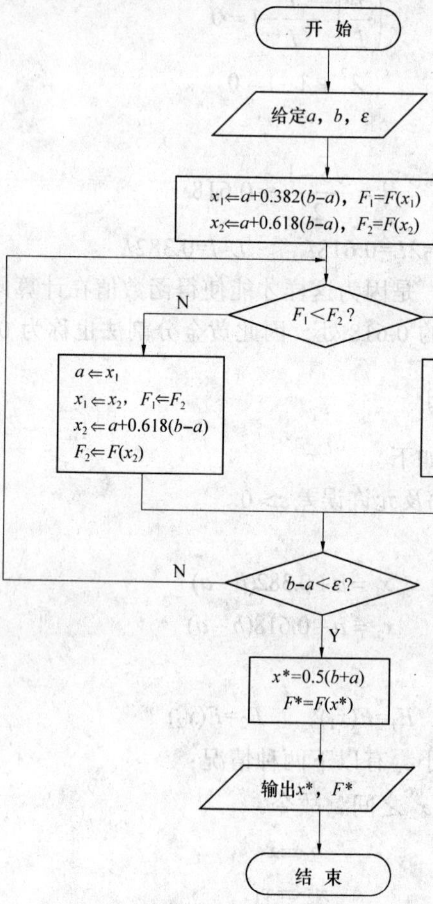

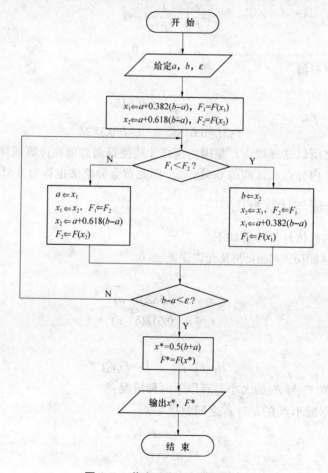

图 3-7　黄金分割法计算框图

三、计算举例

[例 3-2] 试用黄金分割法求解优化问题：$\min F(x)=x^2+2x$，$-3\leqslant x\leqslant 5$，允许误差$\varepsilon=0.2$。

解 已知搜索区间和精度要求，可按图 3-7 所示流程进行计算。

(1)依题意单峰区间$[a，b]$为$[-3，5]$，$\varepsilon=0.2$。

(2)取内分点并计算其函数值，即

$$x_1=a+0.382\,(b-a)=(-3)+0.382\times[5-(-3)]=0.056$$
$$F_1=F(x_1)=0.115$$
$$x_2=a+0.618\,(b-a)=(-3)+0.618\times[5-(-3)]=1.944$$
$$F_2=F(x_2)=7.667$$

(3)比较函数值的大小。因为$F_1<F_2$，故新区间为$[a，x_2]$，删去最右段，即

$$b\Leftarrow x_2=1.944$$
$$x_2\Leftarrow x_1=0.056$$
$$F_2\Leftarrow F_1=0.115$$
$$x_1=a+0.382(b-a)=(-3)+0.382\times[1.944-(-3)]=-1.111$$
$$F_1=F(x_1)=-0.987$$

(4)判断是否满足精度要求

$$b-a=1.944-(-3)=4.944>\varepsilon$$

故需继续进行迭代，进一步缩短区间。各次循环迭代的计算结果见表 3-1。

表 3-1 例 3-2 的计算结果

N	a	b	x_1	x_2	F_1	F_2
0	−3.000	5.000	0.056	1.944	0.115	7.667
1	−3.000	1.944	−1.111	0.056	−0.987	0.115
2	−3.000	0.056	−1.832	−1.111	−0.306	−0.987
3	−1.832	0.056	−1.111	−0.665	−0.987	−0.888
4	−1.832	−0.665	−1.386	−1.111	−0.851	−0.987
5	−1.386	−0.665	−1.111	−0.940	−0.987	−0.996
6	−1.111	−0.665	−0.940	−0.835	−0.996	−0.973
7	−1.111	−0.835	−1.006	−0.940	−0.999	−0.996
8	−1.111	−0.940	−1.046	−1.006	−0.996	−0.999

由表 3-1 可知，区间缩短 8 次后，$b-a=-0.940-(-1.111)=0.171<\varepsilon$，故计算结束，寻得近似最优解为

$$x^*=0.5\times[(-0.940)+(-1.111)]=-1.0255$$
$$F^*=F(x^*)=-0.999$$

本例的函数图形如图 3-8 所示。

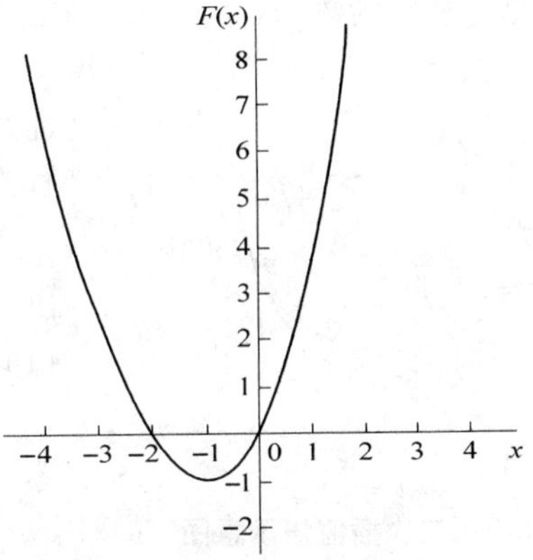

图 3-8 例 3-2 的函数图形

第三节 二次插值法

插值法是一种近似法，它是利用一个低次插值多项式 $p(x)$来代替原目标函数，然后求出该多项式的极小点，并以此点作为目标函数 $F(x)$的近似极小点。如设 $p(x)$为函数 $F(x)$的一个插值多项式，多项式 $p(x)$的极小点就是其一阶导数 $p'(x)$的根，依据这个根加以判断，就可以得到函数 $F(x)$的极小点的近似值。

若插值多项式 $p(x)$是二次式，则称为二次插值法；如 $p(x)$是三次式，则称为三次插值法。由于二次插值法计算较简单又具有一定精度，应用较广，故本节仅介绍二次插值法。

一、二次插值法的基本思想

二次插值法的基本思想是利用原目标函数在任意三个点的函数值来构成一个二次插值多项式，并将这个多项式的极小点作为目标函数的近似极小点。

设 x_1、x_2、x_3 是一维目标函数 $F(x)$在初始单峰区间$[a, b]$中的三点，且 $x_1 < x_2 < x_3$，它们的函数值分别为 $F_1=F(x_1)$、$F_2=F(x_2)$、$F_3=F(x_3)$，且 $F_1 > F_2 > F_3$。现把一维函数 $F(x)$上的三个点(x_1, F_1)、(x_2, F_2)、(x_3, F_3)作为二次插值多项式

$$p(x)=ax^2+bx+c \tag{3-1}$$

的插值点，式中 a、b、c 是待定系数。显然，在插值点处二次插值函数与目标函数应具有相同的函数值，即二次插值多项式应满足：

$$\left.\begin{aligned} p(x_1) &= ax_1^2+bx_1+c=F_1 \\ p(x_2) &= ax_2^2+bx_2+c=F_2 \\ p(x_3) &= ax_3^3+bx_3+c=F_3 \end{aligned}\right\} \tag{3-2}$$

解此方程组，可得出 a、b、c 的值，即

$$a=-\frac{(x_2-x_3)F_1+(x_3-x_1)F_2+(x_1-x_2)F_3}{(x_1-x_2)(x_2-x_3)(x_3-x_1)}, \quad b=\frac{(x_2^2-x_3^2)F_1+(x_3^2-x_1^2)F_2+(x_1^2-x_2^2)F_3}{(x_1-x_2)(x_2-x_3)(x_3-x_1)}$$

$$c=\frac{(x_3-x_2)x_2x_3F_1+(x_1-x_3)x_1x_3F_2+(x_2-x_1)x_1x_2F_3}{(x_1-x_2)(x_2-x_3)(x_3-x_1)}$$

于是，插值函数 $p(x)$就成为一个确定的二次多项式，常称它为二次插值函数。

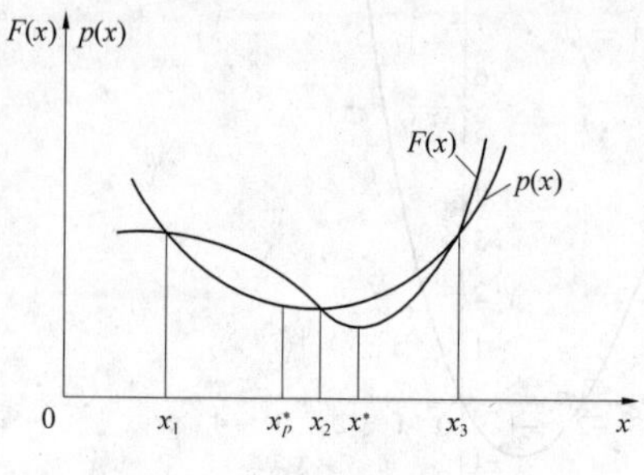

图 3-9 二次插值法示意图

如图 3-9 所示，二次插值函数就是通过目标函数 $F(x)$曲线上的(x_1, F_1)、(x_2, F_2)、(x_3, F_3)三点画出的一条方程为 $p(x)=ax^2+bx+c$ 的曲线。可以认为此曲线的极小点 x_p^* 就是原目标函数曲线的近似极小点 x^*。由图可以看出，该插值函数曲线在原目标函数的单峰区间是一条开口向上的抛物线，故二次插值法又称为抛物线插值法。

对二次插值函数 $p(x)=ax^2+bx+c$ 求导数，并令其为零，得

$$\frac{\mathrm{d}p(x)}{\mathrm{d}x}=2ax+b=0 \tag{3-3}$$

所以，此插值多项式 $p(x)$ 的极小点为

$$x=-\frac{b}{2a} \tag{3-4}$$

将上面已求得的系数 a、b 代入式(3-4)，则插值函数的极小点为

$$x_p^*=\frac{1}{2}\frac{(x_2^2-x_3^2)F_1+(x_3^2-x_1^2)F_2+(x_1^2-x_2^2)F_3}{(x_2-x_3)F_1+(x_3-x_1)F_2+(x_1-x_2)F_3} \tag{3-5}$$

x_p^* 就是目标函数 $F(x)$ 极小点的一个近似点。当搜索区间充分小时，如 $|x_2-x_p^*|<\varepsilon$（ε 是一个给定小的正数)，通过比较 $F(x_2)$、$F(x_p^*)$ 值的大小，来确定 $F(x)$ 在区间 $[a, b]$ 上的近似最优点。否则继续进行插值计算，重复多次地向目标函数最优点逼近，直至满足给定的精度为止。

二、算法步骤与计算框图

二次插值法的具体步骤如下：

(1)确定初始插值点。在单峰区间内选取三点 x_1、x_2、x_3，一般取 x_1、x_3 分别为初始单峰区间的左、右端点，x_2 为区间的一个内点，开始时可取 $x_2=(x_1+x_3)/2$。分别计算 x_1、x_2、x_3 三点所对应的目标函数值：$F_1=F(x_1)$、$F_2=F(x_2)$、$F_3=F(x_3)$。

(2)按式(3-5)计算 $p(x)$ 的极小点 x_p^*。若式(3-5)中分母值为零，即 $(x_2-x_3)F_1+(x_3-x_1)F_2+(x_1-x_2)F_3=0$，亦即

$$\frac{F_2-F_1}{x_2-x_1}=\frac{F_3-F_1}{x_3-x_1}$$

则说明三个插值点 (x_1, F_1)、(x_2, F_2)、(x_3, F_3) 在同一水平线上。这种情况只有当三个插值点已十分接近时才会出现，因此可取中间插值点 x_2 为近似极小点 x_p^*，其对应的函数值为近似极小值。若发生 $(x_p^*-x_1)(x_3-x_p^*)\leqslant 0$ 的情况，说明 x_p^* 已在区间之外。这种情况只有当区间已缩得很小和三个插值点十分接近时，由于计算机的舍入误差才可能发生。因而可把 x_2 及其对应的目标函数值 $F_2=F(x_2)$ 作为目标函数的最优解输出。

(3)判断是否满足精度要求。若 $|x_p^*-x_2|<\varepsilon$，说明搜索区间已足够小，当 $F(x_p^*)\leqslant F_2$ 时，输出目标函数最优解 x_p^*，$F(x_p^*)$；否则，输出目标函数的最优解 x_2，$F(x_2)$。若 $|x_p^*-x_2|\geqslant\varepsilon$，则需比较点 x_p^* 与 x_2 在单峰区间的相对位置及其对应的目标函数值的大小，以便缩短搜索区间，得到新的三点(该三点仍以 x_1、x_2、x_3 表示，它们应保持两端点 x_1 和 x_3 的函数值大，中间点 x_2 的函数值小的性质)，然后转到第(2)步继续进行插值计算。

二次插值法搜索区间的缩小分 6 种不同情况，如图 3-10 所示。图中阴影部分为削去的区间。缩小后的新区间保持函数值两头大中间小的性质。

图 3-11 所示为二次插值法的迭代计算框图。

三、计算举例

[例 3-3] 试用二次插值法求解目标函数 $F(x)=x^2-10x+36$ 的极小值。设初始单峰区间为：$[a, b]=[0, 10]$，允许误差 $\varepsilon=0.001$。

解 由于搜索区间及精度都已给定，只需依照图 3-11 所示迭代步骤进行计算。

第一次迭代计算，取 $x_1=0$，$x_3=10$，$x_2=\dfrac{x_2+x_3}{2}=5$，把 x_1、x_2、x_3 分别代入目标函数

计算得其相应的函数值为

$$F_1=F(x_1)=36,\quad F_2=F(x_2)=5^2-10\times5+36=11$$

$$F_3=F(x_3)=10^2-10\times10+36=36$$

利用式(3-5)计算插值函数的极小点，即目标函数的第一个近似极小点为

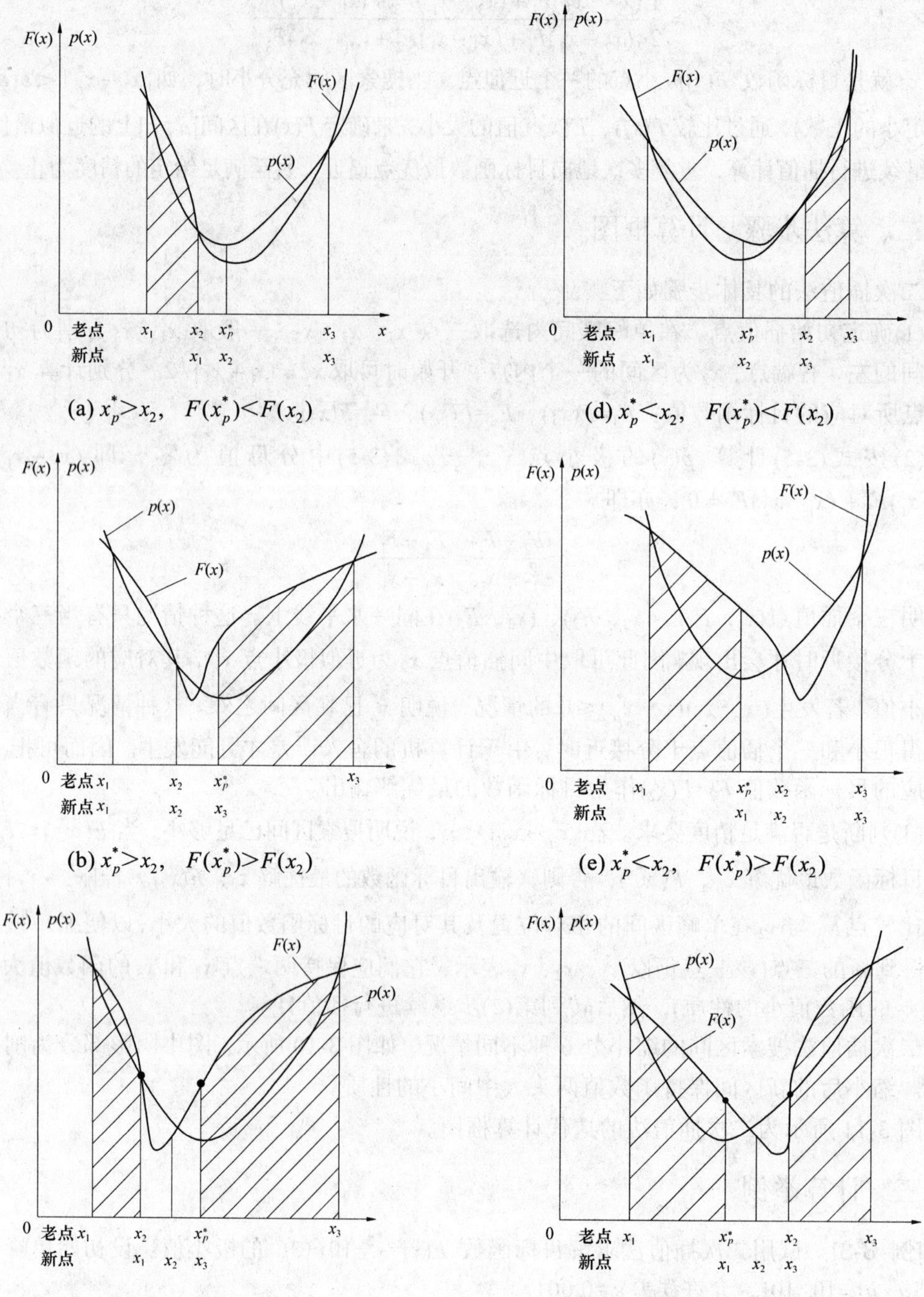

(a) $x_p^*>x_2$, $F(x_p^*)<F(x_2)$

(d) $x_p^*<x_2$, $F(x_p^*)<F(x_2)$

(b) $x_p^*>x_2$, $F(x_p^*)>F(x_2)$

(e) $x_p^*<x_2$, $F(x_p^*)>F(x_2)$

(c) $x_p^*>x_2$, $F(x_p^*)=F(x_2)$

(f) $x_p^*<x_2$, $F(x_p^*)=F(x_2)$

图 3-10　二次插值法搜索区间缩小的 6 种情况

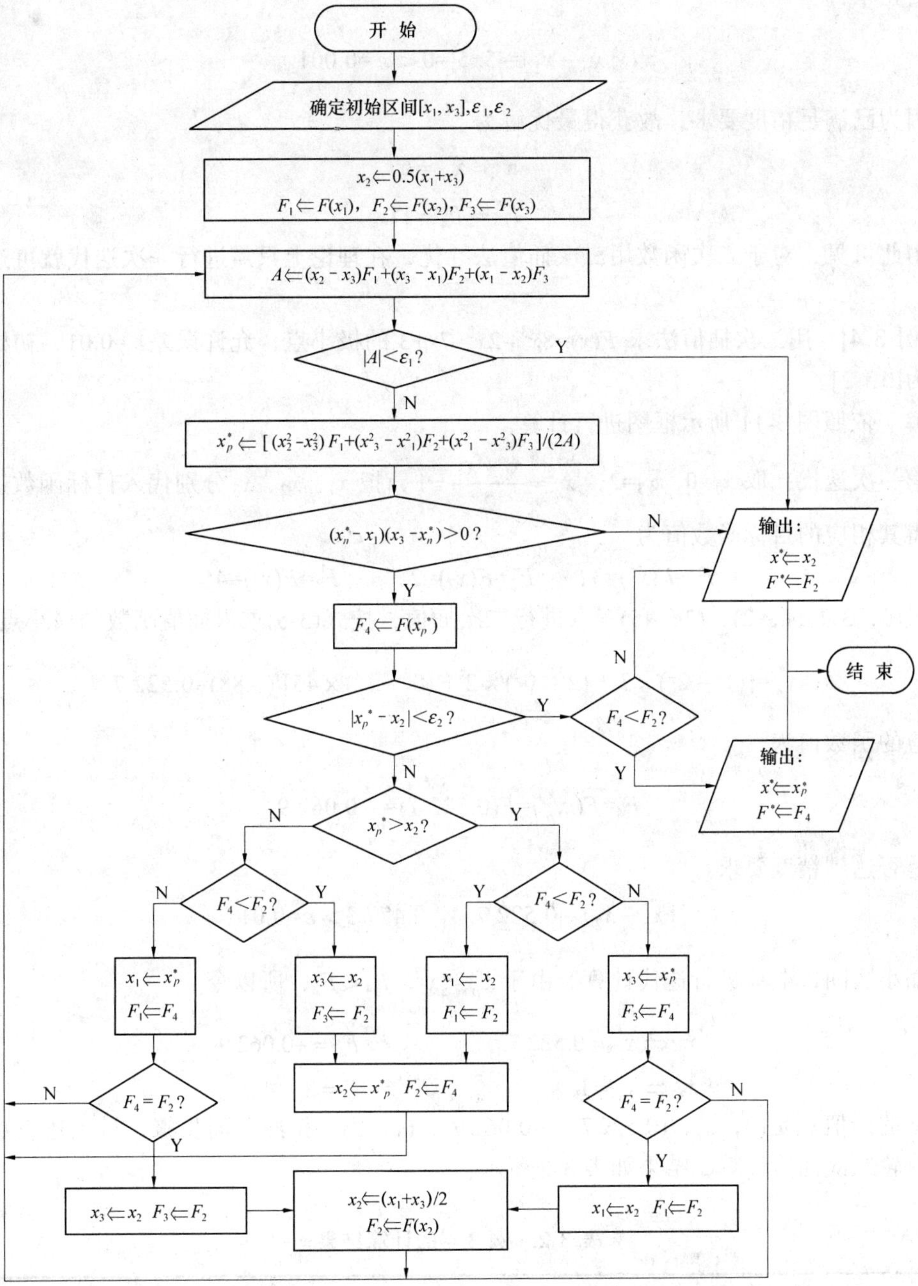

图 3-11 二次插值法的迭代计算框图

$$x_p^* = [(5^2 - 10^2) \times 36 + (10^2 - 0^2) \times 11 + (0^2 - 5^2) \times 36]/(-500) = 5$$

其对应的目标函数值为

$$F_4 = F(x_p^*) = F(5) = 11$$

检查终止条件

$$|x_p^*-x_2|=|5-5|=0<\varepsilon=0.001$$

因为已满足精度要求，故获得最优解为

$$x^*=x_p^*=5$$
$$F^*=F_4=11$$

由此可见，对于二次函数用二次插值法寻优，在理论上只需进行一次迭代就可达到最优点。

[例 3-4] 用二次插值法求 $F(x)=8x^3-2x^2-7x+3$ 的极小点，允许误差$\varepsilon=0.01$，初始单峰区间为[0，2]。

解 依照图 3-11 所示框图进行计算。

第一次迭代：取 $x_1=0$，$x_3=2$，$x_2=\dfrac{x_1+x_3}{2}=1$，把 x_1、x_2、x_3 分别代入目标函数进行计算，得其相应的目标函数值为

$$F_1=F(x_1)=3,\quad F_2=F(x_2)=2,\quad F_3=F(x_3)=45$$

过(0，3)、(1，2)、(2，45)三点进行二次插值，按式(3-5)求得插值函数的极小点为

$$x_p^*=[(1^2-2^2)\times3+(2^2-0^2)\times2+(0^2-1^2)\times45]/(-88)=0.522\ 7$$

其对应的函数值为

$$F_4=F(x_p^*)=F(0.522\ 7)=-0.062\ 9$$

检查是否达到精度要求

$$|x_p^*-x_2|=|0.522\ 7-1|=0.477\ 3>\varepsilon=0.01$$

故需缩小区间，继续进行迭代计算。由于 $x_p^*<x_2$，$F_4<F_2$，所以令

$$x_2\Leftarrow x_p^*=0.522\ 7,\qquad F_2\Leftarrow F_4=-0.062\ 9$$
$$x_3\Leftarrow x_2=1,\qquad F_3\Leftarrow F_2=2$$

新的插值点是(0，3)、(0.522 7，-0.062 9)、(1，2)，按照上面步骤，过上述三点进行新的一轮二次插值计算，结果如表 3-2 所示。

表 3-2 例 3-4 的计算结果

次数	x_1	x_2	x_3	F_1	F_2	F_3	x_p^*	$F(x_p^*)=F_4$	$\lvert x_p^*-x_2\rvert$
1	0	1	2	3	2	45	0.522 7	-0.062 9	0.479 3
2	0	0.522 7	1	3	-0.062 9	2	0.549 1	-0.122 3	0.026 4
3	0.522 7	0.549 1	1	-0.062 9	-0.122 3	2	0.613 1	-0.199 8	0.064 0
4	0.549 1	0.613 1	1	-0.122 3	-0.199 8	2	0.620 9	-0.202 4	0.007 8

由于第四次迭代后得到$|x_p^*-x_2|=0.007\ 8<\varepsilon=0.01$，故可终止迭代，因 $F_4=-0.202\ 4<-0.199\ 8$，所以目标函数的近似最优解为：$x^*=0.620\ 9$，$F^*=-0.202\ 4$。

习 题

[3-1] 试用进退法确定函数 $F(x)=3x^3-8x+9$ 的初始单峰区间，取初始点 $x_0=0$，初始步长 $h=0.1$。

[3-2] 试用黄金分割法求函数 $F(x)=(x-3)^2$ 的最优解。取初始单峰区间为[1，7]，迭代精度为$\varepsilon=0.04$。

[3-3] 已知某汽车行驶速度 x(单位为 km/min)与百公里耗油量 Q(单位为 L)的函数关系为 $Q(x)=x+\dfrac{20}{x}$，试用黄金分割法求当速度 x 在 0.2 ~ 1(km/min)时的最经济的车速 x^*，并计算此时汽车每行驶 100 km 的耗油量是多少？(取$\varepsilon=0.01$)

[3-4] 试用二次插值法求函数 $F(x)=x^2-5x+2$ 的最优解。取初始单峰区间为[0，10]，迭代精度为$\varepsilon=0.001$。

第四章 无约束优化方法

第一节 概 述

在求解目标函数极小值的过程中，若对设计变量的取值范围不加任何限制，则称这种优化问题为无约束优化问题。下面为无约束优化问题的一般形式。

求 n 维设计变量 $\boldsymbol{X}=[x_1\ \ x_2\ \ \cdots\ \ x_n]^{\mathrm{T}}$，使目标函数为

$$\begin{aligned}&\min F(\boldsymbol{X})\\&\boldsymbol{X}\in R^n\end{aligned}\tag{4-1}$$

在工程实际中，无约束条件的优化设计问题是比较少见的，多数问题是有约束条件的。但是，由于无约束优化方法不仅能解决无约束优化设计问题，而且可以通过对某些约束优化问题的约束条件进行处理使之转化为无约束优化问题来求解，所以无约束优化方法是优化方法中的基本组成部分。

无约束优化方法的迭代过程是：从给定的初始点 $\boldsymbol{X}^{(0)}$ 出发，按照一定的原则寻找可行的搜索方向 $\boldsymbol{S}^{(k)}$ 和最优步长 $\alpha^{(k)}$，重复进行迭代计算，最终达到目标函数的最优点，每一步的迭代公式为

$$\boldsymbol{X}^{(k+1)}=\boldsymbol{X}^{(k)}+\alpha^{(k)}\boldsymbol{S}^{(k)}\tag{4-2}$$

求极小值时应该使

$$F(\boldsymbol{X}^{(k+1)})<F(\boldsymbol{X}^{(k)})$$

各种无约束优化方法的区别就在于确定其搜索方向 $\boldsymbol{S}^{(k)}$ 的方法不同。所以，搜索方向的构成问题乃是无约束优化方法的关键。

在 $\boldsymbol{X}^{(k)}+\alpha^{(k)}\boldsymbol{S}^{(k)}$ 中，$\boldsymbol{S}^{(k)}$ 是第 k+1 次搜索或迭代方向，它是根据数学原理由目标函数和约束条件的局部信息状态形成的。确定 $\boldsymbol{S}^{(k)}$ 的方法很多，相应地确定使 $F(\boldsymbol{X}^{(k)}+\alpha^{(k)}\boldsymbol{S}^{(k)})$ 取极值的最优步长 $\alpha^{(k)}$ 的方法也是不同的，具体方法已在第三章“一维优化方法”中进行了讨论。

$\boldsymbol{S}^{(k)}$ 的形成和确定方法不同就派生出不同的 n 维无约束优化问题的数值解法。因此，可对无约束优化的算法进行分类。其分类原则就是依式(4-2)中 $\boldsymbol{S}^{(k)}$ 的形成或确定方法而定的。

图 4-1 是按迭代式(4-2)对无约束优化问题进行极小值计算的算法的粗框图。根据构成搜索方向所使用的信息性质的不同，无约束优化方法可以分为两类：一类是间接法或解析法，它在寻找最优解过程中需要计算目标函数的一阶或二阶导数，如梯度法、牛顿法及变尺度法等；另一类是直接法，它在寻找最优解过程中不需要计算目标函数的导数，如坐标轮换法等。本章将分别讨论上述两类无约束优化方法。

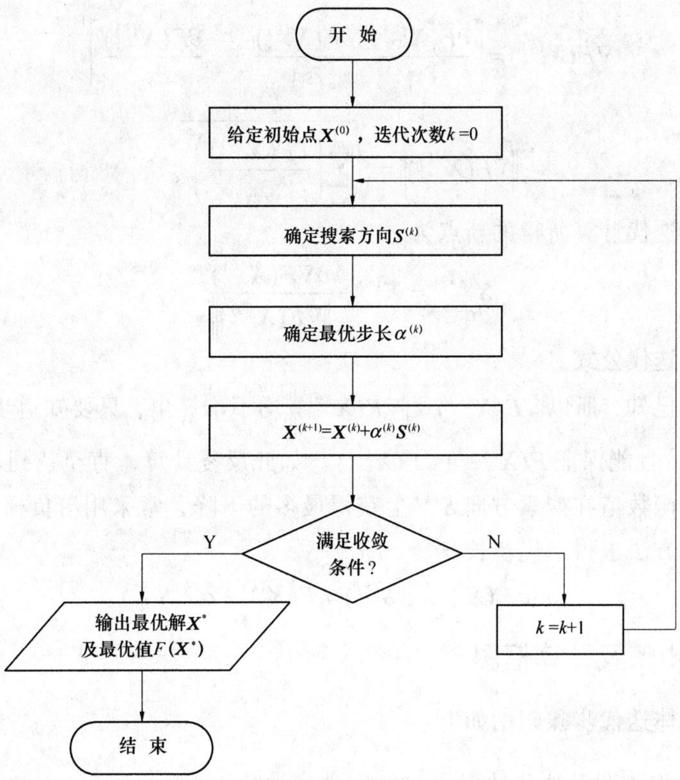

图 4-1 无约束优化方法的粗框图

第二节 梯度法

梯度法是最早的求解无约束多元函数极值的数值方法，早在 1847 年就已由柯西(Cauchy)提出。它是导出其他更为实用、更为有效的优化方法的理论基础。因此，梯度法是无约束优化方法中最基本的方法之一。

一、基本思想

梯度方向是函数值增加最快的方向，显然负梯度方向必然是函数值下降最快的方向。梯度法就是取函数负梯度方向作为迭代的搜索方向，因而又称为最速下降法。

设在第 k 次迭代中已取得迭代点 $\boldsymbol{X}^{(k)}$，从该点出发，取负梯度方向

$$\boldsymbol{S}^{(k)}=-\nabla F(\boldsymbol{X}^{(k)}) \tag{4-3}$$

或

$$\boldsymbol{S}^{(k)}=-\frac{\nabla F(\boldsymbol{X}^{(k)})}{\left\|\nabla F(\boldsymbol{X}^{(k)})\right\|}$$

为搜索方向。

式中 $$\nabla F(\boldsymbol{X}^{(k)})=\left[\frac{\partial F(\boldsymbol{X}^{(k)})}{\partial x_1}\ \frac{\partial F(\boldsymbol{X}^{(k)})}{\partial x_2}\ \cdots\ \frac{\partial F(\boldsymbol{X}^{(k)})}{\partial x_n}\right]^{\mathrm{T}}$$

$$\left\|\nabla F(\boldsymbol{X}^{(k)})\right\|=\sqrt{\sum_{i=1}^{n}\left(\frac{\partial F(\boldsymbol{X}^{(k)})}{\partial x_i}\right)^2} \tag{4-4}$$

这样，第 k+1 次迭代计算所得的新点为

$$\boldsymbol{X}^{(k+1)}=\boldsymbol{X}^{(k)}-\frac{\alpha\nabla F(\boldsymbol{X}^{(k)})}{\left\|\nabla F(\boldsymbol{X}^{(k)})\right\|} \tag{4-5}$$

这就是梯度法的迭代公式。

因为 $\boldsymbol{X}^{(k)}$ 为已知，所以 $\nabla F(\boldsymbol{X}^{(k)})$ 及 $\left\|\nabla F(\boldsymbol{X}^{(k)})\right\|$ 均不难算出，只要知道步长 α 后，就可以得到新点 $\boldsymbol{X}^{(k+1)}$，且能保证 $F(\boldsymbol{X}^{(k+1)})<F(\boldsymbol{X}^{(k)})$。如此反复计算，直至达到最优点 $\boldsymbol{X}^*$。

为了使目标函数值在搜索方向 $\boldsymbol{S}^{(k)}$ 上获得最多的下降，常采用沿负梯度方向做一维搜索，用一维优化方法求得最优步长 $\alpha^{(k)}$，即

$$\min F(\boldsymbol{X}^{(k)}+\alpha\boldsymbol{S}^{(k)})=F(\boldsymbol{X}^{(k)}+\alpha^{(k)}\boldsymbol{S}^{(k)})$$

二、迭代步骤及计算框图

梯度法的具体迭代步骤归纳如下：

(1)选择初始点 $\boldsymbol{X}^{(0)}$ 及迭代精度 $\varepsilon>0$，令迭代次数 k=0。

(2)计算 $\boldsymbol{X}^{(k)}$ 点的梯度 $\nabla F(\boldsymbol{X}^{(k)})$ 及梯度的模 $\left\|\nabla F(\boldsymbol{X}^{(k)})\right\|$，并令

$$\boldsymbol{S}^{(k)}=-\frac{\nabla F(\boldsymbol{X}^{(k)})}{\left\|\nabla F(\boldsymbol{X}^{(k)})\right\|}$$

(3)判断是否满足收敛精度 $\left\|\nabla F(\boldsymbol{X}^{(k)})\right\|\leqslant\varepsilon$。一般情况下，若 $\left\|\nabla F(\boldsymbol{X}^{(k)})\right\|\leqslant\varepsilon$，则 $\boldsymbol{X}^{(k)}$ 为近似最优点，$F(\boldsymbol{X}^{(k)})$ 为近似最优值，此时可输出最优解 $\boldsymbol{X}^*=\boldsymbol{X}^{(k)}$ 和 $F(\boldsymbol{X}^*)=F(\boldsymbol{X}^{(k)})$，计算结束。否则进行第(4)步。

(4)从 $\boldsymbol{X}^{(k)}$ 点出发，沿负梯度方向求最优步长 $\alpha^{(k)}$，即沿 $\boldsymbol{S}^{(k)}$ 进行一维搜索，求能使函数值下降最多的步长因子 $\alpha^{(k)}$，即

$$\min F(\boldsymbol{X}^{(k)}+\alpha\boldsymbol{S}^{(k)})=F(\boldsymbol{X}^{(k)}+\alpha^{(k)}\boldsymbol{S}^{(k)})$$

(5)确定新的近似点 $\boldsymbol{X}^{(k+1)}$，此点也就是下次迭代的出发点，即

$$\boldsymbol{X}^{(k+1)}=\boldsymbol{X}^{(k)}+\alpha^{(k)}\boldsymbol{S}^{(k)}$$

令 $k\Leftarrow k+1$，转第(2)步，直到满足精度要求为止。

梯度法的计算框图如图 4-2 所示。

三、计算举例

[**例 4-1**] 试用梯度法求目标函数 $F(\boldsymbol{X})=(x_1-1)^2+(x_2-1)^2$ 的极小值，设初始点 $\boldsymbol{X}^{(0)}=\begin{bmatrix}0 & 0\end{bmatrix}^{\mathrm{T}}$，$\varepsilon$=0.01。

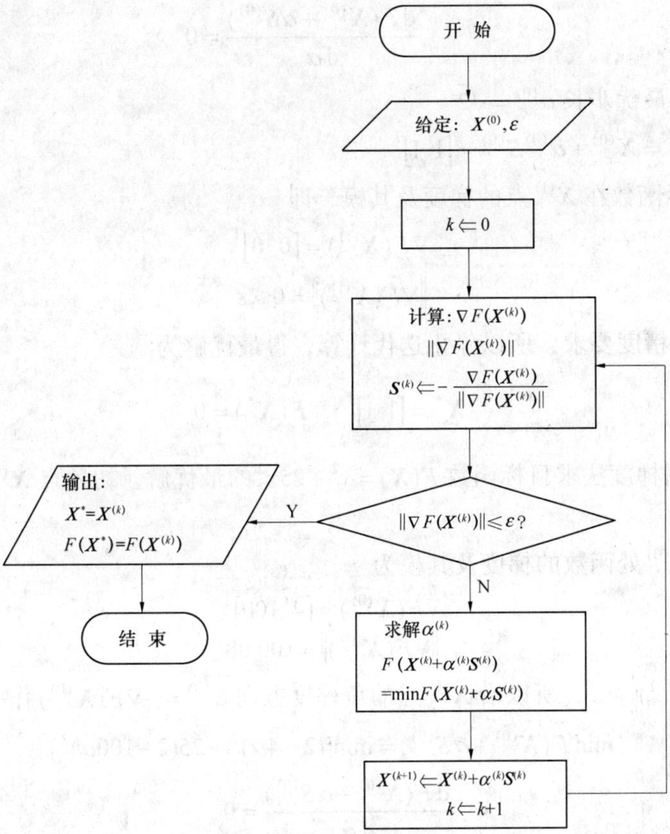

图 4-2　梯度法的计算框图

解　(1)因已知初始点及迭代精度，依计算步骤应计算该点的梯度，为此先写出目标函数梯度的表达式

$$\nabla F(\boldsymbol{X})=\left[\frac{\partial F(\boldsymbol{X})}{\partial x_1}\ \ \frac{\partial F(\boldsymbol{X})}{\partial x_2}\right]^{\mathrm{T}}=\left[2(x_1-1)\ \ 2(x_2-1)\right]^{\mathrm{T}}$$

(2)计算函数在 $\boldsymbol{X}^{(0)}$ 点的梯度 $\nabla F(\boldsymbol{X}^{(0)})=\left[-2\ \ -2\right]^{\mathrm{T}}$ 及梯度的模，即

$$\left\|\nabla F(\boldsymbol{X}^{(0)})\right\|=\sqrt{(-2)^2+(-2)^2}=2\sqrt{2}$$

(3)由于 $\left\|\nabla F(\boldsymbol{X}^{(0)})\right\|>\varepsilon$，所以进行第(4)步。

(4)从 $\boldsymbol{X}^{(0)}$ 点出发，沿方向 $\boldsymbol{S}^{(0)}=-\dfrac{\nabla F(\boldsymbol{X}^{(0)})}{\left\|\nabla F(\boldsymbol{X}^{(0)})\right\|}=\left[\dfrac{1}{\sqrt{2}}\ \ \dfrac{1}{\sqrt{2}}\right]^{\mathrm{T}}$ 进行一维搜索，将

$$\boldsymbol{X}^{(1)}=\boldsymbol{X}^{(0)}+\alpha\boldsymbol{S}^{(0)}=\left[\frac{\alpha}{\sqrt{2}}\ \ \frac{\alpha}{\sqrt{2}}\right]^{\mathrm{T}}$$

代入目标函数并求其极小值，即

$$\min F(\boldsymbol{X}^{(0)}+\alpha\boldsymbol{S}^{(0)})=\min(\alpha^2+2-2\sqrt{2}\alpha)$$

上式中 $F(\boldsymbol{X}^{(0)}+\alpha\boldsymbol{S}^{(0)})$ 为单变量α的一维函数，令

$$\frac{\mathrm{d}F(\boldsymbol{X}^{(0)}+\alpha\boldsymbol{S}^{(0)})}{\mathrm{d}\alpha}=0$$

求得一维优化的最优步长 $\alpha^{(0)}=\sqrt{2}$。

(5)新点 $\boldsymbol{X}^{(1)}=\boldsymbol{X}^{(0)}+\alpha^{(0)}\boldsymbol{S}^{(0)}=[1\ \ 1]^{\mathrm{T}}$。

(6)计算目标函数在 $\boldsymbol{X}^{(1)}$ 点的梯度及其模，即

$$\nabla F(\boldsymbol{X}^{(1)})=[0\ \ 0]^{\mathrm{T}}$$

$$\left\|\nabla F(\boldsymbol{X}^{(1)})\right\|=0<\varepsilon$$

因为已满足精度要求，所以停止迭代计算，得最优解为

$$\boldsymbol{X}^{*}=[1\ \ 1]^{\mathrm{T}},\quad F(\boldsymbol{X}^{*})=0$$

[例 4-2] 用梯度法求目标函数 $F(\boldsymbol{X})=x_1^2+25x_2^2$ 的最优解。初始点 $\boldsymbol{X}^{(0)}=[2\ \ 2]^{\mathrm{T}}$，迭代精度 ε=0.05。

解 在点 $\boldsymbol{X}^{(0)}$ 处函数的梯度及其模为

$$\nabla F(\boldsymbol{X}^{(0)})=[4\ \ 100]^{\mathrm{T}}$$

$$\left\|\nabla F(\boldsymbol{X}^{(0)})\right\|=100.08$$

因为 $\left\|\nabla F(\boldsymbol{X}^{(0)})\right\|>\varepsilon$，所以沿 $\boldsymbol{X}^{(0)}$ 点的负梯度方向 $\boldsymbol{S}^{(0)}=-\nabla F(\boldsymbol{X}^{(0)})$ 作一维搜索，即

$$\min F(\boldsymbol{X}^{(0)}+\alpha\boldsymbol{S}^{(0)})=\min[(2-4\alpha)^2+25(2-100\alpha)^2]$$

令

$$\frac{\mathrm{d}F(\boldsymbol{X}^{(0)}+\alpha\boldsymbol{S}^{(0)})}{\mathrm{d}\alpha}=0$$

得一维搜索的最优步长 $\alpha^{(0)}=0.020\,03$，故迭代点

$$\boldsymbol{X}^{(1)}=\boldsymbol{X}^{(0)}+\alpha^{(0)}\boldsymbol{S}^{(0)}=[1.92\ \ -0.003]^{\mathrm{T}}$$

$\boldsymbol{X}^{(1)}$ 点梯度的模为 $\left\|\nabla F(\boldsymbol{X}^{(1)})\right\|=3.843>\varepsilon$，因此需继续迭代。

以下三次迭代计算的结果如表 4-1 所示，迭代过程如图 4-3 所示。

表 4-1 例 4-2 的各次迭代结果

k	$\boldsymbol{X}^{(k)}$	$\nabla F(\boldsymbol{X}^{(k)})$	$\left\|\nabla F(\boldsymbol{X}^{(k)})\right\|$	$\alpha^{(k)}$	$F(\boldsymbol{X}^{(k)})$
0	$\begin{bmatrix}2\\2\end{bmatrix}$	$\begin{bmatrix}4\\100\end{bmatrix}$	100.08	0.020 03	104
1	$\begin{bmatrix}1.920\\-0.003\end{bmatrix}$	$\begin{bmatrix}3.840\\-0.154\end{bmatrix}$	3.843	0.482	3.686
2	$\begin{bmatrix}0.071\\0.071\end{bmatrix}$	$\begin{bmatrix}0.142\\3.544\end{bmatrix}$	3.550	0.020	0.131
3	$\begin{bmatrix}0.068\\-0.0001\end{bmatrix}$	$\begin{bmatrix}0.1361\\-0.0054\end{bmatrix}$	0.136 2	0.482	0.004 6

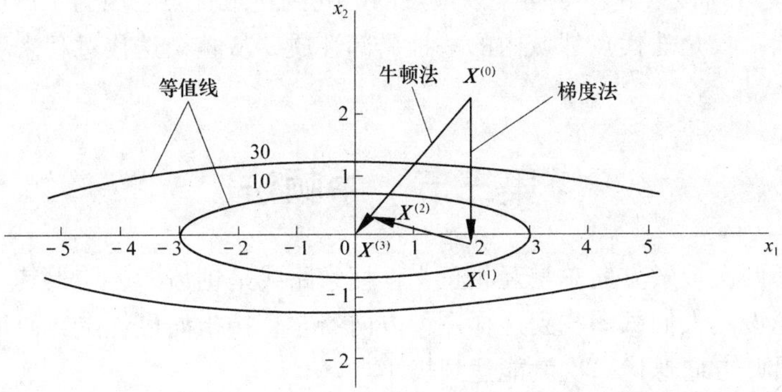

图 4-3　例 4-2 的迭代过程

四、关于梯度法的几点说明

(1)梯度法理论明确，方法简单，概念清楚。每迭代一次除需进行一维搜索外，只需计算函数的一阶偏导数，计算量小，且对初始点没有严格要求。

(2)相邻两次迭代的梯度方向是互相正交的，即 $\boldsymbol{S}^{(k)\mathrm{T}}\boldsymbol{S}^{(k+1)}=0$。如图 4-4 所示。设迭代从 $\boldsymbol{X}^{(k)}$ 点开始，沿 $\boldsymbol{S}^{(k)}=-\nabla F(\boldsymbol{X}^{(k)})$ 方向一维搜索到 $\boldsymbol{X}^{(k+1)}$ 点，显然 $\boldsymbol{X}^{(k+1)}$ 点就是向量 $\boldsymbol{S}^{(k)}$ 与函数等值线 $F(\boldsymbol{X})=C_{(k+1)}$ 的切点，$\boldsymbol{S}^{(k)}$ 是等值线 $F(\boldsymbol{X})=C_{(k+1)}$ 的切线。下次迭代从 $\boldsymbol{X}^{(k+1)}$ 点出发，沿 $\boldsymbol{S}^{(k+1)}=-\nabla F(\boldsymbol{X}^{(k+1)})$ 方向进行一维搜索，由于 $\boldsymbol{S}^{(k+1)}$ 是等值线 $F(\boldsymbol{X})=C_{(k+1)}$ 在 $\boldsymbol{X}^{(k+1)}$ 点的法线，所以 $\boldsymbol{S}^{(k)}$ 与 $\boldsymbol{S}^{(k+1)}$ 必为正交向量，也即 $(\boldsymbol{S}^{(k)})^{\mathrm{T}}\boldsymbol{S}^{(k+1)}=0$。同理，以后迭代中也总是前后两次迭代方向互为正交。因此，梯度搜索路线呈直角锯齿形，靠近极小点时，搜索点的密度越来越大，这说明收敛速度越来越慢。

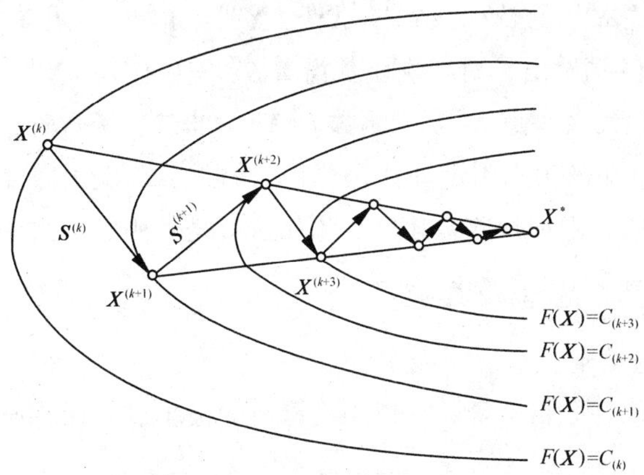

图 4-4　二维目标函数的梯度法搜索过程

(3)迭代次数与目标函数等值线的形状有关。目标函数的等值线形成的椭圆族愈扁，迭代次数愈多，搜索难于到达最优点 $\boldsymbol{X}^{*}$，如例 4-2 所示。但当等值线族为圆族时，则一次迭代就能达到极小点 $\boldsymbol{X}^{*}$，如例 4-1 所示，这是因为圆周上任一点的负梯度方向总是指向圆心的。

(4)按负梯度方向搜索并不等同于以最短的时间到达最优点。因为“负梯度方向是函数值最速下降方向”仅是迭代点邻域内的一种局部性质，从整个迭代过程来看，并不带有最速下降的性质。

第三节　牛顿法

梯度法相邻两次搜索方向总是互相正交，搜索路线呈锯齿形，使得其在极小点附近，收敛速度越来越慢。人们试图找到这样一种方向：它直接指向最优点，使得从任意选定的初始点出发，沿此方向迭代一次就能达到极小点。

现以正定二次函数 $F(\boldsymbol{X})=\frac{1}{2}\boldsymbol{X}^{\mathrm{T}}\boldsymbol{A}\boldsymbol{X}+\boldsymbol{B}^{\mathrm{T}}\boldsymbol{X}+C$ 为例求其极值。

其梯度为

$$\nabla F(\boldsymbol{X})=\boldsymbol{A}\boldsymbol{X}+\boldsymbol{B}$$

式中，$\boldsymbol{B}$ 是常向量，$\boldsymbol{A}$ 是正定方阵。

由极值理论知，梯度 $\nabla F(\boldsymbol{X})=0$ 时，二次函数的极小点是

$$\boldsymbol{X}^{*}=-\boldsymbol{A}^{-1}\boldsymbol{B} \tag{4-6}$$

若任取初始点 $\boldsymbol{X}^{(0)}$，则该点的梯度为

$$\nabla F(\boldsymbol{X}^{(0)})=\boldsymbol{A}\boldsymbol{X}^{(0)}+\boldsymbol{B} \tag{4-7}$$

若取

$$\boldsymbol{S}^{(0)}=-\boldsymbol{A}^{-1}\nabla F(\boldsymbol{X}^{(0)})$$

为搜索方向，则依式(4-7)知

$$\boldsymbol{S}^{(0)}=-\boldsymbol{A}^{-1}\nabla F(\boldsymbol{X}^{(0)})=-\boldsymbol{X}^{(0)}-\boldsymbol{A}^{-1}\boldsymbol{B} \tag{4-8}$$

当取步长α为 1 时，根据式(4-2)知

$$\boldsymbol{X}^{(1)}=\boldsymbol{X}^{(0)}+\alpha\boldsymbol{S}^{(0)}=\boldsymbol{X}^{(0)}-\boldsymbol{X}^{(0)}-\boldsymbol{A}^{-1}\boldsymbol{B}=-\boldsymbol{A}^{-1}\boldsymbol{B} \tag{4-9}$$

比较式(4-6)和式(4-9)看出，对二次函数沿着 $\boldsymbol{S}^{(0)}=-\boldsymbol{A}^{-1}\nabla F(\boldsymbol{X}^{(0)})$ 方向搜索时，取定步长 1，迭代一次就可达到极小点 $\boldsymbol{X}^{*}$。当函数 $F(\boldsymbol{X})$ 为非二次函数时，算法就没有这么简单了，但由于函数 $F(\boldsymbol{X})$ 在极小点附近往往呈现很强的正定二次函数性质，所以我们可以利用二次函数的这种性质，来加快收敛速度。牛顿法就是利用了二次函数的这种性质。

一、牛顿法的基本思想及其演变

(一)牛顿法的基本思想

利用二次函数来代替原目标函数，以二次函数的极小点来代替原目标函数的极小点，并逐步逼近该点。

(二)原始牛顿法

设一般目标函数 $F(\boldsymbol{X})$ 具有连续的一、二阶偏导数，$\boldsymbol{X}^{(k)}$ 为 $F(\boldsymbol{X})$ 的极小点的一个近似点，将 $F(\boldsymbol{X})$ 在 $\boldsymbol{X}^{(k)}$ 处作泰勒展开并略去高于二次的项，则得

$$F(\boldsymbol{X})\approx F(\boldsymbol{X}^{(k)})+\nabla F(\boldsymbol{X}^{(k)})^{\mathrm{T}}(\boldsymbol{X}-\boldsymbol{X}^{(k)})+\frac{1}{2}(\boldsymbol{X}-\boldsymbol{X}^{(k)})^{\mathrm{T}}\boldsymbol{H}(\boldsymbol{X}^{(k)})(\boldsymbol{X}-\boldsymbol{X}^{(k)})$$

式中，$H(\boldsymbol{X}^{(k)})=\left[\dfrac{\partial^2 F(\boldsymbol{X}^{(k)})}{\partial x_i \partial x_j}\right]$ $(i,\ j=1,2,\cdots,n)$，它是 $F(\boldsymbol{X})$ 在 $\boldsymbol{X}^{(k)}$ 点的海森矩阵。

将上述 $F(\boldsymbol{X})$ 的二次泰勒多项式作为近似替代函数 $\Phi(\boldsymbol{X})$，即

$$\Phi(\boldsymbol{X})=F(\boldsymbol{X}^{(k)})+\nabla F(\boldsymbol{X}^{(k)})^{\mathrm{T}}(\boldsymbol{X}-\boldsymbol{X}^{(k)})+\frac{1}{2}(\boldsymbol{X}-\boldsymbol{X}^{(k)})^{\mathrm{T}}\boldsymbol{H}(\boldsymbol{X}^{(k)})(\boldsymbol{X}-\boldsymbol{X}^{(k)})$$

对函数 $\Phi(\boldsymbol{X})$ 求 $\boldsymbol{X}$ 的一阶偏导数，即得其梯度

$$\nabla\Phi(\boldsymbol{X})=\nabla F(\boldsymbol{X}^{(k)})+\boldsymbol{H}(\boldsymbol{X}^{(k)})(\boldsymbol{X}-\boldsymbol{X}^{(k)}) \tag{4-10}$$

函数 $\Phi(\boldsymbol{X})$ 存在极小点 $\boldsymbol{X}_\varphi^*$ 的必要条件是其梯度等于零，即

$$\nabla\Phi(\boldsymbol{X})=0$$

也即

$$\boldsymbol{H}(\boldsymbol{X}^{(k)})(\boldsymbol{X}_\varphi^*-\boldsymbol{X}^{(k)})=-\nabla F(\boldsymbol{X}^{(k)})$$

若 $\boldsymbol{H}(\boldsymbol{X}^{(k)})$ 为正定，则函数 $\Phi(\boldsymbol{X})$ 的极小点为

$$\boldsymbol{X}_\varphi^*=\boldsymbol{X}^{(k)}-\boldsymbol{H}^{-1}(\boldsymbol{X}^{(k)})\nabla F(\boldsymbol{X}^{(k)})$$

由于 $\boldsymbol{X}^{(k)}$ 点在极小点附近，所以可以取 $\boldsymbol{X}_\varphi^*$ 作为 $F(\boldsymbol{X})$ 极小点的下一个近似点，即采用迭代公式

$$\boldsymbol{X}^{(k+1)}=\boldsymbol{X}^{(k)}-\boldsymbol{H}^{-1}(\boldsymbol{X}^{(k)})\nabla F(\boldsymbol{X}^{(k)}) \tag{4-11}$$

这就是原始牛顿法的基本迭代公式，式(4-11)不但确定了搜索方向，即牛顿方向

$$\boldsymbol{S}^{(k)}=-\boldsymbol{H}^{-1}(\boldsymbol{X}^{(k)})\nabla F(\boldsymbol{X}^{(k)})$$

同时已确定了步长恒等于 1，所以原始牛顿法是一种定步长的迭代方法。

从原始牛顿法的推导过程可知，对任何正定二次函数，因其近似函数 $\Phi(\boldsymbol{X})$ 与原目标函数 $F(\boldsymbol{X})$ 完全相同，二阶偏导数矩阵 $\boldsymbol{H}(\boldsymbol{X}^{(k)})$ 又为一常数正定方阵，因此可以从任一初始点出发，按迭代公式(4-11)迭代一次就可达到目标函数的极小点 $\boldsymbol{X}^*$。对于非二次函数虽然不能一步就求出极小点，但由于在 $\boldsymbol{X}^{(k)}$ 附近二次函数 $\Phi(\boldsymbol{X})$ 与原目标函数 $F(\boldsymbol{X})$ 是近似的，所以牛顿方向可以作为近似方向，按公式(4-11)进行迭代一般也将很快收敛于函数的最优点。

[例 4-3] 用原始牛顿法求例 4-2 的极小点和极小值。

解 任取初始点 $\boldsymbol{X}^{(0)}=\begin{bmatrix}2\\2\end{bmatrix}$，计算函数的梯度和海森矩阵为

$$\left[\frac{\partial F(\boldsymbol{X}^{(0)})}{\partial x_1}\ \ \frac{\partial F(\boldsymbol{X}^{(0)})}{\partial x_2}\right]^{\mathrm{T}}=\left[2x_1^{(0)}\ \ 50x_2^{(0)}\right]^{\mathrm{T}}=[4\ \ 100]^{\mathrm{T}}$$

$$\boldsymbol{H}(\boldsymbol{X}^{(0)})=\begin{bmatrix}2 & 0\\0 & 50\end{bmatrix}$$

海森矩阵 $\boldsymbol{H}(\boldsymbol{X}^{(0)})$ 的逆矩阵为

$$\boldsymbol{H}^{-1}=\begin{bmatrix}\dfrac{1}{2} & 0\\0 & \dfrac{1}{50}\end{bmatrix}$$

故牛顿方向为

$$\boldsymbol{S}^{(0)}=-\boldsymbol{H}^{-1}(\boldsymbol{X}^{(0)})\nabla F(\boldsymbol{X}^{(0)})=-\begin{bmatrix}\frac{1}{2} & 0\\ 0 & \frac{1}{50}\end{bmatrix}\begin{bmatrix}4\\100\end{bmatrix}=\begin{bmatrix}-2\\-2\end{bmatrix}$$

按原始牛顿法的迭代公式(4-11)进行计算得下一迭代点

$$\boldsymbol{X}^{(1)}=\boldsymbol{X}^{(0)}+\boldsymbol{S}^{(0)}=\begin{bmatrix}2\\2\end{bmatrix}+\begin{bmatrix}-2\\-2\end{bmatrix}=\begin{bmatrix}0\\0\end{bmatrix}$$

显然，迭代一次即得到精确最优解

$$\boldsymbol{X}^{*}=\boldsymbol{X}^{(1)}=[0\quad 0]^{\mathrm{T}},\quad F(\boldsymbol{X}^{*})=F(\boldsymbol{X}^{(1)})=0$$

将其搜索过程也画在图 4-3 上，以便于和梯度法比较。

原始牛顿法存在一个问题：从式(4-11)知，它不经一维搜索而直接代入公式进行计算(采用的是定步长$\alpha=1$)，因而不能保证在每次迭代中目标函数值一定是下降的。当初始点选得好，例如$\left\|\boldsymbol{X}^{(0)}-\boldsymbol{X}^{*}\right\|<1$时，即使目标函数不是二次函数，也会很快收敛。但若初始点选得不好，就不能保证具有良好的收敛性，甚至会收敛到鞍点或不收敛。因为$\varPhi(\boldsymbol{X})$仅为目标函数$F(\boldsymbol{X})$在$\boldsymbol{X}^{(k)}$点附近的近似表达式，由式(4-11)得到的下一个迭代点$\boldsymbol{X}^{(k+1)}$仅是$\varPhi(\boldsymbol{X})$在牛顿方向上的极小点，并非原目标函数$F(\boldsymbol{X})$在该方向上的极小点。

(三)修正牛顿法

由于原始牛顿法不能保证函数值稳定下降，于是便出现了修正牛顿法或称阻尼牛顿法。其修正方法是：由$\boldsymbol{X}^{(k)}$求$\boldsymbol{X}^{(k+1)}$时，不是直接利用原来的迭代公式计算，而是沿着$\boldsymbol{X}^{(k)}$点处的牛顿方向进行一维搜索，将该方向上的目标函数最优点作为$\boldsymbol{X}^{(k+1)}$。这样就会避免收敛到鞍点或不收敛，即将式(4-11)改为

$$\boldsymbol{X}^{(k+1)}=\boldsymbol{X}^{(k)}-\alpha^{(k)}\boldsymbol{H}^{-1}(\boldsymbol{X}^{(k)})\nabla F(\boldsymbol{X}^{(k)})$$

式中，$\alpha^{(k)}$为沿牛顿方向作一维搜索求得的最优步长，即

$$F(\boldsymbol{X}^{(k)}+\alpha^{(k)}\boldsymbol{S}^{(k)})=\min F(\boldsymbol{X}^{(k)}+\alpha\boldsymbol{S}^{(k)})$$

式中，$\boldsymbol{S}^{(k)}$是牛顿方向，见式(4-11)，这种修正牛顿法虽然计算工作量多了一些，但在目标函数$F(\boldsymbol{X})$的海森矩阵处处正定的情况下，它能保证每次迭代都能使函数值有所下降，即使初始点选得不好，用这种搜索方法也会有效，同时还保持了牛顿法收敛快的优点。

二、迭代步骤及计算框图

修正牛顿法(以下简称牛顿法)的迭代过程如下：

(1)取初始点$\boldsymbol{X}^{(0)}$，给定收敛精度ε，令迭代次数$k=0$。

(2)计算目标函数在$\boldsymbol{X}^{(k)}$点的梯度$\nabla F(\boldsymbol{X}^{(k)})$。

(3)检验终止条件，若$\left\|\nabla F(\boldsymbol{X}^{(k)})\right\|\leqslant\varepsilon$，则停止迭代，输出最优解$\boldsymbol{X}^{*}=\boldsymbol{X}^{(k)}$及$F(\boldsymbol{X}^{*})=F(\boldsymbol{X}^{(k)})$，否则进行第(4)步。

(4)计算$\boldsymbol{X}^{(k)}$处的海森矩阵$\boldsymbol{H}(\boldsymbol{X}^{(k)})$，并确定牛顿方向$\boldsymbol{S}^{(k)}=-\boldsymbol{H}^{-1}(\boldsymbol{X}^{(k)})\nabla F(\boldsymbol{X}^{(k)})$。

(5)求最优步长$\alpha^{(k)}$，即

$$F(\boldsymbol{X}^{(k)}+\alpha^{(k)}\boldsymbol{S}^{(k)})=\min F(\boldsymbol{X}^{(k)}+\alpha\boldsymbol{S}^{(k)})$$

(6)计算第 $k+1$ 个迭代点，即

$$X^{(k+1)} = X^{(k)} + \alpha^{(k)} S^{(k)}$$

令 $k \Leftarrow k+1$，转第(2)步。

牛顿法的计算框图如图 4-5 所示。

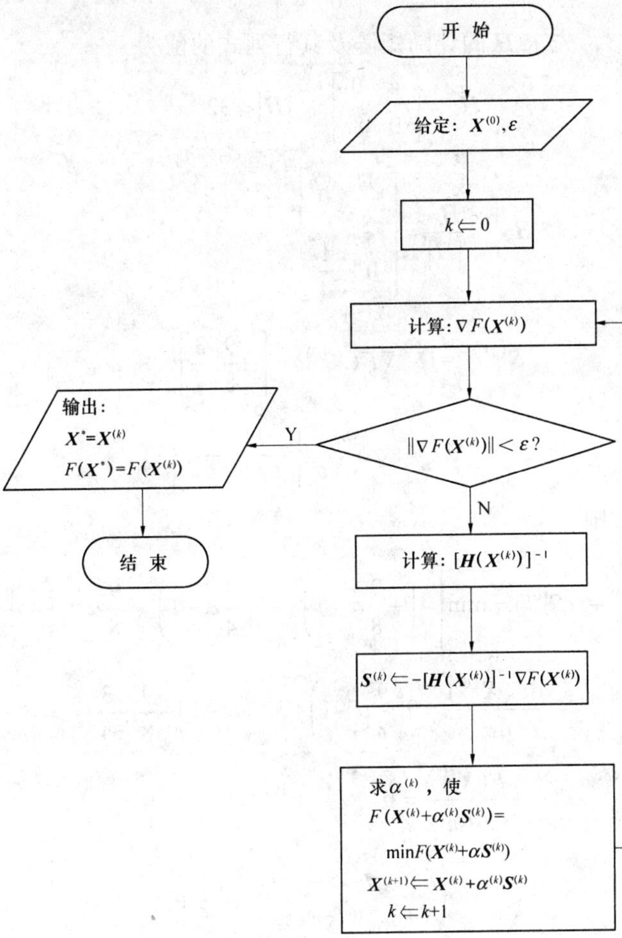

图 4-5　牛顿法计算框图

三、计算举例

[例 4-4]　用牛顿法求函数 $F(X) = 4(x_1+1)^2 + 2(x_2-1)^2 + x_1 + x_2 + 10$ 的最优解，取 $X^{(0)} = [0\ \ 0]^{\mathrm{T}}$，$\varepsilon = 10^{-3}$。

解　函数的梯度为

$$\nabla F(X) = \begin{bmatrix} 8x_1 + 9 \\ 4x_2 - 3 \end{bmatrix}$$

在 $X^{(0)}$ 处的梯度及其模分别为

$$\nabla F(\boldsymbol{X}^{(0)})=\begin{bmatrix}9\\-3\end{bmatrix},\quad \left\|\nabla F(\boldsymbol{X}^{(0)})\right\|=9.487>\varepsilon$$

海森矩阵为

$$\boldsymbol{H}=\begin{bmatrix}8&0\\0&4\end{bmatrix}$$

求 $\boldsymbol{H}$ 的逆矩阵 $\boldsymbol{H}^{-1}$，先求 $\boldsymbol{H}$ 的伴随矩阵及其行列式的值为

$$\boldsymbol{H}^{*}=\begin{bmatrix}4&0\\0&8\end{bmatrix},\quad |\boldsymbol{H}|=32$$

其逆阵为

$$\boldsymbol{H}^{-1}=\frac{\boldsymbol{H}^{*}}{|\boldsymbol{H}|}=\begin{bmatrix}\frac{1}{8}&0\\0&\frac{1}{4}\end{bmatrix}$$

$$\boldsymbol{S}^{(0)}=-\boldsymbol{H}^{-1}\nabla F(\boldsymbol{X}^{(0)})=\begin{bmatrix}-\frac{9}{8}&\frac{3}{4}\end{bmatrix}^{\mathrm{T}}$$

$$\boldsymbol{X}^{(1)}=\boldsymbol{X}^{(0)}+\alpha\boldsymbol{S}^{(0)}=\begin{bmatrix}-\frac{9}{8}\alpha&\frac{3}{4}\alpha\end{bmatrix}^{\mathrm{T}}$$

求最优步长 $\alpha^{(0)}$，则

$$\min F(\boldsymbol{X}^{(0)}+\alpha\boldsymbol{S}^{(0)})=\min\left[4\left(-\frac{9}{8}\alpha+1\right)^{2}+2\left(\frac{3}{4}\alpha-1\right)^{2}-\frac{9}{8}\alpha+\frac{3}{4}\alpha+10\right]$$

$$\frac{\mathrm{d}F(\boldsymbol{X}^{(1)})}{\mathrm{d}\alpha}=9\left(\frac{9}{8}\alpha-1\right)+3\left(\frac{3}{4}\alpha-1\right)-\frac{9}{8}+\frac{3}{4}$$

令

$$\frac{\mathrm{d}F(\boldsymbol{X}^{(1)})}{\mathrm{d}\alpha}=0\quad 得\quad \alpha^{(0)}=1$$

于是

$$\boldsymbol{X}^{(1)}=\boldsymbol{X}^{(0)}+\alpha^{(0)}\boldsymbol{S}^{(0)}=\begin{bmatrix}-\frac{9}{8}&\frac{3}{4}\end{bmatrix}^{\mathrm{T}}$$

点 $\boldsymbol{X}^{(1)}$ 的梯度及其模为

$$\nabla F(\boldsymbol{X}^{(1)})=\begin{bmatrix}0&0\end{bmatrix}^{\mathrm{T}},\quad \left\|\nabla F(\boldsymbol{X}^{(1)})\right\|=0$$

因为 $\left\|\nabla F(\boldsymbol{X}^{(1)})\right\|<\varepsilon$，所以得最优解

$$\boldsymbol{X}^{*}=\begin{bmatrix}-\frac{9}{8}\\\frac{3}{4}\end{bmatrix},\qquad F(\boldsymbol{X}^{*})=F(\boldsymbol{X}^{(1)})=9.812\,5$$

[例 4-5] 用牛顿法求函数 $F(\boldsymbol{X})=x_1^4+x_1x_2+(1+x_2)^2$ 的最优解，初始点为 $\boldsymbol{X}^{(0)}=[0\ \ 0]^{\mathrm{T}}$，$\varepsilon=10^{-3}$。

解 函数的梯度为

$$\nabla F(\boldsymbol{X})=\begin{bmatrix}4x_1^3+x_2\\x_1+2(1+x_2)\end{bmatrix}$$

海森矩阵为

$$\boldsymbol{H}(\boldsymbol{X})=\begin{bmatrix}12x_1^2 & 1\\1 & 2\end{bmatrix}$$

在 $\boldsymbol{X}^{(0)}$ 点的梯度和海森矩阵为

$$\nabla F(\boldsymbol{X}^{(0)})=\begin{bmatrix}0\\2\end{bmatrix},\qquad \boldsymbol{H}(\boldsymbol{X}^{(0)})=\begin{bmatrix}0 & 1\\1 & 2\end{bmatrix}$$

$\boldsymbol{H}(\boldsymbol{X}^{(0)})$ 的逆矩阵为

$$\boldsymbol{H}^{-1}(\boldsymbol{X}^{(0)})=\begin{bmatrix}-2 & 1\\1 & 0\end{bmatrix}$$

牛顿方向为

$$\boldsymbol{S}^{(0)}=-\boldsymbol{H}^{-1}(\boldsymbol{X}^{(0)})\nabla F(\boldsymbol{X}^{(0)})=[-2\ \ 0]^{\mathrm{T}}$$

因为

$$\boldsymbol{X}^{(1)}=\boldsymbol{X}^{(0)}+\alpha\boldsymbol{S}^{(0)}=[-2\alpha\ \ 0]^{\mathrm{T}}$$

将 $\boldsymbol{X}^{(1)}$ 代入目标函数并求其极小点，令

$$\frac{\mathrm{d}F(\boldsymbol{X}^{(1)})}{\mathrm{d}\alpha}=0$$

得 $\alpha^{(0)}=0$，于是 $\boldsymbol{X}^{(1)}=\boldsymbol{X}^{(0)}$，不能产生新的迭代点，即迭代无法继续进行，原因是矩阵 $\boldsymbol{H}(\boldsymbol{X}^{(0)})$ 不是正定矩阵。

四、关于牛顿法的讨论

(1)牛顿法对正定二次函数的寻优特别有效，迭代一次即达到极小点，如例 4-4。对于一般目标函数，在极小点附近，它的收敛速度也是很快的，即牛顿法具有二次收敛性。

(2)牛顿法对函数的性质有较严格的要求。除了函数需具有一、二阶偏导数外，为了保证函数的稳定下降，海森矩阵必须处处正定，否则牛顿法将失败，如例4-5。为了能使迭代计算顺利进行，海森矩阵必须为非奇异，否则无法求其逆矩阵，不能构成牛顿方向。

(3)计算复杂。因为除了求梯度外还需计算海森矩阵及其逆阵，所以计算困难且占用较大的计算机储存量。

第四节　DFP 变尺度法

一、变尺度法的基本思想

由本章第二、三节可知，梯度法的搜索方向是目标函数在某点 $\boldsymbol{X}^{(k)}$ 处的负梯度方向，即

$$\boldsymbol{S}^{(k)}=-\nabla F(\boldsymbol{X}^{(k)})$$

牛顿法的搜索方向则取为

$$\boldsymbol{S}^{(k)}=-\boldsymbol{H}^{-1}(\boldsymbol{X}^{(k)})\nabla F(\boldsymbol{X}^{(k)})$$

其中，$\boldsymbol{H}^{-1}(\boldsymbol{X}^{(k)})$是目标函数 $F(\boldsymbol{X})$的海森矩阵的逆矩阵。

梯度法计算简单，但收敛速度慢；牛顿法收敛速度快，但要求二阶偏导数矩阵及其逆矩阵，计算工作量大，程序烦琐，而且有些实际问题的目标函数的二阶导数很难求得，因而这两种方法的应用受到一定限制。为此，人们对这两种方法作了种种改进，把搜索方向写成下面的形式：

$$\boldsymbol{S}^{(k)}=-\boldsymbol{A}^{(k)}\nabla F(\boldsymbol{X}^{(k)}) \tag{4-12}$$

其中，$\boldsymbol{A}^{(k)}$是 $n\times n$ 阶对称矩阵。当它为单位矩阵 $\boldsymbol{I}$ 时，$\boldsymbol{S}^{(k)}$ 即为梯度法的搜索方向；如果令 $\boldsymbol{A}^{(k)}=\boldsymbol{H}^{-1}(\boldsymbol{X}^{(k)})$，则 $\boldsymbol{S}^{(k)}$ 即为牛顿法的搜索方向。

为了利用牛顿法收敛速度快的特点，在迭代过程中应尽可能地使式(4-12)中的$\boldsymbol{A}^{(k)}$从单位矩阵 $\boldsymbol{I}$ 逐渐逼近牛顿法中的 $\boldsymbol{H}^{-1}(\boldsymbol{X}^{(k)})$，当迭代点逼近最优点时，$\boldsymbol{A}^{(k)}$应趋近于 $\boldsymbol{H}^{-1}(\boldsymbol{X}^{(k)})$，这就是变尺度法的基本思想。根据这一思想，该方法采用的迭代公式为

$$\boldsymbol{X}^{(k+1)}=\boldsymbol{X}^{(k)}-\alpha^{(k)}\boldsymbol{A}^{(k)}\nabla F(\boldsymbol{X}^{(k)})=\boldsymbol{X}^{(k)}+\alpha^{(k)}\boldsymbol{S}^{(k)}$$

其中，$\boldsymbol{S}^{(k)}$ 是由式(4-12)确定的搜索方向，步长$\alpha^{(k)}$通过沿 $\boldsymbol{S}^{(k)}$ 方向进行一维搜索求得。由于这种方法的搜索方向与牛顿方向类似，只是将 $\boldsymbol{H}^{-1}(\boldsymbol{X}^{(k)})$ 改为 $\boldsymbol{A}^{(k)}$，故一般称 $\boldsymbol{S}^{(k)}$ 为拟牛顿方向。式(4-12)中的 $\boldsymbol{A}^{(k)}$不是逆矩阵，也不是单位矩阵，它是人为地根据需要构造来代替 $\boldsymbol{H}^{-1}(\boldsymbol{X}^{(k)})$ 的 $n\times n$ 阶矩阵，一般称为近似矩阵。它随着迭代点位置的变化而变化，即 $\boldsymbol{A}^{(k)}$ 从一次迭代到另一次迭代是变化的，到最优点附近时趋近于 $\boldsymbol{H}^{-1}(\boldsymbol{X}^{(k)})$，搜索方向变为牛顿方向，使迭代很快收敛。可以把 $\boldsymbol{A}^{(k)}$看做是迭代过程中的一种尺度矩阵，故该方法称为变尺度法。显然，实现上述变尺法的基本思想，关键在于产生近似矩阵 $\boldsymbol{A}^{(k)}$。

二、近似矩阵的构成

构造近似矩阵 $\boldsymbol{A}^{(k)}$时，应该保证每一次迭代都能以现有的信息来确定下一个搜索方向；$\boldsymbol{A}^{(k)}$应该便于计算，每迭代一次目标函数值均应有所下降，也即式(4-12)所构成的方向 $\boldsymbol{S}^{(k)}$ 应指向目标函数的下降方向；随着迭代点的变化，近似矩阵 $\boldsymbol{A}^{(k)}$最后应收敛于极小点处的海森矩阵的逆矩阵 $\boldsymbol{H}^{-1}(\boldsymbol{X}^{(k)})$。

变尺度法采用近似矩阵来代替牛顿法中海森矩阵的逆矩阵，其主要目的是为了避免计算二阶偏导数矩阵及其逆矩阵。为了寻找 $\boldsymbol{H}^{-1}(\boldsymbol{X}^{(k)})$ 的近似矩阵 $\boldsymbol{A}^{(k)}$，应先分析 $\boldsymbol{H}^{-1}(\boldsymbol{X}^{(k)})$ 与函数梯度之间的关系。

设 $F(\boldsymbol{X})$为一般形式的目标函数，并具有连续的一、二阶偏导数，将其在 $\boldsymbol{X}^{(k)}$ 点处展开成泰勒级数并仅取前三项，即

$$F(\boldsymbol{X})\approx F(\boldsymbol{X}^{(k)})+\nabla F(\boldsymbol{X}^{(k)})^{\mathrm{T}}(\boldsymbol{X}-\boldsymbol{X}^{(k)})+\frac{1}{2}\left[\boldsymbol{X}-\boldsymbol{X}^{(k)}\right]^{\mathrm{T}}\boldsymbol{H}(\boldsymbol{X}^{(k)})\left[\boldsymbol{X}-\boldsymbol{X}^{(k)}\right]$$

其梯度(见式(4-10))为

$$g = \nabla F(X) = \nabla F(X^{(k)}) + H(X^{(k)})\left[X - X^{(k)}\right] = g^{(k)} + H(X^{(k)})\left[X - X^{(k)}\right]$$

如果取 $X = X^{(k+1)}$ 为极值点附近第 k+1 次迭代点，则有

$$g^{(k+1)} = \nabla F(X^{(k+1)}) = g^{(k)} + H(X^{(k)})\left[X^{(k+1)} - X^{(k)}\right]$$

令
$$\Delta g^{(k)} = g^{(k+1)} - g^{(k)} \tag{4-13}$$

$$\Delta X^{(k)} = X^{(k+1)} - X^{(k)} \tag{4-14}$$

则上式又可写成

$$\Delta g^{(k)} = H(X^{(k)})\Delta X^{(k)}$$

若矩阵 $H(X^{(k)})$ 为可逆矩阵，则用 $H^{-1}(X^{(k)})$ 左乘上式两边，得

$$\Delta X^{(k)} = H^{-1}(X^{(k)})\Delta g^{(k)} \tag{4-15}$$

上式表明了 $H^{-1}(X^{(k)})$ 与 $\Delta X^{(k)}$ 及 $\Delta g^{(k)}$ 之间的基本关系。式中，$\Delta X^{(k)}$ 是第 k 次迭代中前后迭代点的矢量差，称为位移矢量，而 $\Delta g^{(k)}$ 是前后迭代点的梯度矢量差。

设已找到 $A^{(k+1)}$ 能用来代替 $H^{-1}(X^{(k)})$，则 $A^{(k+1)}$ 必须满足

$$\Delta X^{(k)} = A^{(k+1)}\Delta g^{(k)} \tag{4-16}$$

上式中只含有梯度，不含二阶偏导数，它表达了近似矩阵必须满足的基本条件，称为拟牛顿条件或变尺度条件。

如前所述，近似矩阵是随着迭代过程的推进而逐步改变的，所以，式(4-16)中的 $A^{(k+1)}$ 是通过递推公式在迭代过程中逐步产生的，其递推公式为

$$A^{(k+1)} = A^{(k)} + \Delta A^{(k)} \tag{4-17}$$

式中，$A^{(k)}$ 和 $A^{(k+1)}$ 均为对称正定矩阵。$A^{(k)}$ 是前一次迭代的已知矩阵，初始时可取 $A^{(0)} = I$ (单位矩阵)。$\Delta A^{(k)}$ 称为第 k 次迭代的校正矩阵。

显然，只要能求出 $\Delta A^{(k)}$，便可求出 $A^{(1)}, A^{(2)}, A^{(3)}, \cdots$ 即可得到近似矩阵序列 $\left\{A^{(k)}\right\}$。由 $A^{(k+1)}$ 应满足拟牛顿条件的要求，可以推得(推导过程略)校正矩阵 $\Delta A^{(k)}$ 的计算公式为

$$\Delta A^{(k)} = \frac{\Delta X^{(k)}[\Delta X^{(k)}]^{\mathrm{T}}}{[\Delta X^{(k)}]^{\mathrm{T}}\Delta g^{(k)}} - \frac{A^{(k)}\Delta g^{(k)}[\Delta g^{(k)}]^{\mathrm{T}}A^{(k)}}{[\Delta g^{(k)}]^{\mathrm{T}}A^{(k)}\Delta g^{(k)}} \tag{4-18}$$

利用上式求出校正矩阵 $\Delta A^{(k)}$ 后，便可按式(4-17)求出下一次迭代的 $A^{(k+1)}$，即

$$A^{(k+1)} = A^{(k)} + \frac{\Delta X^{(k)}[\Delta X^{(k)}]^{\mathrm{T}}}{[\Delta X^{(k)}]^{\mathrm{T}}\Delta g^{(k)}} - \frac{A^{(k)}\Delta g^{(k)}[\Delta g^{(k)}]^{\mathrm{T}}A^{(k)}}{[\Delta g^{(k)}]^{\mathrm{T}}A^{(k)}\Delta g^{(k)}} \tag{4-19}$$

三、DFP 变尺度法的迭代步骤及程序框图

DFP 变尺度法是戴维登(Davidon)于 1959 年提出的，后来由弗来彻(Fletcher)和鲍威尔(Powell)于 1963 年作了改进，故用三个名字的字头命名。

DFP 变尺度法的迭代步骤如下：

(1)任取初始点 $X^{(0)}$，给定变量个数 n 及梯度收敛精度 $\varepsilon>0$。

(2)计算 $\nabla F(\boldsymbol{X}^{(0)})$，若 $\left\|\nabla F(\boldsymbol{X}^{(0)})\right\| < \varepsilon$，则 $\boldsymbol{X}^{(0)}$ 即为近似极小点，停止迭代，否则转下一步。

(3)令 $k \Leftarrow 0$，$\boldsymbol{A}^{(0)} \Leftarrow \boldsymbol{I}$，搜索方向 $\boldsymbol{S}^{(k)} \Leftarrow -\boldsymbol{A}^{(k)} \nabla F(\boldsymbol{X}^{(k)})$，显然，极小化的初始方向就是梯度方向。

(4)沿 $\boldsymbol{S}^{(k)}$ 方向作一维搜索，求出最优步长 $\alpha^{(k)}$，使

$$F(\boldsymbol{X}^{(k)} + \alpha^{(k)}\boldsymbol{S}^{(k)}) = \min F(\boldsymbol{X}^{(k)} + \alpha\boldsymbol{S}^{(k)})$$

从而得到新的迭代点。

(5)计算 $\nabla F(\boldsymbol{X}^{(k+1)})$，进行收敛判断。若 $\left\|\nabla F(\boldsymbol{X}^{(k+1)})\right\| < \varepsilon$，则 $\boldsymbol{X}^{(k+1)}$ 即为近似极小点，迭代停止，输出最优解，否则转入下一步。

(6)检查迭代次数，若 $k=n$，则令 $\boldsymbol{X}^{(0)} \Leftarrow \boldsymbol{X}^{(k)}$，并转入步骤(2)；若 $k<n$，则进行下一步。

(7)计算 $\Delta\boldsymbol{X}^{(k)}$ (见式(4-14))、$\Delta\boldsymbol{g}(\boldsymbol{X}^{(k)})$ (见式(4-13))、$\Delta\boldsymbol{A}^{(k)}$(见式(4-18))、$\boldsymbol{A}^{(k+1)}$(见式(4-19))，构造新的搜索方向

$$\boldsymbol{S}^{(k+1)} = -\boldsymbol{A}^{(k+1)} \nabla F(\boldsymbol{X}^{(k+1)})$$

然后令 $k \Leftarrow k+1$，转向第(4)步。

DFP 变尺度法的计算程序框图如图 4-6 所示。

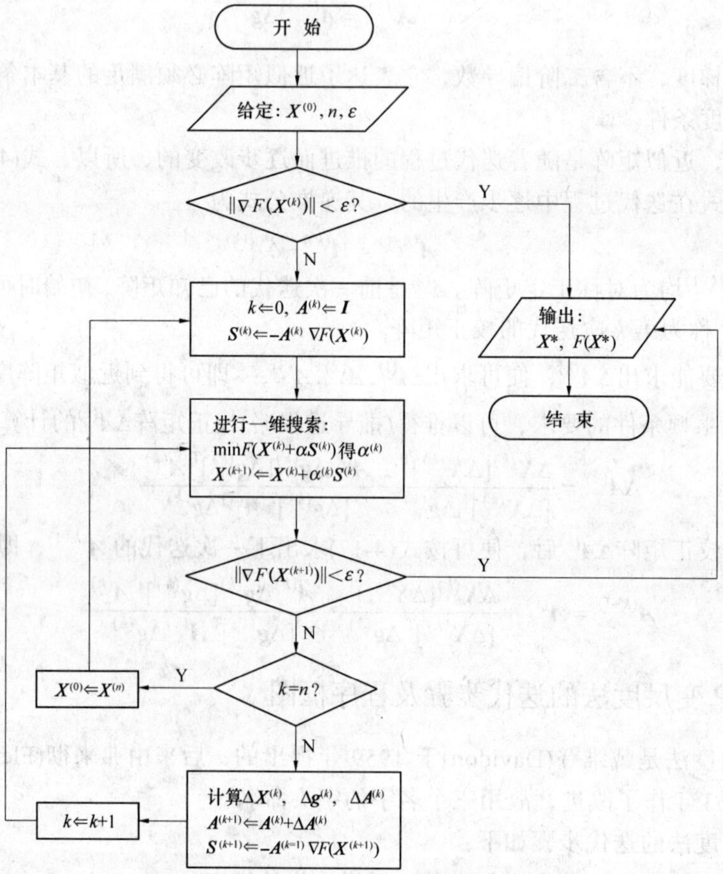

图 4-6　DFP 变尺度法的计算框图

四、计算举例

[例 4-6] 试用 DFP 法求，$\min F(\boldsymbol{X})=x_1^2+2x_2^2-4x_1-2x_1x_2$，给定初始点为 $\boldsymbol{X}^{(0)}=\begin{bmatrix}1 & 1\end{bmatrix}^{\mathrm{T}}$，$\varepsilon=0.001$。

解 (1)计算目标函数的梯度 $\nabla F(\boldsymbol{X}^{(0)})$，即

$$\frac{\partial F}{\partial x_1}=2x_1-4-2x_2 \quad , \quad \frac{\partial F}{\partial x_2}=4x_2-2x_1$$

$$\nabla F(\boldsymbol{X}^{(0)})=\begin{bmatrix}-4\\2\end{bmatrix}, \qquad \left\|\nabla F(\boldsymbol{X}^{(0)})\right\|=\sqrt{16+4}>\varepsilon$$

(2)令 $k \Leftarrow 0,\ \boldsymbol{A}^{(0)} \Leftarrow \begin{bmatrix}1 & 0\\0 & 1\end{bmatrix}$，则

$$\boldsymbol{S}^{(0)}=-\boldsymbol{A}^{(0)}\nabla F(\boldsymbol{X}^{(0)})=-\begin{bmatrix}1 & 0\\0 & 1\end{bmatrix}\begin{bmatrix}-4\\2\end{bmatrix}=\begin{bmatrix}4\\-2\end{bmatrix}$$

显然，此时搜索方向为负梯度方向。

(3)沿 $\boldsymbol{S}^{(0)}$方向进行一维搜索，求最优步长 $\alpha^{(k)}$，将 $\boldsymbol{X}^{(1)}=\boldsymbol{X}^{(0)}+\alpha^{(0)}\boldsymbol{S}^{(0)}$代入目标函数得

$$F(\boldsymbol{X}^{(1)})=(1+4\alpha)^2+2(1-2\alpha)^2-4(1+4\alpha)-2(1+4\alpha)(1-2\alpha)=40\alpha^2-20\alpha-3$$

为求极小值，将上式对α求导，并令 $F'(\alpha)=0$，即

$$\frac{\mathrm{d}F}{\mathrm{d}\alpha}=80\alpha-20=0\text{，得 }\alpha^{(k)}=0.25$$

于是得新点

$$\boldsymbol{X}^{(1)}=\boldsymbol{X}^{(0)}+\alpha^{(0)}\boldsymbol{S}^{(0)}=\begin{bmatrix}1\\1\end{bmatrix}+0.25\times\begin{bmatrix}4\\-2\end{bmatrix}=\begin{bmatrix}2\\0.5\end{bmatrix}$$

(4)进行收敛性判断，即

因为 $\left\|\nabla F(\boldsymbol{X}^{(1)})\right\|=\sqrt{(-1)^2+(-2)^2}>\varepsilon$，所以继续进行下一步迭代。

(5)因为 $k<n=2$，所以作如下计算

$$\Delta\boldsymbol{X}^{(0)}=\boldsymbol{X}^{(1)}-\boldsymbol{X}^{(0)}=\begin{bmatrix}2\\0.5\end{bmatrix}-\begin{bmatrix}1\\1\end{bmatrix}=\begin{bmatrix}1\\-0.5\end{bmatrix}$$

$$\Delta\boldsymbol{g}(\boldsymbol{X}^{(0)})=\nabla F(\boldsymbol{X}^{(1)})-\nabla F(\boldsymbol{X}^{(0)})=\begin{bmatrix}-1\\-2\end{bmatrix}-\begin{bmatrix}-4\\2\end{bmatrix}=\begin{bmatrix}3\\-4\end{bmatrix}$$

$$\Delta\boldsymbol{A}^{(0)}=\frac{\Delta\boldsymbol{X}^{(0)}[\Delta\boldsymbol{X}^{(0)}]^{\mathrm{T}}}{[\Delta\boldsymbol{X}^{(0)}]^{\mathrm{T}}\Delta\boldsymbol{g}^{(0)}}-\frac{\boldsymbol{A}^{(0)}\Delta\boldsymbol{g}^{(0)}[\Delta\boldsymbol{g}^{(0)}]^{\mathrm{T}}\boldsymbol{A}^{(0)}}{[\Delta\boldsymbol{g}^{(0)}]^{\mathrm{T}}\boldsymbol{A}^{(0)}\Delta\boldsymbol{g}^{(0)}}$$

$$=\frac{\begin{bmatrix}1\\-0.5\end{bmatrix}\begin{bmatrix}1 & -0.5\end{bmatrix}}{\begin{bmatrix}1 & -0.5\end{bmatrix}\begin{bmatrix}3\\-4\end{bmatrix}}-\frac{\begin{bmatrix}1 & 0\\0 & 1\end{bmatrix}\begin{bmatrix}3\\-4\end{bmatrix}\begin{bmatrix}3 & -4\end{bmatrix}\begin{bmatrix}1 & 0\\0 & 1\end{bmatrix}}{\begin{bmatrix}3 & -4\end{bmatrix}\begin{bmatrix}1 & 0\\0 & 1\end{bmatrix}\begin{bmatrix}3\\-4\end{bmatrix}}$$

$$=\frac{1}{5}\begin{bmatrix}1 & -0.5\\-0.5 & 0.25\end{bmatrix}-\frac{1}{25}\begin{bmatrix}9 & -12\\-12 & 16\end{bmatrix}=\begin{bmatrix}-\dfrac{4}{25} & \dfrac{19}{50}\\\dfrac{19}{50} & -\dfrac{59}{100}\end{bmatrix}$$

进而得近似矩阵

$$A^{(1)}=A^{(0)}+\Delta A^{(0)}=\begin{bmatrix}1&0\\0&1\end{bmatrix}+\begin{bmatrix}-\frac{4}{25}&\frac{19}{50}\\\frac{19}{50}&-\frac{59}{100}\end{bmatrix}=\begin{bmatrix}\frac{21}{25}&\frac{19}{50}\\\frac{19}{50}&\frac{41}{100}\end{bmatrix}$$

可以看出，它是一个对称正定矩阵。

构造新的搜索方向

$$S^{(1)}=-A^{(1)}\nabla F(X^{(1)})=-\begin{bmatrix}\frac{21}{25}&\frac{19}{50}\\\frac{19}{50}&\frac{41}{100}\end{bmatrix}\begin{bmatrix}-1\\-2\end{bmatrix}=\begin{bmatrix}\frac{8}{5}\\\frac{6}{5}\end{bmatrix}$$

(6) $k\Leftarrow k+1=1$，沿 $S^{(1)}$ 方向作一维搜索求迭代点 $X^{(2)}$，方法与求 $X^{(1)}$ 相同。

$$F(X^{(2)})=\frac{40}{25}\alpha^2-4\alpha$$

令

$$\frac{\mathrm{d}F}{\mathrm{d}\alpha}=\frac{80}{25}\alpha-4=0,\quad 得\ \alpha^{(1)}=\frac{5}{4}$$

$$X^{(2)}=X^{(1)}+\alpha^{(1)}S^{(1)}=\begin{bmatrix}2\\0.5\end{bmatrix}+\frac{5}{4}\begin{bmatrix}\frac{8}{5}\\\frac{6}{5}\end{bmatrix}=\begin{bmatrix}4\\2\end{bmatrix}$$

(7)进行收敛性判别，即

$$\left\|\nabla F(X^{(2)})\right\|=\sqrt{0^2+0^2}=0<\varepsilon$$

(8)输出最优解，即

$$X^*=X^{(2)}=\begin{bmatrix}4&2\end{bmatrix}^{\mathrm{T}}$$

$$F(X^*)=F(X^{(2)})=4^2+2\times2^2-4\times4-2\times4\times2=-8$$

五、关于 DEP 变尺度法的几点说明

(1)从式(4-19)和上面的例子可以看出，因为第 k+1 次迭代的近似矩阵 $A^{(k+1)}$取决于第 k 次迭代的近似矩阵 $A^{(k)}$和迭代点的位移增量 $\Delta X^{(k)}$ 及迭代点的梯度增量 $\Delta g^{(k)}$，而迭代开始时取 $A^{(0)}=I$，所以该方法确实可利用现有信息来确定下一次搜索方向，不必计算二阶导数矩阵及其逆矩阵就可容易地计算出 $A^{(k+1)}$。

(2)DFP 法取的第一个近似矩阵为单位矩阵，因此在初始点处的搜索方向是负梯度方向，以后的近似矩阵由式(4-19)逐步形成。因为近似矩阵序列 $\{A^{(k)}\ (k=0,\ 1,\ 2,\cdots)\}$ 是对称正定矩阵序列，这就保证了拟牛顿方向始终指向目标函数值下降方向，也就保证了每次迭代都能使 $F(X^{(k+1)})<F(X^{(k)})$，克服了梯度法搜索轨迹呈锯齿形，收敛速度慢的缺点。

(3)对于二次目标函数，DFP 法的近似矩阵 $A^{(k)}$就是海森矩阵 H 的逆矩阵 H^{-1}；对于非二次目标函数，在最优点 X^*附近，$A^{(k)}$收敛于该点处的海森矩阵的逆矩阵 $H^{-1}(X^*)$，这就印证了变尺度法对近似矩阵的要求，保证了 DFP 法能保持牛顿法收敛快的特点。

总之，DFP 法不仅综合了梯度法和牛顿法的优点，而且具有有限点收敛的性质，是无约束优化方法中最有效的方法之一。

DFP 这种算法也有缺点，如果一维搜索的精度不够高，或由于计算机运算的舍入误差，近似矩阵的正定性仍可能遭到破坏，导致收敛速度放慢。改进的办法是使一维搜索的精度至少要与算法结束的精度要求相当，并可在 n 次迭代后重置单位矩阵。

第五节　BFGS 变尺度法

DFP 算法具有许多良好的性质，但由于舍入误差和一维搜索的不精确等多方面的原因，在大量计算中仍然发现它也存在数值稳定性方面不够理想的问题，有时也会因计算误差引起变尺度矩阵 $\boldsymbol{A}^{(k)}$奇异而导致计算失败，所以 1970 年 Broyden、Fletcher、Goldstein、Shanno 等又导出了一种更为稳定的算法，称为 BFGS 变尺度法。BFGS 变尺度法与 DFP 变尺度法的区别仅在于校正矩阵的不同。

BFGS 法的校正矩阵为

$$\begin{aligned}\Delta\boldsymbol{A}^{(k)} = \frac{1}{[\Delta\boldsymbol{X}^{(k)}]^{\mathrm{T}}\Delta\boldsymbol{g}^{(k)}}\Bigg\{&\left[1+\frac{[\Delta\boldsymbol{g}^{(k)}]^{\mathrm{T}}\boldsymbol{A}^{(k)}\Delta\boldsymbol{g}^{(k)}}{[\Delta\boldsymbol{X}^{(k)}]^{\mathrm{T}}\Delta\boldsymbol{g}^{(k)}}\right]\Delta\boldsymbol{X}^{(k)}[\Delta\boldsymbol{X}^{(k)}]^{\mathrm{T}} - \\ &\boldsymbol{A}^{(k)}\Delta\boldsymbol{g}^{(k)}[\Delta\boldsymbol{X}^{(k)}]^{\mathrm{T}} - \Delta\boldsymbol{X}^{(k)}[\Delta\boldsymbol{g}^{(k)}]^{\mathrm{T}}\boldsymbol{A}^{(k)}\Bigg\}\end{aligned} \tag{4-20}$$

其递推公式仍然是 $\boldsymbol{A}^{(k+1)} = \boldsymbol{A}^{(k)} + \Delta\boldsymbol{A}^{(k)}$。

由于 BFGS 法所产生的 $\boldsymbol{A}^{(k)}$矩阵不易变成奇异矩阵，故它具有更好的稳定性，它被认为是目前最成功的一种变尺度法。

第六节　坐标轮换法

以上介绍的无约束条件下多变量函数的寻优方法，在寻优过程中都要涉及计算目标函数的偏导数，是间接法。但是，大量实际问题的目标函数往往十分复杂，有的甚至没有明显的解析表达式，它们的导数或者难以求得，或者根本不存在。此时，间接算法将无法应用。为解决这一问题，则需借助直接法。坐标轮换法属于直接法，它的基本思想及迭代过程直观易懂、便于掌握。

一、坐标轮换法的基本原理

坐标轮换法的基本原理是将一个多维的无约束最优化问题转化为一系列一维最优化问题来求解，因此也称降维法。

为叙述方便起见，先以二元函数的寻优问题为例来说明其迭代过程。图 4-7 为二元函数 $F(x_1, x_2)$的等值线。从任意选定的初始点 $\boldsymbol{X}^{(0)}$出发，保持 $x_2^{(0)}$不变而改变 x_1，求得目标函数沿 x_1 方向的最小点

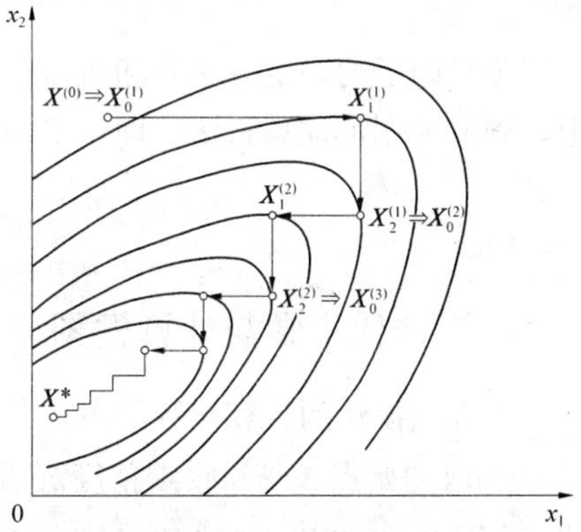

图 4-7　二维问题的坐标轮换法搜索过程

$X_1^{(1)}=(x_1^{(1)},\ x_2^{(0)})$，然后保持 $x_1=x_1^{(1)}$ 不变而改变 x_2，又求得目标函数由 $X_1^{(1)}$ 点出发沿 x_2 方向的最小点 $X_2^{(1)}=(x_1^{(1)},\ x_2^{(1)})$，至此完成了第一轮迭代。在这一轮迭代中得到了两个目标函数值逐次下降的迭代点 $X_1^{(1)}$ 和 $X_2^{(1)}$，X 的右上角标表示轮数，右下角标 1、2 表示该轮中第一个和第二个迭代点。接着以第一轮得到的第二个迭代点 $X_2^{(1)}$ 为出发点进行第二轮搜索，找到 $X_1^{(2)}$、$X_2^{(2)}$ 点，如此重复，即可得到函数值不断下降的迭代点序列 $\{X_1^{(k)}, X_2^{(k)}(k=1,2,\cdots)\}$，当进行了 k 轮迭代得迭代点 $X_2^{(k)}$ 后，如果再沿 x_1 和 x_2 方向搜索都不能使函数值有所下降，则该点即可作为最优点。当然，从初始点 $X^{(0)}$ 出发时，也可保持 $x_1^{(0)}$ 不变，首先沿 x_2 方向搜索求得函数值的最小点 $X_2^{(1)}$，然后再沿 x_1 方向搜索。总之，每轮迭代都依次沿两个坐标方向进行一维搜索，且每轮搜索的次序应一致。

对于 n 维问题，坐标轮换法是先使 n–1 个变量保持不变，一般首先取第一个变量 x_1 进行一维搜索，得到沿该坐标轴方向上的一个目标函数值最小的点 $X_1^{(1)}$，然后再将 x_1 轴固定在 $X_1^{(1)}$ 点上，并使变量 x_3，x_4，…，x_n 固定不变，仅使第二个变量 x_2 变化，沿 x_2 轴进行一维搜索，求沿该方向上的最小点 $X_2^{(1)}$，如此进行下去，直到对 n 个坐标方向都进行了一维搜索，即得到最小点 $X_n^{(1)}$。完成第一轮搜索后再进行第二轮、第三轮……总之，每次都固定 n–1 个变量不变，依次轮换地对一个变量进行一维搜索，这样就把一个 n 维优化问题转化为求解一系列的一维优化问题。

二、搜索方向及步长的确定

根据以上原理，对于第 k 轮迭代，其迭代公式为

$$X_i^{(k)}=X_{i-1}^{(k)}+\alpha_i^{(k)}S_i^{(k)}\quad (i=1,\ 2,\ \cdots,\ n) \tag{4-21}$$

式中 $X_{i-1}^{(k)}$——第 k 轮第 i 次迭代初始点；

$S_i^{(k)}$——第 k 轮第 i 次搜索方向，它轮换地取 n 维坐标的单位向量，即 $S_i^{(k)}=e_i=[0\ \cdots\ 1\ \cdots\ 0]^{\mathrm T}$，其中第 i 个分量为 1，其余为零；

$\alpha_i^{(k)}$——第 k 轮第 i 次迭代步长因子。

此处，步长因子 $\alpha_i^{(k)}$ 可正可负。正值表示沿坐标轴正方向搜索，负值表示沿坐标轴反方向搜索，但都必须使

$$F(X_{i-1}^{(k)}+\alpha_i^{(k)}S_i^{(k)})<F(X_{i-1}^{(k)}) \tag{4-22}$$

步长因子的确定方法有随机步长法、加速步长法、最优步长法等。在无约束优化问题中，一般采用最优步长法，即

$$F(X_{i-1}^{(k)}+\alpha_i^{(k)}S_i^{(k)})=\min F(X_{i-1}^{(k)}+\alpha_i S_i^{(k)})$$

三、迭代步骤与计算框图

坐标轮换法的计算步骤如下：

(1)取初始点 $X^{(0)}$ 和收敛精度 ε，并令 $k\Leftarrow 1$，同时置 n 个坐标方向矢量为单位坐标矢量，即 $e_1=[1\ 0\ 0\cdots 0]^{\mathrm T}$，$e_2=[0\ 1\ 0\cdots\ 0]^{\mathrm T}$，…，$e_n=[0\ 0\ 0\ \cdots\ 1]^{\mathrm T}$。

(2)按照公式(4-21)进行迭代计算，式中 k 为迭代轮数的序号，取 k=1,2,⋯；i 为该轮中一维搜索的序号，依次取 i=1,2,⋯,n。步长 $\alpha_i^{(k)}$ 通过一维优化方法求得。

(3)按点距准则判断是否收敛，即

$$\| \boldsymbol{X}_n^{(k)} - \boldsymbol{X}_0^{(k)} \| \leqslant \varepsilon$$

若上式成立，迭代终止，输出最优解 $\boldsymbol{X}_n^{(k)}$，否则，令 $k \Leftarrow k+1$ 返回步骤(2)。

其计算框图如图 4-8 所示。

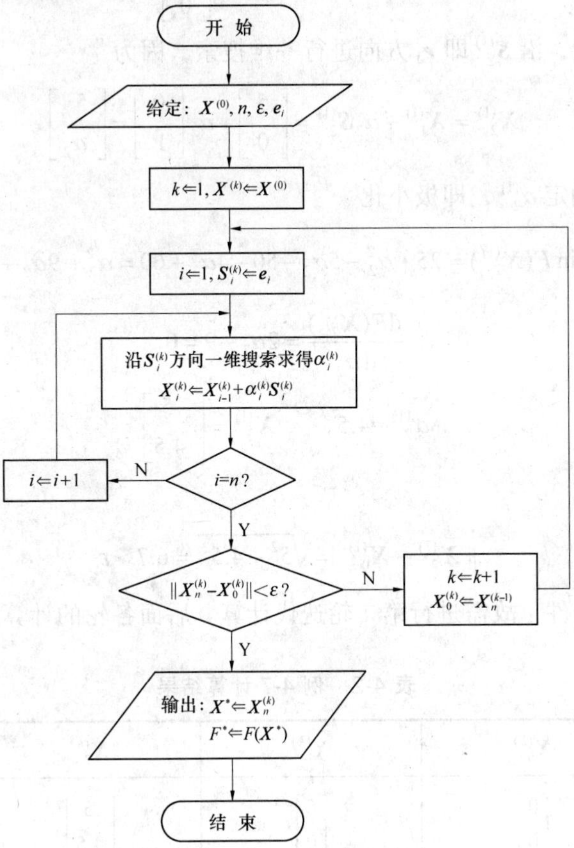

图 4-8　坐标轮换法的计算框图

四、计算举例

[例 4-7]　用坐标轮换法求目标函数 $F(\boldsymbol{X}) = x_1^2 + x_2^2 - x_1 x_2 - 10x_1 - 4x_2 + 60$ 的无约束最优解。给定初始点为 $\boldsymbol{X}^{(0)} = [0\ \ 0]^{\mathrm{T}}$，精度要求 ε=0.1。

解　作第一轮迭代计算。沿 $\boldsymbol{S}_1^{(1)}$ 即 $\boldsymbol{e}_1$ 方向进行一维搜索，取 $\boldsymbol{X}_0^{(1)} = \boldsymbol{X}^{(0)}$，因为

$$\boldsymbol{X}_1^{(1)} = \boldsymbol{X}_0^{(1)} + \alpha_1 \boldsymbol{S}_1^{(1)} = \begin{bmatrix} 0 \\ 0 \end{bmatrix} + \alpha_1 \begin{bmatrix} 1 \\ 0 \end{bmatrix} = \begin{bmatrix} \alpha_1 \\ 0 \end{bmatrix}$$

按最优步长原则确定 $\alpha_1^{(1)}$，即极小化

$$\min F(\boldsymbol{X}_1^{(1)}) = \alpha_1^2 - 10\alpha_1 + 60$$

此问题可用 0.618 法或二次插值法求出最优步长 $\alpha_1^{(1)}$，为解题方便，用数学解析法求出，令其一阶导数为零，即

$$\frac{\mathrm{d}F(\boldsymbol{X}_1^{(1)})}{\mathrm{d}\alpha_1} = 2\alpha_1 - 10 = 0$$

得
$$\alpha_1^{(1)}=5, \quad \boldsymbol{X}_1^{(1)} = \begin{bmatrix} 5 \\ 0 \end{bmatrix}$$

以 $\boldsymbol{X}_1^{(1)}$ 为新起点，沿 $\boldsymbol{S}_2^{(1)}$ 即 $\boldsymbol{e}_1$ 方向进行一维搜索，因为

$$\boldsymbol{X}_2^{(1)} = \boldsymbol{X}_1^{(1)} + \alpha_2 \boldsymbol{S}_2^{(1)} = \begin{bmatrix} 5 \\ 0 \end{bmatrix} + \alpha_2 \begin{bmatrix} 0 \\ 1 \end{bmatrix} = \begin{bmatrix} 5 \\ \alpha_2 \end{bmatrix}$$

仍以最优步长原则确定 $\alpha_2^{(1)}$，即极小化

$$\min F(\boldsymbol{X}_2^{(1)}) = 25 + \alpha_2^2 - 5\alpha_2 - 50 - 4\alpha_2 + 60 = \alpha_2^2 - 9\alpha_2 + 35$$

$$\frac{\mathrm{d}F(\boldsymbol{X}_2^{(1)})}{\mathrm{d}\alpha_2} = 2\alpha_2 - 9 = 0$$

得
$$\alpha_2^{(1)}=4.5, \quad \boldsymbol{X}_2^{(1)} = \begin{bmatrix} 5 \\ 4.5 \end{bmatrix}$$

按终止条件检验

$$\| \boldsymbol{X}_2^{(1)} - \boldsymbol{X}_0^{(1)} \| = \sqrt{5^2 + 4.5^2} = 6.7 > \varepsilon$$

因不满足终止条件，故需进行第二轮迭代计算。后面各轮的计算结果如表 4-2 所示。

表 4-2　例 4-7 计算结果

迭代轮数 k	$\boldsymbol{X}_0^{(k)}$	$\boldsymbol{X}_1^{(k)}$	$\boldsymbol{X}_2^{(k)}$	$\left\Vert \boldsymbol{X}_2^{(k)} - \boldsymbol{X}_0^{(k)} \right\Vert$
1	$\begin{bmatrix} 0 \\ 0 \end{bmatrix}$	$\begin{bmatrix} 5 \\ 0 \end{bmatrix}$	$\begin{bmatrix} 5 \\ 4.5 \end{bmatrix}$	6.7
2	$\begin{bmatrix} 5 \\ 4.5 \end{bmatrix}$	$\begin{bmatrix} 7.25 \\ 4.50 \end{bmatrix}$	$\begin{bmatrix} 7.25 \\ 6.625 \end{bmatrix}$	3.09
3	$\begin{bmatrix} 7.25 \\ 6.625 \end{bmatrix}$	$\begin{bmatrix} 8.313 \\ 6.625 \end{bmatrix}$	$\begin{bmatrix} 8.313 \\ 6.156 \end{bmatrix}$	1.16
4	$\begin{bmatrix} 8.313 \\ 6.156 \end{bmatrix}$	$\begin{bmatrix} 8.08 \\ 6.156 \end{bmatrix}$	$\begin{bmatrix} 8.08 \\ 6.04 \end{bmatrix}$	0.26
5	$\begin{bmatrix} 8.08 \\ 6.04 \end{bmatrix}$	$\begin{bmatrix} 8.02 \\ 6.04 \end{bmatrix}$	$\begin{bmatrix} 8.02 \\ 6.01 \end{bmatrix}$	0.067

计算五轮后有

$$\| X_2^{(5)} - X_0^{(5)} \| = 0.067 < \varepsilon$$

故近似解为

$$X^* = X_2^{(5)} = \begin{bmatrix} 8.02 \\ 6.01 \end{bmatrix}, \quad F(X^*) = 8.000\,3$$

迭代过程如图 4-9 所示。

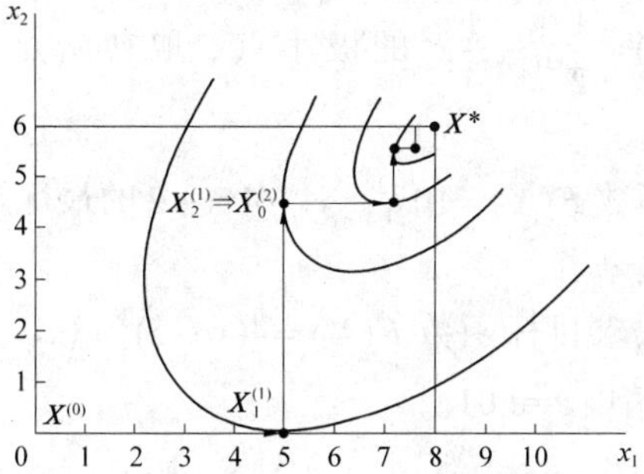

图 4-9　例 4-7 的迭代过程

五、坐标轮换法的特点

从坐标轮换法的迭代过程可以看出，其搜索路线较长，计算效率低。因此，一般认为，此法仅适宜 $n<10$ 的小型优化问题的求解。另外，此法的效能在很大程度上取决于目标函数的性质，现以二元函数为例说明。

(1)函数的等值线为圆或椭圆且其长短轴线平行于坐标轴时，这一方法收敛很快，一般经两次搜索就可到达最优点，如图 4-10(a)所示。

(2)当目标函数的等值线类似于椭圆且其长短轴与坐标轴斜交时，则要经过多次搜索才能到达最优点，如图 4-10(b)所示。

(3)当目标函数的等值线出现与坐标轴斜交的脊线时，这种方法失效。因为此法的搜索方向总是与某一坐标轴平行而不能斜向跨步，当搜索一旦到达脊线时，如图 4-10(c)所示，则沿任何坐标方向的移动都不能使目标函数值下降，此时应改用其他方法。

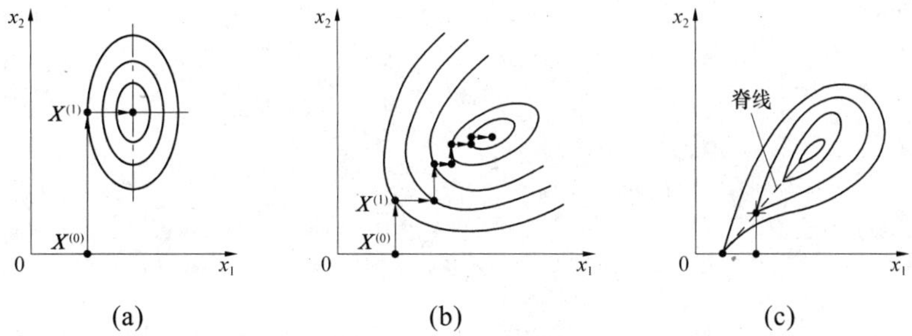

图 4-10　坐标轮换法搜索的几种情况

习　题

[4-1]　试用梯度法求解 $\min F(\boldsymbol{X}) = x_1^2 + 2x_2^2$，设初始点为 $\boldsymbol{X}^{(0)} = [4\ \ 4]^{\mathrm{T}}$，迭代三次，并验证相邻两次迭代的搜索方向互相正交。

[4-2]　试用梯度法求 $\min F(\boldsymbol{X}) = 2x_1^2 + 2x_2^2 + 2x_3^2$，初始点 $\boldsymbol{X}^{(0)} = [1\ \ 1\ \ 1]^{\mathrm{T}}$，迭代精度 ε=0.01。

[4-3]　试用牛顿法求 $F(\boldsymbol{X}) = \dfrac{1}{2}x_1^2 + \dfrac{1}{4}x_2^2$ 的极小点，取初始点 $\boldsymbol{X}^{(0)} = [-1\ \ -2]^{\mathrm{T}}$，迭代精度 ε=0.001。

[4-4]　试用牛顿法求目标函数 $F(\boldsymbol{X}) = 10x_1^2 + x_2^2 - 4x_2 + 2$ 的最优解，取初始点 $\boldsymbol{X}^{(0)} = [2\ \ 5]^{\mathrm{T}}$，迭代精度 ε=0.01。

[4-5]　试用 DFP 变尺度法求目标函数 $F(\boldsymbol{X}) = 4(x_1 - 5)^2 + (x_2 - 6)^2$ 的最优解，已知初始点 $\boldsymbol{X}^{(0)} = [8\ \ 9]^{\mathrm{T}}$，迭代精度 ε=0.01。

[4-6]　试用 DFP 变尺度法求目标函数 $F(\boldsymbol{X}) = \dfrac{3}{2}x_1^2 + \dfrac{1}{2}x_2^2 - 2x_1 - x_1x_2$ 的最优解，给定初始点为 $\boldsymbol{X}^{(0)} = [-2\ \ 4]^{\mathrm{T}}$，$\varepsilon$=0.001。

[4-7]　试用坐标轮换法求目标函数 $F(\boldsymbol{X}) = 2x_1^2 + 3x_2^2 - 8x_1 + 10$ 的最优解，初始点 $\boldsymbol{X}^{(0)} = \begin{bmatrix} 1 \\ 2 \end{bmatrix}$，迭代精度 $\varepsilon = 0.001$。

第五章　约束优化方法

第一节　概　述

优化设计中的问题，大多数属于约束优化问题，其数学模型为

$$\begin{aligned}&\min F(\boldsymbol{X})\\&\boldsymbol{X}\in\boldsymbol{D}\subset\boldsymbol{R}^n\\&\boldsymbol{D}:\ g_u(\boldsymbol{X})\geqslant 0\quad(u=1,2,\cdots,m)\\&\qquad h_v(\boldsymbol{X})=0\quad(v=1,2,\cdots,p<n)\end{aligned}\tag{5-1}$$

求解式(5-1)的方法称为约束优化方法。根据求解方式的不同，可分为直接解法、间接解法等。

一、直接解法

直接解法通常适用于仅含不等式约束的问题，它的基本思路是在 m 个不等式约束条件所确定的可行域内，选择一个初始点 $\boldsymbol{X}^{(1)}$，然后决定可行搜索方向 $\boldsymbol{S}^{(0)}$，且以适当的步长 $\alpha^{(0)}$，沿 $\boldsymbol{S}^{(0)}$ 方向进行搜索，得到一个使目标函数值下降的可行的新点 $\boldsymbol{X}^{(1)}$，即完成一次迭代。再以新点为起点，重复上述搜索过程，当满足收敛条件后，迭代终止(见图 5-1)。每次迭代计算均按以下基本迭代格式进行

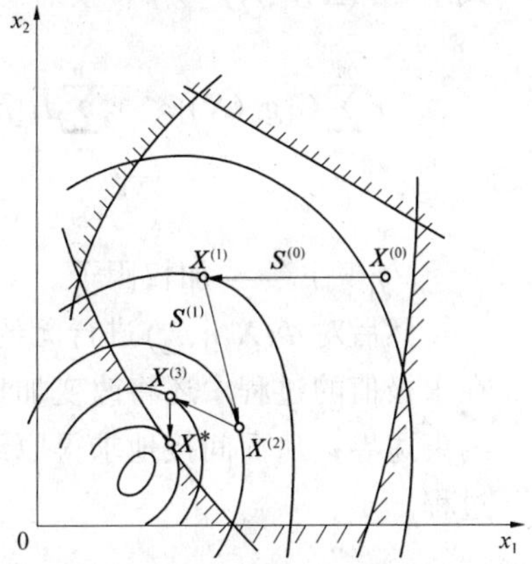

图 5-1　直接解法的搜索路线

$$\boldsymbol{X}^{(k+1)}=\boldsymbol{X}^{(k)}+\alpha^{(k)}\boldsymbol{S}^{(k)}\quad(k=0,1,2,\cdots)\tag{5-2}$$

式中　$\alpha^{(k)}$——步长；

　　　$\boldsymbol{S}^{(k)}$——可行搜索方向。

所谓可行搜索方向是指，当设计点沿该方向作微量移动时，目标函数值将下降，且不会越出可行域。产生可行搜索方向的方法将由直接解法中的各种算法决定。

直接解法的原理简单，方法实用，其特点如下：

(1)由于整个求解过程在可行域内进行，因此，迭代计算不论何时终止，都可以获得一个比初始点好的设计点。

(2)若目标函数为凸函数，可行域为凸集，则可保证获得全域最优解。否则，因存在多个局部最优解，当选择的初始点不相同时，可能搜索到不同的局部最优解。为此，常在可行域内选择几个差别较大的初始点分别进行计算，以便从中求得的多个局部最优解中选择更好的最优解。

(3)要求可行域为有界的非空集，即在有界可行域内存在满足全部约束条件的点，且目

标函数有定义。

二、间接解法

间接解法有不同的求解策略，其中一种解法的基本思路是将约束条件进行特殊的加权处理后，和目标函数结合起来，构成一个新的目标函数，即将原约束优化问题转化成为一个或一系列的无约束优化问题，再对新的目标函数进行无约束优化计算，从而间接地搜索到原约束问题的最优解。

间接解法的基本迭代过程如下：

首先将式(5-1)所示的约束优化问题转化成新的无约束目标函数，如

$$\Phi(\boldsymbol{X},r_1,r_2)=F(\boldsymbol{X})+r_1\sum_{u=1}^{m}G[g_u(\boldsymbol{X})]+r_2\sum_{v=1}^{p}H[h_v(\boldsymbol{X})] \tag{5-3}$$

式中 $\Phi(\boldsymbol{X},r_1,r_2)$——转换后的新目标函数；

$r_1\sum_{\mu=1}^{m}G[g_u(\boldsymbol{X})]$、$r_2\sum_{v=1}^{p}H[h_v(\boldsymbol{X})]$——约束函数 $g_u(\boldsymbol{X})$、$h_v(\boldsymbol{X})$ 经过加权处理后构成的某种形式的复合函数或泛函数；

r_1、r_2——加权因子。

然后对 $\Phi(\boldsymbol{X},r_1,r_2)$ 进行无约束极小化计算。由于在新目标函数中包含了各种约束条件，在求极值的过程中还将改变加权因子的大小，因此可以不断地调整设计点，使其逐步逼近约束边界，从而间接地求得原约束问题的最优解。图 5-2 所示的框图表示了这一基本迭代过程。

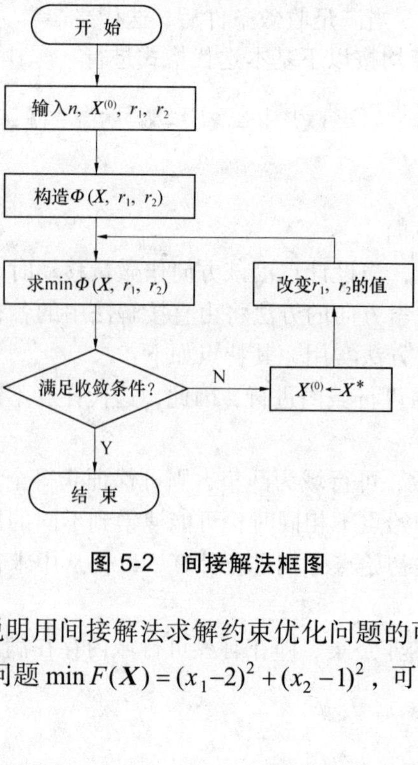

图 5-2 间接解法框图

下面举一简单例子来说明用间接解法求解约束优化问题的可能性。

[例 5-1] 求约束优化问题 $\min F(\boldsymbol{X})=(x_1-2)^2+(x_2-1)^2$，可行域 $\boldsymbol{D}$ 为：$h(x)=x_1+2x_2-$

$2=0$ 的最优解。

解 该问题的约束最优解为 $X^*=[1.6\quad 0.2]^T$，$F(X^*)=0.8$。由图 5-3(a)可知，约束最优点 X^* 为目标函数等值线与等式约束(直线)的切点。

用间接解法求解时，可取 $r_2=0.8$，转换后的新目标函数为

$$\Phi(X,\ r_2)=(x_1-2)^2+(x_2-1)^2+0.8(x_1+2x_2-2)$$

可以用解析法求 $\min\Phi(X,r_2)$，即令 $\nabla\Phi=0$，得到方程组

$$\left.\begin{aligned}\frac{\partial\Phi}{\partial x_1}=2(x_1-2)+0.8=0\\ \frac{\partial\Phi}{\partial x_2}=2(x_2-1)+1.6=0\end{aligned}\right\}$$

解此方程组，求得的无约束最优解为：$X^*=[1.6\quad 0.2]^T$，$\Phi(X^*,r_2)=0.8$。其结果和原约束最优解相同。图 5-3(b)表示出最优点 X^* 为新目标函数等值线族的中心。

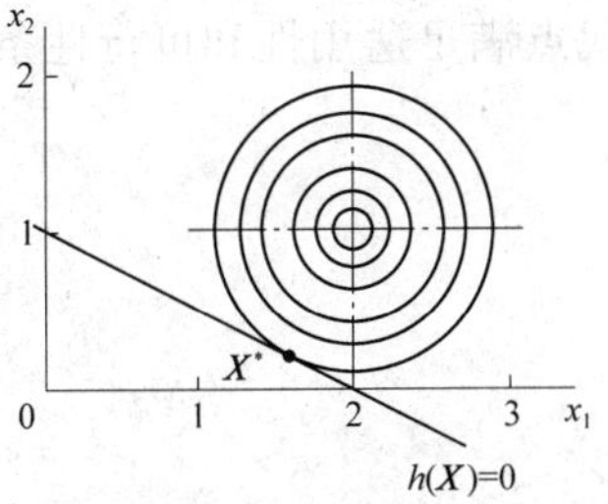

(a)目标函数等值线和约束函数关系

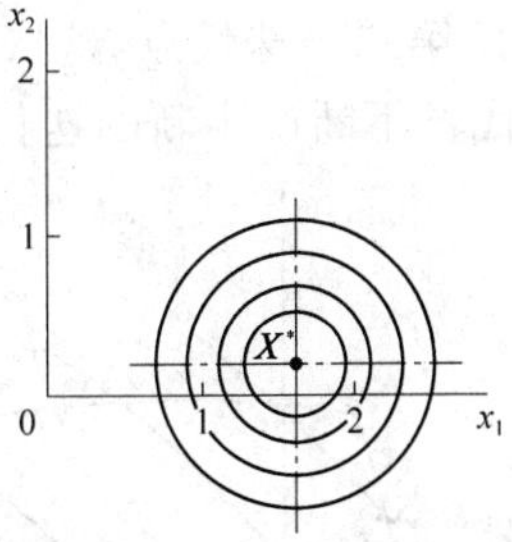

(b)新目标函数等值线

图 5-3　例 5-1 的图解

间接解法是目前在优化设计中得到广泛应用的一种有效方法，其特点如下：

(1)由于无约束优化方法的研究日趋成熟，已经研究出不少有效的无约束最优化方法程序，使得间解法有了可靠的基础。目前，这类算法的计算效率和数值计算的稳定性也都有较大的提高。

(2)可以有效地处理具有等式约束的约束优化问题。

(3)间接解法存在的主要问题是，选取加权因子较为困难。加权因子选取不当，不但影响收敛速度和计算精度，甚至会导致计算失败。

求解约束优化设计问题的方法有很多，本章将着重介绍属于直接法的约束坐标轮换法、约束随机方向搜索法、复合形法，属于间接解法的惩罚函数法等。

第二节　约束坐标轮换法

约束坐标轮换法是在无约束坐标轮换法的基础上，再加上由约束条件构成的可行性逻

辑判断，使搜索点保持在可行域内，以求得约束最优解的方法。这种方法沿坐标方向搜索的步长不是采用最优步长，而是采用加速步长。这是因为按最优步长所得到的迭代点往往越出了可行域而成为非可行点，这是约束优化问题所不允许的。

一、基本原理和程序框图

为简单起见，用二维约束优化问题来描述约束坐标轮换法。

如图 5-4 所示，首先在可行域 $\boldsymbol{D}$ 内任取一个初始点 $\boldsymbol{X}^{(0)}$。以 $\boldsymbol{X}^{(0)}$ 为起点，取一个适当的初始步长 α_0，并置 $\alpha \Leftarrow \alpha_0$，然后按迭代式

$$\boldsymbol{X}_1^{(1)} = \boldsymbol{X}^{(0)} + \alpha \boldsymbol{e}_1 \tag{5-4}$$

进行迭代计算，取得沿 x_1 坐标轴正向的第一迭代点 $\boldsymbol{X}_1^{(1)}$。检查该点是否满足下面两式，即

$$F(\boldsymbol{X}_1^{(1)}) < F(\boldsymbol{X}^{(0)}) \tag{5-5}$$

$$\boldsymbol{X}^{(1)} \in \boldsymbol{D} \tag{5-6}$$

如果两者均满足，则步长加倍，即 $\alpha \Leftarrow 2\alpha$，再按迭代式

$$\boldsymbol{X}_2^{(1)} = \boldsymbol{X}^{(0)} + \alpha \boldsymbol{e}_1 \tag{5-7}$$

取得沿 x_1 轴正向的第二个迭代点 $\boldsymbol{X}_2^{(1)}$，只要迭代点满足适用性和可行性条件，就可加倍增大步长，继续迭代，不断产生新的迭代点。

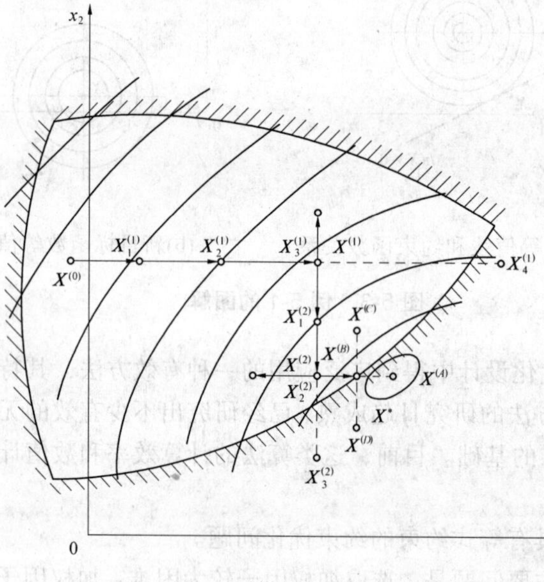

图 5-4　二维约束优化问题的坐标轮换法

当迭代点到 $\boldsymbol{X}_4^{(1)}$ 时，该点已违反了可行性条件，此时取它的前一迭代点 $\boldsymbol{X}_3^{(1)}$ 作为沿 $\boldsymbol{e}_1$ 方向搜索的终点 $\boldsymbol{X}^{(1)}$，转而沿 x_2 坐标轴正向进行搜索。在图 5-4 所示的情况下，正向的第一个迭代点的目标函数值增加，即不满足适用性条件，故改取负步长 $\alpha \Leftarrow -\alpha_0$ 进行迭代，即

$$\boldsymbol{X}_1^{(2)} = \boldsymbol{X}^{(1)} + \alpha \boldsymbol{e}_2 \tag{5-8}$$

下面的迭代方式与前述相同，直到违反适用性或可行性条件时，即取得了沿 $\boldsymbol{e}_2$ 方向的

迭代终点 $X^{(2)}$。约束坐标轮换法的程序框图如图 5-5 所示。

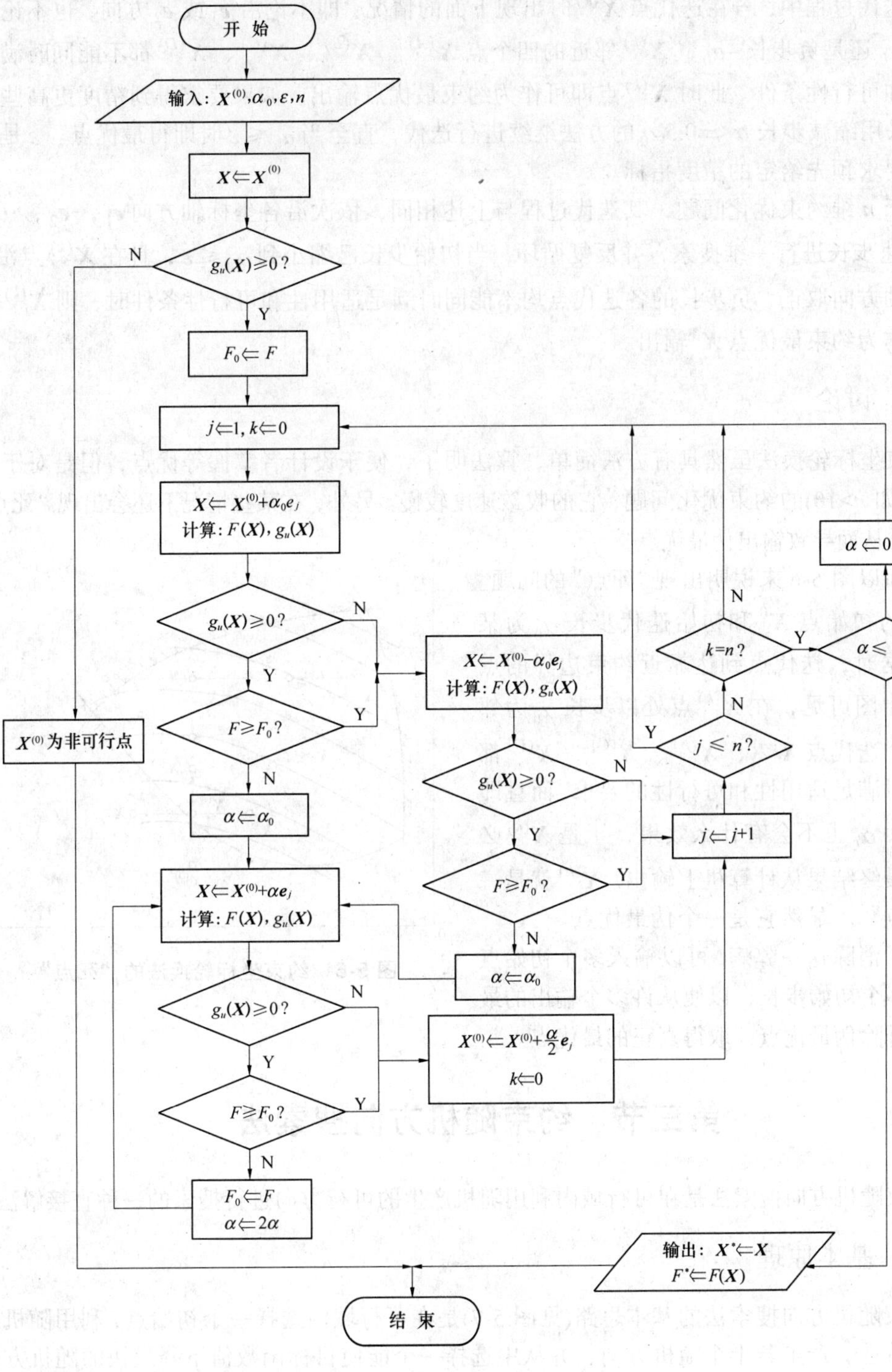

图 5-5 约束坐标轮换法程序框图

如上所述，循环地沿各坐标方向迭代计算，所得的点列 $X^{(1)}$、$X^{(2)}$、…将逐步逼近约

束最优点 $\boldsymbol{X}^*$。

在迭代过程中，若在迭代点 $\boldsymbol{X}^{(k)}$ 时出现下面的情况：即不论沿 $\boldsymbol{e}_1$ 或 $\boldsymbol{e}_2$ 方向，也不论取正步长 α_0 还是负步长 $-\alpha_0$，$\boldsymbol{X}^{(k)}$ 邻近的四个点 $\boldsymbol{X}^{(A)}$、$\boldsymbol{X}^{(B)}$、$\boldsymbol{X}^{(C)}$、$\boldsymbol{X}^{(D)}$ 都不能同时满足适用性和可行性条件。此时 $\boldsymbol{X}^{(k)}$ 点即可作为约束最优点输出。如果要求得到精度更高些的解，可采用缩减步长 $\alpha \Leftarrow 0.5\alpha_0$ 的方法继续进行迭代，直至当 $\alpha_0 \leqslant \varepsilon$ 时即得最优点。ε 是根据设计要求预先给定的精度指标。

对于 n 维约束优化问题，其迭代过程与上述相同，依次沿各坐标轴方向 $\boldsymbol{e}_1$，$\boldsymbol{e}_2$，…，$\boldsymbol{e}_n$ 按加速步长进行一维搜索，并反复循环，当初始步长已缩小到 $\alpha_0 \leqslant \varepsilon$，且在 $\boldsymbol{X}^{(k)}$ 点沿 n 个坐标轴方向取正、负步长的各迭代点均不能同时满足适用性和可行性条件时，则 $\boldsymbol{X}^{(k)}$ 点就可以作为约束最优点 $\boldsymbol{X}^*$ 输出。

二、讨论

约束坐标轮换法虽然具有方法简单，算法明了，便于设计者掌握等优点，但是对于维数较高(如 n>10)的约束优化问题，它的收敛速度较慢。另外，在某些情况下还会出现“死点”的现象，从而导致输出伪最优点。

下面以图 5-6 来说明出现“死点”的问题。当给定的初始点 $\boldsymbol{X}^0$ 和初始迭代步长 α_0 为某一组数据时，迭代点到达靠近约束边界的点 $\boldsymbol{X}^{(k)}$，由图可见，在 $\boldsymbol{X}^{(k)}$ 点处以步长 α_0 为邻域的四个迭代点 $\boldsymbol{X}^{(A)}$、$\boldsymbol{X}^{(B)}$、$\boldsymbol{X}^{(C)}$、$\boldsymbol{X}^{(D)}$ 都不能同时满足适用性和可行性的要求，而且即使再缩小 α_0 也不会有什么效果，于是 $\boldsymbol{X}^{(k)}$ 必将作为最终结果从计算机上输出。$\boldsymbol{X}^{(k)}$ 就是一个“死点”。显然它是一个伪最优点。

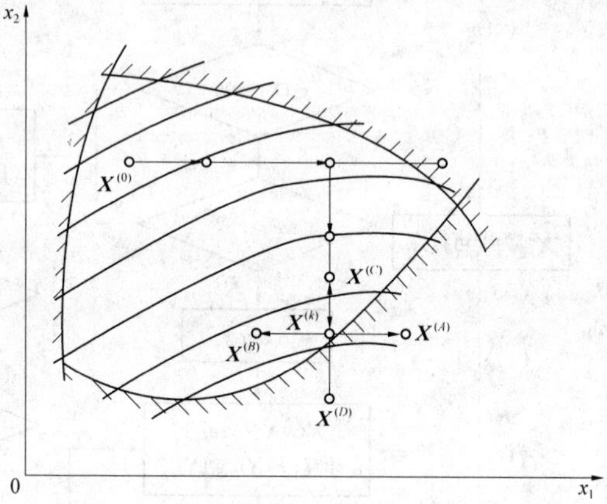

图 5-6 约束坐标轮换法的“死点”

为了消除这一弊病，可以输入多个初始点或给定多个初始步长，以便从许多个输出的最优点中排除伪最优点，取得真正的最优点。

第三节 约束随机方向搜索法

约束随机方向搜索法是在可行域内利用随机产生的可行方向进行搜索的一种直接解法。

一、基本原理

约束随机方向搜索法的基本思路(见图 5-7)是在可行域内选择一个初始点，利用随机数的概率特性，产生若干个随机方向，并从中选择一个能使目标函数值下降最快的随机方向作为可行搜索方向，记作 $\boldsymbol{S}$。从初始点 $\boldsymbol{X}^{(0)}$ 出发，沿 $\boldsymbol{S}$ 方向以一定的步长进行搜索，得到新点 $\boldsymbol{X}$，新点 $\boldsymbol{X}$ 应满足约束条件

$$g_u(X) \geqslant 0 \quad (u=1,\ 2,\ \cdots,\ m)$$

且 $F(\boldsymbol{X})<F(\boldsymbol{X}^{(0)})$，至此完成一次迭代。然后，将起始点移至 $\boldsymbol{X}$，即令 $\boldsymbol{X}^{(0)}\Leftarrow\boldsymbol{X}$。重复以上过程，经过若干次迭代计算后，最终取得约束最优解。

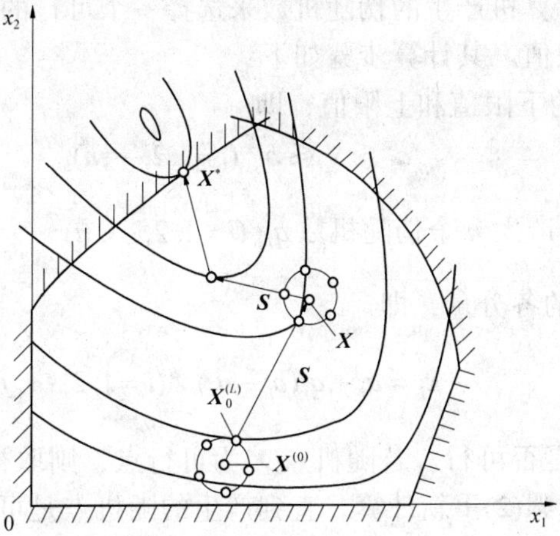

图 5-7　随机方向法的算法原理

二、随机数的产生

在随机方向法中，为产生可行的初始点及随机方向，需要用到大量的(0，1)和(-1，1)区间内均匀分布的随机数。在计算机内，随机数通常是按一定的数学模型进行计算后得到的。这样得到的随机数称伪随机数，它的特点是产生速度快，计算机内存占用少，并且有较好的概率统计特性。产生伪随机数的方法很多，下面仅介绍一种常用的产生伪随机数的数学模型。

首先令 $r_1=2^{35}$，$r_2=2^{36}$，$r_3=2^{37}$，取 r=2 657 863(r 为小于 r_1 的正奇数)，然后按以下步骤计算：

令 $r\Leftarrow 5r$

若 $r\geqslant r_3$，则 $r\Leftarrow r-r_3$；

若 $r\geqslant r_2$，则 $r\Leftarrow r-r_2$；

若 $r\geqslant r_1$，则 $r\Leftarrow r-r_1$；

则

$$q=r/r_1 \tag{5-9}$$

q 即为(0，1)区间内的伪随机数。利用 q 容易求得任意区间(a，b)内的伪随机数，其计算公式为

$$x=a+q(b-a) \tag{5-10}$$

三、初始点的选择

约束随机方向搜索法的初始点 $\boldsymbol{X}^{(0)}$ 必须是一个可行点。通常它的确定有以下两种方法。

(一)决定性的方法

这种方法是在可行域内人为地确定一个可行的初始点。显然，当约束条件比较简单时，这种方法是可用的。但当约束条件比较复杂时，人为地确定一个可行点就比较困难，因此

建议用下面的随机选择法。

(二)随机选择法

这种方法是利用计算机产生的伪随机数来选择一个可行的初始点 $\boldsymbol{X}^{(0)}$。此时要输入设计变量的上限值和下限值。其计算步骤如下：

(1)输入设计变量的下限值和上限值，即

$$a_i \leqslant x_i \leqslant b_i \quad (i=1,2,\cdots,n)$$

(2)在区间(0，1)内产生 n 个伪随机数 $q_i \ (i=1,2,\cdots,n)$。

(3)计算随机点 $\boldsymbol{X}$ 的各分量，即

$$x_i = a_i + q_i(b_i - a_i) \quad (i=1,2,\cdots,n) \tag{5-11}$$

(4)判别随机点 $\boldsymbol{X}$ 是否可行。若随机点 $\boldsymbol{X}$ 为可行点，则取初始点 $\boldsymbol{X}^{(0)} \Leftarrow \boldsymbol{X}$；若随机点 $\boldsymbol{X}$ 为非可行点，则转步骤(2)重新计算，直到产生的随机点是可行点为止。

四、可行搜索方向的产生

如图 5-8 所示，对于二维问题，其单位向量 $\boldsymbol{e}$ 的端点分布于单位圆的圆周上。为了尽可能得到较优的搜索方向，可同时选取多个试验点，从中找出使目标函数值下降最多的试验点，以该点与 $\boldsymbol{X}^{(0)}$ 的连线方向作为搜索方向，另外，还应选取适当的步长因子 α_0 将单位圆缩小或放大，使试验点落在以 $\alpha_0\boldsymbol{e}$ 为半径的圆周上。若 α_0 太小，搜索方向的选择受目标函数局部性质的影响；若 α_0 太大，同样数量的试验点分布在很大的圆周上，降低了密度，取得较优的搜索方向的机会也就减少了，有可能造成搜索的徒劳往返，影响了收敛速度。

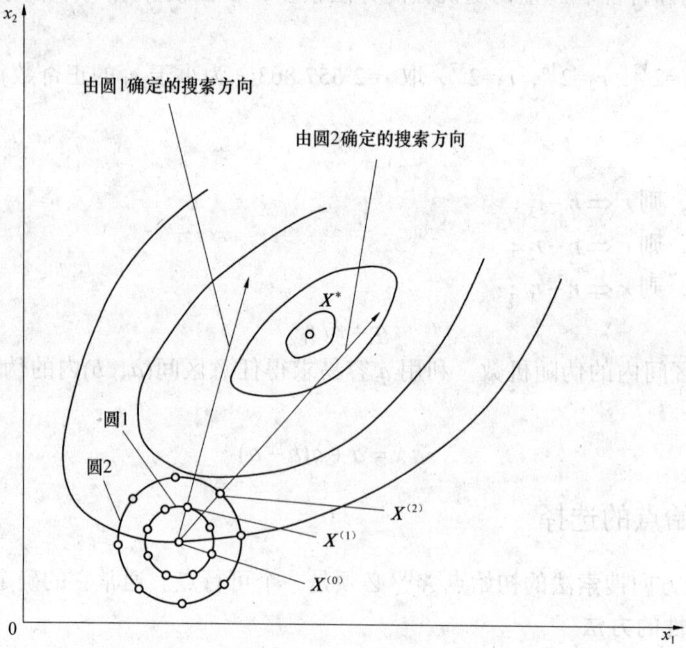

图 5-8 随机搜索方向的产生

在约束随机方向搜索法中，产生可行搜索方向的方法是从 $N(N \geqslant n)$ 个随机方向中，选取一个较好的方向。其计算步骤为：

(1)在(-1，1)区间内产生伪随机数 $r_i^{(j)} \quad (i=1,2,\cdots,n; \quad j=1,2,\cdots,N)$，按下式计算随机单位向量 $\boldsymbol{e}^{(j)}$

$$\boldsymbol{e}^{(j)} = \frac{1}{\left[\sum_{i=1}^{n}(r_i^{(j)})\right]^{\frac{1}{2}}}\begin{bmatrix} r_1^{(j)} \\ r_2^{(j)} \\ \vdots \\ r_n^{(j)} \end{bmatrix} \quad (j=1,2,\cdots,N) \tag{5-12}$$

(2)取一试验步长 α_0，按下式计算 k 个随机点

$$\boldsymbol{X}^{(j)} = \boldsymbol{X}^{(0)} + \alpha_0 \boldsymbol{e}^{(j)} \quad (j=1,2,\cdots,N) \tag{5-13}$$

显然，N 个随机点分布在以初始点 $\boldsymbol{X}^{(0)}$ 为中心，以试验步长 α_0 为半径的超球面上。

(3)检验 N 个随机点 $\boldsymbol{X}^{(j)}\ (j=1,2,\cdots,N)$ 是否为可行点，除去非可行点，计算余下的可行随机点的目标函数值，比较其大小，选出目标函数值最小的点 $\boldsymbol{X}^{(L)}$。

(4)比较 $\boldsymbol{X}^{(L)}$ 和 $\boldsymbol{X}^{(0)}$ 两点的目标函数值，若 $F(\boldsymbol{X}^{(L)}) < F(\boldsymbol{X}^{(0)})$，则取 $\boldsymbol{X}^{(L)}$ 和 $\boldsymbol{X}^{(0)}$ 的连线方向作为可行搜索方向；若 $\boldsymbol{F}(\boldsymbol{X}^{(L)}) \geqslant \boldsymbol{F}(\boldsymbol{X}^{(0)})$，则将步长 α_0 缩小，转步骤(1)重新计算，直至 $\boldsymbol{F}(\boldsymbol{X}^{(\mathrm{L})}) < \boldsymbol{F}(\boldsymbol{X}^{(0)})$ 为止。如果 α_0 缩小到很小(例如 $\alpha_0 \leqslant 10^{-6}$)，仍然找不到一个 $\boldsymbol{X}^{(L)}$，使 $F(\boldsymbol{X}^{(L)}) < F(\boldsymbol{X}^{(0)})$，则说明 $\boldsymbol{X}^{(0)}$ 是一个局部极小点，此时可更换初始点，转步骤(1)。

综上所述，产生可行搜索方向的条件可概括为，当 $\boldsymbol{X}^{(L)}$ 点满足

$$\begin{aligned} & g_u(\boldsymbol{X}^{(L)}) \geqslant 0 \quad (u=1,2,\cdots,m) \\ & F(\boldsymbol{X}^{(L)}) = \min\left\{F(\boldsymbol{X}^{(j)}) \quad (j=1,2,\cdots,N)\right\} \\ & F(\boldsymbol{X}^{(L)}) < F(\boldsymbol{X}^{(0)}) \end{aligned} \tag{5-14}$$

则可行搜索方向为

$$\boldsymbol{S} = \boldsymbol{X}^{(L)} - \boldsymbol{X}^{(0)} \tag{5-15}$$

五、搜索步长的确定

可行搜索方向 $\boldsymbol{S}$ 确定后，初始点移至 $\boldsymbol{X}^{(L)}$ 点，即 $\boldsymbol{X}^{(0)} \Leftarrow \boldsymbol{X}^{(L)}$，从 $\boldsymbol{X}^{(0)}$ 点出发沿 $\boldsymbol{S}$ 方向进行搜索，所用的步长 α 一般按加速步长法来确定。所谓加速步长法，是指依次迭代的步长按一定的比例递增的方法。各次迭代的步长按下式计算

$$\alpha \Leftarrow \tau\alpha \tag{5-16}$$

式中　τ——步长加速系数，可取 $\tau=1.3$；

　　　α——步长，初始步长取 $\alpha=\alpha_0$。

约束随机方向搜索法的搜索轨迹如图 5-9 所示。

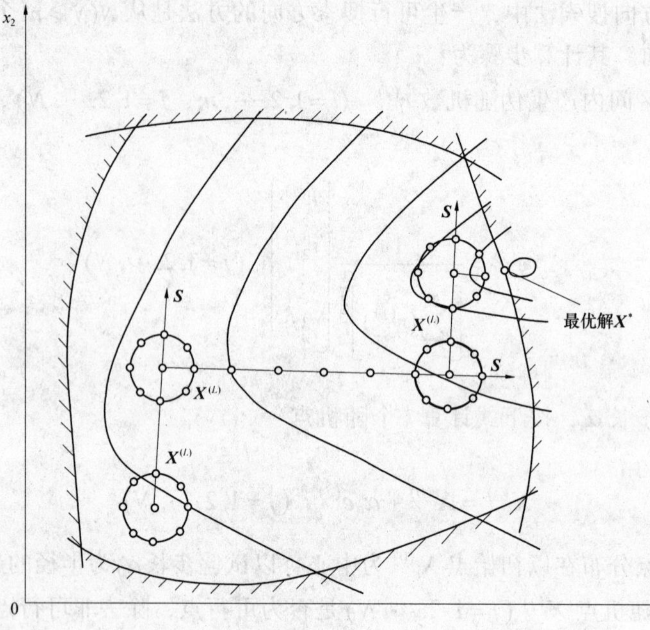

图 5-9　约束随机方向搜索法的搜索轨迹

六、计算步骤与计算框图

约束随机方向搜索法的计算步骤如下：

(1)选择一个可行的初始点 $\boldsymbol{X}^{(0)}$。

(2)按式(5-12)产生 N 个 n 维随机单位向量 $\boldsymbol{e}^{(j)}$ $(j=1, 2, \cdots, N)$。

(3)取试验步长 α_0，按式(5-13)计算出 N 个随机点 $\boldsymbol{X}^{(j)}$ $(j=1, 2, \cdots, N)$。

(4)在 N 个随机点中，找出满足式(5-14)的随机点 $\boldsymbol{X}^{(L)}$，产生可行搜索方向 $\boldsymbol{S}=\boldsymbol{X}_0^{(L)}-\boldsymbol{X}^{(0)}$。

(5)从初始点 $\boldsymbol{X}^{(0)}$ 出发，沿可行搜索方向 $\boldsymbol{S}$ 以步长 α 进行迭代计算，直至搜索到一个满足全部约束条件，且目标函数值不再下降的新点 $\boldsymbol{X}$。

(6)若收敛条件

$$\left.\begin{aligned}\left|\boldsymbol{F}(\boldsymbol{X})-\boldsymbol{F}(\boldsymbol{X}^{(0)})\right| &\leqslant \varepsilon_1\\ \left\|\boldsymbol{X}-\boldsymbol{X}^{(0)}\right\| &\leqslant \varepsilon_1\end{aligned}\right\} \tag{5-17}$$

得到满足，迭代终止。其最优解为 $\boldsymbol{X}^*=\boldsymbol{X}$，$F(\boldsymbol{X}^*)=F(\boldsymbol{X})$。否则，令 $\boldsymbol{X}^{(0)} \Leftarrow \boldsymbol{X}$ 转步骤(2)。

约束随机方向搜索法的程序框图见图 5-10。图中 M 表示确定随机搜索方向试算失败的总次数，一般规定 $M=10\sim20$ 次。若超过这个数，且步长 α_0 取得很小时，则可停机。

约束随机方向搜索法的优点是对目标函数的性质无特殊要求，程序结构简单，使用方便。由于可行搜索方向是从许多随机方向中选择的使目标函数下降最快的方向，加之步长还可以灵活变动，所以此算法的收敛速度比较快。因此，它是优化设计中对于小型问题($n<10$)的一种较为有效的方法。缺点是只能求得近似局部最优解。为了克服该缺点，常常需要选择几个不同的初始点，从几次计算的结果中确定一个适用的最优设计方案。

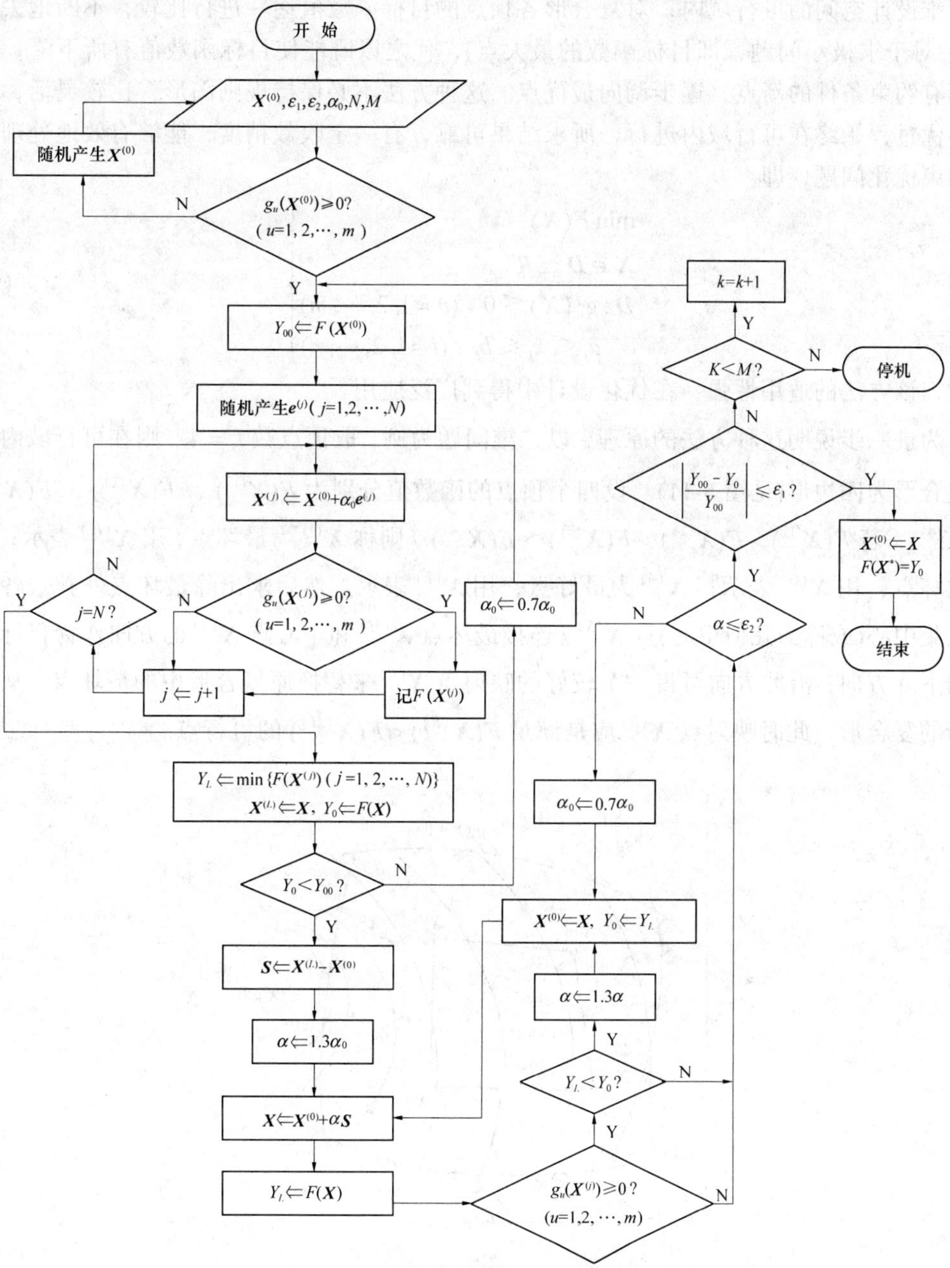

图 5-10 约束随机方向搜索法的程序框图

第四节 复合形法

一、基本原理

复合形是指在 n 维设计空间内由 $n+1\leqslant k\leqslant 2n$ 个顶点所构成的多面体。复合形法就是

在 n 维设计空间的可行域内，对复合形各顶点的目标函数值逐一进行比较，不断地去掉最坏点(对于求极小问题，即目标函数的最大点)，代之以既能使目标函数值有所下降，又满足所有约束条件的新点，逐步调向最优点。这种方法不必保持规则图形，比较灵活，同时其寻优过程始终在可行域内进行，所求结果可靠，有一定收敛精度，能够有效地处理不等式约束优化问题，即

$$\left.\begin{aligned} &\min F(\boldsymbol{X}) \\ &\boldsymbol{X} \in \boldsymbol{D} \subset \boldsymbol{R}^n \\ &\boldsymbol{D}: g_u(\boldsymbol{X}) \leqslant 0 \quad (u=1,2,\cdots,m) \\ &\quad a_i \leqslant x_i \leqslant b_i \quad (i=1,2,\cdots,n) \end{aligned}\right\} \tag{5-18}$$

因此，该方法的适用性强，在优化设计中得到广泛应用。

为进一步说明这种方法的原理，以二维问题为例，取顶点数 $k=4$，则在可行域内构成的复合形为四边形(见图 5-11)。设四个顶点的函数值分别为 $F(\boldsymbol{X}^{(1)})$、$F(\boldsymbol{X}^{(2)})$、$F(\boldsymbol{X}^{(3)})$、$F(\boldsymbol{X}^{(4)})$。若 $F(\boldsymbol{X}^{(1)}) > F(\boldsymbol{X}^{(2)}) > F(\boldsymbol{X}^{(3)}) > F(\boldsymbol{X}^{(4)})$，则称 $\boldsymbol{X}^{(1)}$ 为最坏点，用 $\boldsymbol{X}^{(H)}$ 表示；$\boldsymbol{X}^{(2)}$ 为次坏点，用 $\boldsymbol{X}^{(G)}$ 表示；$\boldsymbol{X}^{(4)}$ 为最好点，用 $\boldsymbol{X}^{(L)}$ 表示。然后求出除最坏点外其余各顶点的点集中心(或称为几何中心)点 $\boldsymbol{X}^{(S)}$。连接最坏点 $\boldsymbol{X}^{(H)}$ 和中心点 $\boldsymbol{X}^{(S)}$ 的方向作为目标函数值的下降方向，沿此方向可得一个较好的映射点 $\boldsymbol{X}^{(R)}$ 来替换原复合形中的最坏点，从而组成新的复合形。此时映射点 $\boldsymbol{X}^{(R)}$ 应是满足 $F(\boldsymbol{X}^{(R)}) < F(\boldsymbol{X}^{(H)})$ 的可行点。

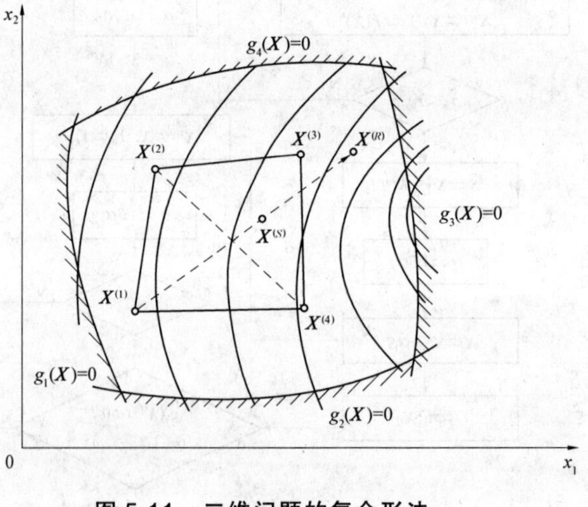

图 5-11　二维问题的复合形法

映射点

$$\boldsymbol{X}^{(R)} = \boldsymbol{X}^{(S)} + \alpha(\boldsymbol{X}^{(S)} - \boldsymbol{X}^{(H)}) \tag{5-19}$$

式中　α——映射系数，一般取 $\alpha > 1$。

如果 $\boldsymbol{X}^{(R)}$ 满足所有约束条件，且 $F(\boldsymbol{X}^{(R)}) < F(\boldsymbol{X}^{(H)})$，就可用 $\boldsymbol{X}^{(R)}$ 代替 $\boldsymbol{X}^{(H)}$ 组成新的复合形，完成一次迭代。如果 $\boldsymbol{X}^{(R)}$ 不满足约束条件，或不满足 $F(\boldsymbol{X}^{(R)}) < F(\boldsymbol{X}^{(H)})$，则将

映射系数减半重新计算 $\boldsymbol{X}^{(R)}$，若仍不满足要求，可继续将α减半，直到α减到很小(例如小于10^{-5})还不满足要求时，那就只能放弃这一方向，改用次坏点 $\boldsymbol{X}^{(G)}$ 作为映射方向。

由于复合形不必保持规则形状，为了适应各种非线性函数的特点，以便能更有利地选取新顶点，所以希望变化复合形的形状，为此可以采取如下措施。

(1)若初次确定的映射点 $\boldsymbol{X}^{(R)}$ 的目标函数值比最好点 $\boldsymbol{X}^{(L)}$ 还小，即 $F(\boldsymbol{X}^{(R)})<F(\boldsymbol{X}^{(L)})$ 时，说明沿此方向的映射效果显著，有进一步扩张的必要，以探求更好的点，即按下式计算新点

$$\boldsymbol{X}^{(E)}=\boldsymbol{X}^{(S)}+\beta(\boldsymbol{X}^{(R)}-\boldsymbol{X}^{(S)}) \tag{5-20}$$

式中　β——扩张系数，一般取 $\beta>1$。

如果 $F(\boldsymbol{X}^{(E)})<F(\boldsymbol{X}^{(R)})$，则说明扩张成功，取 $\boldsymbol{X}^{(E)}$ 替换 $\boldsymbol{X}^{(H)}$ 组成新复合形，完成本次迭代。如果 $F(\boldsymbol{X}^{(E)})>F(\boldsymbol{X}^{(R)})$，则扩张失败，仍取原映射点 $\boldsymbol{X}^{(R)}$ 替换 $\boldsymbol{X}^{(H)}$ 组成新复合形。

(2)若在中心点 $\boldsymbol{X}^{(S)}$ 以外找不到好的映射点，还可以到中心点 $\boldsymbol{X}^{(S)}$ 以内寻找，即向 $\boldsymbol{X}^{(S)}$ 以内收缩，按下式计算收缩点 $\boldsymbol{X}^{(K)}$

$$\boldsymbol{X}^{(K)}=\boldsymbol{X}^{(S)}+\gamma(\boldsymbol{X}^{(H)}-\boldsymbol{X}^{(S)}) \tag{5-21}$$

式中　γ——收缩系数，一般取 $0<\gamma<1$。

与扩张同样，如果 $\boldsymbol{X}^{(K)}\in\boldsymbol{D}$，且 $F(\boldsymbol{X}^{(K)})<F(\boldsymbol{X}^{(H)})$，则收缩成功，用 $\boldsymbol{X}^{(K)}$ 替换 $\boldsymbol{X}^{(H)}$，否则收缩失败。

(3)若采取上述措施均无效，还可采取向最好点 $\boldsymbol{X}^{(L)}$ 靠拢的措施，即采用压缩的方法来改变复合形的形状。压缩后的顶点计算公式为

$$\boldsymbol{X}^{(j)}=\boldsymbol{X}^{(L)}+0.5(\boldsymbol{X}^{(j)}-\boldsymbol{X}^{(L)})\ \ (j=1,\ 2,\ \cdots,\ k;\ k\neq L) \tag{5-22}$$

然后，再对压缩后的复合形采用反射、扩张或收缩等方法，继续改变复合形的形状。

应当指出的是，采用改变复合形形状的方法越多，程序设计越复杂，有可能降低计算效率及可靠性。因此，程序设计时，应针对具体情况，采用某些有效的方法。

二、初始复合形的构成

由于复合形法是一种在可行域内直接求优的方法，因此要求第一个复合形必须在可行域内生成。这样，其k个复合形顶点必须是可行点，通常顶点数取 $n+1\leqslant k\leqslant 2n$。它可以通过以下三种方法来确定。

(一)给定k个初始顶点

由设计者预先选择k个设计方案，即人为构造一个初始复合形。由于k个顶点都必须满足所有的约束条件，因此当设计变量数目较多或约束条件比较复杂时，这样做是很困难的。

(二)给定一个初始顶点，随机产生其他顶点

如果用常规设计方法能取得一个设计方案，此方案虽然不是最优的，但却是一个可行的，则其他 $k-1$个顶点可用随机法产生。

$$x_i^{(j)}=a_i+r_i^{(j)}(b_i-a_i)\qquad (i=1,2,\cdots,n;\ j=2,3,\cdots,k) \tag{5-23}$$

式中　a_i、b_i——各设计变量 x_i 的上、下限值；

$r_i^{(j)}$—— [0, 1]区间内服从均匀分布的伪随机数。

这样产生的 $k-1$ 个顶点，虽然可以满足边界约束条件，但不一定能满足性能约束条件，还必须逐个进行检查，把不满足约束条件的顶点移到可行域内。设已有 q 个顶点满足全部约束条件，先求出 q 个顶点的中心点：

$$x_i^{(t)} = \frac{1}{q}\sum_{j=1}^{q} x_i^{(j)} \quad (i=1,\ 2,\ \cdots,\ n) \tag{5-24}$$

然后将不满足约束条件的点 $\boldsymbol{X}^{(q+1)}$ 向中心点 $\boldsymbol{X}^{(t)}$ 靠拢，即

$$\boldsymbol{X}^{(q+1)} = \boldsymbol{X}^{(t)} + 0.5(\boldsymbol{X}^{(q+1)} - \boldsymbol{X}^{(t)}) \tag{5-25}$$

若还不满足约束条件，则可以重复用上式计算。只要中心点 $\boldsymbol{X}^{(t)}$ 是可行点，$\boldsymbol{X}^{(q+1)}$ 点将逐步向 $\boldsymbol{X}^{(t)}$ 靠拢最终总能成为一个可行顶点。对随机产生的各个顶点这样处理后，最后可取得 k 个初始可行顶点，从而构成初始复合形。

事实上，只要可行域是凸集，其中心点必为可行点，因而用上述方法可以成功地在可行域内构成初始复合形。如果可行域为非凸集，那就有失败的可能，当中心点处于可行域之外时，就应缩小随机选点的边界域，重新产生各顶点。

(三)随机产生全部顶点

初始复合形的各顶点也可以全部用随机产生，首先用式(5-23)产生一个满足全部约束条件的可行点，然后再按前一小节方法随机产生其他 k-1 个顶点。

三、算法步骤与计算框图

基本的复合形法(仅含映射)的计算步骤如下：

(1)选择复合形顶点数 k，一般取 $n+1 \leqslant k \leqslant 2n$，在可行域内构成只有 k 个顶点的初始复合形。

(2)计算复合形 k 个顶点的目标函数值，选出其中最大者，即

最坏点 $\boldsymbol{X}^{(H)}$

$$F(\boldsymbol{X}^{(H)}) = \max\{F(\boldsymbol{X}^{(j)}),\ j=1,2,\cdots,k\} \tag{5-26}$$

次坏点 $\boldsymbol{X}^{(G)}$

$$F(\boldsymbol{X}^{(G)}) = \max\left\{F(\boldsymbol{X}^{(j)}),\ \ j=1,2,\cdots,k;\ \text{但}\ j \neq H\right\} \tag{5-27}$$

最好点 $\boldsymbol{X}^{(L)}$

$$F(\boldsymbol{X}^{(L)}) = \min\left\{F(\boldsymbol{X}^{(j)}),\ \ j=1,2,\cdots,k\right\} \tag{5-28}$$

(3)计算除最坏点 $\boldsymbol{X}^{(H)}$ 外其余 k-1 个顶点的中心点 $\boldsymbol{X}^{(S)}$，即

$$\boldsymbol{X}^{(S)} = \frac{1}{k-1}\sum_{j=1}^{k} \boldsymbol{X}^{(j)} \qquad (j=1,2,\cdots,k,\text{但}\ j \neq H) \tag{5-29}$$

检验中心点 $\boldsymbol{X}^{(S)}$ 是否在可行域内。如果在可行域内，则继续执行第(4)步，否则转到第(5)步。

(4)若 $\boldsymbol{X}^{(S)}$ 点在可行域内，则在 $\boldsymbol{X}^{(H)}$ 和 $\boldsymbol{X}^{(S)}$ 的连线方向上取映射点 $\boldsymbol{X}^{(R)}$

$$X^{(R)} = X^{(S)} + \alpha(X^{(S)} - X^{(H)}) \tag{5-30}$$

式中　α——映射系数，一般取$\alpha = 1.3$。

若$X^{(R)}$越出了可行域，则需将其退回，即将映射系数α减半，重新计算$X^{(R)}$；如果还不满足可行性，继续将α减半，直到映射点$X^{(R)}$成为可行点为止，如图5-12所示。

(5)若$X^{(S)}$点不在可行域内，此时可行域为非凸集，如图5-13所示。按上述第(4)步计算的映射点不可能是可行点，此时利用中心点$X^{(S)}$和最好点$X^{(L)}$重新确定一个区间，在此区间内重新随机产生k个顶点构成复合形。新的区间如图5-13中虚线所示，其边界值为

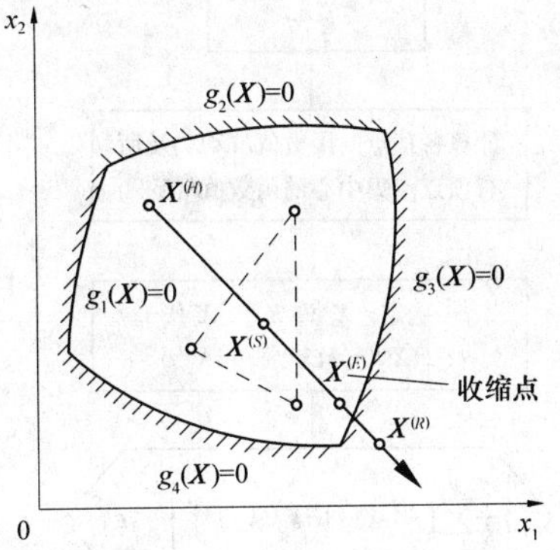

图5-12　求可行的映射点

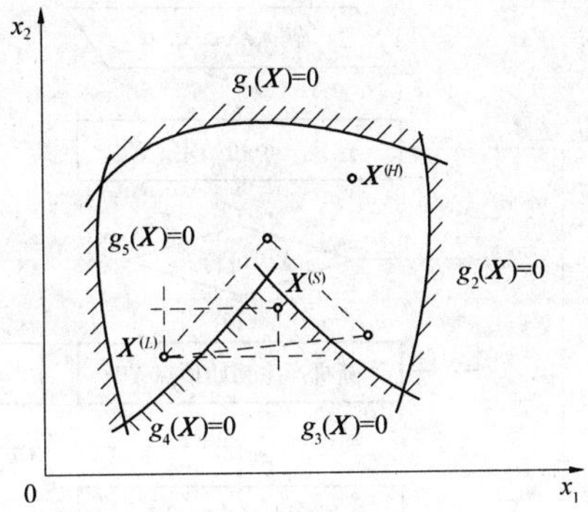

图5-13　可行域的非凸集

若$x_i^{(L)} < x_i^{(S)}\ (i = 1, 2, \cdots, n)$，则取

$$\left.\begin{aligned} a_i &= x_i^{(L)} \\ b_i &= x_i^{(S)} \end{aligned}\right\}\ (i = 1, 2, \cdots, n) \tag{5-31}$$

若$x_i^{(L)} > x_i^{(S)}\ (i = 1,\ 2,\ \cdots,\ n)$，则取

$$\left.\begin{aligned} a_i &= x_i^{(S)} \\ b_i &= x_i^{(L)} \end{aligned}\right\}\ (i = 1, 2, \cdots, n) \tag{5-32}$$

重新构成复合形后再重复第(2)、(3)步，直至$X^{(S)}$成为可行点为止。

(6)计算映射点目标函数值$F(X^{(R)})$。若$F(X^{(R)}) < F(X^{(H)})$，则用映射点$X^{(R)}$代替最坏点$X^{(H)}$，构成新复合形，完成一次迭代计算，转向第(2)步，否则继续下一步。

(7)若$F(X^{(R)}) > F(X^{(H)})$，则将映射系数α减半，重新计算映射点。如果新的映射点$X^{(R)}$既为可行点，又满足$F(X^{(R)}) < F(X^{(H)})$，则以$X^{(R)}$代替$X^{(H)}$，完成本次迭代。否则继续将α减半，直到当α值小于预先给定的一个很小数ξ(例如$\xi = 10^{-5}$)时。若目标函数仍无改进，则转向第(4)步，但此时改用次点$X^{(G)}$来代替前次的最坏点$X^{(H)}$进行映射。

(8)终止准则：反复执行上述迭代过程，复合形逐渐变小且向最优点逼近，直到满足

$$\left\{\frac{1}{k}\sum_{j=1}^{k}\left[F(X^{(j)}) - F(X^{(C)})\right]^2\right\}^{\frac{1}{2}} \leqslant \varepsilon \tag{5-33}$$

时迭代计算可以结束。此时复合形中目标函数值最小的顶点即为最优解。

式(5-33)中的 $X^{(C)}$ 为复合形所有顶点的点集中心，即

$$X^{(C)}=\frac{1}{k}\sum_{j=1}^{k}X^{(j)}\qquad (j=1,2,\cdots,k)\tag{5-34}$$

复合形法的程序框图如图 5-14 所示。

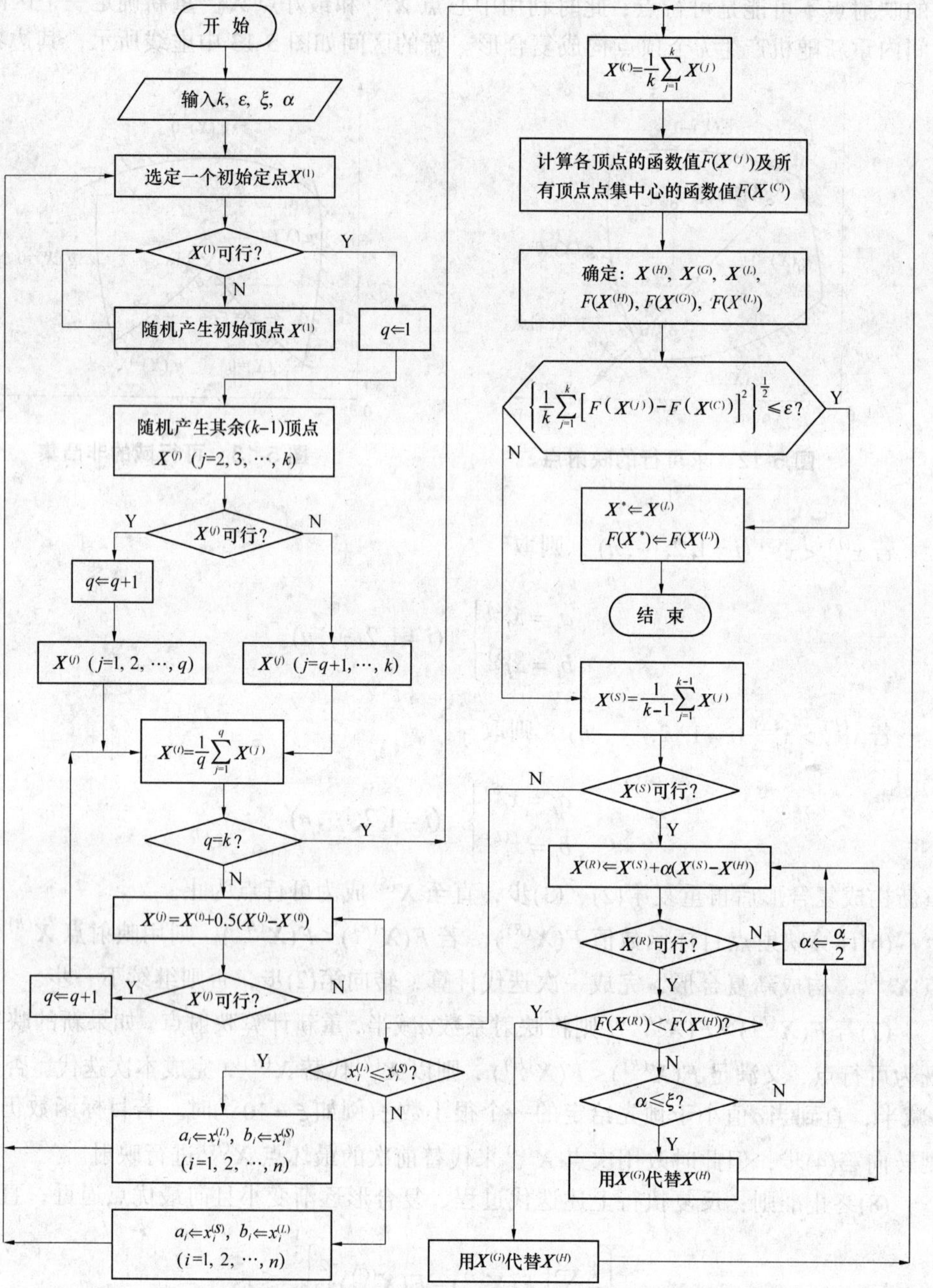

图 5-14　复合形法的程序框图

四、计算举例

[例 5-2] 用复合形法求解：

$$\min F(\boldsymbol{X}) = 60 - 10x_1 - 4x_2 + x_1^2 + x_2^2 - x_1 x_2$$
$$\boldsymbol{X} \in \boldsymbol{D} \subset \boldsymbol{R}^2$$
$$\boldsymbol{D}: g(\boldsymbol{X}) = -x_1 - x_2 + 11 \geqslant 0$$
$$0 \leqslant x_1 \leqslant 6$$
$$0 \leqslant x_2 \leqslant 8$$

解 本例题的目标函数等值线与约束线如图 5-15 所示，其迭代过程如下：

(1)产生初始复合形顶点。本例是具有两个设计变量的非线性规划问题，取复合形顶点数为 $k = 2n = 2 \times 2 = 4$，采取人为选点的方法产生初始复合形全部顶点，即选取下列四点作为初始复合形顶点

$$\boldsymbol{X}^{(1)} = \begin{bmatrix}1 & 5.5\end{bmatrix}^{\mathrm{T}}, \quad \boldsymbol{X}^{(2)} = \begin{bmatrix}1 & 4\end{bmatrix}^{\mathrm{T}}$$
$$\boldsymbol{X}^{(3)} = \begin{bmatrix}2 & 6.4\end{bmatrix}^{\mathrm{T}}, \quad \boldsymbol{X}^{(4)} = \begin{bmatrix}3 & 3.5\end{bmatrix}^{\mathrm{T}}$$

(2)形成初始复合形，求出各顶点的目标函数值，并找出最坏点和最好点。各个顶点目标函数值为

$$F(\boldsymbol{X}^{(1)}) = 53.7, \quad F(\boldsymbol{X}^{(2)}) = 47$$
$$F(\boldsymbol{X}^{(3)}) = 46.56, \quad F(\boldsymbol{X}^{(4)}) = 26.75$$

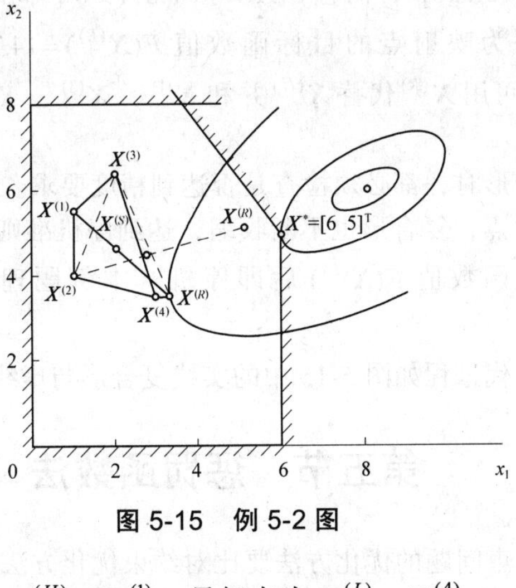

图 5-15 例 5-2 图

从计算结果可得最坏点 $\boldsymbol{X}^{(H)} = \boldsymbol{X}^{(1)}$，最好点为 $\boldsymbol{X}^{(L)} = \boldsymbol{X}^{(4)}$。

(3)计算除去最坏点 $\boldsymbol{X}^{(H)}$ 后其余各点的中心点 $\boldsymbol{X}^{(S)}$

$$\boldsymbol{X}^{(S)} = \frac{1}{3}(\boldsymbol{X}^{(2)} + \boldsymbol{X}^{(3)} + \boldsymbol{X}^{(4)}) = \frac{1}{3}\left(\begin{bmatrix}1\\4\end{bmatrix} + \begin{bmatrix}2\\6.4\end{bmatrix} + \begin{bmatrix}3\\3.5\end{bmatrix}\right) = \begin{bmatrix}2\\4.63\end{bmatrix}$$

(4)检查 $\boldsymbol{X}^{(S)}$ 的可行性。由于 $g(\boldsymbol{X}^{(S)}) = 4.37 > 0$，而且 $0 < 2 < 6$，$0 < 4.63 < 8$，所以 $\boldsymbol{X}^{(S)}$

为可行点。

(5)在点 $\boldsymbol{X}^{(H)}$ 和 $\boldsymbol{X}^{(S)}$ 的连线方向上求映射点 $\boldsymbol{X}^{(R)}$，并检查其可行性。取映射系数 $\alpha=1.3$，则得映射点 $\boldsymbol{X}^{(R)}$ 为

$$\boldsymbol{X}^{(R)}=\boldsymbol{X}^{(S)}+\alpha(\boldsymbol{X}^{(S)}-\boldsymbol{X}^{(H)})=\begin{bmatrix}2\\4.63\end{bmatrix}+1.3\left(\begin{bmatrix}2\\4.63\end{bmatrix}-\begin{bmatrix}1\\5.5\end{bmatrix}\right)=\begin{bmatrix}3.3 & 3.499\end{bmatrix}^{\mathrm{T}}$$

映射点 $\boldsymbol{X}^{(R)}$ 的约束函数值为

$$g(\boldsymbol{X}^{(R)})=4.201>0$$

而且 $0<3.3<6,\ 0<3.499<8$，因此，映射点 $\boldsymbol{X}^{(R)}$ 是可行点。

(6)比较映射点 $\boldsymbol{X}^{(R)}$ 与最坏点 $\boldsymbol{X}^{(H)}$ 的目标函数值。映射点 $\boldsymbol{X}^{(R)}$ 的目标函数值为：$F(\boldsymbol{X}^{(R)})=24.59$，最坏点的目标函数值已在第(2)步求出，即 $F(\boldsymbol{X}^{(H)})=F(\boldsymbol{X}^{(1)})=53.57$。可以看出 $F(\boldsymbol{X}^{(R)})<F(\boldsymbol{X}^{(H)})$，即 $\boldsymbol{X}^{(R)}$ 的目标函数值有改进。于是以 $\boldsymbol{X}^{(R)}$ 代替 $\boldsymbol{X}^{(H)}$ 并和 $\boldsymbol{X}^{(2)}$、$\boldsymbol{X}^{(3)}$、$\boldsymbol{X}^{(4)}$ 构成新复合形，进行第二次迭代。

在用 $\boldsymbol{X}^{(R)}$ 代替 $\boldsymbol{X}^{(H)}$ 之后，新复合形的四个顶点分别为：$\boldsymbol{X}^{(1)}=\boldsymbol{X}^{(R)}=[3.3\quad 3.499]^{\mathrm{T}}$，$\boldsymbol{X}^{(2)}=[1\quad 4]^{\mathrm{T}}$，$\boldsymbol{X}^{(3)}=[2\quad 6.4]^{\mathrm{T}}$，$\boldsymbol{X}^{(4)}=[3\quad 3.5]^{\mathrm{T}}$。各顶点的目标函数值分别为：$F(\boldsymbol{X}^{(1)})=24.59$，$F(\boldsymbol{X}^{(2)})=47$，$F(\boldsymbol{X}^{(3)})=46.5$，$F(\boldsymbol{X}^{(4)})=26.75$。由此可得最坏点为 $\boldsymbol{X}^{(H)}=\boldsymbol{X}^{(2)}$，最好点为 $\boldsymbol{X}^{(L)}=\boldsymbol{X}^{(1)}$。求出除去最坏点 $\boldsymbol{X}^{(H)}$ 后其余各点的中心点 $\boldsymbol{X}^{(S)}=[2.77\quad 4.46]^{\mathrm{T}}$，由于 $g(\boldsymbol{X}^{(S)})=3.77>0$，而且 $\boldsymbol{X}^{(S)}$ 又在设计变量的界限区间中，所以 $\boldsymbol{X}^{(S)}$ 为可行点。于是由最坏点 $\boldsymbol{X}^{(H)}=[1\quad 4]^{\mathrm{T}}$ 通过中心点 $\boldsymbol{X}^{(S)}$ 作映射系数为 1.3 的映射，便得映射点 $\boldsymbol{X}^{(R)}=[5.071\quad 5.058]^{\mathrm{T}}$，而且 $g(\boldsymbol{X}^{(R)})=0.871>0$，同时 $\boldsymbol{X}^{(R)}$ 又在界限区间内，所以 $\boldsymbol{X}^{(R)}$ 为可行点。因为映射点的目标函数值 $F(\boldsymbol{X}^{(R)})=14.71$ 比最坏点的目标函数值 $F(\boldsymbol{X}^{(H)})=47$ 小，所以可用 $\boldsymbol{X}^{(R)}$ 代替 $\boldsymbol{X}^{(H)}$ 并和 $\boldsymbol{X}^{(1)}$、$\boldsymbol{X}^{(3)}$、$\boldsymbol{X}^{(4)}$ 重新构成复合形，进行第三次迭代计算。

在构成一个新复合形时，都必须检查是否达到精度要求。当按上述步骤继续迭代时，新复合形逐步移向最优点，复合形也不断收缩，达到停机准则规定的精度要求 ε 时，输出最好点 $\boldsymbol{X}^{(L)}$ 及其目标函数值 $F(\boldsymbol{X}^{(L)})$ 后即停机。本例题理论最优解为 $\boldsymbol{X}^{*}=[6\quad 5]^{\mathrm{T}}$、$F(\boldsymbol{X}^{*})=11$。

第一次与第二次迭代过程如图 5-15 中的实线复合形与虚线复合形所示。

第五节　惩罚函数法

目前，人们对无约束问题的优化方法要比对约束优化方法研究的更为深入和成熟，并且形成了有效的、可靠的解法。因此，在求解约束化问题时，自然会想到是否可以利用某种方法将约束优化问题转化为无约束优化问题来解决。显然这种转化必须在一定的前提条件下进行：一方面不能破坏原约束问题的约束条件；另一方面还必须使它归结到原约束优化问题的同一最优解上去。这种将约束优化问题转化成无约束优化问题，然后用无约束最优化方法进行求优的途径就是约束优化问题求优的间接解法。

约束优化问题求优的间接解法有消元法、拉格朗日乘子法、惩罚函数法等。其中惩罚函数法较为常用。因为它基本构思简单，可解决同时具有不等式约束和等式约束的非线性优化问题，适用于比较广泛的工程设计问题。

惩罚函数法的基本原理是将约束优化问题：

$$\left.\begin{aligned}&\min F(\boldsymbol{X})\\&\boldsymbol{X}\in\boldsymbol{D}\subset\boldsymbol{R}^n\\&\boldsymbol{D}:g_u(x)\geqslant 0\quad(u=1,2,\cdots,m)\\&\quad h_v(x)=0\quad(v=1,2,\cdots,p,\ p<n)\end{aligned}\right\}\tag{5-35}$$

式中的不等式和等式约束函数经过加权转化后，和原目标函数结合成新的目标函数，即

$$\Phi(\boldsymbol{X},r_1^{(k)},r_2^{(k)})=F(\boldsymbol{X})+r_1^{(k)}\sum_{u=1}^{m}G[g_u(\boldsymbol{X})]+r_2^{(k)}\sum_{v=1}^{p}H[h_v(\boldsymbol{X})]\tag{5-36}$$

根据这种思想，把约束优化问题(5-35)转化成如下形式

$$\left.\begin{aligned}&\min\Phi(\boldsymbol{X},r_1^{(k)},r_2^{(k)})\\&\qquad\boldsymbol{X}\in\boldsymbol{R}^n\end{aligned}\right\}\tag{5-37}$$

其中$\Phi(\boldsymbol{X},r_1^{(k)},r_2^{(k)})$是一个人为构造的参数型目标函数，叫做惩罚函数，简称罚函数。

应注意，式(5-35)是在可行域 $\boldsymbol{D}$ 内求极小值，而式(5-37)是在 $\boldsymbol{R}^n$ 内求无约束极小值。式(5-36)中 $G[g_u(\boldsymbol{X})]$ 和 $H[h_v(\boldsymbol{X})]$ 分别为以某种方式构成的关于 $g_u(\boldsymbol{X})$ 和 $h_v(\boldsymbol{X})$ 的泛函数；$r_1^{(k)}$ 和 $r_2^{(k)}$ 是罚参数或罚因子，在迭代过程中随迭代次数 k 增大而对罚因子不断调整，但它总是定义为某一个正实数。根据不同情况，$r_1^{(k)}$ 和 $r_2^{(k)}$ 可以是递减或递增数列。$r_1^{(k)}\sum_{u=1}^{m}G[g_u(\boldsymbol{X})]$ 和 $r_2^{(k)}\sum_{v=1}^{p}H[h_v(\boldsymbol{X})]$称为惩罚项，在迭代过程中它们的值恒为正值。故罚函数值在迭代过程中一般有

$$\Phi(\boldsymbol{X},r_1^{(k)},r_2^{(k)})\geqslant F(\boldsymbol{X})\tag{5-38}$$

随着迭代次数 k 增大，Φ 和 F 的数值相差越来越小，最后趋于相等。此时所得到的 $\boldsymbol{X}^*$ 既是无约束目标函数 Φ的最优解，又是有约束目标函数 F 的最优解，这就达到了我们求解的目的。

为使 $\min\Phi(\boldsymbol{X},r_1^{(k)},r_2^{(k)})$ 最后能收敛到有约束目标函数 $F(\boldsymbol{X})$的最优解，惩罚项必须具有以下极限性质

$$\lim_{k\to\infty}r_1^{(k)}\sum_{u=1}^{m}G[g_u(\boldsymbol{X})]=0\tag{5-39}$$

$$\lim_{k\to\infty}r_2^{(k)}\sum_{v=1}^{p}H[h_v(\boldsymbol{X})]=0\tag{5-40}$$

从而有

$$\lim_{k\to\infty}\left|\Phi(\boldsymbol{X},r_1^{(k)},r_2^{(k)})-F(\boldsymbol{X})\right|=0\tag{5-41}$$

可以看出，惩罚函数法的一般求解方法是：定义 $G[g_u(\boldsymbol{X})]$ 和 $H[h_v(\boldsymbol{X})]$ 的形式，选择不

同的罚因子 $r_1^{(k)}$ 和 $r_2^{(k)}$ 的值，每调整一次罚因子值，即对式(5-37)作一次无约束优化，可得一个无约束最优解；随着罚因子不断调整，无约束最优解不断逼近有约束的最优解，它是一种序列求优过程，故这种方法常称为“序列无约束极小方法”(Sequential Unconstrained Minimization Technique)，简称 SUMT 法。

根据约束形式、定义的泛函数及罚因子调整方法的不同，惩罚函数法又可分为内点惩罚函数法、外点惩罚函数法和混合惩罚函数法三种。

第六节　内点惩罚函数法

一、内点惩罚函数法的基本原理

内点惩罚函数法(简称内点法)将新目标函数定义在可行域内，这样它的初始点以及后面产生的迭代点序列也必在可行域内，它是求解不等式约束优化问题的一种十分有效的方法。下面我们选用一个简单的例子来说明内点法的一些几何概念和基本原理。

设数学模型为

$$\min F(\boldsymbol{X}) = x$$
$$\boldsymbol{X} \in \boldsymbol{D} \subset \boldsymbol{R}^1$$
$$\boldsymbol{D}: g(\boldsymbol{X}) = x - 1 \geqslant 0$$

这是一个具有一个变量、一个不等式约束的优化问题。对于这样简单的问题，仅由观察就可以判断其最优解为 $x^* = 1$，$F(\boldsymbol{X}^*) = 1$。现在我们用内点法来求解此约束问题。

先构造泛函数，取

$$G[g(\boldsymbol{X})] = \frac{1}{g(\boldsymbol{X})} = \frac{1}{x-1}$$

然后构造罚函数，并求无约束极小值

$$\min \varPhi(\boldsymbol{X}, r^{(k)}) = F(\boldsymbol{X}) + r^{(k)} \frac{1}{g(\boldsymbol{X})} = x + r^{(k)} \frac{1}{x-1}$$

式中 $r^{(k)}$ 为罚因子。为便于说明问题，现用解析法求极值。由

$$\frac{\mathrm{d}\varPhi}{\mathrm{d}x} = F'(\boldsymbol{X}) - r^{(k)} \frac{1}{g^2(\boldsymbol{X})} = 1 - r^{(k)} \frac{1}{(x-1)^2} = 0$$

解得
$$\boldsymbol{X}^*(r^{(k)}) = 1 + \sqrt{r^{(k)}}$$

于是有

$$F(\boldsymbol{X}^*(r^{(k)})) = 1 + \sqrt{r^{(k)}}$$

$$\varPhi(\boldsymbol{X}^*(r^{(k)}), r^{(k)}) = 1 + 2\sqrt{r^{(k)}}$$

取初始罚因子 $r^{(0)} = 1$，罚因子的递减率 $c = 0.1$，则罚因子的递减序列为

$$r^{(k+1)} = cr^{(k)} \quad (k = 0, 1, 2, 3, \cdots)$$

按此序列求出 $\boldsymbol{X}^*(r^{(k)})$、$F(\boldsymbol{X}^*(r^{(k)}))$、$\Phi(\boldsymbol{X}^*(r^{(k)}),r^{(k)})$、$G[g(\boldsymbol{X}^*(r^{(k)}))]$ 和 $r^{(k)}G[g(\boldsymbol{X}^*(r^{(k)}))]$ 各项值，列于表 5-1。

表 5-1　迭代过程中的各点和函数值

迭代序号 k	$r^{(k)}$	$\boldsymbol{X}^*(r^{(k)})$	$F(\boldsymbol{X}^*(r^{(k)}))$	$\Phi(\boldsymbol{X}^*(r^{(k)}),r^{(k)})$	$r^{(k)}G[g(\boldsymbol{X}^*(r^{(k)}))]$	$G[g(\boldsymbol{X}^*(r^{(k)}))]$
0	1	2	2	3	1	1
1	0.1	1.316	1.316	1.632 5	0.316	3.164
2	0.01	1.1	1.1	1.2	0.1	10
3	0.001	1.032	1.032	1.063 4	0.031 3	31.25
4	0.000 1	1.01	1.01	1.02	0.01	100
5	0.000 01	1.003 2	1.003 2	1.006 3	0.003 1	312.5

$F(\boldsymbol{X})$和 $r^{(k)}$ 不同时罚函数 $\Phi(\boldsymbol{X}^*,r^{(k)})$ 的曲线图形如图 5-16(a)所示；$r^{(k)}$ 递减时 $\boldsymbol{X}^*(r^{(k)})$ 向 $\boldsymbol{X}^*$ 逼近的点列图形如图 5-16(b)所示。

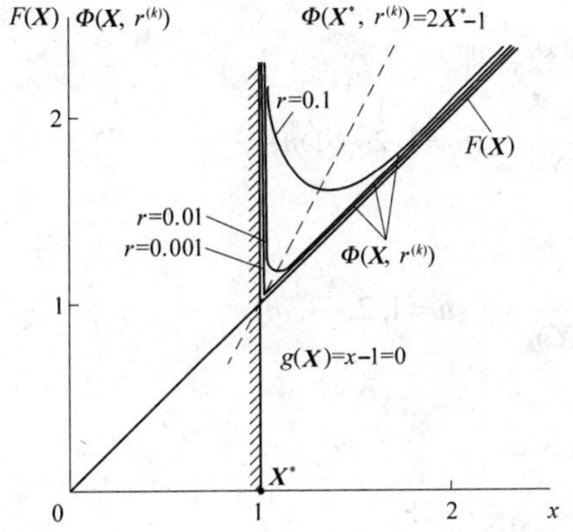

(a) $F(\boldsymbol{X})$ 和 $\Phi(\boldsymbol{X},r^{(k)})$ 的曲线图形

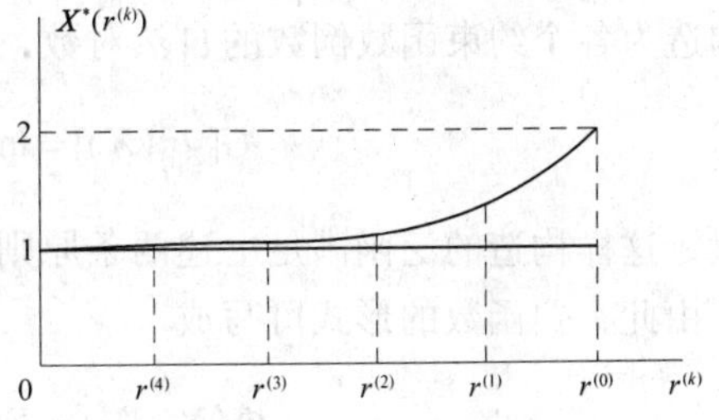

(b) $r^{(k)}$ 递减时 $\boldsymbol{X}^*(r^{(k)})$ 向 $\boldsymbol{X}^*$ 的逼近过程

图 5-16　一元惩罚函数内点法的收敛关系

当 $r^{(k)}$ 不断递减时，由表 5-1 和图 5-16 可得出如下结论：

(1)当惩罚因子逐渐减小时，其极值点 $\boldsymbol{X}^*(r^{(k)})$ 离约束最优点愈来愈近，且沿一直线轨迹 $\Phi(\boldsymbol{X}^*(r^{(k)}),r^{(k)})=2\boldsymbol{X}^*(r^{(k)})-1$ 从约束区域内向最优点收敛，当 $r^{(k)}\to 0$ 时，$\boldsymbol{X}^*(r^{(k)})\to\boldsymbol{X}^*=1$，$\Phi(\boldsymbol{X}^*(r^{(k)}),r^{(k)})\to F(\boldsymbol{X}^*)=1$，最后惩罚函数 $\Phi(\boldsymbol{X}^*,r^{(k)})$ 收敛于原目标函数的约束最优解。

(2)泛函 $G[g(\boldsymbol{X}^*(r^{(k)}))]$ 值随 $r^{(k)}$ 的递减而递增，但惩罚项 $r^{(k)}G[g(\boldsymbol{X}^*(r^{(k)}))]$ 却随 $r^{(k)}$ 的递减而不断减小；当 $r^{(k)}\to 0$ 时，惩罚项趋向于零，即惩罚项的作用越来越小。

(3)$\boldsymbol{X}^{(0)}$为内点，且迭代过程仅在可行域内进行。

通过这个例子可以看出，内点惩罚函数法就是以不同的加权参数(罚因子)来构造一序列无约束的新目标函数，求这一序列惩罚函数的无约束极值点 $\boldsymbol{X}^*(r^{(k)})$，使它逐渐逼近原约束问题的最优解，而且不论原约束问题最优解在可行域内还是在可行域的边界上，其整个搜索过程都在约束区域内进行。

二、泛函和罚函数的构造

内点法的数学模型仅适用于不等式约束：

$$\left.\begin{aligned}&\min F(\boldsymbol{X})\\&\boldsymbol{X}\in\boldsymbol{D}\subset\boldsymbol{R}^n\\&\boldsymbol{D}:g_u(\boldsymbol{X})\geqslant 0\quad(u=1,2,\cdots,m)\end{aligned}\right\}\tag{5-42}$$

用内点法时，构造的泛函 $G[g_u(\boldsymbol{X})]$ 应遵循如下原则：

(1) $G[g_u(\boldsymbol{X})]$ 是 $\boldsymbol{D}$ 上的连续函数，即保证其在 $\boldsymbol{D}$ 内处处有值，当调用需要求导数的无约束优化方法时，则还要求泛函可导。

(2)当 $\boldsymbol{X}$ 在可行域内远离约束边界时，泛函是相当小的正值，这时惩罚作用很小；当 $\boldsymbol{X}$ 由可行域内靠近任一约束边界时，泛函具有很大的正值，越靠近边界，其正值越大，即惩罚作用越大。这样，可保证在迭代过程中的各点不会跑出可行域。$G[g_u(\boldsymbol{X})]$ 相当于使各约束函数形成一道障碍，故称之为障碍函数。

内点法的泛函可构造为各个约束函数的倒数，即

$$G[g_u(\boldsymbol{X})]=\frac{1}{g_u(\boldsymbol{X})}\qquad(u=1,2,\cdots,m)\tag{5-43}$$

或构造为各个约束函数倒数的自然对数，即

$$G[g_u(\boldsymbol{X})]=\ln\frac{1}{g_u(\boldsymbol{X})}\qquad(u=1,2,\cdots,m)\tag{5-44}$$

显然，这样构造的泛函满足上述两条原则。

由此，罚函数的形式可写成

$$\varPhi(\boldsymbol{X},r^{(k)})=F(\boldsymbol{X})+r^{(k)}\sum_{u=1}^{m}\frac{1}{g_u(\boldsymbol{X})}\tag{5-45}$$

或

$$\varPhi(\boldsymbol{X},r^{(k)})=F(\boldsymbol{X})+r^{(k)}\sum_{u=1}^{m}\ln\frac{1}{g_u(\boldsymbol{X})}\tag{5-46}$$

罚因子的作用是，由于内点法只能在可行域内迭代，而最优解很可能在可行域内靠近边界处或在边界上，此时尽管泛函的值很大，但罚因子是不断递减的正值，经多次迭代，$\boldsymbol{X}^*(r^{(k)})$ 向 $\boldsymbol{X}^*$ 靠近时，惩罚项已是很小的正值，因而满足式(5-39)的要求。

三、算法步骤与计算框图

内点惩罚函数法的算法步骤如下：

(1)在可行域内选择一个初始点 $\boldsymbol{X}^{(0)}$，但此点不应在边界上，最好不要靠近任何一个约束边界。

(2)选取适当的惩罚因子初始值 $r^{(0)}$，递减系数 c，计算精度 ε_1 和 ε_2，并令迭代次数 $k=0$。

(3)构造惩罚函数 $\varPhi(\boldsymbol{X},r^{(k)})$，调用无约束优化方法，求 $\min\varPhi(\boldsymbol{X},r^{(k)})$ 得最优点 $\boldsymbol{X}^*(r^{(k)})$。

(4)收敛条件：

$$\left\|X^*(r^{(k-1)})-X^*(r^{(k)})\right\|\leqslant\varepsilon_1 \tag{5-47}$$

和

$$\left|\frac{\Phi(X^*,r^{(k-1)})-\Phi(X^*,r^{(k)})}{\Phi(X^*,r^{(k-1)})}\right|\leqslant\varepsilon_2 \tag{5-48}$$

若上面两个不等式成立，则认为已求得最优点 $X^*\approx X^*(r^{(k)})$；若不成立，则转下一步。

(5)计算 $r^{(k+1)}=cr^{(k)}$；并令 $X^{(0)}=X^*(r^{(k)})$，$k=k+1$ 后转向第(3)步。

内点法的程序计算框图如图 5-17 所示，其中 R 为预先给定的某个实数，当惩罚因子 r 大于此值时，不需要经过收敛精度的判断。

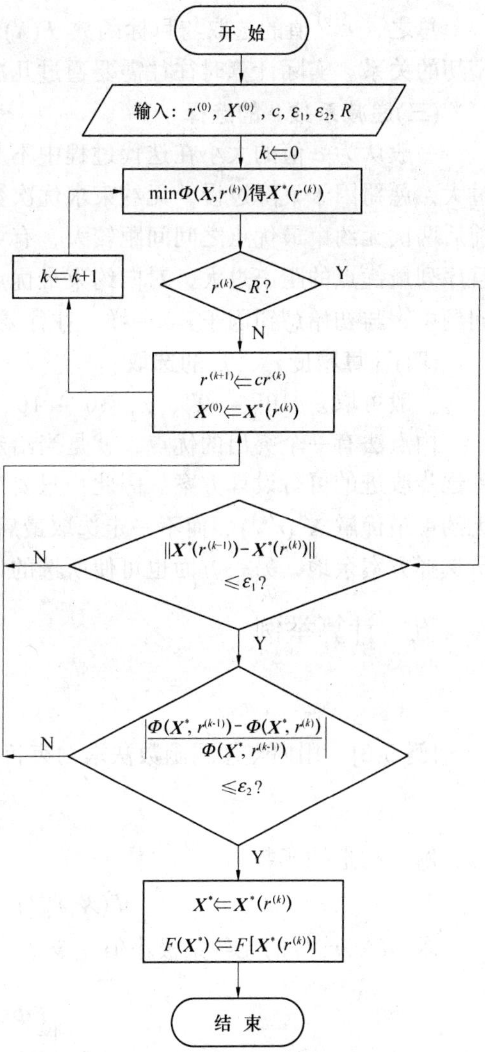

图 5-17 内点法程序计算框图

四、采用内点法应注意几个问题

(一)初始可行点的确定

内点法的初始点 $X^{(0)}$ 必须是一个严格的初始内点，即满足 $g_u(X^{(0)})>0(u=1,2,\cdots,m)$。这样做是为了使开始作无约束求优时，泛函的值较小，收敛可快一些，成功的机会大一些。在优化设计中，确定这样的初始点通常是可以做到的。一般对原有设计方案进行优化改进时，可以将其有关参数作为初始点。对于较复杂的新产品设计时，当约束条件较多、且函数较复杂时，要想确定一个严格的可行点就比较困难，此时需要用其他技巧来处理。常用的方法是利用随机数生成初始点。

(二)初始惩罚因子的选择

前面讲过，只有当 $r^{(k)}\to 0$ 时，惩罚函数的极值才是原问题约束最优解。但是，要想加快收敛速度，一开始就选择较小的 $r^{(0)}$ 值，往往是不可行的。这是因为惩罚函数 $\Phi(X,r^{(0)})$ 的性质与 $r^{(0)}$ 值的大小有很大关系。当 $r^{(0)}$ 值很小时，由图 5-16(a)可见，其惩罚函数的等值线在约束附近会出现狭窄“谷地”。在这种情况下，无论采用什么样的最优化方法，函数也难以收敛到极值点。相反，若选取较大的 $r^{(0)}$ 值，就会增加无约束求解的次数。因此，为了减少迭代次数，应取较小的 $r^{(0)}$ 值，但为了使求极值的过程稳定些，又应取较大的值。通常，如果所选择的初始点远离约束边界，此时应使初始点的惩罚项不要在惩罚函数中起支配作用。由此得到一种选择 $r^{(0)}$ 的方法：

$$r^{(0)} = \frac{p}{100}\left|F(\boldsymbol{X}^{(0)})\Big/\sum_{u=1}^{m}\frac{1}{g_u(\boldsymbol{X}^{(0)})}\right| \tag{5-49}$$

在实际应用中，这个方法通常能得到相当合理的初始值$r^{(0)}$，式中的p就是选取的百分比值。一般推荐值p=10；对于非线性约束的情况，p的典型值取1～50较为合适。但是，当初始点接近某个或数个约束边界时，则应取较大的$r^{(0)}$值，此时建议取p=100或更大些。当目标函数或约束函数的非线性程度不高时，可直接取$r^{(0)}$=1。

总之，$r^{(0)}$值的选取与目标函数$F(\boldsymbol{X})$和约束函数$g_u(\boldsymbol{X})$的性质及初始点$\boldsymbol{X}^{(0)}$的位置有密切的关系。实际计算时往往需要通过几次试算才能确定比较合适的$r^{(0)}$值。

(三)递减系数c的选择

一般认为c值的大小在迭代过程中不起决定性作用，但仍然不可以掉以轻心。若c值过大，惩罚因子下降过慢，无约束求优次数必将增加；若c值过小，惩罚因子下降过快，前后两次无约束最优点之间间距较大，有可能使后一次无约束优化本身的迭代次数增多，且序列最优点的距离过大，对向约束最优点逼近亦不利。一般建议取c=0.1～0.7。在具体问题中，与初始惩罚因子$r^{(0)}$一样，往往要经过多次试算才能确定一个合适的c值。

(四)计算精度ε_1、ε_2的选取

一般可取$\varepsilon_1=10^{-5}\sim10^{-7}$、$\varepsilon_2=10^{-3}\sim10^{-4}$。

内点法有一个突出的优点，就是当给定一可行方案之后，通过迭代计算，可给出一系列逐步改进的可行设计方案。因此，只要实际设计要求允许，我们可以选用其中任何一个无约束最优解$\boldsymbol{X}^*(r^{(k)})$，而不一定选取最后的约束最优解$\boldsymbol{X}^*$。这样，一方面扩大了设计人员选择方案余地，另一方面也可使所选的设计方案留有一定的储备能力。

五、计算举例

[例 5-3]　用内点惩罚函数法求约束目标函数$\begin{cases}\min F(\boldsymbol{X}) = x_1^2 + x_2^2 \\ \boldsymbol{X}\in\boldsymbol{D}\subset\boldsymbol{R}^2 \\ \boldsymbol{D}: g(\boldsymbol{X}) = x_1 - 1 \geqslant 0\end{cases}$的最优解。

解　构造罚函数为

$$\boldsymbol{\Phi}(\boldsymbol{X}, r^{(k)}) = x_1^2 + x_2^2 - r^{(k)}\ln(x_1 - 1)$$

求$\boldsymbol{\Phi}(\boldsymbol{X}, r^{(k)})$的无约束极小值，令

$$\begin{cases}\dfrac{\partial\Phi}{\partial x_1} = 2x_1 - \dfrac{r^{(k)}}{x_1 - 1} = 0 \\ \dfrac{\partial\Phi}{\partial x_2} = 2x_2 = 0\end{cases}$$

解得

$$x_1^*(r^{(k)}) = \frac{1\pm\sqrt{1+2r^{(k)}}}{2},\quad x_2^*(r^{(k)}) = 0$$

当取$1-\sqrt{1+2r^{(k)}}$时，由于$x_1^*(r^{(k)})=\dfrac{1-\sqrt{1+2r^{(k)}}}{2}<0$，不满足 $x_1-1\geqslant 0$ 的约束条件，因此其无约束极值点为

$$X^*(r^{(k)})=\left[\frac{1+\sqrt{1+2r^{(k)}}}{2}\quad 0\right]^{\mathrm{T}}$$

当取$r^{(0)}=1$，递减系数$c=0.1$时，其迭代过程见表 5-2。当$r^{(k)}\to 0$时，得原问题的约束最优解$X^*=[1\quad 0]^{\mathrm{T}}$，$F(X^*)=\Phi(X^*(r^{(k)}),r^{(k)})=1$。在实际上机求解时，迭代次数$k$不可能为无穷多次，只要满足收敛精度就可以了。本例迭代过程中$X^*(r^{(k)})$点的移动方向如图 5-18 所示。

表 5-2　迭代过程中的点和函数值

迭代序号 k	$r^{(k)}$	$X^*(r^{(k)})$	$F(X^*(r^{(k)}))$	$r^{(k)}\ln g(X^*(r^{(k)}))$	$\Phi(X^*,r^{(k)})$
0	1	$[1.366\quad 0]^{\mathrm{T}}$	1.866 0	−1.005 1	2.871 1
1	0.1	$[1.048\quad 0]^{\mathrm{T}}$	1.098 3	−0.303 7	1.402 0
2	0.01	$[1.005\quad 0]^{\mathrm{T}}$	1.010 0	−0.053 0	1.063 0
3	0.001	$[1.001\quad 0]^{\mathrm{T}}$	1.002 0	−0.006 9	1.008 9
4	0.000 1	$[1.000\quad 0]^{\mathrm{T}}$	1.000 0	−0.000 9	1.000 9
⋮	⋮	⋮	⋮	⋮	⋮
∞	0	$[1\quad 0]^{\mathrm{T}}$	1	0	1

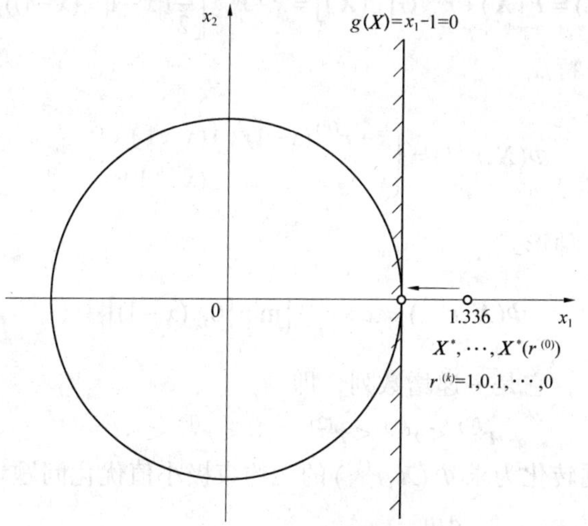

图 5-18　最优点的移动方向

第七节　外点惩罚函数法

一、外点惩罚函数法的基本原理

上节已经讲过，内点惩罚函数法是将罚函数定义于可行域内，在工程设计中，可以得到多个可行设计方案。但是内点法要求选择一个严格的初始内点，这在比较复杂的优化设计中，往往会给设计人员带来很大困难。另外，内点法还不能解决带有等式约束的优化问题。本节所要介绍的外点惩罚函数法(简称外点法)可以克服这些不足。

现在用一个简单例子来说明外点法的基本原理。

数学模型为

$$\min F(\boldsymbol{X}) = x$$
$$\boldsymbol{X} \in \boldsymbol{D} \subset R^1$$
$$\boldsymbol{D}: g(\boldsymbol{X}) = x - 1 \geqslant 0$$

这一问题的约束最优解显然是 $x^* = 1,\ F(\boldsymbol{X}^*) = 1$。

下面我们用外点法来求解此约束问题。首先构造泛函，取

$$G[g(\boldsymbol{X})] = \left\{\frac{1}{2}(|g(\boldsymbol{X})| - g(\boldsymbol{X}))\right\}^2 = \left\{\frac{1}{2}(|x-1| - (x-1))\right\}^2$$

然后构造罚函数

$$\Phi(\boldsymbol{X}, r^{(k)}) = F(\boldsymbol{X}) + r^{(k)} G[g(\boldsymbol{X})] = x + r^{(k)}\left[\frac{1}{2}(|x-1| - (x-1))\right]^2$$

这样的罚函数有如下特点

$$\Phi(\boldsymbol{X}, r^{(k)}) = \begin{cases} x + r^{(k)}(x-1)^2 & (x < 1) \\ x & (x \geqslant 1) \end{cases}$$

该函数还可写成另一种形式

$$\Phi(\boldsymbol{X}, r^{(k)}) = x + r^{(k)}\left\{\min[0,\ (x-1)]\right\}^2$$

式中　$r^{(k)}$ ——惩罚因子，它是一递增数列，即

$$r^{(0)} < r^{(1)} < r^{(2)} < \cdots < r^{(k)} < \cdots$$

这样就把原约束问题转化为求 $\Phi(\boldsymbol{X}, r^{(k)})$ 的无约束极小值优化问题。为解题方便，令

$$\frac{\mathrm{d}\Phi}{\mathrm{d}x} = 1 + 2r^{(k)}(x-1) = 0$$

解得

$$\boldsymbol{X}^*(r^{(k)}) = 1 - \frac{1}{2r^{(k)}}$$

其惩罚函数值为

$$\Phi(\boldsymbol{X}^*, r^{(k)}) = 1 - \frac{1}{4r^{(k)}}$$

若取 $r^{(0)} = \frac{1}{4}$，递增率 $c' = 2$，$r^{(k+1)} = c'r^{(k)}$（$k = 0, 1, 2, \cdots$），则得罚因子为不同值时的迭代过程(见表 5-3)。

表 5-3　迭代过程中各点和函数值

迭代序号 k	$r^{(k)}$	$\boldsymbol{X}^*(r^{(k)})$	$F(\boldsymbol{X}^*(r^{(k)}))$	$\Phi(\boldsymbol{X}^*, r^{(k)})$	$r^{(k)}G[g(\boldsymbol{X}^*(r^{(k)}))]$	$G[g(\boldsymbol{X}^*(r^{(k)}))]$
0	1/4	−1	−1	0	1	4
1	1/2	0	0	0.5	0.5	1
2	1	0.5	0.5	0.75	0.25	0.25
3	2	0.75	0.75	0.875	0.125	0.062 5
⋮	⋮	⋮	⋮	⋮	⋮	⋮
∞	∞	1	1	1	0	0

一元惩罚函数外点法的收敛关系如图 5-19 所示。

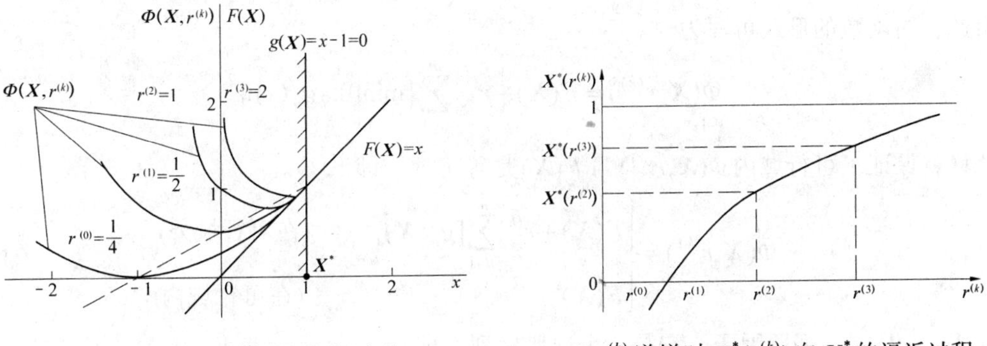

(a) $F(\boldsymbol{X})$ 和 $\Phi(\boldsymbol{X}, r^{(k)})$ 的曲线图形　　(b) $r^{(k)}$ 递增时 $\boldsymbol{X}^*(r^{(k)})$ 向 $\boldsymbol{X}^*$ 的逼近过程

图 5-19　一元惩罚函数外点法的收敛关系

由表 5-3 和图 5-19 可以看出，当 $r^{(k)}$ 不断递增时，有如下规律：

(1)极值点 $\boldsymbol{X}^*(r^{(k)})$ 离约束最优点 $\boldsymbol{X}^*$ 愈来愈近。当 $r^{(k)} \to \infty$ 时，$\boldsymbol{X}^*(r^{(k)}) \to \boldsymbol{X}^* = 1$，趋于真正的约束最优点。同时，$F(\boldsymbol{X}^*(r^{(k)}))$ 和 $\Phi(\boldsymbol{X}^*(r^{(k)}), r^{(k)})$ 的值均不断增长，两者数值愈来愈接近，且有

$$\Phi(\boldsymbol{X}^*(r^{(k)}), r^{(k)}) > F(\boldsymbol{X}^*(r^{(k)}))$$

当 $k \to \infty$ 时，则有

$$\Phi(\boldsymbol{X}^*(r^{(k)}),\ r^{(k)}) \approx F(\boldsymbol{X}^*(r^{(k)})) \approx 1$$

(2)泛函 $G[g(\boldsymbol{X}^*(r^{(k)}))]$ 的值和惩罚项的值随 $r^{(k)}$ 值的递增而不断减小，一般说来泛函的值减小得要快一些。当 $k \to \infty$，$r^{(k)} \to \infty$ 时，泛函和惩罚项的值趋于零。

(3)当 $\boldsymbol{X}^{(0)}$为外点时，在迭代过程中各次无约束极小点 $\boldsymbol{X}^*(r^{(k)})$ 从可行域外逐步向可行域靠近，最后接近于原问题的最优解。

通过上述例子可见，外点惩罚函数法是通过求一系列惩罚因子 $\left\{r^{(k)} \quad (k=0,1,2,\cdots)\right\}$ 的函数 $\Phi(\boldsymbol{X},r^{(k)})$ 的无约束极值来逼近原约束问题的最优解的一种方法。

二、泛函和惩罚函数的构造

首先讨论解不等式约束优化问题的情况。

设有不等式约束优化问题

$$\left.\begin{aligned}&\min F(\boldsymbol{X})\\&\boldsymbol{X}\in\boldsymbol{D}\subset\boldsymbol{R}^n\\&\boldsymbol{D}:g_u(\boldsymbol{X})\geqslant 0\quad(u=1,2,\cdots,m)\end{aligned}\right\}\tag{5-50}$$

对于该问题，构造的泛函的常见形式如下

$$G[g_u(\boldsymbol{X})]=\left\{\min[0,\ g_u(\boldsymbol{X})]\right\}^2\quad(u=1,2,\cdots,m)\tag{5-51}$$

也可用另一种形式表示为

$$G[g_u(\boldsymbol{X})]=\begin{cases}[g_u(\boldsymbol{X})]^2 & (g_u(\boldsymbol{X})<0)\\0 & (g_u(\boldsymbol{X})\geqslant 0)\end{cases}\tag{5-52}$$

由此，罚函数的形式可写为

$$\Phi(\boldsymbol{X},r^{(k)})=F(\boldsymbol{X})+r^{(k)}\sum_{u=1}^{m}\left\{\min[0,\ g_u(x)]\right\}^2\tag{5-53}$$

这样就保证了可行域内 $\Phi(\boldsymbol{X},r^{(k)})$ 与 $F(\boldsymbol{X})$ 是等价的，即

$$\Phi(\boldsymbol{X},r^{(k)})=\begin{cases}F(\boldsymbol{X})+r^{(k)}\sum\limits_{u=1}^{m}[g_u(\boldsymbol{X})]^2 & (\text{在可行域外})\\F(\boldsymbol{X}) & (\text{在可行域内})\end{cases}\tag{5-54}$$

式中　$r^{(k)}$——惩罚因子，它是一个递增序列，即

$$0<r^{(0)}<r^{(1)}<\cdots<r^{(k)}$$

$$r^{(k+1)}=c'r^{(k)}\quad,\quad c'>1$$

且

$$\lim_{k\to\infty}r^{(k)}=\infty$$

对于具有等式约束的优化问题

$$\left.\begin{aligned}&\min F(\boldsymbol{X})\\&\boldsymbol{X}\in\boldsymbol{D}\subset\boldsymbol{R}^n\\&\boldsymbol{D}:h_v(\boldsymbol{X})=0\quad(v=1,2,\cdots,p<n)\end{aligned}\right\}\tag{5-55}$$

其泛函可取如下形式

$$H\left[h_v(\boldsymbol{X})\right]=\begin{cases}\left[h_v(\boldsymbol{X})\right]^2 & h_v(\boldsymbol{X})\neq 0\\0 & h_v(\boldsymbol{X})=0\end{cases}\tag{5-56}$$

由此可得惩罚函数的形式为

$$\Phi(\boldsymbol{X},r^{(k)})=F(\boldsymbol{X})+r^{(k)}\sum_{v=1}^{p}\left[h_v(\boldsymbol{X})\right]^2\tag{5-57}$$

式中　$r^{(k)}$——惩罚因子，其性质与不等式约束情况相同。

对于求解兼有不等式和等式约束优化问题

$$\left.\begin{aligned}&\min F(\boldsymbol{X})\\&\boldsymbol{X}\in\boldsymbol{D}\subset\boldsymbol{R}^n\\&\boldsymbol{D}:g_u(\boldsymbol{X})=0\quad(u=1,2,\cdots,m)\\&\quad h_v(\boldsymbol{X})=0\quad(v=1,2,\cdots,p<n)\end{aligned}\right\}\tag{5-58}$$

其惩罚函数为

$$\Phi(\boldsymbol{X},r^{(k)})=F(\boldsymbol{X})+r^{(k)}\sum_{u=1}^{m}\left\{\min\left[0,\ g_u(\boldsymbol{X})\right]\right\}^2+r^{(k)}\sum_{v=1}^{p}\left[h_v(\boldsymbol{X})\right]^2\tag{5-59}$$

式中　$r^{(k)}$——惩罚因子，其性质与不等式约束情况相同。

三、算法步骤与程序框图

外点法的算法步骤如下：

(1)选择一个适当的初始点 $\boldsymbol{X}^{(0)}$ 和一个 $r^{(0)}$ 值，规定收敛精度 ε_1、ε_2，并确定递增系数 c'，令 $k=0$。

(2)用无约束优化方法求惩罚函数的极小点 $\boldsymbol{X}^*(r^{(k)})$，即

$$\min\Phi(\boldsymbol{X},\ r^{(k)})=F(\boldsymbol{X})+r^{(k)}\sum_{u=1}^{m}\{\min[0,\ g_u(\boldsymbol{X})]\}^2+r^{(k)}\sum_{v=1}^{p}[h_v(\boldsymbol{X})]^2$$

(3)检验收敛条件。若满足

$$\left\|\boldsymbol{X}^*(r^{(k)})-\boldsymbol{X}^*(r^{(k-1)})\right\|\leqslant\varepsilon_1$$

和

$$\left|\frac{\Phi(\boldsymbol{X}^*,r^{(k-1)})-\Phi(\boldsymbol{X}^*,r^{(k)})}{\Phi(\boldsymbol{X}^*,r^{(k-1)})}\right|\leqslant\varepsilon_2$$

两个不等式，则得最优解 $\boldsymbol{X}^*=\boldsymbol{X}^*(r^{(k)})$，停止迭代；否则转下一步。

(4)令 $\begin{cases}r^{(k+1)}=c'r^{(k)}\\\boldsymbol{X}^{(0)}=\boldsymbol{X}^*(r^{(k)})\\k=k+1\end{cases}$，转向第(2)步。

图 5-20 为外点惩罚函数法的程序框图。图中 R 表示是否进行收敛准则判别的一个控制量，其目的是为了前面几次迭代时不经过收敛准则判别，以提高计算速度。

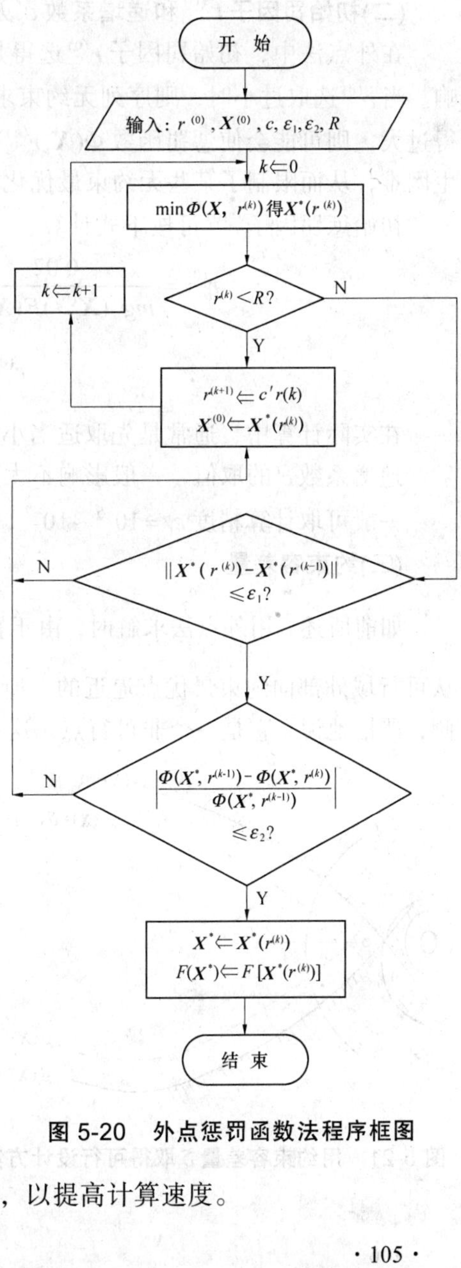

图 5-20　外点惩罚函数法程序框图

四、采用外点法应注意几个问题

(一)初始点 $X^{(0)}$ 的选择

由上面的讨论不难看出，外点惩罚函数法的初始点 $X^{(0)}$ 可以任意选择，即在可行域内或可行域外选择均可。这是因为不论初始点选在可行域内或可行域外，只要 $F(X)$ 的无约束极值点不在可行域内，其惩罚函数 $\Phi(X,r^{(k)})$ 的极值点均在可行域外。因此，当罚因子 $r^{(k)}$ 的递增系数 c' 不太大时，用前次求得的无约束极值点 $X^*(r^{(k-1)})$ 作为下次求 $\min\Phi(X,r^{(k)})$ 的初始点 $X^{(0)}$，对于加快搜索是有好处的。特别是对于采用具有二次收敛的无约束最优化方法，若初始点离极值点越近，则其收敛速度越快。

(二)初始罚因子 $r^{(0)}$ 和递增系数 c' 及计算精度 ε_1、ε_2 的选择

在外点法中，初始罚因子 $r^{(0)}$ 选得是否恰当，对算法的成败和计算速度有着显著的影响。当 $r^{(0)}$ 选取过小时，则序列无约束求解的次数将增多，使收敛速度减慢；如果 $r^{(0)}$ 选取得过大，则可能会使惩罚函数 $\Phi(X,r^{(k)})$ 的等值线变形或偏心，使得求 $\Phi(X,r^{(k)})$ 的极值发生困难，从而限制了某些无约束最优化方法的使用，甚至使算法失败。

初始惩罚因子 $r^{(0)}$ 可按下式计算：

$$r_u^{(0)}=\frac{0.02}{mg_u(X^{(0)})F(X^{(0)})}\qquad(u=1,2,\cdots,m)\tag{5-60}$$

$$r^{(0)}=\max\left\{r_u^{(0)}\right\}\tag{5-61}$$

在实际计算中，通常是先取适当小的 $r^{(0)}$ 值，再根据运算结果进行调整。

递增系数 c' 的取值，一般影响不太显著，但也不宜选取得过大，通常取 $c'=5\sim10$。

一般可取计算精度 $\varepsilon_1=10^{-5}\sim10^{-7}$，$\varepsilon_2=10^{-3}\sim10^{-4}$。

(三)约束容差量

如前所述，用外点法求解时，由于罚函数的无约束最优点列 $\left\{X^*(r^{(k)}),\ k=1,\ 2,\ \cdots\right\}$是从可行域外部向约束最优点逼近的。所以，最终取得的最优点一定是在边界的非可行域一侧，严格地说，它是一个非可行点。这对某些工程问题是不允许的(如强度、刚度等性能约束)。为了解决这一问题，对那些要求必须严格满足的约束条件，增加一个约束裕量 δ，也就是说定义新的约束条件

$$g_u(X)-\delta_u\geqslant0\quad(u=1,2,\cdots,m)\tag{5-62}$$

式中　δ_u——容差量，一般可取 $\delta_u=10^{-3}\sim10^{-4}$。

如图 5-21 所示，通过这样的处理，对用新约束函数构成的惩罚函数求极小值，所得的最优设计方案 X^*，可使原不等式约束条件得到严格的满足，即 $g_u(X^*)>0$。

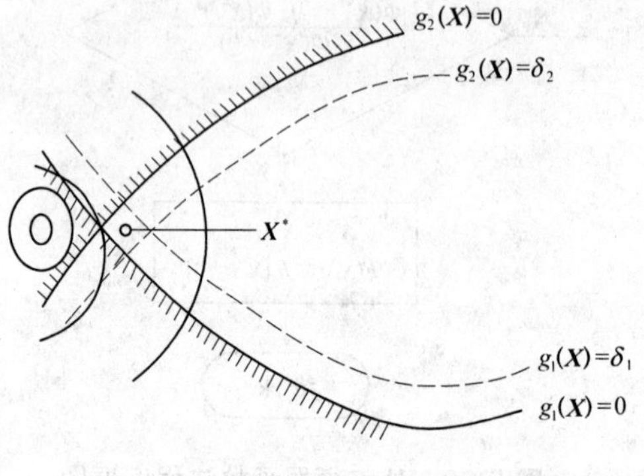

图 5-21　用约束容差量 δ 取得可行设计方案

五、计算举例

[例 5-4] 用外点法求约束目标函数 $\begin{cases}\min F(\boldsymbol{X})=x_1^2+x_2{}^2\\ \boldsymbol{X}\in\boldsymbol{D}\subset\boldsymbol{R}^2\\ \boldsymbol{D}:g(\boldsymbol{X})=x_1-1\geqslant 0\end{cases}$ 的最优解。

解 构造外点法惩罚函数

$$\Phi(\boldsymbol{X},r^{(k)})=F(\boldsymbol{X})+r^{(k)}\{\min[0,g_u(\boldsymbol{X})]\}^2=x_1{}^2+x_2{}^2+r^{(k)}\{\min[0,(x_1-1)]\}^2$$

利用一阶偏导数为零的必要条件求 $\min\Phi(\boldsymbol{X},r^{(k)})$。

令

$$\frac{\partial\Phi(\boldsymbol{X},r^{(k)})}{\partial x_1}=2x_1+2r^{(k)}(x_1-1)=0$$

$$\frac{\partial\Phi(\boldsymbol{X},r^{(k)})}{\partial x_2}=2x_2=0$$

由此解得

$$x_1^*(r^{(k)})=\frac{r^{(k)}}{1+r^{(k)}}$$

$$x_2^*(r^{(k)})=0$$

所以最优点为

$$\boldsymbol{X}^*(r^{(k)})=\left[\frac{r^{(k)}}{1+r^{(k)}}\quad 0\right]^{\mathrm{T}}$$

当选取 $r^{(0)}=1,c'=10$ 时，迭代过程中各项数值见表 5-4。

表 5-4 迭代过程中各点和函数值

迭代序号 k	$r^{(k)}$	$\boldsymbol{X}^*(r^{(k)})$	$F(\boldsymbol{X}^*(r^{(k)}))$	$G[g(\boldsymbol{X}^*(r^{(k)}))]$	$r^{(k)}G[g(\boldsymbol{X}^*(r^{(k)}))]$	$\Phi(\boldsymbol{X}^*,\ r^{(k)})$
0	1	$[0.5\quad 0]^{\mathrm{T}}$	0.25	0.25	0.25	0.5
1	10	$[0.909\,1\quad 0]^{\mathrm{T}}$	0.826 4	0.008 26	0.082 6	0.909 1
2	100	$[0.990\,1\quad 0]^{\mathrm{T}}$	0.980 3	0.000 098	0.009 80	0.990 1
3	1 000	$[0.999\,0\quad 0]^{\mathrm{T}}$	0.998 0	0.1×10^{-5}	0.000 99	0.999 0
⋮	⋮	⋮	⋮	⋮	⋮	⋮
∞	∞	$[1\quad 0]^{\mathrm{T}}$	1	0	0	1

最优点的移动方向如图 5-22(a)所示，不同罚因子时罚函数等值线见图 5-22(b)、(c)、(d)、(e)。由图 5-22(a)可见，初始点 $\boldsymbol{X}^{(0)}=[0.5\ \ 0]^{\mathrm{T}}$，在可行域外，随着迭代次数的增加逐步向可行域靠拢，迭代四次后得 $\boldsymbol{X}^*(r^{(3)})=[0.999\,0\ \ 0]^{\mathrm{T}}$，迭代过程中所得各近似极小点均在可行域外，即都不是可行设计方案。

由图 5-22(b)、(c)、(d)、(e)可见，罚因子从 1 递增到 1 000 时，罚函数的等值线越来越扁长。

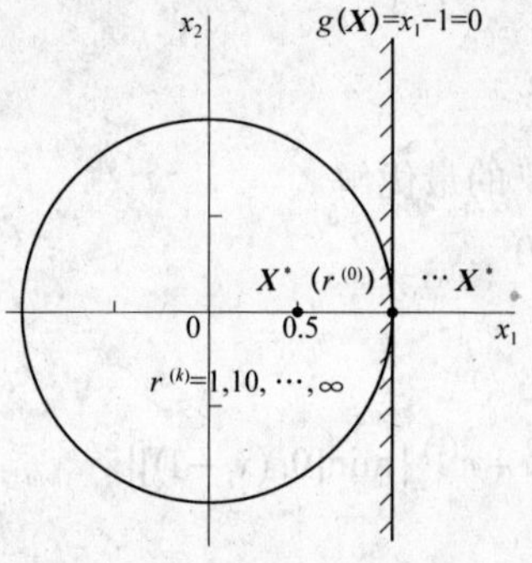

(a)最优点的移动方向

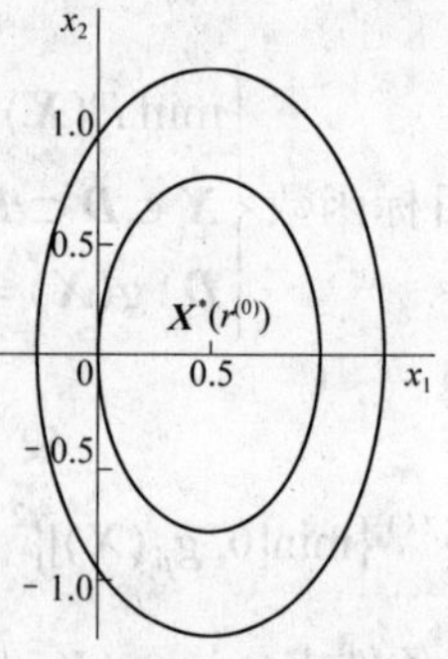

(b)$r^{(k)}$=1 时函数 $\varPhi$ 的等值线

$X^*(r^{(k)})=[0.5\quad 0]^{\mathrm{T}}$

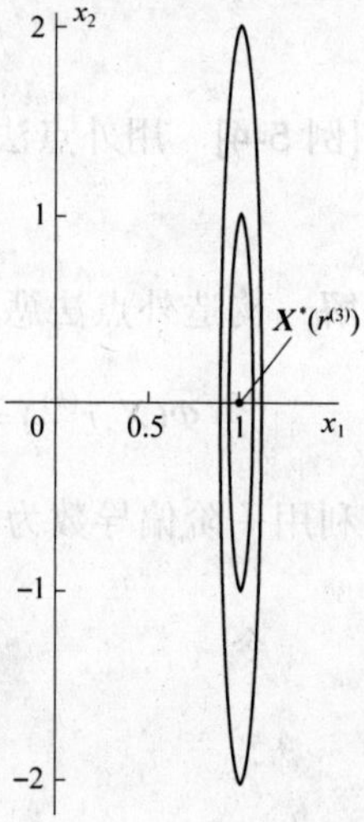

(e) $r^{(k)}=1\ 000$ 时函数 $\varPhi$ 等值线

$X^*(r^{(k)})=[0.999\,0\quad 0]^{\mathrm{T}}$

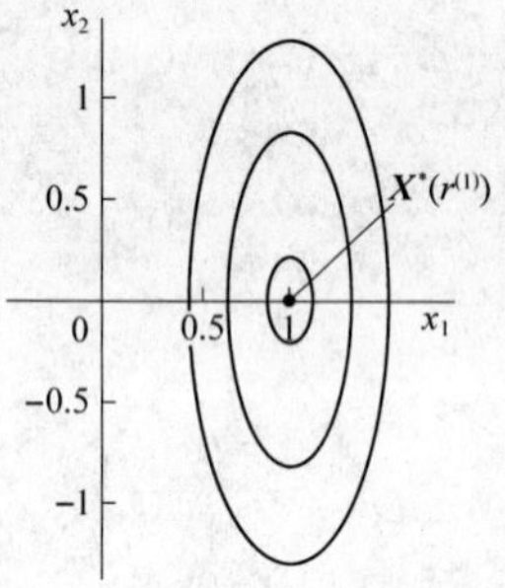

(c) $r^{(k)}=10$ 时函数 $\varPhi$ 的等值线

$X^*(r^{(k)})=[0.909\,1\quad 0]^{\mathrm{T}}$

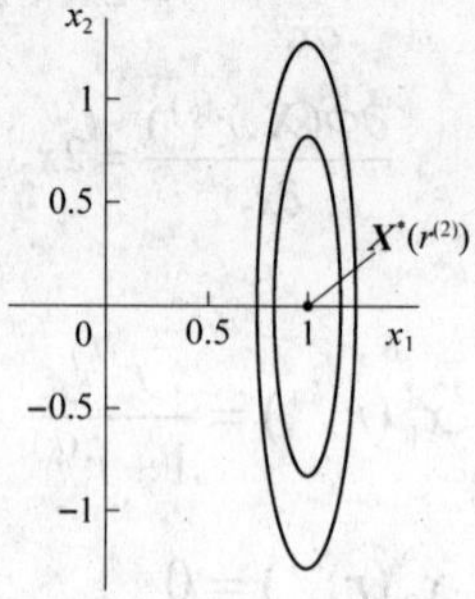

(d) $r^{(k)}=100$ 时函数 $\varPhi$ 的等值线

$X^*(r^{(k)})=[0.990\,1\quad 0]^{\mathrm{T}}$

图 5-22　迭代过程中的函数图形

第八节　混合惩罚函数法

混合惩罚函数法可以解决具有等式和不等式约束的优化问题，它在一定程度上综合了内点法与外点法优点，克服了其某些缺点。

对于约束优化问题

$$\left.\begin{aligned}&\min F(\boldsymbol{X})\\&\boldsymbol{X}\in\boldsymbol{D}\subset\boldsymbol{R}^n\\&\boldsymbol{D}:g_u(\boldsymbol{X})\geqslant 0\quad(u=1,2,\cdots,m)\\&\quad h_v(\boldsymbol{X})=0\quad(v=1,2,\cdots,p<n)\end{aligned}\right\}\tag{5-63}$$

用混合惩罚函数法求解时，其惩罚函数是由原目标函数及包含约束函数的惩罚项组成的。由于该问题的约束条件包含不等式约束和等式约束两部分。因此，惩罚项也应由对应的两部分组成。转化后的混合惩罚函数的形式为

$$\varPhi(\boldsymbol{X},r_1^{(k)},r_2^{(k)})=F(\boldsymbol{X})+r_1^{(k)}\sum_{u=1}^{m}G[g_u(\boldsymbol{X})]+r_2^{(k)}\sum_{v=1}^{p}H[h_v(\boldsymbol{X})]\tag{5-64}$$

式中

$$G[g_u(\boldsymbol{X})]=\frac{1}{g_u(\boldsymbol{X})} \text{ 或 } -\ln(g_u(\boldsymbol{X}))$$

$$H[h_v(\boldsymbol{X})]=[h_v(\boldsymbol{X})]^2$$

$$r_1^{(0)}>r_1^{(1)}>\cdots>r_1^{(k)},\ \lim_{k\to\infty} r_1^{(k)}=0$$

$$r_2^{(0)}<r_2^{(1)}<\cdots<r_2^{(k)},\ \lim_{k\to\infty} r_2^{(k)}=\infty$$

为了统一起见，令

$$r_2^{(k)}=(r_1^{(k)})^{-\frac{1}{2}} \tag{5-65}$$

则式(5-64)可写成如下形式

$$\Phi(\boldsymbol{X},r^{(k)})=F(\boldsymbol{X})+r^{(k)}\sum_{u=1}^{m}G[g_u(\boldsymbol{X})]+(r^{(k)})^{-\frac{1}{2}}\sum_{v=1}^{p}H\left[h_v(\boldsymbol{X})\right] \tag{5-66}$$

式中

$$r^{(0)}>r^{(1)}>\cdots>r^{(k)},\ \lim_{k\to\infty} r^{(k)}=0$$

混合法具有内点法的求解特点，即迭代过程在可行域内进行,因而初始点 $\boldsymbol{X}^{(0)}$，初始惩罚因子 $\boldsymbol{r}^{(0)}$，递减系数 c 及计算精度 ε_1、ε_2 均可参考内点法选取。计算步骤及程序框图也与内点法相似。

习　题

[5-1] 设约束优化问题的数学模型为

$$\begin{aligned}&F(\boldsymbol{X})=(x_1-8)^2+(x_2-8)^2\\&\boldsymbol{X}\in\boldsymbol{D}\subset\boldsymbol{R}^2\\&\boldsymbol{D}: g_1(\boldsymbol{X})=x_1\geqslant 0\\&\quad g_2(\boldsymbol{X})=x_2-1\geqslant 0\\&\quad g_3(\boldsymbol{X})=11-x_1-x_2\geqslant 0\end{aligned}$$

试用约束坐标轮换法求其最优解。取 $\boldsymbol{X}^{(0)}=[2\ \ 3]^{\mathrm{T}},\ \alpha_0=0.1,\ \varepsilon=0.05$。

[5-2] 设约束优化问题数学模型为

$$\begin{aligned}&\min F(\boldsymbol{X})=1-2x_1-x_2^2\\&\boldsymbol{X}\in\boldsymbol{D}\subset\boldsymbol{R}^2\\&\boldsymbol{D}: g_1(\boldsymbol{X})=6-x_1-x_2\geqslant 0\\&\quad g_2(\boldsymbol{X})=x_1\geqslant 0\\&\quad g_3(\boldsymbol{X})=x_2\geqslant 0\end{aligned}$$

试用两个随机数 $r_1=-0.1,\ r_2=0.85$ 构成随机搜索方向 $\boldsymbol{S}^{(k)}$，并由 $\boldsymbol{X}^{(k)}=[3\quad 1]^{\mathrm{T}}$ 沿该方向取步长 $\alpha=2$，计算各迭代点，确定最后一个适用可行点 $\boldsymbol{X}^{(k+1)}$，并画出图形。

[5-3] 设约束优化问题的数学模型为

$$
\begin{aligned}
&\min F(\boldsymbol{X})=4(x_1-5)^2+(x_2-6)^2\\
&\boldsymbol{X}\in\boldsymbol{D}\subset\boldsymbol{R}^2\\
&\boldsymbol{D}:g_1(\boldsymbol{X})=x_1^2+x_2^2-64\geqslant 0\\
&\quad\ \ g_2(\boldsymbol{X})=x_2-x_1-10\leqslant 0\\
&\quad\ \ g_3(\boldsymbol{X})=x_1-10\leqslant 0
\end{aligned}
$$

试以 $\boldsymbol{X}_1^{(0)}=[8\quad 9]^{\mathrm{T}}$，$\boldsymbol{X}_2^{(0)}=[10\quad 11]^{\mathrm{T}}$，$\boldsymbol{X}_3^{(0)}=[8\quad 11]^{\mathrm{T}}$ 为初始复合形的顶点，用复合形法进行两次迭代计算。

[5-4] 设约束优化问题数学模型为

$$
\begin{aligned}
&\min F(\boldsymbol{X})=x_1^2+x_2^2\\
&\boldsymbol{X}\in\boldsymbol{D}\subset\boldsymbol{R}^2\\
&\boldsymbol{D}:g(\boldsymbol{X})=x_1+x_2-1\geqslant 0
\end{aligned}
$$

试用内点惩罚函数法求该问题的约束极小点。

[5-5] 设约束优化问题的数学模型为

$$
\begin{aligned}
&\min F(\boldsymbol{X})=(x_1-1)^2+(x_2-2)^2\\
&\boldsymbol{X}\in\boldsymbol{D}\subset\boldsymbol{R}^2\\
&\boldsymbol{D}:g_1(\boldsymbol{X})=x_2-x_1\geqslant 1\\
&\quad\ \ g_2(\boldsymbol{X})=x_1+x_2\leqslant 2
\end{aligned}
$$

试用外点惩罚函数法求该问题的约束极小点。

[5-6] 设约束优化问题的数学模型为

$$
\begin{aligned}
&\min F(\boldsymbol{X})=x_2-x_1\\
&\boldsymbol{X}\in\boldsymbol{D}\subset\boldsymbol{R}^2\\
&\boldsymbol{D}:g(\boldsymbol{X})=\ln x_1\leqslant 0\\
&\quad\ \ h(\boldsymbol{X})=x_1+x_2-1=0
\end{aligned}
$$

试用混合惩罚函数法求该问题的约束极值点。

第六章 多目标函数优化方法简介

第一节 多目标优化问题

一、多目标优化问题

前面介绍的最优化方法，可直接用于仅含一个目标函数的所谓“单目标函数的优化问题”，而在许多实际工程设计问题中，常常期望同时有几项设计指标都达到最优值，这就是所谓的“多目标函数的优化问题”。

例如，对于车床齿轮变速箱的设计，提出了下列要求：

(1)各齿轮体积总和 $f_1(\boldsymbol{X})$ 尽可能小，使材料消耗减少，成本降低。

(2)各传动轴间的中心距总和 $f_2(\boldsymbol{X})$ 尽可能小，使变速箱结构紧凑。

(3)齿轮的最大圆周速度 $f_3(\boldsymbol{X})$ 尽可能低，使变速箱运转噪声小。

(4)传动效率尽可能高，亦即机械损耗率 $f_4(\boldsymbol{X})$ 尽可能低，以节省能源。

此外，该变速箱设计时需要满足齿轮不根切、不干涉等几何约束条件，还需满足齿轮强度等约束条件，以及有关设计变量的非负约束条件等。

按照上述条件，可分别建立四个目标函数：$f_1(\boldsymbol{X})$、$f_2(\boldsymbol{X})$、$f_3(\boldsymbol{X})$、$f_4(\boldsymbol{X})$。若这几个目标函数都要达到最优，且又要满足约束条件，则可归纳为

$$
\begin{aligned}
&\boldsymbol{V}-\min F(\boldsymbol{X})=\min[f_1(\boldsymbol{X}) \quad f_2(\boldsymbol{X}) \quad f_3(\boldsymbol{X}) \quad f_4(\boldsymbol{X})]^{\mathrm{T}}\\
&\boldsymbol{X}\in\boldsymbol{D}\subset\boldsymbol{R}^n\\
&\boldsymbol{D}:\ \ g_u(\boldsymbol{X})\geqslant 0 \qquad (u=1,2,\cdots,m)\\
&\qquad h_v(\boldsymbol{X})=0 \qquad (v=1,2,\cdots,p<n)
\end{aligned}
$$

显然，这个问题是一个约束多目标优化问题。

再如，对汽车变速箱齿轮的优化设计，提出的要求如下：

(1)齿轮的重量尽可能的小。

(2)尽可能提高齿轮的抗疲劳点蚀的能力。

(3)两齿轮尽可能达到等弯曲强度。

(4)大小齿轮的齿根磨损尽量接近。

(5)变速箱中间轴上的轴向力尽可能平衡。

显然，这个问题也属于多目标优化问题。类似的问题还可列举很多。

一般地说，若有 q 个目标函数，则多目标优化问题的表达式可写为

$$
\left.\begin{aligned}
&\boldsymbol{V}-\min F(\boldsymbol{X})=\min[f_1(\boldsymbol{X}) \quad f_2(\boldsymbol{X}) \quad \cdots \quad f_q(\boldsymbol{X})]^{\mathrm{T}}\\
&\boldsymbol{X}\in\boldsymbol{D}\subset\boldsymbol{R}^n\\
&\boldsymbol{D}:\ \ g_u(\boldsymbol{X})\geqslant 0 \qquad (u=1,2,\cdots,m)\\
&\qquad h_v(\boldsymbol{X})=0 \qquad (v=1,2,\cdots,p<n)
\end{aligned}\right\} \tag{6-1}
$$

式中，$F(\boldsymbol{X})=\min[f_1(\boldsymbol{X})\quad f_2(\boldsymbol{X})\quad \cdots\quad f_q(\boldsymbol{X})]^{\mathrm{T}}$ 为向量目标函数。$\boldsymbol{V}-\min F(\boldsymbol{X})$，$\boldsymbol{X}\in \boldsymbol{D}\subset \boldsymbol{R}^n$ 表示多目标极小化数学模型用向量形式的简写。式(6-1)为向量数学规划的表达式，$\boldsymbol{V}-\min$ 表示向量极小化，即向量目标函数 $F(\boldsymbol{X})=\min[f_1(\boldsymbol{X})\quad f_2(\boldsymbol{X})\quad \cdots\quad f_q(\boldsymbol{X})]^{\mathrm{T}}$ 中各个目标函数被同等地极小化的意思。$g_u(\boldsymbol{X})\geqslant 0\quad (u=1,2,\cdots,m)$，$h_v(\boldsymbol{X})=0\quad (v=1,2,\cdots,p<n)$ 表示设计变量 $\boldsymbol{X}$ 应满足所有约束条件。

在工程实际中确实存在大量的多目标优化问题，此类问题往往比较复杂，目前求解这一类问题的方法还不够完善，有许多理论性问题尚待进一步探讨。目前最主要的多目标求解方法可分为两大类：一类是把多目标问题转化成一个或一系列单目标问题，求解后将结果作为多目标优化问题的一个解；另一类是直接求非劣解，然后从中选择较好解。

二、多目标优化问题的解

多目标问题的解和单目标问题的解的重要区别是：对于单目标问题，任何两个解都可以比较其优劣；而对于多目标问题，任何两个解不一定都是可以比出其优劣的。如图 6-1 所示的两个目标函数 f_1 和 f_2。若希望所有目标都是越小越好，将方案 1、2 进行比较，对于第一目标，方案 1 比方案 2 优，而对第二个目标，方案 1 比方案 2 劣。因此，对方案 1、2 就无法定出其优劣；但将它们与方案 3、5 相比，都比方案 3、5 劣；而方案 3、5 又无法比出其优劣。在此图中的 8 个点，除 3、4、5 三个点外，其他的点两两之间有时不可相比较，但总可以找到另一个点比它优。例如，2 比 6 劣，6 比 3 劣，1 比 7 劣，7 比 5 劣，8 比 4 劣，等等。因而 1、2、6、7、8 都称为劣解。而 3、4、5 彼此间无法比优劣，但又没有别的方案比它们中的任一个好。因此，这三个解就称为非劣解。

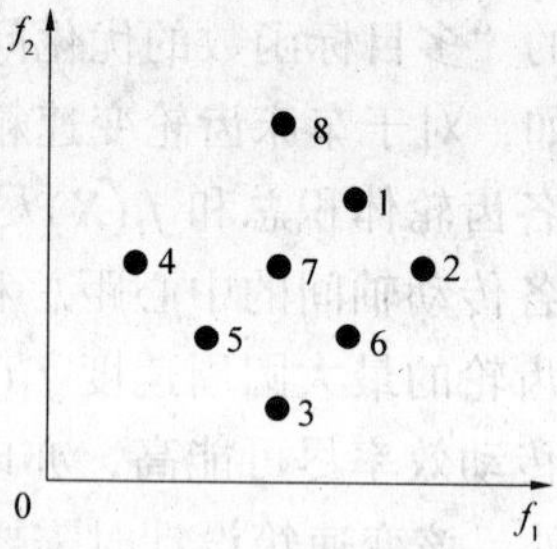

图 6-1　两个目标 f_1 和 f_2 的非劣解

所谓非劣解(或称有效解)，是指若有 q 个目标 $f_i(\boldsymbol{X}^*)\ (i=1,2,\cdots,q)$，当要求$(q-1)$个目标值不变坏时，找不到一个 $\boldsymbol{X}$，使得另一个目标函数值 $f_i(\boldsymbol{X})$ 比 $f_i(\boldsymbol{X}^*)$ 更好，则将此 $\boldsymbol{X}^*$作为非劣解。下面举例说明。

[例 6-1]　现有两个目标函数 $f_1(x)=x^2-2x$，$f_2(x)=-x$，$D=\{x\,|\,0\leqslant x\leqslant 2\}$，试求其非劣解。

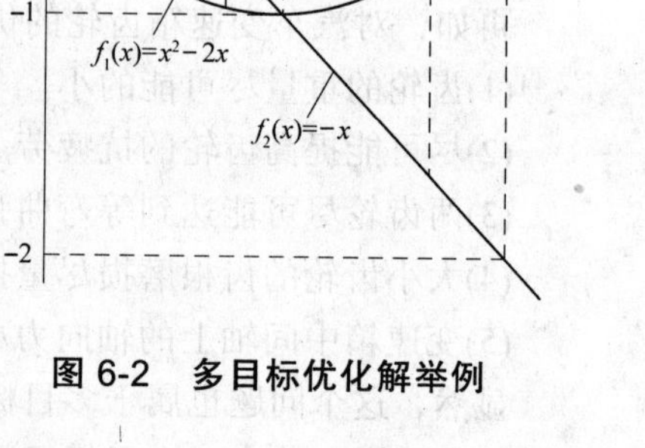

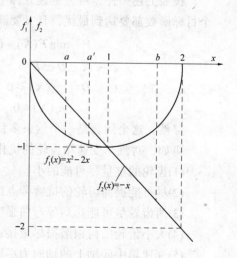

图 6-2　多目标优化解举例

解　如图 6-2 所示，目标函数 $f_1(x)$、$f_2(x)$的各自最优解分别为 $x_1=1$，$x_2=2$。这时，多目标问题没有共同的最优解。从图 6-2 可以看出，a、b 两个解彼此无法比较，但可找到 a' 比 a 优；a' 与 b 仍无法比优劣，而 b 却不存在 b' 可以比它优，故 b 就是非劣解。因此，所有的 $x\in[1,\ 2]$ 都是非劣解。

因此，对多目标设计指标而言，任意两个设计方案的优劣一般是难以判断的，这就是多目标优化问题的特点。这样，在单目标优化问题中得到的最优解，而在多目标优化问题中得到的只是非劣解，而且非劣解往往不只一个。

第二节　主要目标法

主要目标法的思想是抓住主要目标，兼顾其他要求。求解时从多目标中选择一个目标作为主要目标，而其他目标只需满足一定要求即可。为此，可将这些目标转化成约束条件。也就是用约束条件的形式来保证其他目标不致太差。这样处理后，就成为单目标优化问题。

设有 q 个目标函数 $f_1(\boldsymbol{X}),\ f_2(\boldsymbol{X}),\ \cdots,\ f_q(\boldsymbol{X})$，其中 $\boldsymbol{X}\in\boldsymbol{D}$，求解时可从上述多目标函数中选择一个 $f_k(\boldsymbol{X})$ 作为主要目标，则问题变为

$$\left.\begin{aligned}&\min F(\boldsymbol{X})\\&\boldsymbol{X}\in\boldsymbol{D}^{(k)}\cup\boldsymbol{D}\subset\boldsymbol{R}^n\\&\boldsymbol{D}^{(k)}=\{\boldsymbol{X}\mid f_{i\min}\leqslant f_i(\boldsymbol{X})\leqslant f_{i\max}\}\quad(i=1,2,\cdots,k-1,k+1,\cdots,q)\end{aligned}\right\}\tag{6-2}$$

式中，D 为约束可行域；$f_{i\max}$、$f_{i\min}$ 表示第 i 个目标函数的上、下限。若 $f_{i\min}=-\infty$ 或 $f_{i\max}=\infty$ 则变为单边域限制。

第三节　统一目标法

统一目标法的基本思想是：将原多目标优化问题，通过一定方法转化为统一目标函数，作为该多目标优化问题的评价函数，然后用前述的单目标函数优化方法求解。

统一目标函数可根据不同方法而构成，如加权组合法、目标规划法、功效系数法、乘除法等。下面介绍几种常用的统一目标法。

一、加权组合法

加权组合法又称线性组合法或加权因子法，即在将各个分目标函数组合为总的“统一目标函数”的过程中，引入加权因子，以考虑各个分目标函数在相对重要程度方面的差异及在量级和量纲上的差异。其统一目标函数形式为

$$F(\boldsymbol{X})=\sum_{j=1}^{q}\omega_j f_j(\boldsymbol{X})\tag{6-3}$$

式中　ω_j——第 j 项分目标函数 $f_j(\boldsymbol{X})$ 的加权因子，是一个大于零的数，其值决定于各项目标的数量级及重要程度。

此法的关键是加权因子的选择。在将各个分目标函数加权组合成总的统一目标函数的过程中，加权组合法又分为以下几种方法。

(一)直接加权法

采用直接加权法来建立总的统一目标函数时，其加权因子 ω_j 的选取方法如下

若已知某项设计指标(分目标函数) $f_j(\boldsymbol{X})$ 的变动范围为

$$\alpha_j \leqslant f_j(\boldsymbol{X}) \leqslant \beta_j \quad (j=1, 2, \cdots, q)$$

则称

$$\Delta f_j(\boldsymbol{X}) = \frac{\beta_j - \alpha_j}{2} \quad (j=1, 2, \cdots, q) \tag{6-4}$$

为该指标的容限，于是可取该项指标的加权因子为

$$\omega_j = 1/[\Delta f_j(\boldsymbol{X})]^2 \quad (j=1, 2, \cdots, q) \tag{6-5}$$

这种取法是基于要求在统一目标函数中的各项指标(分目标函数)趋于在数量级上达到统一平衡，因此，当某项设计指标的数值变化范围愈宽时，其目标的容限就愈大，加权因子就取较小值；而数值变化范围愈窄时，目标的容限就愈小，加权因子就取大值，以达到平衡各分目标函数量级的作用。

另一种直接加权方法是把加权因子分为两部分，即第 j 项设计指标的加权因子 ω_j 为

$$\omega_j = \omega_{1j} \cdot \omega_{2j} \quad (j=1, 2, \cdots, q) \tag{6-6}$$

式中 ω_{1j}——反映第 j 项目标(设计指标)相对重要性的加权因子，称做本征权因子；

ω_{2j}——第 j 项目标的校正权因子，用于调整各目标间在量级差别方面的影响，并在迭代过程中逐步加以校正的加权因子。

若用梯度 $\nabla f_j(\boldsymbol{X})$ 来反映各个分目标函数 $f_j(\boldsymbol{X})$ 随设计变量变化而有不同函数值的情况，则其校正权因子可取

$$\omega_{2j} = 1/\left\|\nabla f_j(\boldsymbol{X})\right\| \quad (j=1, 2, \cdots, q) \tag{6-7}$$

它反映了 $f_j(\boldsymbol{X})$ 的函数值变化愈快或 $\left\|\nabla f_j(\boldsymbol{X})\right\|^2$ 值愈大，加权值愈应取小些；反之则应取大些。这样就可使变化快慢不等的目标一起调整好。

(二)转化设计指标法

先将各项设计指标都转化为统一的无量纲值，并且将量级也限于某一规定范围之内，使目标规格化，然后再根据各个目标(设计指标)的重要性用加权因子来组合“统一目标函数”。

例如，若能预计各项设计指标的变动范围，即已知

$$\alpha_j \leqslant f_j(\boldsymbol{X}) \leqslant \beta_j \quad (j=1, 2, \cdots, q) \tag{6-8}$$

则可用如图 6-3 所示的正弦函数：

$$y = \frac{x}{2\pi} - \sin x \quad (0 \leqslant x \leqslant 2\pi) \tag{6-9}$$

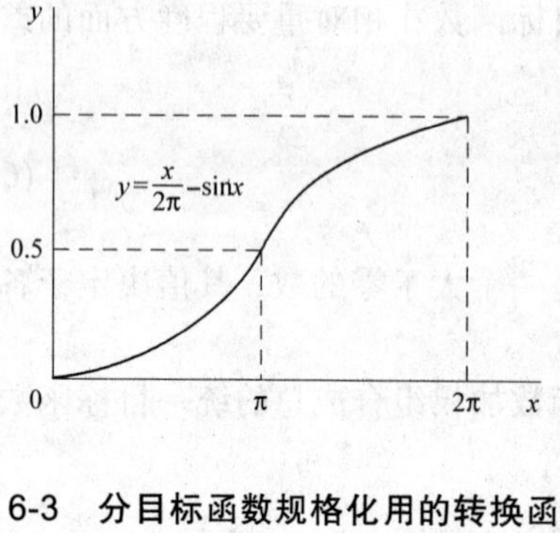

图 6-3　分目标函数规格化用的转换函数

将各项设计指标(分目标函数)都转换到在 0 ~ 1 的范围内取值，使各目标规格化。当然也可以用其他合适的函数作为转换函数。转换函数中自变量的上下界应与原设计指标的上下界相对应。即在式(6-9)中的 0 与 2π 应分别对应于式(6-8)中的 α_j 及 β_j，则相应于 $f_j(\boldsymbol{X})$ 值转换函数的自变量值为

$$x_j = \frac{f_j(\boldsymbol{X}) - \alpha_j}{\beta_j - \alpha_j} \cdot 2\pi \qquad (j=1, 2, \cdots, q) \tag{6-10}$$

令设计指标 $f_j(\boldsymbol{X})$ 在转化后为 $f_{Tj}(\boldsymbol{X})$，则

$$f_{Tj}(\boldsymbol{X}) = \frac{x_j}{2\pi} - \sin x_j \qquad (j=1, 2, \cdots, q) \tag{6-11}$$

因此，“统一目标函数”为

$$f(\boldsymbol{X}) = \sum_{j=1}^{q} \omega_j f_{Tj}(\boldsymbol{X}) \tag{6-12}$$

式中的加权因子 ω_j (j=1，2，…，q)，是根据该项(第 j 项)设计指标在最优化设计中所占的重要程度来确定的。当各项指标有相同的重要性时，取 $\omega_j = 1$ (j=1, 2, …, q)，并称为均匀计权，否则各项指标的加权因子不等，可取 $\sum_{j=1}^{q} \omega_j = 1$，也可取 $\omega_j > 1$。

通过上述换算，可使各项设计指标都转化为无量纲且等量级的一个数。

二、目标规划法

先分别求出各个分目标函数的最优值 $f_j(\boldsymbol{X}^*)$，然后根据多目标函数最优化设计的总体要求，作适当调整，制定出理想的最优值 $f_j^{(0)}$。则统一目标函数可按如下的平方和法来构成

$$f(\boldsymbol{X}) = \sum_{j=1}^{q} \left[\frac{f_j(\boldsymbol{X}) - f_j^{(0)}}{f_j^{(0)}} \right]^2 \tag{6-13}$$

这意味着当各项分目标函数分别达到各自的理想最优值 $f_j^{(0)}$ 时，统一目标函数 $f(\boldsymbol{X})$ 为最小。此法的关键在于选择恰当的 $f_j^{(0)}$ (j=1, 2, …, q)值。

三、功效系数法

如果每个分目标函数 $f_j(\boldsymbol{X})$ (j=1，2，…，q)都用一个称为功效系数 η_j (j=1, 2, …, q)并定义于 $0 \leqslant \eta_j \leqslant 1$ 的函数来表示该项设计指标的好坏(当 $\eta_j = 1$ 时表示最好，$\eta_j = 0$ 时表示最坏)，那么被称做总功效系数 η 的这些系数 $\eta_1, \eta_2, \cdots, \eta_q$ 的几何平均值

$$\eta = \sqrt[q]{\eta_1 \eta_2 \cdots \eta_q} \tag{6-14}$$

即表示该设计方案的好坏。因此，最优设计方案应是

$$\eta = \sqrt[q]{\eta_1 \eta_2 \cdots \eta_q} \to \max \tag{6-15}$$

这样，当 $\eta = 1$ 时，表示取得最理想的设计方案；反之，当 $\eta = 0$ 时，则表明这种设计方案不能接受，这时必有某项分目标函数的功效系数 $\eta_j = 0$。

图 6-4 给出了几种功效系数函数曲线，其中图 6-4(a)表示与 $f_j(\boldsymbol{X})$ 值成正比的功效系数 η_j 函数；图 6-4(b)表示与 $f_j(\boldsymbol{X})$ 值成反比的功效系数 η_j 函数；图 6-4(c)表示 $f_j(\boldsymbol{X})$ 值过大和过小都不行的功效系数函数。在使用这些函数时，还应作出相应的规定。例如，规定

$\eta_j = 0.3$ 为可接受方案的功效系数下限；$0.3 \leqslant \eta_j \leqslant 0.4$ 为边缘状况；$0.4 \leqslant \eta_j \leqslant 0.7$ 为效果稍差但可接受的情况；$0.7 < \eta_j \leqslant 1$ 为效果较好的情况。

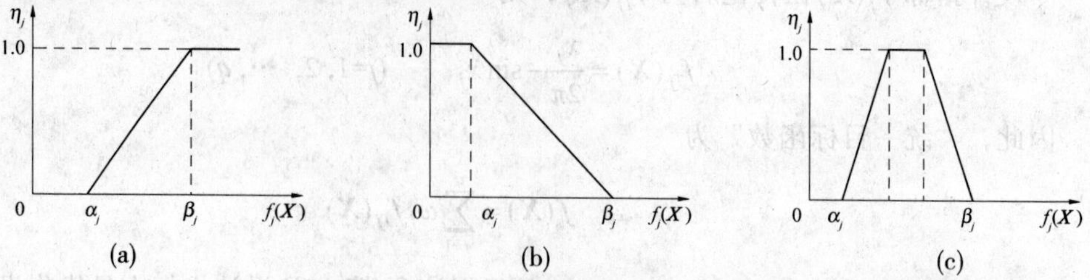

图 6-4　功效系数的函数曲线

用总功效系数 η 作为"统一目标函数" $F(X)$，即

$$F(\boldsymbol{X}) = \eta = \sqrt[q]{\eta_1 \eta_2 \cdots \eta_q} \to \max \tag{6-16}$$

这样，虽然计算稍繁，但方法较为有效。因为它比较直观且调整容易；其次是不论各个分目标的量级及量纲如何，最终都转化为 0 ~ 1 间的数值，而且一旦有一项分目标函数值不理想 ($\eta_j = 0$) 时，其总功效系数 η 必为零，表明设计方案不可接受，需重新调整约束条件或各分目标函数的临界值；另外，这种方法易于处理目标函数既不是愈大愈好、也不是愈小愈好的情况。

四、乘除法

如果能将多目标函数最优化问题中的全部 q 个目标分为：目标函数值愈小愈好的所谓费用类(如材料、工时、成本、重量等)和目标函数值愈大愈好的所谓效益类(如产量、产值、利润、效益等)，且前者有 s 项 $\left[\sum_{j=1}^{s} f_j(\boldsymbol{X})\right]$，后者有 $(q-s)$ 项 $\left[\sum_{j=s+1}^{q} f_j(\boldsymbol{X})\right]$，则统一目标函数可取为

$$F(\boldsymbol{X}) = \frac{\sum_{j=1}^{s} f_j(\boldsymbol{X})}{\sum_{j=s+1}^{q} f_j(\boldsymbol{X})} \tag{6-17}$$

显然，使 $F(\boldsymbol{X}) \to \min$ 可得最优解。

第四节　分层序列法

分层序列法的基本思想是将多目标优化问题式(6-1)中的 q 个目标函数分清主次，按其重要程度逐一排列，然后依次对各个目标函数求最优解，不过后一目标应在前一目标最优解的集合域内寻优。

现在假设 $f_1(\boldsymbol{X})$ 最重要，$f_2(\boldsymbol{X})$ 其次，$f_3(\boldsymbol{X})$ 再次……。

首先对第一个目标函数 $f_1(\boldsymbol{X})$ 求解，得最优值

$$\left.\begin{array}{l} \min f_1(\boldsymbol{X}) = f_1^* \\ \boldsymbol{X} \in \boldsymbol{D} \subset \boldsymbol{R}^n \end{array}\right\} \tag{6-18}$$

在第一个目标函数的最优解集合域内，求第二个目标函数 $f_2(\boldsymbol{X})$ 的最优值，也就是将第一个目标函数转化为辅助约束。即求

$$\left.\begin{array}{l}\min f_2(\boldsymbol{X}) \\ \boldsymbol{X}\in\boldsymbol{D}_1\subset\left\{\boldsymbol{X}\mid f_1(\boldsymbol{X})\leqslant f_1^*\right\}\end{array}\right\} \tag{6-19}$$

的最优值，记作 f_2^*。

然后，再在第一、第二个目标函数的最优解集合域内，求第三个目标函数 $f_3(\boldsymbol{X})$ 的最优值，此时，第一、第二个目标函数转化为辅助约束。即求

$$\left.\begin{array}{l}\min f_3(\boldsymbol{X}) \\ \boldsymbol{X}\in\boldsymbol{D}_2\subset\left\{\boldsymbol{X}\mid f_i(\boldsymbol{X})\leqslant f_i^*\right\}\quad (i=1,\ 2)\end{array}\right\} \tag{6-20}$$

的最优值，记作 f_3^*。

照此继续进行下去，最后求第 q 个目标函数 $f_q(\boldsymbol{X})$ 的最优值，即

$$\left.\begin{array}{l}\min f_q(\boldsymbol{X}) \\ \boldsymbol{X}\in\boldsymbol{D}_{q-1}\subset\left\{\boldsymbol{X}\mid f_i(\boldsymbol{X})\leqslant f_i^*\right\}\quad (i=1,2,\cdots,q-1)\end{array}\right\} \tag{6-21}$$

其最优值是 f_q^*，对应的最优点是 $\boldsymbol{X}^*$。这个解就是多目标优化问题式(6-1)的最优解。

采用分层序列法，在求解过程中可能出现中断现象，使求解过程无法继续进行下去。当求解到第 k 个目标函数的最优解是唯一时，则再往后求第 $k+1,k+2,\cdots,q$ 个目标函数的解就完全没有意义了。这时可供选用的设计方案只有这一个，而它仅仅是由第一个至第 k 个目标函数通过分层序列求得的，没有把第 k 个以后的目标函数考虑进去。尤其是当求得的第一个目标函数的最优解是唯一时，则更失去了多目标优化的意义。为此引入“宽容分层序列法”。这种方法就是对各目标函数的最优值放宽要求，可以事先对各目标函数的最优值取给定的宽容量，即 $\varepsilon_1>0,\varepsilon_2>0,\cdots$。这样，在求后一个目标函数的最优值时，对前一目标函数不严格限制在最优解内，而是在前一目标函数最优值附近的某一范围进行优化，因而避免了计算过程的中断。

$$\left.\begin{array}{ll}(1) & \begin{cases}\min f_1(\boldsymbol{X})=f_1^* \\ \boldsymbol{X}\in\boldsymbol{D}\end{cases} \\ (2) & \begin{cases}\min f_2(\boldsymbol{X})=f_2^* \\ \boldsymbol{X}\in\boldsymbol{D}_1\subset\left\{\boldsymbol{X}\mid f_1(\boldsymbol{X})\leqslant f_1^*+\varepsilon_1\right\}\end{cases} \\ (3) & \begin{cases}\min f_3(\boldsymbol{X})=f_3^* \\ \boldsymbol{X}\in\boldsymbol{D}_2\subset\left\{\boldsymbol{X}\mid f_i(\boldsymbol{X})\leqslant f_i^*+\varepsilon_i\right\}\qquad (i=1,2)\end{cases} \\ & \qquad\vdots \\ (q) & \begin{cases}\min f_q(\boldsymbol{X}) \\ \boldsymbol{X}\in\boldsymbol{D}_{q-1}\subset\left\{\boldsymbol{X}\mid f_i(\boldsymbol{X})\leqslant f_i^*+\varepsilon_i\right\}\qquad (i=1,2,\cdots,q-1)\end{cases}\end{array}\right\} \tag{6-22}$$

其中，$\varepsilon_i>0$。最后求得最优解 $\boldsymbol{X}^*$。

两目标优化问题用宽容分层序列法求最优解的情况如图 6-5 所示。不作宽容时，$\tilde{x}$ 为

最优解，它就是第一个目标函数 $f_1(x)$ 的严格最优解。若给定宽容值 ε_1，则宽容的最优解为 $x^{(1)}$，它已经考虑了第二个目标函数 $f_2(x)$，但是，对第一个目标函数来说，其最优值就有一个误差。

[例 6-2]　用宽容分层序列法求解：

$$\boldsymbol{V}-\max F(x)$$
$$x\in \boldsymbol{D}$$

式中

$$F(x)=\left[f_1(x)\quad f_2(x)\right]^{\mathrm{T}},\qquad f_1(x)=\frac{1}{2}(6-x)\cos\pi x$$

$$f_2(x)=1+(x-2.9)^2,\qquad \boldsymbol{D}=\left\{x\middle|1.5\leqslant x\leqslant 2.5\right\}$$

若按重要程度将目标函数排队为：$f_1(x),\ f_2(x)$。

解　首先求解 $\boldsymbol{V}-\max\limits_{x\in\boldsymbol{D}} f_1(x)=\frac{1}{2}(6-x)\cos\pi x$，$x\in\boldsymbol{D}$，得最优点 $x^{(1)}=2$。对应的最优值为

$$f_1(x^{(1)})=\frac{1}{2}\times(6-2)\cos 2\pi=2$$

设给定的宽容值 $\varepsilon_1=0.052$，则可得

$$\boldsymbol{D}_1=\left\{x\mid f_1(x)>f_1(x^{(1)})-0.052,\ 1.5\leqslant x\leqslant 2.5\right\}$$

然后求解 $\max f_2(x)$，$x\in\boldsymbol{D}$，即求解

$$\max f_2(x)=1+(x-2.9)^2$$
$$\boldsymbol{D}_1=\left\{x\mid f_1(x)>1.948,\ 1.5\leqslant x\leqslant 2.5\right\}$$

而得最优点为 $x^{(2)}=1.9$。

这就是该两目标函数的最优点 x^*，其对应的最优值为

$$f_1(x^{(2)})=1.948,\quad f_2(x^{(2)})=2$$

最优解的情况如图 6-6 所示。

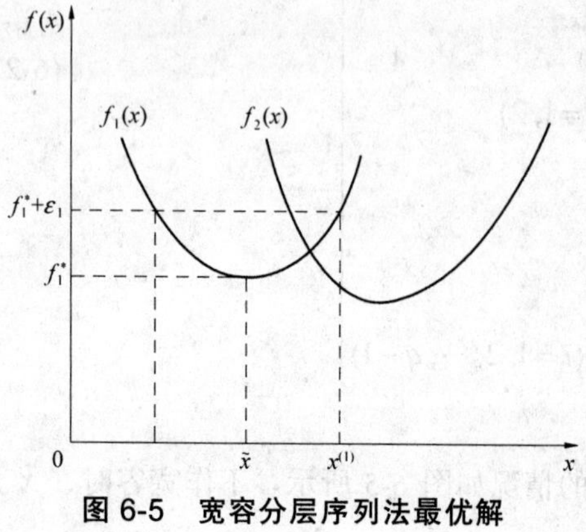

图 6-5　宽容分层序列法最优解

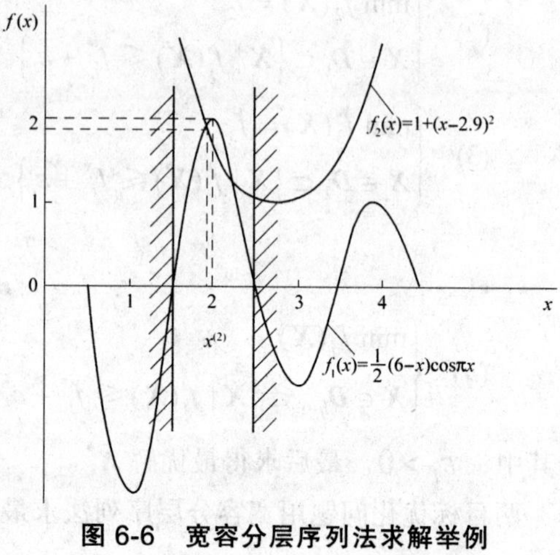

图 6-6　宽容分层序列法求解举例

第七章　优化设计实例

第一节　优化设计的一般步骤

前面几章主要介绍了优化设计的基本概念和一些常用的优化计算方法。本章将要介绍如何应用这些方法来解决实际工程的优化问题。

优化设计与常规设计的本质区别是通过求解所设计产品的数学模型来获得最佳设计方案或设计参数。为了建立合理而实用的数学模型，设计人员必须具有一定的设计经验和有关工程学科的基础知识和专业知识。进行优化设计的核心工作是建立数学模型。对于不同的设计对象，建立数学模型的方法与步骤也不同，而且没有一个严格的统一模式，这也正是优化设计建立数学模型的困难所在。

一、优化设计的一般过程

机械优化设计的全过程一般可分为如下几个步骤：

(1)建立优化设计数学模型。解决优化设计问题的关键是建立正确的数学模型。为此，要正确地选择设计变量、目标函数和约束条件，同时要求建立的数学模型容易处理和求解。

(2)选择合适的优化方法。选择何种优化方法的主要依据是数学模型的特征。如优化问题维数的多少；目标函数的连续性及其一阶、二阶偏导数是否存在和是否易于求得；有无约束，约束条件是不等式约束，还是等式约束，或者两者兼有。如具有等式约束，显然不能直接用复合形法和内点惩罚函数法。

(3)编写主程序和函数子程序，上机调试和计算，求得优化最优解。优化设计一般应尽量选用现有的优化程序，设计者只需要按规定格式编写目标函数和约束函数子程序，这对优化技术的应用与推广无疑是十分有利的。

(4)优化结果的分析与评判。分析与评判优化结果的目的在于考证优化结果的正确性与实用性。尽管优化方法本身是一种科学的方法，但由于实际工程问题的复杂性和某些算法自身的局限性，都有可能导致设计结果与实际情况不相符，甚至得出谬误的结果。这时，就要对设计问题重新进行分析，建立与实际问题更为逼近的数学模型，直至获得设计要求的最优解为止。

二、建立数学模型的基本原则

建立数学模型的基本原则是优化设计中的一个重要组成部分。优化结果是否可用，主要取决于所建立的数学模型是否能够确切而又简洁地反映工程问题的客观实际。在建立数学模型时，片面地强调确切，往往会使数学模型十分冗长、复杂，增加求解问题的困难程度，有时甚至会使问题无法求解；片面强调简洁，则可能使数学模型过分失真，以致失去了求解的意义。合理的做法是在能够确切反映工程实际问题的基础上力求简洁。设计变量、目标函数和约束条件是组成优化设计数学模型的三要素，下面分别予以讨论。

(一)设计变量的选择

工程设计中的所有参数都是可变的，但是将所有的设计参数都列为设计变量不仅会使问题复杂化，而且是没有必要的。例如材料的机械性能由材料的种类决定，在机械设计中常用材料的种类有限，通常可根据需要和经验事先选定，因此诸如弹性模量、泊松比、许用应力等参数按选定材料赋以常量更为合理；另一类状态参数，如功率、温度、应力、应变、挠度、压力、速度、加速度等则通常可由设计对象的尺寸、载荷以及各构件间的运动关系等计算得出，多数情况下也没有必要作为设计变量。因此，在充分了解设计要求的基础上，应根据各设计参数对目标函数的影响程度认真分析其主次，尽量减少设计变量的数目，以简化优化设计问题。

(二)目标函数的确定

目标函数是设计中所追求指标的数学反映，因此对它最基本的要求是能够用来评价设计的优劣，同时必须是设计变量的可计算函数。选择目标函数是整个优化设计过程中最重要的决策之一。

有些问题存在着明显的目标函数，例如一个没有特殊要求的承受静载的梁，自然希望它越轻越好，因此选择其自重作为目标函数是没有异议的。但设计一台复杂的机器，追求的目标往往较多，就目前使用较成熟的优化方法来说，还不能把所有要追求的指标都列为目标函数，因为这样做并不一定能有效地求解。因此，应当对所追求的各项指标进行细致的分析，从中选择最重要最具有代表性的指标作为设计追求的目标。例如一架好的飞机，应该具有自重轻、净载重量大，航程长，使用经济，价格便宜，跑道长度合理等性能，显然这些都是设计时追求的指标。但并不需要把它们都列为目标函数，在这些指标中最重要的指标是飞机的自重。因为采用轻的零部件建造的自身重量最轻的飞机只会促进其他几项指标，而不会损害其中任何一项。因此，选择飞机自重作为优化设计的目标函数应该是最合适的了。

若一项工程设计中追求的目标是相互矛盾的，这时常常取其中最主要的指标作为目标函数，而其余的指标列为约束条件。也就是说，不指望这些次要的指标都达到最优，只要它们不至于过劣就可以了。

在工程实际中，应根据不同的设计对象，不同的设计要求灵活地选择某项指标作为目标函数。以下的意见可作为选择时的参考。对于一般的机械，可按重量最轻或体积最小的要求建立目标函数；对应力集中现象尤其突出的构件，则以应力集中系数最小作为追求的目标；对于精密仪器，应按其精度最高或误差最小的要求建立目标函数。在机构设计中，当对所设计的机构的运动规律有明确的要求时，可针对其运动学参数建立目标函数；若对机构的动态特性有专门要求，则应针对其动力学参数建立目标函数；而对于要求再现运动轨迹的机构设计，则应根据机构的轨迹误差最小的要求建立目标函数。

当设计所要追求的目标不止一个时，可以取其中最主要的作为目标函数，其余的列为设计约束；也可以有多个目标函数，采用多目标函数的最优化方法求解。原则上应尽量控制目标函数的数目使同时追求的目标少一些。

(三)约束条件的确定

约束条件是根据设计中所提出的种种限制条件来确定的，这些限制条件通常包括各种刚度条件、强度条件、运动学条件、动力学条件、几何条件、工艺条件等。约束条件将对目标函数的最优解加以严格限制。因此，选取约束条件时应全面考虑，不可漏掉一项，否则将使整个优化结果为错误的。

在选取约束条件时应当特别注意避免出现相互矛盾的约束。因为相互矛盾的约束必然导致可行域为一空集，使问题的解不存在。另外应当尽量减少不必要的约束，不必要的约束不仅增加优化设计的计算量，而且可能使可行域缩小，影响优化结果。

第二节　圆柱螺旋压缩弹簧的优化设计

弹簧优化设计，是指在保证满足工作能力要求的前提下，优选一组设计参数，使弹簧的某项或某些技术经济指标达到最优。弹簧的类型很多，这里仅介绍圆柱形螺旋压缩弹簧以质量最轻为设计目标的优化设计。但其基本方法对其他类型弹簧的优化设计也适用。

试设计一内燃机汽门弹簧。汽门完全开启时，弹簧的最大变形量 λ=16.59 mm，工作载荷 F=680 N，工作频率 f_Z=25 Hz，最高工作温度为150 ℃。材料为50CrVA钢丝，要求寿命 $N=10^6$ (循环工作次数)。弹簧结构要求满足：钢丝直径 2.5 mm≤d≤9.5 mm，外径 30 mm ≤D≤60 mm，工作圈数 n≥3，旋绕比 C≥6。该设计要求在满足强度、刚度和其他性能限制的条件下选择钢丝直径 d、弹簧中径 D_2 和工作圈数 n 使弹簧的重量最轻。

一、目标函数与设计变量

本设计要求进行减重设计，故应将弹簧重量 W 作为目标函数，W 的计算公式为

$$W=(n+n_2)\pi D_2\frac{\pi d^2}{4}\rho \tag{7-1}$$

式中　ρ——材料密度，钢材ρ =7.8 t/m^3；

n_2——死圈数，n_2=1.5 ~ 2，取 n_2=1.8。

由上式可以看出，欲使弹簧重量最轻，关键在于选取适当的弹簧参数 d 、D_2和 n。因此确定设计变量

$$\boldsymbol{X}=\begin{bmatrix}x_1\\x_2\\x_3\end{bmatrix}=\begin{bmatrix}d\\D_2\\n\end{bmatrix} \tag{7-2}$$

将ρ、n_2 值代入式(7-1)并进行整理，得到目标函数

$$F(\boldsymbol{X})=19.25\times10^{-5}(x_3+1.8)x_2x_1^2 \tag{7-3}$$

二、约束条件

(一)强度条件

弹簧的剪切应力计算公式为

$$\tau=\frac{8KFD_2}{\pi d^3}\leqslant[\tau] \tag{7-4}$$

式中　$[\tau]$——许用剪切应力，$[\tau]=\frac{\tau_0}{1.3}\times 1.1=404.9\text{ MPa}$；

K——曲度系数，$K=\frac{1.6}{(D_2/d)^{0.14}}$。

因此，强度约束条件为

$$g_1(\boldsymbol{X})=404.9-3\,503.96x_2^{0.86}/x_1^{2.86}\geqslant 0 \tag{7-5}$$

(二)旋绕比的限制

由于 $C=D_2/d$，且要求 $C\geqslant 6$，故得约束条件为

$$g_2(\boldsymbol{X})=x_2/x_1-6\geqslant 0 \tag{7-6}$$

(三)稳定性条件

$$H_0/D_2\leqslant 5.3$$

式中　H_0——自由高度，$H_0=(n+n_2-0.5)d+1.1\lambda$。

所以，稳定性条件为

$$g_3(\boldsymbol{X})=5.3-\frac{(x_3+1.3)x_1+18.25}{x_2}\geqslant 0 \tag{7-7}$$

(四)对弹簧丝直径的限制

由于 2.5 mm$\leqslant d\leqslant$9.5 mm，所以有

$$g_4(\boldsymbol{X})=x_1-2.5\geqslant 0 \tag{7-8}$$

$$g_5(\boldsymbol{X})=9.5-x_1\geqslant 0 \tag{7-9}$$

(五)对弹簧中径的限制

由于 30 mm$\leqslant D\leqslant$60 mm，所以有

$$g_6(\boldsymbol{X})=x_2-30\geqslant 0 \tag{7-10}$$

$$g_7(\boldsymbol{X})=60-x_2\geqslant 0 \tag{7-11}$$

(六)无共振条件

为了避免发生共振，应使弹簧的自振频率 f 大大超过它的工作频率 f_Z。若令 $f\geqslant 10f_Z$，因自振频率

$$f=3.56\times 10^5\frac{d}{D_2^2 n}$$

故无共振条件为

$$3.56\times 10^5\frac{d}{D_2^2 n}-10f_Z\geqslant 0$$

整理上式得约束条件为

$$g_8(\boldsymbol{X})=3.56\times 10^5 x_1/(x_2{}^2 x_3)-250\geqslant 0 \tag{7-12}$$

(七)最少工作圈数的限制

由于 $n\geqslant 3$，所以有

$$g_9(\boldsymbol{X})=x_3-3\geqslant 0 \tag{7-13}$$

(八)刚度条件

为了保证弹簧工作载荷下的变形量不超过最大许用变形量，必须使弹簧最大变形量所

允许的载荷 F_a 大于工作载荷 F，即保证 $F_a \geqslant F$。

F_a 的计算公式为

$$F_a = \frac{\lambda G d^4}{8nD_2^3}$$

式中 G——材料的剪切弹性模量，对于 50CrVA 材料，G=80 000 MPa。

故得刚度约束条件为

$$g_{10}(\boldsymbol{X}) = \frac{165\,900 x_1^4}{x_3 x_2^3} - 680 \geqslant 0 \tag{7-14}$$

综合上述各式可得数学模型如下

$$\left.\begin{array}{l} \min F(\boldsymbol{X}) \\ \boldsymbol{X} \in \boldsymbol{D} \\ \boldsymbol{D}: g_u(\boldsymbol{X}) \geqslant 0 \quad (u = 1, 2, \cdots, 10) \end{array}\right\} \tag{7-15}$$

三、优化方法及计算结果

该优化设计问题带有 10 个约束条件，3 个设计变量，是一个约束非线性优化设计问题，可采用约束坐标轮换法或约束随机方向搜索法进行计算。

现有一用常规设计方法得到的设计方案：d=6.3 mm，D_2=50 mm，n=5，设以该方案为优化设计的初始点，即

$$\boldsymbol{X}^{(0)} = [6.3 \quad 50 \quad 5.5]^{\mathrm{T}}$$

调用约束坐标轮换法进行优化设计计算，求得

$$\boldsymbol{X}^* = [6 \quad 38 \quad 7.25]^{\mathrm{T}}$$

即 d=6 mm，D_2=38 mm，n=7.25，使目标函数 W 的值下降了 17%，优化设计效果显著。

第三节　圆柱齿轮减速器的优化设计

圆柱齿轮减速器作为一种常用的独立传动部件广泛应用于各类机械中，对减速器进行优化设计，带来的经济效益必然可观。下面讨论圆柱齿轮减速器优化设计问题，这种方法可以推广到其他各类减速器的优化设计中去。

图 7-1 是一防汛抢险打桩机所采用的减速器的传动简图。该减速器输入功率 N=3.675 kW，最高输入转速 n_1=7 000 r/min，最大输入转矩 M=5.5 N·m，传动比 i=7。要求优选各参数，使减速器在保证使用要求的前提下，质量最轻。

设计该减速器时，采取的措施有：①由于减速器输入转速高，最高输入转速达 7 000 r/min，考虑到高精度齿轮加工成本高，且加工困难，因此采用标准圆柱斜齿轮。②为了减轻减速器的重量，且保证传动可靠，轴与齿轮材料采用合金钢，同时对轴进行调质处

理，齿轮调质后进行表面淬火。③减速器壳体采用铝镁合金(ZL301)，以便减轻减速器的重量。

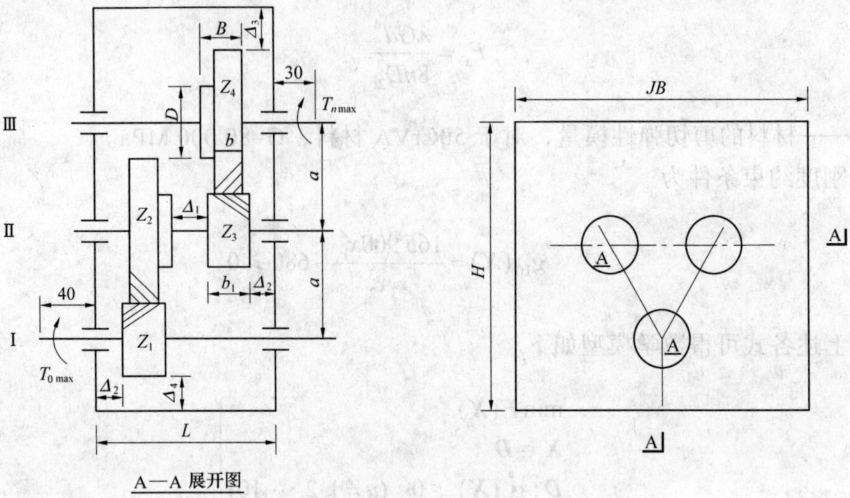

图 7-1　防汛抢险打桩机减速器的传动简图

一、确定设计变量

设计减速器时，取齿轮 $Z_1=Z_3$，$Z_2=Z_4$。设计变量为

$$\begin{aligned}\boldsymbol{X}&=[x_1\ \ x_2\ \ x_3\ \ x_4\ \ x_5\ \ x_6\ \ x_7\ \ x_8]^{\mathrm{T}}\\&=[m_{\mathrm{n}}\ \ \beta\ \ Z_1\ \ b\ \ B\ \ d_1\ \ d_2\ \ d_3]^{\mathrm{T}}\end{aligned}\tag{7-16}$$

式中　m_{n}——斜齿轮的法面模数，mm；

β——斜齿轮的螺旋角(°)；

Z_1——小齿轮的齿数；

b——大齿轮的轮齿宽度，mm；

B——大齿轮的轮毂宽度，mm；

d_1——输入轴Ⅰ的直径，mm；

d_2——中间轴Ⅱ的直径，mm；

d_3——输出轴Ⅲ的直径，mm。

按结构经验公式推荐的尺寸关系如下。

(1)小齿轮的分度圆直径(mm)：

$$d_{\mathrm{Z1}}=\frac{m_{\mathrm{n}}z_1}{\cos\beta}=\frac{x_1x_3}{\cos x_2}\tag{7-17}$$

(2)大齿轮的分度圆直径(mm)：

$$d_{\mathrm{Z2}}=\sqrt{7}d_{\mathrm{Z1}}=\frac{\sqrt{7}x_1x_2}{\cos x_2}\tag{7-18}$$

(3) Ⅰ、Ⅱ、Ⅲ轴间的中心距(mm)：

$$a=\frac{d_{Z1}+d_{Z2}}{2}=\frac{(1+\sqrt{7})x_1x_3}{2\cos x_2} \tag{7-19}$$

(4)大齿轮的轮毂直径(mm)：

$$D=1.6d_3 \tag{7-20}$$

(5)小齿轮的轮齿宽度(mm)：

$$b_1=b+4=x_4+4 \tag{7-21}$$

(6)大齿轮与小齿轮间的间隙(mm)：$\varDelta_1$=8

(7)小齿轮端面距轴承中心距离(mm)：$\varDelta_2$=13

(8)大齿轮轮缘距壳体内表面距离(mm)：$\varDelta_3$=10

(9)输入轴小齿轮轮缘距壳体底面距离(mm)：$\varDelta_4$=25

二、确定目标函数

减速器的质量主要是由齿轮、轴、壳体三部分组成的，齿轮与轴的材料密度为ρ_1=7 800 kg/m^3，壳体的材料密度为ρ_2=2 700 kg/m^3。

(一)齿轮的质量

小齿轮的质量(kg)为

$$G_{Z1}=\frac{\pi}{4}(2d_{Z1}^2-d_1^2-d_2^2)\,b_1\rho_1\times10^{-6} \tag{7-22}$$

大齿轮的质量(kg)为

$$G_{Z2}=\frac{\pi}{4}[(2d_{Z2}^2-d_2^2-d_3^2)\,b+(2D_2-d_2{}^2-d_3{}^2)(B-b)]\rho_1\times10^{-6} \tag{7-23}$$

因此，齿轮的总质量为

$$G_1=G_{Z1}+G_{Z2} \tag{7-24}$$

(二)壳体质量

减速器壳体尺寸如下：

(1)壳体的侧板、底板、顶板厚度为δ_1=4 mm。

(2)壳体支承轴的端板厚度为δ_2=5 mm。

(3)壳体长、宽、高尺寸(mm)分别为

$$\begin{aligned}L&=B+b_1+\varDelta_1+2\varDelta_2\\JB&=a+d_{Z2}+2\varDelta_3\\H&=a(1+\sin60^\circ)+\varDelta_3+\varDelta_4\end{aligned}$$

因此，减速器壳体的质量(kg)为

$$G_2=2[(H\cdot L+JB\cdot L)\,\delta_1+H\cdot JB\cdot\delta_2]\rho_2\times10^{-6} \tag{7-25}$$

(三)轴的质量

(1)输入轴的质量(kg)：

$$G_{Ⅰ}=\frac{\pi}{4}d_1^2(L+40)\rho_1\times10^{-6} \tag{7-26}$$

(2)中间轴的质量(kg)：

$$G_{\mathrm{II}}=\frac{\pi}{4}d_2^2 L\rho_1\times 10^{-6} \tag{7-27}$$

(3)输出轴的质量(kg)：

$$G_{\mathrm{III}}=\frac{\pi}{4}d_3^2(L+30)\rho_1\times 10^{-6} \tag{7-28}$$

因此，轴的总质量(kg)为

$$G_3=G_{\mathrm{I}}+G_{\mathrm{II}}+G_{\mathrm{III}} \tag{7-29}$$

所以，目标函数为

$$G=\sum_{i=1}^{3}G_i \tag{7-30}$$

三、确定约束条件

(1)传力齿轮的模数不小于 1.5，即

$$g_1(\boldsymbol{X})=x_1-1.5\geqslant 0 \tag{7-31}$$

(2)齿轮的螺旋角 $8°\leqslant\beta\leqslant 20°$，即

$$g_2(\boldsymbol{X})=x_2-8\geqslant 0 \tag{7-32}$$

$$g_3(\boldsymbol{X})=20-x_2\geqslant 0 \tag{7-33}$$

(3)小齿轮的齿数不小于最少根切齿数，即

$$g_4(\boldsymbol{X})=x_3-17\cos^3 x_2\geqslant 0 \tag{7-34}$$

(4)大齿轮轮齿宽度 $0.3d_{Z1}\leqslant b\leqslant 0.6d_{Z1}$，即

$$g_5(\boldsymbol{X})=x_4-\frac{0.3x_1x_3}{\cos x_2}\geqslant 0 \tag{7-35}$$

$$g_6(\boldsymbol{X})=\frac{0.3x_1x_3}{\cos x_2}-x_4\geqslant 0 \tag{7-36}$$

(5)大齿轮轮毂宽度 $1.2d_3\leqslant B\leqslant 1.5d_3$，即

$$g_7(\boldsymbol{X})=x_5-1.2x_8\geqslant 0 \tag{7-37}$$

$$g_8(\boldsymbol{X})=1.5x_8-x_5\geqslant 0 \tag{7-38}$$

(6)大齿轮与轴通过平键联接，据键的尺寸，要求齿轮轮毂长度 $B\geqslant 20\,\mathrm{mm}$，即

$$g_9(\boldsymbol{X})=x_5-20\geqslant 0 \tag{7-39}$$

(7)按轴的扭转强度条件，即

$$\tau_{\max}=\frac{T_{\max}}{W_{\mathrm{n}}}\leqslant[\tau] \tag{7-40}$$

式中 $T_{\max}$——轴所传递的最大转矩，N·mm；

W_{n}——抗扭截面模量，mm^3，$W_{\mathrm{n}}=0.2d^3$；

$[\tau]$——轴的许用剪应力，MPa，取$[\tau]=40$。

因Ⅰ、Ⅱ、Ⅲ轴所传递的最大转矩分别为：$T_{\mathrm{I}\max}=5\,500\,\mathrm{N\cdot mm}$，$T_{\mathrm{II}\max}=14\,551.6\,\mathrm{N\cdot mm}$，$T_{\mathrm{III}\max}=38\,500\,\mathrm{N\cdot mm}$，利用式(7-40)可得

$$g_{10}(\boldsymbol{X})=x_6-8.8\geqslant 0 \tag{7-41}$$

$$g_{11}(\boldsymbol{X}) = x_7 - 12.2 \geqslant 0 \tag{7-42}$$

$$g_{12}(\boldsymbol{X}) = x_8 - 16.9 \geqslant 0 \tag{7-43}$$

(8)按轴的扭转刚度条件，即

$$\theta_{\max} = \frac{T_{\max}}{GI_{\mathrm{p}}} \times \frac{180^{\circ}}{\pi} \leqslant [\theta]\,(^{\circ}/\mathrm{m}) \tag{7-44}$$

式中　G——剪切弹性模量，取 $G=80\times10^6$ MPa；

I_{p}——轴的极惯性矩，$I_{\mathrm{p}}=\pi d^4/32$ mm^4；

$[\theta]$——许用单位长度扭转角，取$[\theta]=0.8(^{\circ}/\mathrm{m})$。

从图 7-1 可以看出Ⅰ、Ⅲ轴仅有一部分承受转矩，而如果把刚度条件作为约束条件，将不仅造成材料浪费，而且使减速器质量加大，为此Ⅰ、Ⅲ轴刚度条件将不作为约束条件，其刚度校核在结构设计时给予考虑。此处仅考虑Ⅱ轴的扭转刚度条件。将有关参数代入式(7-44)得

$$g_{11}(\boldsymbol{X}) = x_7 - 18 \geqslant 0 \tag{7-45}$$

(9)按轴的弯曲强度条件，即

$$\sigma_{\mathrm{ca}} = \frac{M_{\mathrm{ca\,max}}}{W} \leqslant [\sigma] \tag{7-46}$$

式中　M_{camax}——轴的最大计算弯矩，N·mm；

W——抗弯截面模量，$W=0.1d^3$ mm^3；

$[\sigma]$——轴的抗弯许用应力，$[\sigma]$=60 MPa。

Ⅰ、Ⅱ、Ⅲ轴受力图如图 7-2、图 7-3、图 7-4 所示。

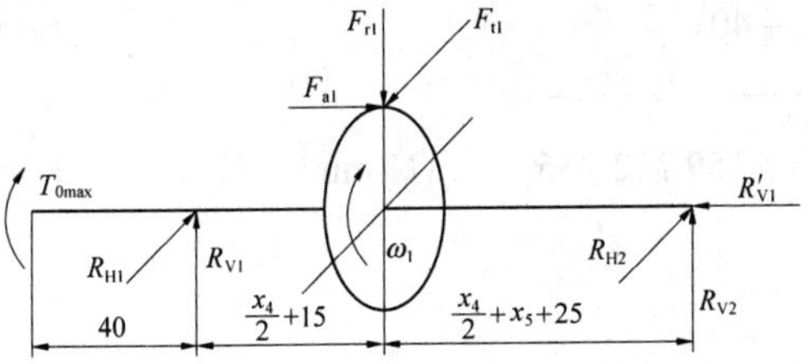

图 7-2　Ⅰ轴受力图

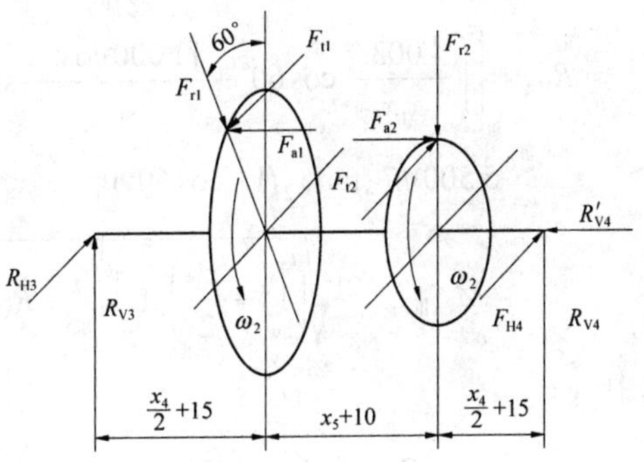

图 7-3　Ⅱ轴受力图

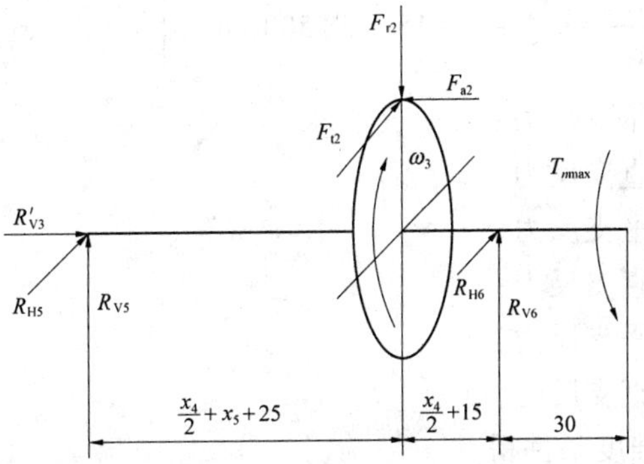

图 7-4　Ⅲ轴受力图

各轴的最大计算弯矩分别为

$$M_{ca\,\mathrm{I}\max}=\sqrt{\left(\frac{x_4}{2}+15\right)(R_{H1}^2+R_{V1}^2)+10\,530\,025}\qquad (\mathrm{N\cdot mm})\tag{7-47}$$

式中

$$R_{H1}=\frac{11\,000\cos x_2\left(\frac{x_4}{2}+x_5+25\right)}{(x_4+x_5+40)x_1x_3}\tag{7-48}$$

$$R_{V1}=\left[\frac{4\,003.7}{x_1x_3}\left(\frac{x_4}{2}+x_5+25\right)-5\,500\tan x_2\right]\Big/(x_4+x_5+40)\tag{7-49}$$

$$M_{ca\,\mathrm{II}\max}=\sqrt{\left(\frac{x_4}{2}+15\right)(R_{H4}^2+R_{V4}^2)+73\,710\,175}\qquad (\mathrm{N\cdot mm})\tag{7-50}$$

式中

$$R_{H4}=\left[\left(\frac{11\,000\cos x_2}{x_1x_3}\cos 60^\circ-\frac{4\,003.7\sin 60^\circ}{x_1x_3}\right)\Big/\left(\frac{x_4}{2}+15\right)+\left(5\,500\sqrt{7}\sin 60^\circ\tan x_2-\frac{1100\sqrt{7}\cos x_2}{x_1x_3}\right)\left(\frac{x_4}{2}+x_5+25\right)\right]\Big/(x_4+x_5+40)\tag{7-51}$$

$$R_{V4}=\left[\left(\frac{4\,003.7}{x_1x_3}\cos 60^\circ+\frac{11\,000\cos x_2}{x_1x_2}\sin 60^\circ\right)\left(\frac{x_4}{2}+15\right)+\frac{4\,003.7\sqrt{7}}{x_1x_3}\left(\frac{x_2}{2}+x_5+25\right)+5\,500\sqrt{7}\cdot\tan x_2(1-\cos 60^\circ)\right]\Big/(x_4+x_5+40)\tag{7-52}$$

$$M_{ca\,\mathrm{III}\max}=\sqrt{\left(15+\frac{x_4}{2}\right)^2({R_{H6}}^2+{R_{V6}}^2)+5\,159\,712\,255}\qquad (\mathrm{N\cdot mm})\tag{7-53}$$

式中

$$R_{H6}=11\,000\sqrt{7}x_1x_3\cos x_2\left(\frac{x_4}{2}+x_5+25\right)\Big/(x_4+x_5+40)\tag{7-54}$$

$$R_{V6}=\left[\frac{4\,003.7\sqrt{7}}{x_1x_3}\left(\frac{x_4}{2}+x_5+15\right)-38\,500\tan x_2\right]\Big/(x_4+x_5+40)\tag{7-55}$$

式中 R_{H1}——Ⅰ轴的水平支反力；

R_{V1}——Ⅰ轴的垂直支反力；

R_{H4}——Ⅱ轴的水平支反力；

R_{V4}——Ⅱ轴的垂直支反力；

R_{H6}——Ⅲ轴的水平支反力；

R_{V6}——Ⅲ轴的垂直支反力。

因此，由轴的弯曲强度条件得

$$g_{13}(\boldsymbol{X})=60-\frac{M_{ca\,\mathrm{I}\max}}{0.1x_6^3}\geqslant 0\tag{7-56}$$

$$g_{14}(\boldsymbol{X})=60-\frac{M_{\mathrm{ca\,II\,max}}}{0.1x_7^3}\geqslant 0 \tag{7-57}$$

$$g_{15}(\boldsymbol{X})=60-\frac{M_{\mathrm{ca\,III\,max}}}{0.1x_8^2}\geqslant 0 \tag{7-58}$$

(10)按齿轮的弯曲疲劳强度条件，即

$$\sigma_{\mathrm{F}}=\frac{kF_{\mathrm{t}}Y_{\mathrm{Fa}}Y_{\mathrm{sa}}Y_{\beta}}{bm_{\mathrm{n}}\varepsilon_{\mathrm{a}}}\geqslant[\sigma]_{\mathrm{F}} \tag{7-59}$$

式中 k——载荷系数，取 k=1.782；

F_{t}——齿轮的圆周力；

Y_{Fa}——斜齿轮的齿形系数，$Y_{\mathrm{Fa1}}=2.84$，$Y_{\mathrm{Fa2}}=2.312$；

Y_{sa}——斜齿轮的应力校正系数，$Y_{\mathrm{sa1}}=1.548$，$Y_{\mathrm{sa2}}=2.312$；

Y_{β}——螺旋角影响系数，Y_{β}=0.952；

ε_{a}——端面重合度，ε_{a}=1.617；

$[\sigma]_{\mathrm{F}}$——弯曲疲劳强度许用应力，取 $[\sigma]_{\mathrm{F}}=533\ \mathrm{MPa}$。

在进行齿轮弯曲疲劳强度计算时，由于低速级齿轮的齿根弯曲应力大于高速级齿轮齿根弯曲应力，故仅考虑低速级齿轮的弯曲强度计算。

低速级齿轮的圆周力 F_{t}(N)为

$$F_{\mathrm{t}}=\frac{2\sqrt{7}T_{0\max}}{d_{Z1}}=\frac{29\,103.3}{x_1x_3}\cos x_2 \tag{7-60}$$

因此，得

$$g_{16}(\boldsymbol{X})=533-\frac{134\,210.2\cos x_2}{(x_4+4)x_1^2x_3}\geqslant 0 \tag{7-61}$$

$$g_{17}(\boldsymbol{X})=533-\frac{120\,410.2\cos x_2}{x_4x_1^2x_3}\geqslant 0 \tag{7-62}$$

(11)按齿面接触疲劳强度条件，即

$$\sigma_{\mathrm{H}}=\sqrt{\frac{kF_{\mathrm{t}}}{bd_{Z1}\varepsilon_{\mathrm{a}}}\cdot\frac{\mu+1}{\mu}}Z_{\mathrm{H}}Z_{\mathrm{E}}\leqslant[\sigma]_{\mathrm{H}} \tag{7-63}$$

式中 μ——齿数比，$\mu=\sqrt{7}$；

Z_{H}——区域系数，Z_{H}=2.47；

Z_{E}——弹性影响系数，$Z_{\mathrm{E}}=189.8\sqrt{\mathrm{MPa}}$；

$[\sigma]_{\mathrm{H}}$——许用接触应力，$[\sigma]_{\mathrm{H}}$=1 150 MPa。

因此，得

$$g_{18}(\boldsymbol{X})=1\,150-98\,546.6\sqrt{\frac{\cos^2 x_2}{x_1^2x_3^2x_4}}\geqslant 0 \tag{7-64}$$

(12)考虑安装条件，Ⅰ、Ⅱ、Ⅲ轴中心距 a≥60 mm，同时小齿轮齿顶圆直径 d_{a1}≤40 mm，得

$$g_{19}(\boldsymbol{X})=\frac{(1+\sqrt{7})x_1x_3}{2\cos x_1}-60\geqslant 0 \tag{7-65}$$

$$g_{20}(\boldsymbol{X})=40-\frac{x_1x_2}{\cos x_2}-2x_1\geqslant 0 \tag{7-66}$$

综上所述，得该优化问题的数学模型为

$$\left.\begin{aligned}&\min G(\boldsymbol{X})\\&\boldsymbol{X}\in\boldsymbol{D}\subset\boldsymbol{R}^8\\&\boldsymbol{D}:g_\mu(\boldsymbol{X})\geqslant 0\qquad(\mu=1,2,\cdots,20)\end{aligned}\right\} \tag{7-67}$$

四、优化方法及结果

该优化问题具有 8 个设计变量，20 个约束条件，采用复合形法对其进行求解。求解结果为 $G_{\min}$=2.599 1 kg。

$$\boldsymbol{X}^*=[1.531\,2\quad 11.584\,9\quad 21.062\,7\quad 9.907\,6\quad 23.747\,3\quad 14.239\,0\quad 18.053\,8\quad 16.918\,7]^{\mathrm{T}}$$

由于斜齿轮法面模数、齿数在优化处理过程中按连续变量处理，因此，需进行调整。取 $m_{\mathrm{n}}=1.5$, $Z_1=22$，其他参数(除β外)进行取整。所以，设计变量结果为

$$\boldsymbol{X}=[1.5\quad 11.584\,9\quad 22\quad 10\quad 24\quad 15\quad 18\quad 17]^{\mathrm{T}}$$

此时，$G(\boldsymbol{X})$=2.711 2 kg。原设计方案(传统设计法)该减速器质量为 4.77 kg，由此可知，通过对减速器优化设计，可使其质量较原设计方案下降了 43.2%，优化效果显著。

第四节　平面铰链四杆机构再现运动规律的最优化设计

平面四杆机构的型式较多，具体设计要求也不尽相同，今以曲柄摇杆机构再现运动规律为例，来研究平面四杆机构的最优化方法。

所谓再现运动规律，是指当主动件运动规律已定时，要求从动件按给定规律运动。例如图 7-5 给出的是要求设计再现运动规律的一曲柄摇杆机构的简图。当曲柄 l_1 由其极限角φ_0 转到 $\varphi=\varphi_0+\dfrac{\pi}{2}$时，要求摇杆由其极限角 ψ_0 开始按下列规律运动，即

$$\psi=\psi_0+\frac{2}{3\pi}(\varphi-\varphi_0)^2 \tag{7-68}$$

并且其传动角(机构的连杆 l_2 与从动件 l_3 之间的夹角)的最大值及最小值应分别不大于、不小于其许用值，即 $\gamma_{\max}\leqslant[\gamma_{\max}]$=135°，$\gamma_{\min}\geqslant[\gamma_{\min}]$=45°。

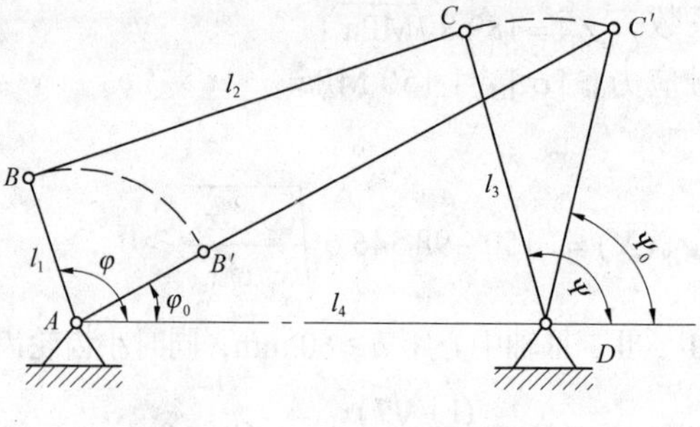

图 7-5　曲柄摇杆机构简图

一、确定设计变量

考虑到机构杆长按比例变化时不会改变其运动规律，因此在计算时常取曲柄为单位长度，即 l_1=1，而其他杆长则按比例取为 l_1 的倍数，机架长 l_4 常由结构布置事先给定，而机构极限位置时的极限角 φ_0、ψ_0 又可按下列关系求得：

$$\varphi_0 = \arccos\left[\frac{(l_1+l_2)^2 - l_3 + l_4^2}{2(l_1+l_2)l_4}\right] \tag{7-69}$$

$$\psi_0 = \arccos\left[\frac{(l_1+l_2)^2 - l_3^2 - l_4^2}{2l_3 l_4}\right] \tag{7-70}$$

因此，仅 l_2、l_3 为独立变量，是二维最优化设计问题，其设计变量为

$$\boldsymbol{X} = \begin{bmatrix} x_1 \\ x_2 \end{bmatrix} = \begin{bmatrix} l_2 \\ l_3 \end{bmatrix}$$

二、建立目标函数

可根据给定的运动规律与机构的实际运动规律间的偏差为最小的要求，来建立目标函数：

$$F(\boldsymbol{X}) = \sum_{i=0}^{p} (\psi_i - \psi_{si})^2 \tag{7-71}$$

式中　ψ_i——期望输出角，它是当输入角 $\varphi = \varphi_i = \varphi_0 + \frac{\pi}{2} \cdot \frac{i}{p}$ 时由式(7-68)确定的输出角。其中 p 为输入角的等分段总数，而 $i = 0, 1, 2, \cdots, p$；

ψ_{si}——实际输出角，$\psi_{si} = \begin{cases} \pi - \alpha_i - \beta_i & (0 < \varphi_i < \pi) \\ \pi - \alpha_i + \beta_i & (\pi < \varphi_i < 2\pi) \end{cases}$

由图 7-6 求得

$$\alpha_i = \arccos\left(\frac{\rho_i^2 + x_2^2 - x_1^2}{2\rho_i \cdot x}\right)$$

$$\beta_i = \arccos\left(\frac{\rho_i^2 + l_4^2 - l_1^2}{2\rho_i \cdot l_4}\right)$$

$$\rho_i = \sqrt{l_1^2 + l_4^2 - 2l_1 l_4 \cos\varphi_i}$$

式中　l_1——单位长度；

l_4——已定常量。

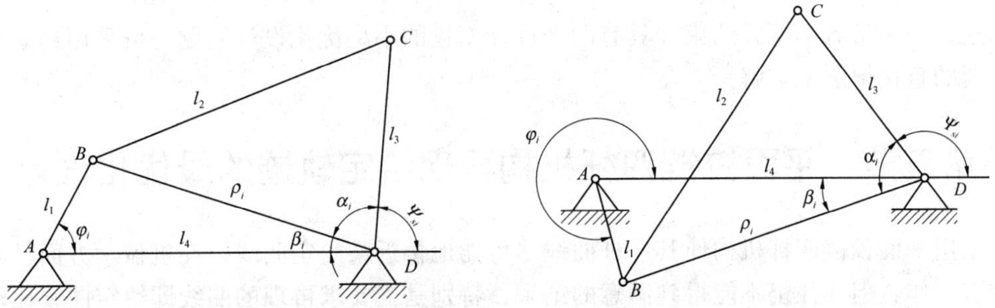

图 7-6　曲柄摇杆机构的计算用图

三、给定约束条件

根据对传动角的约束要求及曲柄与机架处于共线位置时所得的$\gamma_{\max}$、$\gamma_{\min}$和机构尺寸的下列关系

$$\left.\begin{aligned}\gamma_{\max}&=\arccos\left[\frac{l_2^2+l_3^2-(l_4+l_1)^2}{2l_2l_3}\right]\leqslant[r_{\max}]=135^\circ\\ \gamma_{\min}&=\arccos\left[\frac{l_2^2+l_3^2-(l_4-l_1)^2}{2l_2l_3}\right]\geqslant[\gamma_{\min}]=45^\circ\end{aligned}\right\}\tag{7-72}$$

及$\cos\gamma_{\max}\geqslant\cos[\gamma_{\max}]$，$\cos\gamma_{\min}\leqslant\cos[\gamma_{\min}]$，得约束条件

$$g_1(\boldsymbol{X})=x_1^2+x_2^2+\sqrt{2}x_1x_2-(l_4+l_1)^2\geqslant 0$$
$$g_2(\boldsymbol{X})=-x_1^2-x_2^2+\sqrt{2}x_1x_2+(l_4-l_1)^2\geqslant 0$$

根据曲柄摇杆机构应满足的曲柄存在条件

$$l_2\geqslant l_1,\ l_3\geqslant l_1,\ l_4\geqslant l_1,\ l_2+l_3\geqslant l_1+l_4$$
$$l_3+l_4\geqslant l_1+l_2,\ l_2+l_4\geqslant l_1+l_3$$

得约束条件

$$g_3(\boldsymbol{X})=x_1-1\geqslant 0$$
$$g_4(\boldsymbol{X})=x_2-1\geqslant 0$$
$$g_5(\boldsymbol{X})=x_1+x_2-(l_1+l_4)\geqslant 0$$
$$g_6(\boldsymbol{X})=-x_1+x_2-(l_1-l_4)\geqslant 0$$
$$g_7(\boldsymbol{X})=x_1-x_2-(l_1-l_4)\geqslant 0$$

若已知量l_1取单位长度即l_1=1时，l_4=5，则绘制可行域图分析上述约束条件可以发现，只有$g_1(\boldsymbol{X})$和$g_2(\boldsymbol{X})$为起作用约束，它们是两个椭圆方程，最优化设计的可行域被它们的曲线所封闭。

最后得数学模型为

$$\left.\begin{aligned}&\min F(\boldsymbol{X})=\min\left[\sum_{i=0}^{p}\left(\psi_i-\psi_{si}\right)^2\right]\\ &\boldsymbol{X}\in\boldsymbol{D}\subset\boldsymbol{R}^2\\ &\boldsymbol{D}:\ \ g_1(\boldsymbol{X})=x_1^2+x_2^2+\sqrt{2}x_1x_2-36\geqslant 0\\ &\qquad g_2(\boldsymbol{X})=-x_1^2-x_2^2+\sqrt{2}x_1x_2+16\geqslant 0\end{aligned}\right\}\tag{7-73}$$

这是一个带有不等式约束，具有两个设计变量的小型优化设计问题，可采用约束最优化问题的直接解法来求解。

第五节　平面铰链四杆机构再现给定轨迹的最优化设计

采用平面铰链四杆机构使其连杆曲线尽可能地接近某给定曲线，在机械学方面已经做了许多工作，但往往仍不能得到满意的结果，特别是当要求再现的曲线即给定曲线比较复杂时。利用最优化方法进行设计，则可得到满意的精度。

图 7-7 给出了用向量表示的四杆机构简图，其计算用的符号及意义如图所示。在规定区间内的等分点 $i=1,2,\cdots,n$ 处，给定曲线的坐标 (x_{Gi},y_{Gi}) 为已知，而由四杆机构连杆上的某点 E 所描绘的曲线的相应坐标，可用下列标量方程式表示：

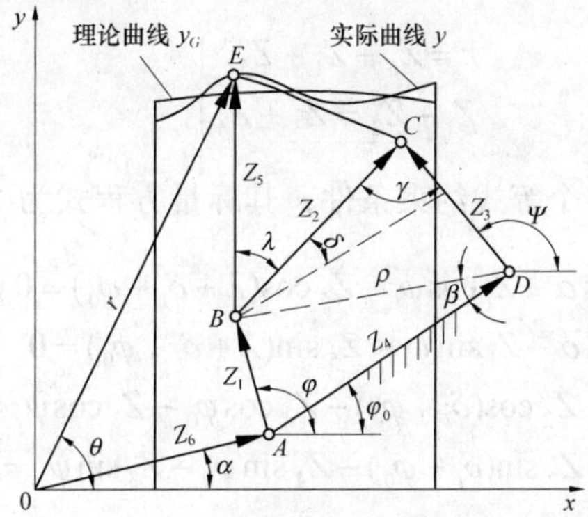

图 7-7　四杆机构再现给定轨迹的计算用图

$$\left.\begin{aligned} x_i &= Z_6\cos\alpha + Z_1\cos\varphi_i + Z_5\cos(\lambda+\delta_i+\varphi_0) \\ y_i &= Z_6\sin\alpha + Z_1\sin\varphi_i + Z_5\sin(\lambda+\delta_i+\varphi_0) \end{aligned}\right\} \tag{7-74}$$

式中

$$\left.\begin{aligned} \delta_i &= \arcsin\left(\frac{Z_3\sin\gamma_i}{\rho_i}\right)-\beta_i \\ \gamma_i &= \arccos\left(\frac{Z_2^2+Z_3^2-\rho^2}{2Z_2Z_3}\right) \\ \beta_i &= \arcsin\left(\frac{Z_1\sin(\varphi_i-\varphi_0)}{\rho_i}\right) \\ \rho_i &= \sqrt{Z_1^2+Z_4^2-2Z_1Z_4\cos(\varphi_i-\varphi_0)} \end{aligned}\right\} \tag{7-75}$$

由上述可见，连杆上一点 E 的坐标是杆长 Z_1、Z_2、Z_3、Z_4、Z_5、Z_6 及角度 α 、φ_0 、λ 的函数，它们是最优化设计所要求解的设计参数，是设计变量，φ_i 亦是设计变量，则

$$\boldsymbol{X}=[x_1\quad x_2\quad\cdots\quad x_{10}]^{\mathrm{T}}=[Z_1\ \ Z_2\ \ Z_3\ \ Z_4\ \ Z_5\ \ Z_6\ \ \alpha\ \ \varphi_0\ \ \lambda\ \ \varphi_i]^{\mathrm{T}} \tag{7-76}$$

若要求设计一个四杆机构，使其连杆上的一点 E 所描绘的实际曲线 y 尽可能地接近给定曲线 y_G，而其曲柄转角 φ 尽可能地接近要求的值时，则最优化设计的目标函数可表达为

$$F(\boldsymbol{X})=\omega_1\sum_{i=1}^{n}(y_i-y_{Gi})^2+\omega_2\sum_{i=1}^{n-1}(\varphi_{i+1}-\varphi_i-\Delta\varphi_i)^2 \tag{7-77}$$

式中　y_i——相应于实际曲线 y 的离散值(等分点处的纵坐标)，见式(7-74)；

y_{Gi}——相应于给定曲线 y_G 的离散值；

φ_i——与位置 x_i 有关的曲柄角度；

$\Delta\varphi_i$——要求的曲柄转角；

ω_1、ω_2——加权因子，是选定的正值常数。

由于 $F(\boldsymbol{X})$ 是一个反映曲线偏差及曲柄角度偏差的函数，根据每种偏差的重要程度来选择 ω_1 、 ω_2 的值。当曲柄角度偏差不必考虑时，则取 $\omega_2 = 0$ 。

根据图 7-7 用向量表示的一般四杆机构的两个环路方程式，即

$$\left.\begin{aligned} r &= Z_6 + Z_1 + Z_5 \\ Z_1 + Z_2 &= Z_3 + Z_4 \end{aligned}\right\} \tag{7-78}$$

构成 $4 \times n\,(i = 1, 2, \cdots, n)$ 个等式约束条件，其标量方程式为

$$\left.\begin{aligned} & x_i - Z_6 \cos\alpha - Z_1 \cos\varphi_i - Z_5 \cos(\lambda + \delta_i + \varphi_0) = 0 \\ & y_i - Z_6 \sin\alpha - Z_1 \sin\varphi_i - Z_5 \sin(\lambda + \delta_i + \varphi_0) = 0 \\ & Z_1 \cos\varphi_i + Z_2 \cos(\delta_i + \varphi_0) - Z_4 \cos\varphi_0 - Z_3 \cos\psi_i = 0 \\ & Z_1 \sin\varphi_i + Z_2 \sin(\delta_i + \varphi_0) - Z_4 \sin\varphi_0 - Z_3 \sin\psi_i = 0 \end{aligned}\right\} \tag{7-79}$$

满足上述诸方程式的任一组变量：x_i，y_i，$Z_1 - Z_6$，α，φ_0，λ，φ_i，ψ_i，δ_i (见式(7-75))，形成了一个四杆机构(由上式的后两个方程式决定)及其杆上点的轨迹(由上式的前两个方程式决定)。

如前所述，根据问题的设计要求，可按满足许用传动角、曲柄存在条件及杆长的尺寸限制等列出不等式约束方程(详见本章第四节)，亦可根据其他设计要求，例如对铰链点位置的限制、对连杆点的力的限制、速度和加速度的限制及运动学方面的限制等。

对于这种同时具有不等式约束和等式约束的最优化设计问题，可用混合惩罚函数法求解。

第二篇　可靠性设计方法

第八章　可靠性设计概述

第一节　概　述

可靠性是指产品在规定的条件下和规定的时间内，完成规定的功能的能力。它是衡量产品质量的一个重要指标。可靠性设计是指在产品的开发设计阶段，将载荷、强度等有关设计变量及其影响因素作为随机因素，应用概率统计理论与方法，从而使所设计的产品满足预期的可靠性要求。

在可靠性设计概述中，介绍了可靠性的基本概念以及可靠性设计与传统设计的异同点。可靠性设计与传统设计相比，都是以零件或系统的安全与失效作为其主要研究内容，但在设计变量的属性、设计变量的运算、设计准则和提高产品安全程度的措施等方面存在很大的不同。

可靠性设计是将载荷和强度及其影响因素等设计变量作为随机变量。在可靠性的数理基础中，介绍了应力和强度服从的分布函数的基本知识点，如指数分布、正态分布、威布尔分布等，同时还介绍了可靠度、累积失效概率、平均寿命等衡量可靠性高低的特征量。

系统可靠性不仅取决于组成系统的单元的可靠性，而且也取决于组成单元的相互组合方式。系统的可靠性设计主要包括可靠性预计和可靠性分配两方面的内容。在系统可靠性设计中介绍系统可靠性模型的类型以及可靠性预计和可靠性分配的方法。

在可靠性设计方法中介绍了一种可靠性设计的基本原理，即应力–强度干涉理论，在此基础上可以完成常见的机械零件的静强度设计。此外，本篇还介绍了降额设计、简化设计、余度技术、容错技术等提高系统可靠性的方法和措施。

一、可靠性问题的提出

随着工业技术的发展，产品性能参数日益提高，结构日趋复杂，产品的使用场所更加广泛，环境更为严酷，因此，产品的可靠性问题越来越突出，可靠性已成为衡量产品质量的一项重要标准。目前，可靠性设计方法已是现代设计方法的重要组成部分之一，逐渐成为产品质量保证、安全性研究和产品质量预防措施的不可缺少的依据和手段，它比常规设计方法更能反映事物的本质。

人们对可靠性的认识，经历了一段从开始的定性认识到现在进入定量的系统研究的漫长发展过程。可靠性的诞生可以追溯到20世纪40年代，即第二次世界大战期间。当时，由于战争的需要，迫切要求对飞机、火箭及电子设备的可靠性进行研究。德国的技术人员在V-1火箭的研制中，提出了火箭系统的可靠度等于所有元器件可靠度乘积的理论，即把小样本问题转化为大样本问题进行研究。第二次世界大战期间，美国运往远东的作战飞机上的电子设备有60%在到达时发现已经损坏，美国空军因飞行故障引起的事故而损失的飞机比被击落的多1.5倍。在20世纪50年代初期，不可靠的电子设备不仅影响作战能力，而且显著提高维修保障费用，如当时军用电子设备的年维修费用为成本的2倍，这引起了美国军方的高度重视。1952年美国国防部成立了“电子设备可靠性顾问委员会”(AGREE, Advisory Group on Reliability of Electronic Equipment)。该机构对电子产品的设计、试制、生产、试验、储存、运输、使用等方面的可靠性问题，作了全面的调查研究，并于1957年发表了著名的“军用电子设备的可靠性报告”，提出了对产品进行试验和鉴定的方法，从而使该报告成为美国可靠性工程发展的奠基性文件。其后，可靠性在军工、宇航、汽车、建筑和电力工业等领域的应用取得了很大成功，可靠性技术逐渐发展成为一门独立的工程学科。其他国家的民用机电设备，如矿山机械、工程机械、汽车、拖拉机以及发电设备等，经常出现故障状态而不能正常使用的比例也很高。这些事实同样引起世界各国对可靠性问题的高度重视，产品可靠性和维修性的研究随之兴起。除美国外，苏联在20世纪50年代后期就开始了可靠性研究，日本在1958年成立了“可靠性研究委员会”，在20世纪60年代中期，又成立了“电子元件可靠性中心”，法国1962年在国立电讯研究中心建立了可靠性中心，1965年，国际电子技术委员会IEC设立了“可靠性技术委员会”协调有关可靠性的术语、定义和测量方法。由于重视了对可靠性的研究，制定了各种可靠性技术标准，并且与产品质量保证工作结合起来，取得了显著的效果。据日本统计资料介绍，从1971～1981年的10年中，电子产品可靠性水平提高了1～3个数量级，工程机械类产品平均无故障工作时间提高了3倍。

国内对可靠性的研究在近十年来也加快了步伐，电子和航空航天部门的可靠性研究工作开展较早，并已初见成效。1990年我国机械电子工业部印发的《加强机电产品设计工作的规定》中明确指出：可靠性、适应性、经济性三性统筹作为我国机电产品设计的原则。军工产品可靠性已纳入国家军用标准《装备研制与生产的可靠性通用大纲》(GJE 450—88)之中。民用产品，如汽车、彩电以及仪表行业等，由于加强了可靠性管理，平均无故障工作时间大幅度增长。但是，与国外相比，我国产品的可靠性普遍偏低。例如，仪表、气液元件、低压电器的平均无故障工作时间低于国外同类产品一至两个数量级；拖拉机和工程机械是国外的1/3～1/2，甚至1/10；某同类型的国产仪表和日本仪表在同样工作条件下，故障率之比为9∶1。如今，可靠性的观点和方法已经成为我国工程技术人员所必须掌握的现代设计方法中重要内容之一。

目前，世界各国相继投入大量人力、物力进行可靠性的研究，并在众多的领域里广泛推广应用的主要原因有以下几个方面：

(1)由于市场竞争激烈，产品更新快，许多新元件、新材料、新工艺等未及成熟试验就被采用，因而造成故障。

(2)由于科学技术的发展，机电设备朝着大型精密高技术和复杂化方向发展，设备的零部件数目越来越多，个别零部件的失效使性能下降到规定水平以下都会带来巨大的损失，甚至是灾难性的后果。例如，1986 年 1 月 28 日，美国航天飞机“挑战者”号由于 1 个密封圈失效，起飞 76 s 后爆炸，致使 7 名宇航员丧生，造成 12 亿美元的经济损失。

(3)提高产品的可靠性，可以减少产品责任赔偿案件的发生，以及其他处理产品事故的费用支出，避免不必要的经济损失。据 1975 年美国质量管理学会月刊估计，当年因产品责任的赔偿金额高达 500 亿美元。近年来，产品责任诉讼判决的赔偿越来越大，甚至一次责任赔偿可能使一个工厂破产。

(4)提高产品的可靠性，可以提高产品质量，降低产品的总费用，增强企业竞争力，扩大产品销路，从而获得较大的经济效益和社会效益。

综上可知，可靠性工程的诞生、发展是社会的需要，与科学技术的发展，尤其是电子技术的发展是分不开的。可靠性已是产品市场竞争的重要指标，是影响产品价格的一个重要因素，是投标和验收的重要内容。在国外，产品可靠性指标是生产厂的技术保密内容之一。

二、可靠性的基本概念

根据国家标准规定，可靠性是指产品在规定的条件下和规定的时间内，完成规定的功能的能力。显然，可靠性的定义包含了以下四个要点。

(一)产品

这里的产品是广义的，可以是任何元器件、设备和系统。系统的概念也是相对的，可以是非常复杂的产品，也可以是一个简单的零件。例如，汽车可看做一个系统，其中的发动机、变速箱或者某个零件都可以看做分系统或基本单元。应该指出，系统不仅包括硬件(系统本身)，而且包括软件和人的因素(此时称为人–机系统)在内。

(二)规定的条件

规定的条件是指产品所处的使用环境和工作条件，包括机械条件、气候条件、生物条件、物理条件和使用维护条件等。由于这些条件对产品失效都有影响，条件变化了，产品可靠性也随之发生变化。例如，同一型号的汽车在高速公路与崎岖的山路上行驶，工作条件不同，其可靠性的表现就有很大不同。因此，要谈论产品的可靠性必须指明规定的条件是什么。

(三)规定的时间

规定的时间是指产品执行任务的时间。随着产品任务时间的增加，产品出现故障的概率将增加，而产品的可靠性将是下降的。在同一工作条件下，保持的时间越长可靠性越高。因此，可靠性本身就是时间的函数，评价产品的可靠性离不开规定的任务时间。这里的时间是广义的，不同类型的产品对应的时间单位可能不同。时间单位可以是年、月、日、时、分、秒，也可以是工作的次数(如继电器)、循环次数(如发动机)、行驶里程(如汽车)等。所以，在讨论一种产品的可靠性时，必须指明是多长时间内的可靠性，离开了时间谈可靠性是毫无意义的。

(四)规定的功能

规定的功能是指产品设计文件上规定产品具备的功能及其技术指标。例如，汽车的功能是运输，机床的功能是加工零件，洗衣机的功能是洗衣服。产品规定的功能是判断产品是否失效的依据。产品丧失规定功能的现象称为发生故障或功能失效，反之称为可靠。功能有主次之分，失效也有主次之分，因此在研究产品可靠性时，必须明确功能失效。例如，齿轮传动的任务是传递运动和动力，当齿轮折断不能完成规定的功能，称为失效；当齿面产生一定磨损，如果技术标准要求高，可算是失效，如果技术标准放宽，也可不算是失效。因此，产品的失效与否，在某种意义上讲有一定的相对性，对于具体的产品，失效的分类和判据应有明确的规定和划分。

从以上定义可以看出，可靠性具有如下特点：

(1)可靠性尺度具有多指标性。在不同的场合和不同的情况下，可用不同的指标来表示系统的可靠性。

(2)可靠性尺度具有随机性。对象在规定的时间内保持正常功能的可靠性是随机的，一般用概率方法进行衡量。

(3)可靠性具有定量表示的时间性，即定量指标多是时间的函数。

综上可知，在分析评价产品的可靠性时，必须明确产品的规定条件、规定时间、规定功能分别是什么，才能给出明确的产品故障判据，如果离开了这 3 个“规定”，就失去了衡量可靠性高低的前提。在可靠性定义中有 2 个规定具有数值的概念。一个数值是“规定的时间”，它是具有一定寿命的数值概念，不能认为寿命愈长愈好，要有一个最经济有效的使用寿命。另一个数值是“规定的功能”，它说的是保持功能参数在一定界限值之内的能力，不能任意扩大界限值的范围。

三、可靠性的研究内容

可靠性作为一门涉及面很广的工程学科，它有自己的体系、方法和技术，已经逐渐形成一些独立分支，主要包括以下几个方面。

(一)可靠性数学

可靠性数学是研究与解决各种可靠性问题的数学方法和数学模型，属于应用数学范畴，涉及概率论、数理统计、随机过程、运筹学及拓扑科学等学科，应用于可靠性的数据收集、分析、系统设计及寿命试验等方面。

(二)可靠性物理

可靠性物理又称失效物理，研究失效的物理原因与数学物理模型、检测方法、纠正措施的一门可靠性理论。它使可靠性工程从数理统计方法发展到以理化分析方法为基础的失效分析方法，它是从本质上、机制上探究产品不可靠因素，从而为研究高可靠性的产品提供科学依据。

(三)可靠性工程

可靠性工程是对产品的失效及其发生概率进行统计分析，对产品进行可靠性设计、可靠性预计、可靠性管理、可靠性试验、可靠性评估、可靠性检验、可靠性控制、可靠性维修等的一门包含了许多工程技术的边缘性的工程学科。从而，在设计过程中挖掘和确定隐患(和薄弱环节)，并采取设计预防措施和设计改进措施有效地消除隐患(和薄弱环节)。

可靠性设计是指在产品的开发设计阶段，将载荷、强度等有关设计变量及其影响因素作为随机因素，应用可靠性数学理论与方法，使所设计的产品满足预期的可靠性要求。产品的可靠性设计的主要内容包括建立可靠性模型，进行可靠性预计、可靠性分配，以及选择和控制零部件的可靠性指标，确定可靠性关键部件等。

可靠性试验是通过试验测定和验证产品的可靠性，研究在有限的样本、时间和使用费用下，如何获得合理的评定结果，找出薄弱环节，提出改进措施，以提高产品的可靠性。

可靠性评价是指对零件及系统的失效模式、影响及危害性分析、概率风险等进行评价。

可靠性管理是指完善可靠性组织结构，规划出可靠性工作组的目标，制定出相应的流程，规范可靠性工作，监督可靠性工作的实施，培训可靠性知识，增强质量意识，规避设计风险。

可靠性数学、可靠性物理和可靠性工程三方面相互渗透、相互联系，因此可以说可靠性是一门综合性的新学科，在电子工业、机械工业等领域得到了广泛的应用。

第二节　可靠性设计的特点和方法

可靠性设计方法与传统设计方法的区别在于考虑了设计变量的离散性及系统中各组成单元的功能概率关系，并以可靠度、失效率等可靠性指标作为设计目标参数，从产品设计一开始就引入可靠性技术，并贯穿于设计、生产和使用全过程的始终，以得到预期可靠度的产品。

一、传统的机械设计与机械可靠性设计的相同点

传统的机械设计与机械可靠性设计，都是以零件或机械系统的安全与失效作为其主要研究内容。传统的机械设计采用确定的许用应力法和安全系数法研究、设计机械零件和简单的机械系统，这是广大工程技术人员很熟悉的设计方法。而机械可靠性设计，又称机械概率设计，是以非确定性的随机方法研究、设计机械零件和机械系统。它们共同的核心内容都是针对所研究对象的失效与防失效问题，建立起一整套的设计计算理论和方法。在机械设计中，不论是传统设计还是概率设计，判断一个零件是否安全都是将引起失效的一方，如零件中的载荷、应力或变形等，与抵抗失效能力的一方，如零件的许用载荷、许用应力或许用变形等，加以对比来判断的。

如果零件失效应力为 s，可以采用多元函数广义描述为

$$s = f(s_1, s_2, \cdots, s_n) \tag{8-1}$$

其中，$s_1, s_2, \cdots, s_n$ 表示影响失效的各项因素，如力的大小、力的作用位置、应力集中与否、环境因素等。

如果零件抵抗失效强度为 r，可以采用多元函数广义描述为

$$r = g(r_1, r_2, \cdots, r_n) \tag{8-2}$$

其中，$r_1, r_2, \cdots, r_n$ 表示影响零件强度的各项因素，如材料性能、表面质量、零件尺寸等。

显然，若强度大于应力，即 $r-s>0$，表示零件处于安全状态；若强度小于应力，即 $r-s<0$，表示零件处于失效状态；若强度等于应力，即 $r-s=0$，表示零件处于极限状态。

因此，传统的机械设计和机械可靠性设计的共同设计原理可表示为

$$s = f(s_1, s_2, \cdots, s_n) \leqslant g(r_1, r_2, \cdots, r_n) \tag{8-3}$$

上式(8-3)表示了零件完成预期功能所处的状态，因此也称为状态方程。不论是传统的机械设计还是机械可靠性设计，都是以式(8-3)所表示的零件或系统各种功能要求的极限状态和安全状态作为设计依据，以保证零件在预期的寿命内正常运行。

二、传统的机械设计与机械可靠性设计的不同点

(一)设计变量的属性不同

传统的机械设计方法，把影响零件工作状态的设计变量，如应力、强度、安全系数、载荷、零件尺寸、环境因素等，都处理成确定性的单值变量。而描述状态的数学模型，即变量与变量之间的关系，可通过确定性的函数进行单值变换。这种把设计变量处理成单一确定值的方法，称为确定性设计法。

机械可靠性设计方法认为作用在零件上的载荷(广义的)和材料性能都不是确定值，而是随机变量，具有明显的离散性质，它们都服从一定的概率分布。这些变量间的关系，可通过概率函数进行多值变换，得到应力和强度的概率分布。这种运用随机方法对设计变量进行描述和运算的方法，称为非确定性概率设计方法。

(二)设计变量运算方法的不同

在传统的机械设计方法中，变量之间是通过实数的代数运算，可得到确定性的单位变换。在机械可靠性设计方法中，由于设计变量是非确定性的随机变量，因此，它们均服从一定的分布规律，所以必须用概率统计的方法求解。

(三)设计准则含义的不同

在传统的机械设计中，判断一个零件是否安全，是以危险断面的计算应力σ是否小于许用应力$[\sigma]$，计算安全系数 n 是否大于许用安全系数$[n]$来决定的，相应的设计准则为

$$\begin{cases}\sigma \leqslant [\sigma] \\ n \geqslant [n]\end{cases} \tag{8-4}$$

传统机械设计中，式(8-4)表示零件的强度储备和安全程度，是一个确定不变的量，未能定量反映影响零件强度的许多非确定因素，因而不能回答零件在运行中有多大可靠程度。

在可靠性设计中，由于应力 s 和强度 r 都是随机变量，因此，判断一个零件是否安全可靠，是以强度 r 大于应力 s 所发生的概率来表示的。其设计准则为

$$R(t) = P(r > s) \geqslant [R] \tag{8-5}$$

式中，$R(t)$表示零件在运行中的可靠度，它是零件工作时间的函数，是以强度 r 超过应力 s 的概率来衡量的。$[R]$是零件的许用可靠度，表示零件在规定的时间内、规定的条件下满足设计要求(即规定的功能)的一种能力。

(四)提高产品安全程度的措施不同

在传统的机械设计方法中，一般都是通过增大零件尺寸来降低工作应力，保证安全系数的。机械可靠性设计方法不仅关注应力与强度这两个随机变量的均值，同时也关注两个随机变量的分散性。机械可靠性设计中可以通过减少材料、结构性能的分散性来降低发生失效的概率。

综上可见，传统设计是确定性的设计，没有考虑对象的不确定性质，不能反映客观实际情况。计算中要求安全系数大于许用安全系数，就认为是安全的，但安全系数是一系列无法定量表示的随机因素，它仍然是一个未知系数。因此，这种传统设计方法有较大的经验性和盲目性。可靠性设计方法是运用概率论和数理统计知识以随机方法分析研究系统和零件在运行状态下的随机规律和可靠性，不仅能揭示对象的本来面貌，而且更能全面地提供设计信息。实践表明，可靠性设计比传统设计能更有效地处理设计中的一些问题，带来更大的经济利益。

习 题

[8-1] 可靠性的定义是什么？其中规定的条件、规定的时间、规定的功能的意义是什么？

[8-2] 可靠性的研究内容有哪些？

[8-3] 简述可靠性设计与传统设计的相同点和不同点。

第九章　可靠性的数理基础

第一节　可靠性的特征量

由第八章可知，可靠性是产品在规定的条件下和规定的时间内，完成规定的功能的能力。衡量产品可靠性的各种量称为可靠性特征量。常见的可靠性的特征量有可靠度、累积失效概率、失效概率密度、失效率、平均寿命、维修度、有效度、重要度等。

一、可靠度

产品的可靠度表示产品在规定的条件下，在规定的时间内，完成规定的功能的概率。通常它是规定的时间 t 的函数，故也称为可靠度函数，记作 $R(t)$，其数学表达式描述为

$$R(t)=P(T>t)\,,\quad t>0 \tag{9-1}$$

式中　t——表示规定的时间；

T——表示产品的寿命，它是一个随机变量，指产品从开始工作到发生故障的时间；

$R(t)$——表示在规定的时间内完成规定的任务的产品占全部工作产品累积起来的百分比。

设有 N 个相同的产品在相同的条件下，从 $t=0$ 开始工作，到任一给定的工作时间 t 时，有 $N_f(t)$ 个产品失效(或故障)，剩余 $N_s(t)$ 个产品仍能正常工作，则产品在任意时刻 t 的可靠度的观测值为

$$\hat{R}(t)=\frac{N_s(t)}{N}=\frac{N-N_f(t)}{N}=1-\frac{N_f(t)}{N} \tag{9-2}$$

当 $N\to\infty$ 时，则有

$$R(t)=\lim_{N\to\infty}\hat{R}(t) \tag{9-3}$$

因为 $0\leqslant N_s(t)\leqslant N$，所以 $0\leqslant R(t)\leqslant 1$。

例如，有 1 000 个某种零件，在工作了 10 年后，有 50 个发生了故障，其余950个零件仍能够继续工作，则该零件工作 10 年的可靠度为

$$R(10)=\frac{950}{1\,000}=0.95$$

二、累积失效概率

累积失效概率是指在规定的条件下和规定的时间内，产品功能失效的概率。它就是产品寿命的分布函数，也称为不可靠度，记作 $F(t)$。一般情况下，产品累积失效概率也是时间的函数，称为累积失效概率函数，其数学表达式描述为

$$F(t)=P(T\leqslant t)\,,\quad t>0 \tag{9-4}$$

这个函数表示产品的寿命 T 比规定时间 t 短的概率，也就是产品在时间 t 以前发生故障

的概率。显然可靠度 $R(t)$与累积失效概率 $F(t)$构成一个完整的事件，根据概率互补定理可知

$$R(t)+F(t)=1 \tag{9-5}$$

三、失效概率密度

失效概率密度为单位时间内的失效概率，记作 $f(t)$，其观测值为产品在时间 t 到 $t+\Delta t$ 的时间间隔内，单位时间内失效的概率，数学表达式描述为

$$\hat{f}(t)=\frac{N_{\mathrm{f}}(t+\Delta t)-N_{\mathrm{f}}(t)}{N\cdot\Delta t} \tag{9-6}$$

式中　$N_{\mathrm{f}}(t)$——N 个产品工作到时刻 t 的失效数；

$N_{\mathrm{f}}(t+\Delta t)$——$N$ 个产品工作到时刻 $t+\Delta t$ 的失效数。

当 $\Delta t\to 0$，$N\to\infty$ 时，

$$f(t)=\lim_{\substack{\Delta t\to 0\\ N\to\infty}}\hat{f}(t)=\frac{\mathrm{d}F(t)}{\mathrm{d}t}=-\frac{\mathrm{d}R(t)}{\mathrm{d}t} \tag{9-7}$$

上式可改为

$$F(t)=\int_0^t f(t)\,\mathrm{d}t \tag{9-8}$$

当 $t\to\infty$ 时，

$$F(t)=\int_0^\infty f(t)\,\mathrm{d}t=\int_0^\infty\frac{\mathrm{d}F(t)}{\mathrm{d}t}\mathrm{d}t=\int_0^\infty\mathrm{d}F(t)=1 \tag{9-9}$$

因此，

$$R(t)=1-F(t)=\int_t^\infty f(t)\,\mathrm{d}t \tag{9-10}$$

综上可知，$R(t)$、$F(t)$与 $f(t)$的关系曲线如图 9-1 所示，以预期寿命 t 为界，将 $f(t)$曲线下的面积分为两部分，左侧面积为失效概率 $F(t)$，右侧面积为可靠度 $R(t)$。随着预期寿命 t 的增大，失效概率 $F(t)$增大，可靠度 $R(t)$减小，并且失效概率密度函数曲线 $f(t)$与横轴所夹的总面积为 1，即 $R(t)+F(t)=1$。

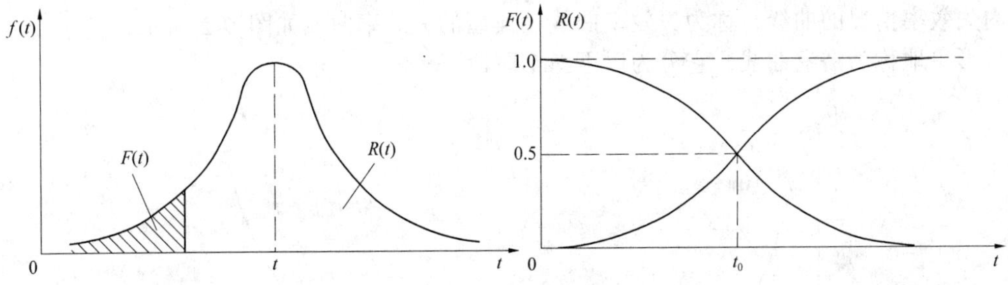

图 9-1　$R(t)$、$F(t)$与 $f(t)$的关系曲线

四、失效率

失效率又称为故障率，表示产品工作到某一时刻 t 时尚未失效的产品，在时刻 t 以后单位时间内发生故障的概率。它也是时间 t 的函数，记作 $\lambda(t)$，又称为失效率函数。

根据定义，失效率表示在时刻 t 尚未失效的产品在 $t+\Delta t$ 的单位时间内发生失效的条件概率，即

$$\lambda(t)=\lim_{\Delta t\to 0}\frac{P(t<T\leqslant t+\Delta t|T>t)}{\Delta t} \tag{9-11}$$

其观测值为在时刻 t 以后的单位时间内发生失效的产品数与工作到该时刻尚未失效的产品数之比，即

$$\hat{\lambda}(t)=\frac{N_f(t+\Delta t)-N_f(t)}{\left(N-N_f(t)\right)\Delta t} \tag{9-12}$$

例如，100 个某种零件工作了 6 年失效了 27 个零件，工作了 7 年失效了 39 个零件，单位时间为年，则 t=6 年时的失效率为

$$\lambda(6)=\frac{N_f(t+\Delta t)-N_f(t)}{\left(N-N_f(t)\right)\Delta t}=\frac{39-27}{(100-27)\times 1}=0.164\ (\text{年}^{-1})$$

当 $\Delta t\to 0$，$N\to\infty$ 时，式(9-12)则有

$$\lambda(t)=\lim_{\substack{\Delta t\to 0\\ N\to\infty}}\hat{\lambda}(t)=\lim_{\substack{\Delta t\to 0\\ N\to\infty}}\frac{N_f(t+\Delta t)-N_f(t)}{\left(N-N_f(t)\right)\Delta t} \tag{9-13}$$

整理可得

$$\lambda(t)=\frac{f(t)}{R(t)} \tag{9-14}$$

又知

$$f(t)=-\frac{\mathrm{d}R(t)}{\mathrm{d}t}$$

对式(9-14)两边分别从 0 到 t 进行积分，整理后得

$$R(t)=\exp[-\int_0^t\lambda(t)\,\mathrm{d}t] \tag{9-15}$$

式(9-15)为可靠度函数 $R(t)$的一般方程，当$\lambda(t)$为常数时，就是我们常用到的指数分布可靠度函数表达式。

综上可知，某时刻的失效率可以理解为在某时刻 t，现有零件完好的前提下，某零件失效的危险程度，它表明在下一个单位时间内，当前完好的零件中将以多大的概率失效。显然，随着时间的延长，即最末的失效率必然趋向于无穷大。

如果用横坐标表示时间 t，纵坐标表示失效率 $\lambda(t)$，则可以绘制出反映产品在整个寿命内失效率情况的曲线，称为失效率曲线。典型的失效率曲线如图 9-2 所示，这个曲线经常被形象地称为浴盆曲线，它分为以下三个阶段。

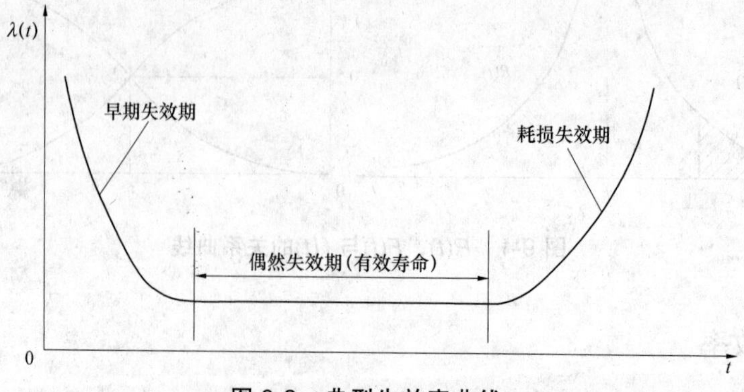

图 9-2　典型失效率曲线

(一)早期失效期

早期失效期是在产品投入使用的初期，产品的失效率由很高的数值急剧地下降。这一阶段产品失效主要是由设计、制造、储存、运输等过程中形成的缺陷，以及调试、跑合、起动不当等人为因素造成的。这种缺陷在投入使用后很容易暴露出来。因此，为提高产品早期失效期的可靠性，在产品出厂前进行严格的测试，查找失效原因，并采用各种措施发现隐患和纠正缺陷。

(二)偶然失效期

偶然失效期是在产品使用一段时间后，产品的失效率降到一个较低的水平，且基本稳定，可以近似为一个常数。这一阶段产品失效主要由非预期的过载、误操作、维护缺陷等随机因素造成。产品可靠性指标所描述的也就是这个阶段，该阶段是产品的良好使用阶段。在产品使用过程中，人们总是希望延长这一阶段，通过提高可靠性设计质量、改进设备使用管理、加强监视诊断和维护保养等工作，可使产品的失效率降低到最低水平，延长产品的使用寿命。

在该阶段，产品失效率近似为一个常数，即$\lambda(t)=\lambda$(常数)。由可靠度的计算公式(9-15)可知$R(t)=e^{-\lambda t}$，这表明元件的可靠度与元件的失效率成指数关系。

(三)耗损失效期

耗损失效期出现在产品使用的后期，其特点是产品的失效率迅速上升。这一阶段产品失效主要由产品老化、疲劳、磨损、蠕变、腐蚀等因素造成。应该注意检查、监控、预测耗损开始的时间，采取定时的维修、更换等预防性措施，可以降低产品的失效率，延长产品的使用寿命。

应该指出，并非所用产品的失效率曲线都可以划分成明显的三个阶段。系统的失效率曲线、电子元件的失效率曲线、机械零件的失效率曲线、软件的失效率曲线分别有各自的特征。例如，高质量的电子产品的失效率曲线可以明显地划分为上述三个阶段，并且在偶然失效期内基本是一条平直的直线，如图 9-3 所示。机械零件的失效率曲线，没有明显的偶然失效期，如图 9-4 所示，原因在于机械零件的主要失效形式如疲劳、磨损、腐蚀及蠕变等都属于典型的损伤累积失效，而且影响因素复杂。所以随着时间的延长，失效率是递增的。在调试或运行的初期，由于材料的严重缺陷，或者在制造工艺过程中(如铸造、焊接、热处理等)造成内部缺陷，使得少数零件一旦承受载荷就很快失效，因而出现一定的失效率，但和电子元件相比，它要小很多。随后，零件进入正常使用期，但由于损伤不断积累，所以失效率不断增大。

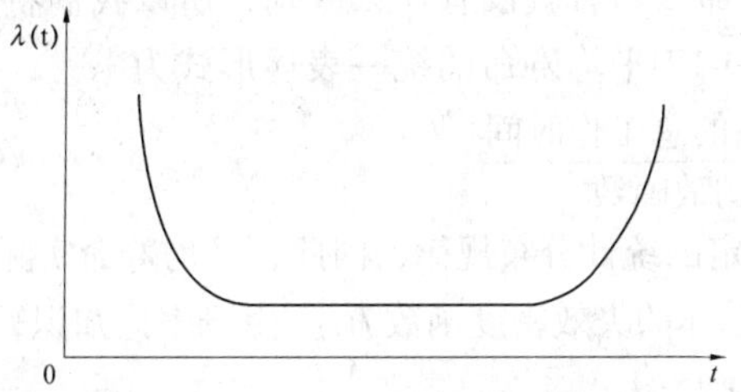

图 9-3　电子产品的失效率曲线

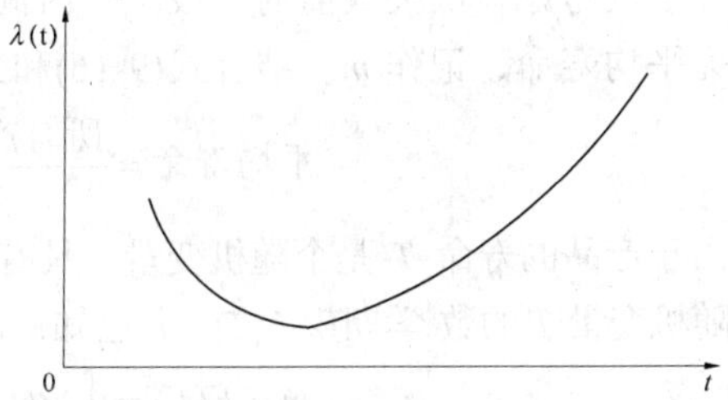

图 9-4　机械零件的失效率曲线

综上可知，产品的可靠性特征量$R(t)$、$F(t)$、$f(t)$、$\lambda(t)$都是相互联系的，已知其中之一，便可以求出其余 3 个，其相互关系见表 9-1。需要指出，可靠度 $R(t)$和 $F(t)$都没量纲，通常以小数或百分数表示。失效概率密度 $f(t)$和失效率$\lambda(t)$的量纲为(1/h)，表示单位时间内失效数。常用的失效率$\lambda(t)$单位还有 10^{-3}/h、10^{-6}/h，对高可靠性则可用 10^{-9}/h 作为单位。例如，某产品的失效率$\lambda=0.003/10^3\text{h}=0.3\times10^{-5}/\text{h}$，表示 10 万个产品中，每小时有 0.3 个产品失效。

表 9-1　可靠性基本特征量关系

特征量	$R(t)$	$F(t)$	$f(t)$	(t)
$R(t)$	—	$1-F(t)$	$\int_t^{\infty} f(t)\mathrm{d}t$	$\mathrm{e}^{-\int_0^t \lambda(t)\mathrm{d}t}$
$F(t)$	$1-R(t)$	—	$\int_0^t f(t)\mathrm{d}t$	$1-\mathrm{e}^{-\int_0^t \lambda(t)\mathrm{d}t}$
$f(t)$	$-\frac{\mathrm{d}R(t)}{\mathrm{d}t}$	$\frac{\mathrm{d}F(t)}{\mathrm{d}t}$	—	$\lambda(t)\mathrm{e}^{-\int_0^t \lambda(t)\mathrm{d}t}$
$\lambda(t)$	$-\frac{\mathrm{d}R(t)}{R(t)\mathrm{d}t}$	$\frac{\mathrm{d}F(t)}{[1-F(t)]\mathrm{d}t}$	$\frac{f(t)}{\int_t^{\infty} f(t)\mathrm{d}t}$	—

五、平均寿命

在产品的寿命指标中，最常用的是平均寿命。平均寿命是指一批类型、规格相同的产品从投入工作到发生失效(或故障)的平均时间，它是一个标志产品平均能工作多长时间的特征量。

对于不可修复产品，平均寿命是指产品从投入使用到发生失效的平均时间，记作 MTTF(Mean Time To Failure)，其数学表达式描述为

$$m=\text{MTTF}=\frac{t_1+t_2+\cdots+t_N}{N}=\frac{1}{N}\sum_{i=1}^{N}t_i \tag{9-16}$$

式中　t_i——N 个产品中从开始使用到发生失效的时间。

对于可修复产品，平均寿命是指相邻两次故障间的平均工作时间，记作 MTBF(Mean Time Between Failures)，其数学表达式描述为

$$m=\text{MTBF}=\frac{1}{\sum_{i}^{N}n_i}\sum_{i=1}^{N}\sum_{j=1}^{n_i}t_{ij} \tag{9-17}$$

式中　t_{ij}——第 i 个零件的第 j 次故障间隔时间；

n_i——第 i 个零件的故障数；

N——零件的总数。

如果仅考虑首次失效前的一段工作时间，那么两者就没有什么区别，所以我们将两者统称为平均寿命，记作 m。结合式(9-16)和式(9-17)平均寿命的统一表述形式为

$$\text{平均寿命}=\frac{\text{所有产品的总工作时间}}{\text{总的故障数}} \tag{9-18}$$

由于产品的寿命 T 是个随机变量，具有确定的统计分布规律，因此，平均寿命实际上是这个随机变量 T 的数 学期望 $E(T)$。若已知产品总体的失效密度函数 $f(t)$，由概率论知识，则有

$$m=E(T)=\int_0^{\infty}tf(t)\mathrm{d}t$$

$$m=\int_0^{+\infty}tf(t)\mathrm{d}t=\int_0^{+\infty}t\,\mathrm{d}F(t)=-\int_0^{+\infty}t\,\mathrm{d}R(t)$$

$$=-tR(t)\Big|_0^{+\infty}+\int_0^{+\infty}R(t)\mathrm{d}t=\int_0^{+\infty}R(t)\mathrm{d}t \tag{9-19}$$

由此可见，将可靠度函数在[0,+∞]区间上进行积分，可以得到产品总体的平均寿命，其几何意义是：可靠度函数 $R(t)$曲线与时间轴所夹的面积。

应该指出，在可靠性设计中，与寿命相关的概念还有可靠寿命和中位寿命。可靠寿命是指产品可靠度 $R(t)$为给定值时产品的工作时间。当可靠度 $R(t)=0.5$ 时，产品的可靠寿命，称为中位寿命。

六、维修度

维修度是指可以维修的系统、机器或零部件等在规定的条件下和规定的时间内完成维修的概率，记作 $M(t)$，其数学表达式描述为

$$M(t)=P(T\leqslant t)=\int_0^t m(t)\,\mathrm{d}t \tag{9-20}$$

式中　$m(t)$——维修时间的概率密度函数。

产品在任意时刻 t 的维修度观测值为

$$\hat{M}(t)=\frac{n_{\mathrm{s}}(t)}{n} \tag{9-21}$$

式中　n——投入维修的产品数；

$n_{\mathrm{s}}(t)$——t 时刻已经维修的产品数。

维修度 $M(t)=0.90$ 的含义是指在 t 时刻内 100 件在维修的产品至少有 90 件能被修复，或对单件在修产品而言，到 t 时刻能修复的可能性达到 90%。

显然，维修度与可靠度一样都是时间的函数，且都是用概率来度量的，但它们之间具有不同点，其相互关系如图 9-5 所示，维修度主要受维修设备、维修技术人员水平、维修条件等 3 个因素影响。

七、有效度

有效度是将可靠度与维修度综合起来的一个可靠性评价尺度。它表示系统、机器或零件在规定的使用条件下使用时，在任意时刻正常工作的概率。一般对可修产品的可靠度，若发生故障但能在规定的时间内修复后又能正常工作，从而使系统、机器或零部件处与正常工作的概率增大，系统长时间使用的平均有效度可以用时间系数表示，即

$$\text{有效度}A=\frac{\text{可工作时间}}{\text{可工作时间}+\text{故障停机时间}} \tag{9-22}$$

可靠度、维修度和有效度的关系，如图 9-6 所示。

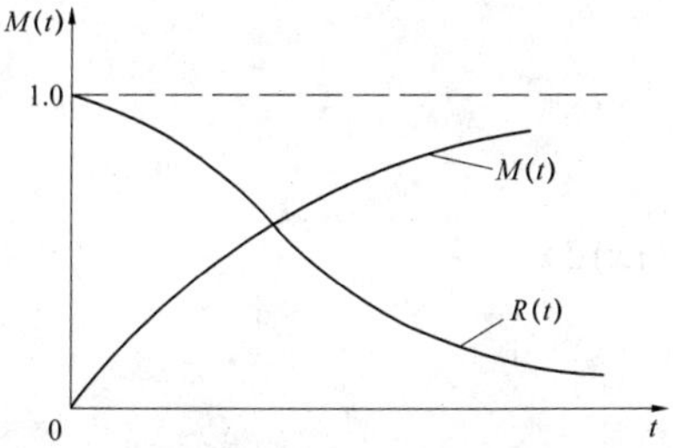

图 9-5　可靠度与维修度比较曲线

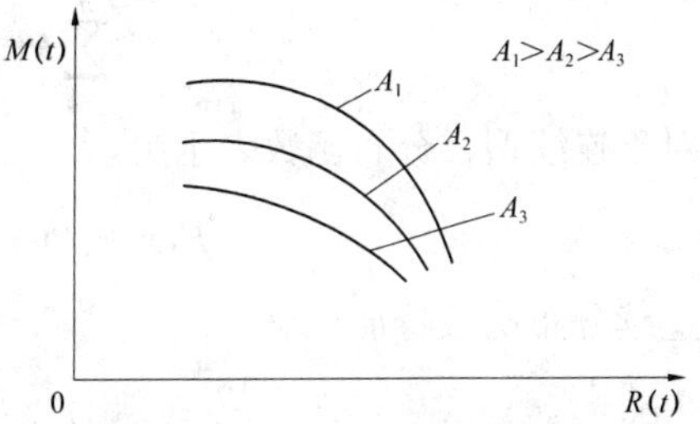

图 9-6　可靠度、维修度和有效度的关系

八、重要度

重要度是指系统或机器的某构成部分发生故障时，能引起系统或机器发生故障的概率，用下式表示

$$\text{重要度}E=\frac{\text{系统某部分故障引起系统故障次数}}{\text{系统某部分的故障发生次数}} \tag{9-23}$$

当 E=1，表示该组成部分发生故障时，系统必将丧失工作能力；当 E=0 时，表示该组成部分发生故障时，不影响系统正常工作；当 $0<E<1$时，表示该组成部分发生故障时，系统以相应的概率发生故障。掌握系统或机器的某构成部分的重要度，对于系统可靠性预计和可靠性分配具有重要的意义。

第二节　可靠性常用的概率分布

产品的寿命是一个随机变量，具有一定的取值范围，服从一定的统计分布。如果知道分布规律，就可以运用概率统计知识很容易地处理可靠性的数据。可靠性参数的模型可采用许多标准型统计分布，不同情况下使用的特定统计分布取决于数据的性质。概率分布是描述随机变量不确定性的一种数学方法。由于随机变量可分为离散型和连续型，所以分布函数也相应地分为离散型和连续型两大类。常用的分布有二项分布、泊松分布、指数分布、正态分布、对数正态分布和威布尔分布等。

一、分布特征

由于随机变量可以分为离散型和连续型，一个随机变量如果只能取有限个离散的值，则称为离散型随机变量，如机器的故障数，产品的合格数与废品数等；一个随机变量如果在某一给定范围内取任意实数值，则称为连续型随机变量，如零件的载荷，材料的强度等。

对于离散型，若随机变量 X 取值 x_i 时的概率为 p_i，即

$$P(X=x_i)=p_i \quad (i=1,2,3,4,\cdots,n) \tag{9-24}$$

随机变量的分布函数为

$$F(x)=P(X\leqslant x)=\sum_{X_i\leqslant x}P(X=x_i)=\sum_{X_i\leqslant x}p_i \tag{9-25}$$

由概率理论知识可知，分布函数具有以下特征

$$0\leqslant P(X=x_i)\leqslant 1 \tag{9-26}$$

$$\sum_{i=1}^{n}P(X=x_i)=1 \tag{9-27}$$

对于连续型，分布函数表示为

$$F(x)=P(X\leqslant x)=\int_{-\infty}^{x}f(x)\,\mathrm{d}x \tag{9-28}$$

连续分布函数特征

$$f(x)\geqslant 0 \tag{9-29}$$

$$\int_{-\infty}^{\infty}f(x)\,\mathrm{d}x=1 \tag{9-30}$$

$$P(x_1 \leqslant X \leqslant x_2) = \int_{x_1}^{x_2} f(x)\,\mathrm{d}x = F(x_2) - F(x_1) \tag{9-31}$$

式中　$f(x)$——概率密度函数；

$F(x)$——累积分布函数。

根据可靠度函数和累积分布函数的互补定理，则有

$$R(x) = 1 - F(x) = 1 - \int_{-\infty}^{x} f(t)\,\mathrm{d}t = \int_{x}^{\infty} f(t)\,\mathrm{d}t \tag{9-32}$$

可靠性设计的随机变量的分布类型很多，确定随机变量服从何种分布的方法有两种：一种是根据其物理背景来定，产品的寿命分布与其承受的应力情况、结构特点及其物理、化学、机械性能有关。通过失效分析，证实产品的故障模式或失效机制与某种类型分布物理背景接近时，可以基本确定它的失效分布类型。另一种方法是通过可靠性试验以及使用情况，获取产品的失效数据，用统计推断的方法确定它属于何种分布。

二、常用概率分布

(一)离散型随机变量的分布

1. 二项分布

二项分布用于一次试验中只能出现两种结果的场合。例如，事件成功与失败，射击中的命中与未命中，质量检测中的次品与合格等。

若试验 E 只有两种可能的结果，分别用 A 与 $\overline{A}$ 表示，假设它们发生的概率分别为 $P(A) = p$，$P(\overline{A}) = q = 1 - p$，则在 n 次独立的重复试验中，事件 A 恰好发生 k 次的概率为

$$P(k) = C_n^k p^k q^{n-k} \tag{9-33}$$

如果用 X 表示 n 次重复试验中事件 A 发生的次数，显然 X 是一个随机变量，X 可能取值为 0，1，2，…，n，则随机变量 X 的分布规律为

$$P(X = k) = C_n^k p^k q^{n-k} \tag{9-34}$$

此时，随机变量 X 服从二项分布。随机变量 X 取值不大于 k 次的累积分布函数为

$$F(k) = P(X \leqslant k) = \sum_{i=0}^{k} C_n^i p^i q^{n-i} \tag{9-35}$$

随机变量期望 $E(X)$ 和方差 $D(X)$ 分别为

$$E(X) = \mu = np \tag{9-36}$$

$$D(X) = npq \tag{9-37}$$

即标准差为

$$\sigma = \sqrt{D(X)} = \sqrt{npq} \tag{9-38}$$

由此可见，对于二项分布，随机变量发生的期望值等于重复试验次数乘以发生概率，不发生的期望值就等于重复试验次数乘以不发生的概率。

[例 9-1]　现有 10 台机器，若每台机器失效概率为 0.1，求

(1)没有 1 台失效的概率；

(2)至少有 3 台失效的概率。

解 设 X 为失效的机器台数，则 X 服从二项分布，X 的分布规律为

$$P(X=k)=C_n^k p^k q^{n-k}$$

(1)没有 1 台失效的概率为

$$P(X=0)=0.9^{10}=0.348\,7$$

(2)至少有 3 台机器失效的概率为

$$\begin{aligned}P(X\geqslant 3)&=1-P(X=0)-P(X=1)-P(X=2)\\&=1-0.9^{10}-C_{10}^{1}\times 0.1\times 0.9^{9}-C_{10}^{2}\times 0.1^{2}\times 0.9^{8}\\&=0.07\end{aligned}$$

2. 泊松分布

使用二项分布时，如果每次试验次数 n 很大($n\geqslant 50$)，每次试验的失效概率 P 很小，并且 nP 为常数。若采用二项分布进行计算是非常复杂的，此时可以用泊松分布近似计算。泊松分布是可靠性分析中常用的一种分布形式，它是一种单参数离散型分布，其表达式为

$$P(X=k)=\frac{\mu^k}{k!}\mathrm{e}^{-\mu} \tag{9-39}$$

式中 $\mu=np=\lambda t$——为平均失效数，其中 λ 为失效率，t 为时间，λt 表示在时间 t 内发生平均失效数。

如果 n 次试验允许 k 次失效，随机变量 X 取值不大于 k 次的累积分布函数为

$$F(k)=P(X\leqslant k)=\sum_{i=0}^{k}\frac{\mu^i}{i!}\mathrm{e}^{-\mu} \tag{9-40}$$

可以证明，泊松分布的期望 $E(X)$ 和方差 $D(X)$ 分别为

$$E(X)=\mu \tag{9-41}$$

$$D(X)=\mu \tag{9-42}$$

[例 9-2] 某系统的失效率为常数，平均无故障工作时间为 1 000 h，在 1 500 h 的任务期内需要用备件更换，现有 3 个备件，问能达到的可靠度是多少？

解 平均无故障时间为 MTBF=1 000 h。

因为

$$\mathrm{MTBF}=\frac{1}{\lambda}$$

所以，失效率为

$$\lambda=\frac{1}{\mathrm{MTBF}}=\frac{1}{1\,000}=0.001/\mathrm{h}$$

在 1 500 h 的任务期内，零件失效数的均值为

$$\mu=\lambda t=0.001\times 1\,500=1.5$$

分析可知，当系统中有 3 个以下零件失效时均能保证系统正常工作。因此，所求可靠度即为无零件失效，有 1 个零件失效，有 2 个零件失效，有 3 个零件失效的累积概率，即

$$\begin{aligned}R&=P(X\leqslant 3)=\sum_{i=0}^{3}\frac{\mu^i}{i!}\mathrm{e}^{-\mu}\\&=\mathrm{e}^{-1.5}+1.5\mathrm{e}^{-1.5}+\frac{1.5^2}{2\times 1}\mathrm{e}^{-1.5}+\frac{1.5^3}{3\times 2\times 1}\mathrm{e}^{-1.5}=0.934\,4\end{aligned}$$

(二)连续型随机变量的分布

1. 指数分布

指数分布是可靠性工程中最常用的分布类型之一。如果产品寿命 X 的分布密度函数为

$$f(t)=\lambda \mathrm{e}^{-\lambda t} \qquad (t\geqslant 0,\lambda>0) \tag{9-43}$$

其分布函数为

$$F(t)=1-\mathrm{e}^{-\lambda t} \tag{9-44}$$

则称 X 服从参数为λ的指数分布，其中λ为常数，是指数分布的失效率。

失效率函数为

$$\lambda(t)=\frac{f(t)}{R(t)}=\lambda \tag{9-45}$$

指数分布的期望 $E(t)$和方差 $D(t)$分别为

$$E(t)=\frac{1}{\lambda}=m \tag{9-46}$$

$$D(t)=\frac{1}{\lambda^2}=m^2 \tag{9-47}$$

由上可知，对于指数分布，只要确定其单一参数λ(失效率)，可靠度函数就可以完全确定了。式(9-46)中 m 为产品平均寿命，由此可知，当产品寿命服从指数分布时，平均寿命 m 为失效率的倒数，由于 m 易于通过统计方法获取，所以常利用该特性来求失效率λ。当产品工作到 $t=m=1/\lambda$ 时，此时有 $R(t)=\mathrm{e}^{-1}=0.368$。这说明，在产品寿命服从指数分布时，只有36.8%的产品寿命超过平均寿命。因此，要提高产品的可靠性，必须使产品在远小于平均寿命的时间内工作，或者采取措施提高产品的平均寿命，这时产品才有实际应用价值。

指数分布的另一个显著特征是无记忆性，也就是说某产品经过一段时间 t_0后，仍然如同一个新产品一样，不影响将来的工作寿命的长短，即

$$P(T>t_0+t_1|T>t_0)=P(T>t_1) \tag{9-48}$$

式中　t_1——工作 t_0时间后继续工作的时间。

式(9-48)可利用概率统计理论中条件概率的相关知识证明，本书在此不作介绍，有兴趣的读者可参阅有关书籍。

[例 9-3]　设某元件的寿命 T 服从指数分布，其平均寿命为 5 000 h，试求其失效率为多少？若要求有 98%不出故障的可靠性，应如何选择连续工作的时间。

解　对于指数分布，其失效率为

$$\lambda=\frac{1}{m}=\frac{1}{5\,000}=0.000\,2/\mathrm{h}$$

若有 98%的概率不出故障，则有

$$R(t)=\mathrm{e}^{-\lambda t}=98\%$$

$$t=-\frac{\ln 0.98}{\lambda}=101\,\mathrm{h}$$

故元件要求有 98%的概率不出故障，该仪器连续工作时间不能超过 101 h。

2. 正态分布

正态分布也叫高斯分布，也是最常用的一种概率分布，它也属于连续型随机变量分布。正态分布的应用范围非常广泛，几乎渗透到每一项工程技术领域中。

正态分布的分布密度函数为

$$f(x)=\frac{1}{\sigma\sqrt{2\pi}}\exp[-\frac{1}{2}(\frac{x-\mu}{\sigma})^2] \qquad (-\infty<x<+\infty) \tag{9-49}$$

累积分布函数为

$$F(x)=\int_{-\infty}^{x}\frac{1}{\sigma\sqrt{2\pi}}\exp[-\frac{1}{2}(\frac{x-\mu}{\sigma})^2]\,\mathrm{d}x \tag{9-50}$$

由此可见，正态分布是一个双参数的连续分布，记作 $N(\mu,\sigma^2)$。其中μ为随机变量的数学期望(即均值)，表征随机变量分布的集中趋势；σ 为随机变量的标准差，即方差的开方，表征随机变量分布的离散程度。只要确定了正态分布的两个特征参数μ和σ，则整个正态分布的特征就确定了。

如图 9-7、图 9-8 所示，正态分布概率密度函数 $f(x)$曲线具有如下特征：

(1) $f(x)$曲线以 $x=\mu$为对称轴，且在 $x=\mu$处取最大值

$$f(\mu)=\frac{1}{\sigma\sqrt{2\pi}}$$

(2)当 $x\to\pm\infty$ 时，$f(x)\to 0$。

(3) $f(x)$曲线在 $x=\mu\pm\sigma$ 处有拐点，若以μ为中心，落入$\mu\pm\sigma$区间的概率为 68.27%，落入$\mu\pm 2\sigma$区间的概率为 95.45%，落入$\mu\pm 3\sigma$区间的概率为 99.73%，也就是说这个概率已极其接近于 1，可以认为随机变量值落入$\mu\pm 3\sigma$中几乎是一必然事件。落入$\mu\pm 3\sigma$区间以外的概率为 0.27%，在一般工程计算中可以忽略不计。通常将正态分布的这种概率法称为“3σ法则”。

(4) $f(x)$曲线以 x 轴为渐进线，且有 $\int_{-\infty}^{+\infty}f(x)\,\mathrm{d}x=1$。

(5)当仅改变μ时，$f(x)$曲线左右平移，且不改变形状；当仅改变σ时，$f(x)$曲线对称轴不变，但分散程度有所改变。

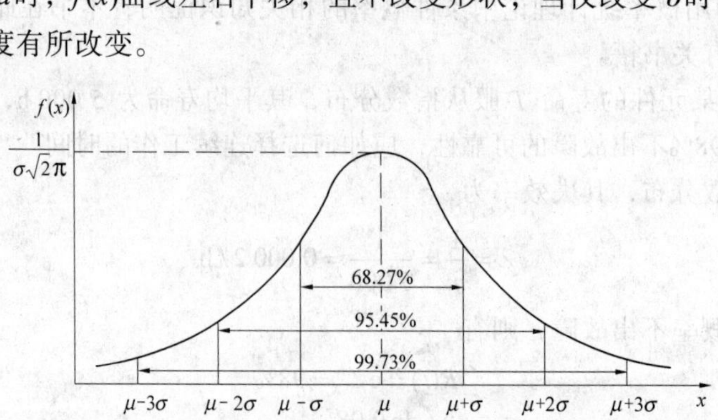

图 9-7 正态分布曲线特征

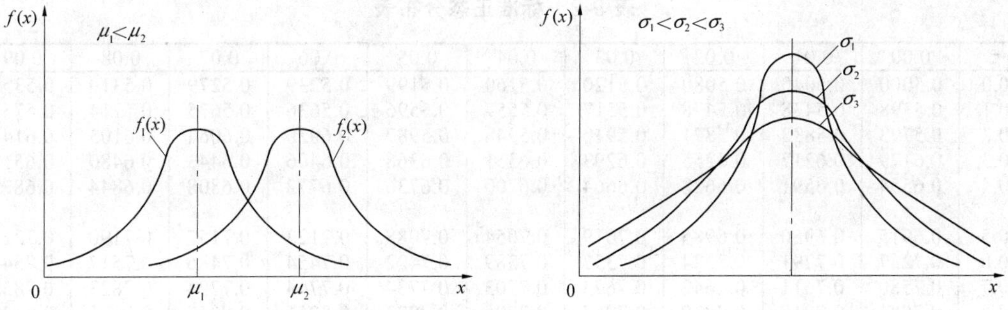

图 9-8　均值μ和标准差σ对分布率密度函数影响

如果μ=0，σ=1，此时我们称随机变量服从标准正态分布，记作$N(0,1)$。令$z=\dfrac{x-\mu}{\sigma}$，可将随机变量标准化，标准化后的随机变量 z 服从标准正态分布，其分布密度函数为

$$f(z)=\frac{1}{\sqrt{2\pi}}\exp(-\frac{1}{2}z^2)\quad(-\infty<z<+\infty)\tag{9-51}$$

累积分布函数为

$$F(z)=\int_{-\infty}^{z}\frac{1}{\sqrt{2\pi}}\exp(-\frac{1}{2}z^2)\,\mathrm{d}z\tag{9-52}$$

从而将正态分布的求解转化为标准正态分布的求解，此时的累积分布函数 $F(z)$一般记作$\phi(z)$，通常按不同的 z 值求出 $F(z)$，绘制标准正态分布表(见表 9-2)。如图 9-9(a)中阴影面积表示$\phi(-z)$，图 9-9(b)中阴影面积表示$\phi(z)$。由正态分布曲线的对称性，可知

$$\phi(-z)=1-\phi(z)\tag{9-53}$$

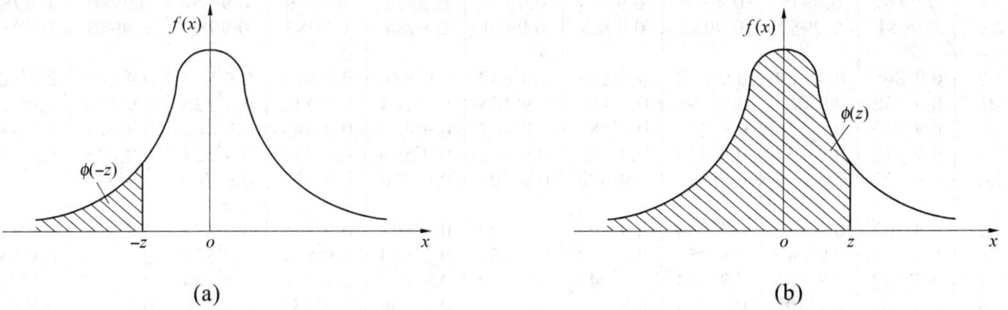

图 9-9　标准正态分布

在工程中，当研究对象的随机性是由许多相互独立的随机因素引起，并且其中每一种随机因素对总体的影响极小，这类现象大都服从正态分布，如工艺误差、测量误差、应力分布、材料特性等。因此，正态分布是应用最广泛的一种分布，可以用来拟合许多零件的强度和应力，以进行可靠性设计。也应该指出，正态分布尽管应用广泛，但是也有其局限性。工程中，有许多随机现象的概率分布并不是完全对称的，有时随机变量的取值只能取正值，而不能取负值，对于这类问题，需要用其他类型的分布函数描述，如对数正态分布、威布尔分布等。

表 9-2　标准正态分布表

z	0.00	0.01	0.02	0.03	0.04	0.05	0.06	0.07	0.08	0.09
0.0	0.5000	0.5040	0.5080	0.5120	0.5160	0.5199	0.5239	0.5279	0.5319	0.5359
0.1	0.5398	0.5438	0.5478	0.5517	0.5557	0.5596	0.5636	0.5675	0.5714	0.5753
0.2	0.5793	0.5832	0.5871	0.5910	0.5948	0.5987	0.6026	0.6064	0.6103	0.6141
0.3	0.6179	0.6217	0.6255	0.6293	0.6331	0.6368	0.6406	0.6443	0.6480	0.6517
0.4	0.6554	0.6591	0.6628	0.6664	0.6700	0.6736	0.6772	0.6808	0.6844	0.6879
0.5	0.6915	0.6950	0.6985	0.7019	0.7054	0.7088	0.7123	0.7157	0.7190	0.7224
0.6	0.7257	0.7291	0.7324	0.7357	0.7389	0.7422	0.7454	0.7486	0.7517	0.7549
0.7	0.7580	0.7611	0.7642	0.7673	0.7703	0.7734	0.7764	0.7794	0.7823	0.7852
0.8	0.7881	0.7910	0.7939	0.7967	0.7995	0.8023	0.8051	0.8078	0.8106	0.8133
0.9	0.8159	0.8186	0.8212	0.8238	0.8264	0.8289	0.8315	0.8340	0.8365	0.8389
1.0	0.8413	0.8438	0.8461	0.8485	0.8508	0.8531	0.8554	0.8577	0.8599	0.8621
1.1	0.8643	0.8665	0.8686	0.8708	0.8729	0.8749	0.8770	0.8790	0.8810	0.8830
1.2	0.8849	0.8869	0.8888	0.8907	0.8925	0.8944	0.8962	0.8980	0.8997	0.9015
1.3	0.9032	0.9049	0.9066	0.9082	0.9099	0.9115	0.9131	0.9147	0.9162	0.9177
1.4	0.9192	0.9207	0.9222	0.9236	0.9251	0.9265	0.9278	0.9292	0.9306	0.9319
1.5	0.9332	0.9345	0.9357	0.9370	0.9382	0.9394	0.9406	0.9418	0.9430	0.9441
1.6	0.9452	0.9463	0.9474	0.9484	0.9495	0.9505	0.9515	0.9525	0.9535	0.9545
1.7	0.9554	0.9564	0.9573	0.9582	0.9591	0.9599	0.9608	0.9616	0.9625	0.9633
1.8	0.9641	0.9648	0.9656	0.9664	0.9671	0.9678	0.9686	0.9693	0.9700	0.9706
1.9	0.9713	0.9719	0.9726	0.9732	0.9738	0.9744	0.9750	0.9756	0.9762	0.9767
2.0	0.9772	0.9778	0.9783	0.9788	0.9793	0.9798	0.9803	0.9808	0.9812	0.9817
2.1	0.9821	0.9826	0.9830	0.9834	0.9838	0.9842	0.9846	0.9850	0.9854	0.9857
2.2	0.9861	0.9864	0.9868	0.9871	0.9874	0.9878	0.9881	0.9884	0.9887	0.9890
2.3	0.9893	0.9896	0.9898	0.9901	0.9904	0.9906	0.9909	0.9911	0.9913	0.9916
2.4	0.9918	0.9920	0.9922	0.9925	0.9927	0.9929	0.9931	0.9932	0.9934	0.9936
2.5	0.9938	0.9940	0.9941	0.9943	0.9945	0.9946	0.9948	0.9949	0.9951	0.9952
2.6	0.9953	0.9955	0.9956	0.9957	0.9959	0.9960	0.9961	0.9962	0.9963	0.9964
2.7	0.9965	0.9966	0.9967	0.9968	0.9969	0.9970	0.9971	0.9972	0.9973	0.9974
2.8	0.9974	0.9975	0.9976	0.9977	0.9977	0.9978	0.9979	0.9979	0.9980	0.9981
2.9	0.9981	0.9982	0.9982	0.9983	0.9984	0.9984	0.9985	0.9985	0.9986	0.9986
3.0	$0.9^{2}865$	$0.9^{2}869$	$0.9^{2}874$	$0.9^{2}878$	$0.9^{2}882$	$0.9^{2}886$	$0.9^{2}889$	$0.9^{2}893$	$0.9^{2}897$	$0.9^{3}000$
3.1	$0.9^{3}032$	$0.9^{3}065$	$0.9^{3}096$	$0.9^{3}126$	$0.9^{3}155$	$0.9^{3}184$	$0.9^{3}211$	$0.9^{3}238$	$0.9^{3}264$	$0.9^{3}289$
3.2	$0.9^{3}313$	$0.9^{3}336$	$0.9^{3}359$	$0.9^{3}381$	$0.9^{3}402$	$0.9^{3}423$	$0.9^{3}443$	$0.9^{3}462$	$0.9^{3}481$	$0.9^{3}499$
3.3	$0.9^{3}517$	$0.9^{3}534$	$0.9^{3}550$	$0.9^{3}566$	$0.9^{3}581$	$0.9^{3}596$	$0.9^{3}510$	$0.9^{3}624$	$0.9^{3}638$	$0.9^{3}650$
3.4	$0.9^{3}663$	$0.9^{3}675$	$0.9^{3}687$	$0.9^{3}698$	$0.9^{3}709$	$0.9^{3}720$	$0.9^{3}730$	$0.9^{3}740$	$0.9^{3}749$	$0.9^{3}759$
3.5	$0.9^{3}767$	$0.9^{3}776$	$0.9^{3}784$	$0.9^{3}792$	$0.9^{3}799$	$0.9^{3}807$	$0.9^{3}815$	$0.9^{3}822$	$0.9^{3}828$	$0.9^{3}835$
3.6	$0.9^{3}841$	$0.9^{3}847$	$0.9^{3}853$	$0.9^{3}858$	$0.9^{3}864$	$0.9^{3}869$	$0.9^{3}874$	$0.9^{3}879$	$0.9^{3}883$	$0.9^{3}888$
3.7	$0.9^{3}892$	$0.9^{3}896$	$0.9^{4}004$	$0.9^{4}043$	$0.9^{4}080$	$0.9^{4}116$	$0.9^{4}150$	$0.9^{4}184$	$0.9^{4}216$	$0.9^{4}247$
3.8	$0.9^{4}277$	$0.9^{4}305$	$0.9^{4}333$	$0.9^{4}359$	$0.9^{4}385$	$0.9^{4}409$	$0.9^{4}433$	$0.9^{4}456$	$0.9^{4}478$	$0.9^{4}499$
3.9	$0.9^{4}519$	$0.9^{4}539$	$0.9^{4}557$	$0.9^{4}575$	$0.9^{4}593$	$0.9^{4}609$	$0.9^{4}625$	$0.9^{4}641$	$0.9^{4}655$	$0.9^{4}670$
4.0	$0.9^{4}683$	$0.9^{4}696$	$0.9^{4}709$	$0.9^{4}721$	$0.9^{4}733$	$0.9^{4}744$	$0.9^{4}755$	$0.9^{4}765$	$0.9^{4}775$	$0.9^{4}784$
4.1	$0.9^{4}793$	$0.9^{4}802$	$0.9^{4}811$	$0.9^{4}819$	$0.9^{4}826$	$0.9^{4}834$	$0.9^{4}841$	$0.9^{4}848$	$0.9^{4}854$	$0.9^{4}861$
4.2	$0.9^{4}867$	$0.9^{4}872$	$0.9^{4}878$	$0.9^{4}883$	$0.9^{4}888$	$0.9^{4}893$	$0.9^{4}898$	$0.9^{5}023$	$0.9^{5}066$	$0.9^{5}107$
4.3	$0.9^{5}146$	$0.9^{5}184$	$0.9^{5}220$	$0.9^{5}255$	$0.9^{5}288$	$0.9^{5}319$	$0.9^{5}350$	$0.9^{5}379$	$0.9^{5}409$	$0.9^{5}433$
4.4	$0.9^{5}459$	$0.9^{5}483$	$0.9^{5}507$	$0.9^{5}529$	$0.9^{5}550$	$0.9^{5}571$	$0.9^{5}590$	$0.9^{5}609$	$0.9^{5}627$	$0.9^{5}644$
4.5	$0.9^{5}660$	$0.9^{5}676$	$0.9^{5}691$	$0.9^{5}705$	$0.9^{5}719$	$0.9^{5}732$	$0.9^{5}744$	$0.9^{5}756$	$0.9^{5}768$	$0.9^{5}778$
4.6	$0.9^{5}789$	$0.9^{5}799$	$0.9^{5}808$	$0.9^{5}817$	$0.9^{5}826$	$0.9^{5}834$	$0.9^{5}842$	$0.9^{5}849$	$0.9^{5}857$	$0.9^{5}863$
4.7	$0.9^{5}870$	$0.9^{5}876$	$0.9^{5}882$	$0.9^{5}888$	$0.9^{5}893$	$0.9^{5}898$	$0.9^{6}032$	$0.9^{6}079$	$0.9^{6}124$	$0.9^{6}166$
4.8	$0.9^{6}207$	$0.9^{6}245$	$0.9^{6}282$	$0.9^{6}317$	$0.9^{6}351$	$0.9^{6}383$	$0.9^{6}413$	$0.9^{6}442$	$0.9^{6}470$	$0.9^{6}496$
4.9	$0.9^{6}521$	$0.9^{6}545$	$0.9^{6}567$	$0.9^{6}589$	$0.9^{6}609$	$0.9^{6}629$	$0.9^{6}648$	$0.9^{6}665$	$0.9^{6}682$	$0.9^{6}698$

注：$0.9^{2}865$ 表示小数点后有两个 9，即 0.99865，其余类推。

[例 9-4] 某车床加工一批相同规格的轴套，其内径服从正态分布 $N(30.00, 0.05^2)$，规定内径在 $30_{-0.10}^{+0.15}$ 范围内为合格品，求一个轴套为合格品的可靠度。

解 由已知得 $\mu = 30.00, \sigma = 0.05$，合格轴套的内径尺寸上限为 $r_u = 30.15$，下限为 $r_d = 29.90$，则有

$$z_u = \frac{r_u - \mu}{\sigma} = \frac{30.15 - 30.00}{0.05} = 3$$

$$z_d = \frac{r_d - \mu}{\sigma} = \frac{29.90 - 30.00}{0.05} = -2$$

由标准正态分布表 9-2 查得

$$\phi(z_u) = \phi(3) = 0.998\,7$$

$$\phi(z_d) = \phi(-2) = 1 - \phi(2) = 1 - 0.977\,2 = 0.022\,8$$

故该车床生产的任一轴套为合格品的可靠度为

$$R = \phi(z_u) - \phi(z_d) = 0.998\,7 - 0.022\,8 = 0.975\,9$$

3. 对数正态分布

若随机变量 x 的对数值 $\ln x$ 服从正态分布，则称随机变量 x 服从对数正态分布，其概率密度函数 $f(x)$ 为

$$f(x) = \frac{1}{x\sigma\sqrt{2\pi}} \exp[-\frac{1}{2}(\frac{\ln x - \mu}{\sigma})^2] \quad (x>0) \tag{9-54}$$

分布函数 $F(x)$ 为

$$F(x) = \int_0^x \frac{1}{x\sigma\sqrt{2\pi}} \exp[-\frac{1}{2}(\frac{\ln x - \mu}{\sigma})^2] \mathrm{d}x \tag{9-55}$$

显然，对数正态分布的计算方法与正态分布相同，只要将随机变量 x 变换成 $\ln x$ 即可。对数正态分布通过变换式

$$z = \frac{\ln x - \mu}{\sigma} \tag{9-56}$$

可将其转化为标准正态分布，其分布函数为

$$F(z) = \int_0^x \frac{1}{x\sigma\sqrt{2\pi}} \mathrm{e}^{\frac{(\ln x - \mu)^2}{2\sigma^2}} \mathrm{d}x$$

$$= \int_{-\infty}^{\frac{\ln x - \mu}{\sigma}} \frac{1}{\sqrt{2\pi}} \mathrm{e}^{-\frac{z^2}{2}} \mathrm{d}z = \phi(\frac{\ln x - \mu}{\sigma}) = \phi(z) \tag{9-57}$$

如图 9-10 所示，对数正态分布是偏态分布，即分布曲线不对称，随机变量只能取正值。对数正态分布的这一特征，使其成为描述寿命、强度、应力的一种较好的分布，从而解决了对称的正态分布描述的产品在未经使用(即 t=0 时)失效的不合理现象，使之更符合实际。同时，对数运算可以使较大的数缩小为较小的数，且越大的数缩小的越厉害，因此可以把数量级很大的数据通过对数正态分布去求解。由于上述特征，对数正态分布在描述机械零件的疲劳强度、疲劳寿命、耐磨寿命等分布研究中，得到了广泛的应用。

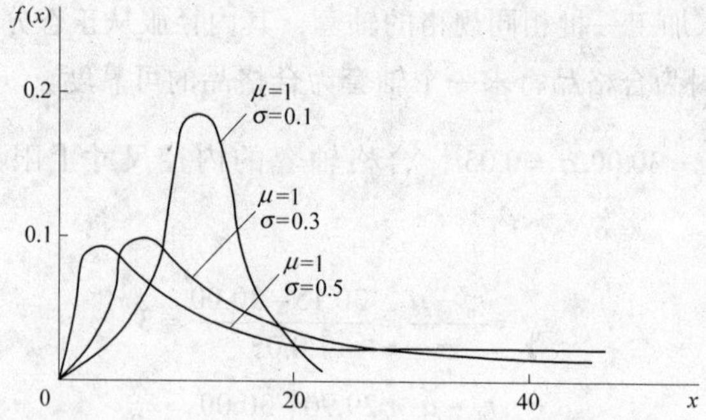

图 9-10　对数正态分布的概率密度函数

[例 9-5]　某产品的寿命服从μ=5，σ=1 的对数正态分布，求 t=150 h 时的可靠度。

解　寿命为 T，可知 $\ln T$ 服从正态分布 $N(5,1)$，则

$$z=\frac{\ln t-\mu}{\sigma}$$

服从标准正态分布。

当 t=150 h 时，查标准正态分布表得

$$\phi(z)=\phi(\frac{\ln 150-5}{1})=\phi(0.01)=0.504$$

所以，产品可靠度为

$$R(150)=1-\phi(z)=1-\phi(0.01)=1-0.504=0.496$$

4. 威布尔分布

威布尔分布是瑞典物理学家 Weibull 为解释疲劳试验结果而建立的一种分布函数。威布尔分布是工程中广泛应用的一种分布，凡属于局部失效而导致整体功能失效的模型，一般都能用这种分布函数描述，例如链传动的失效问题。一般情况下，零件的疲劳寿命和强度等都可以用威布尔分布来描述。

威布尔分布的概率密度函数为

$$f(t)=\frac{m}{\eta}(\frac{t-\gamma}{\eta})^{m-1}\exp[-(\frac{t-\gamma}{\eta})^{m}]\quad (t\geqslant\gamma) \tag{9-58}$$

分布函数为

$$F(t)=1-\exp[-(\frac{t-\gamma}{\alpha})^{m}]\quad (t\geqslant\gamma) \tag{9-59}$$

可靠度函数为

$$R(t)=\exp[-(\frac{t-\gamma}{\eta})^{m}] \tag{9-60}$$

失效率函数为

$$\lambda(t)=\frac{m}{\eta^{m}}(t-\gamma)^{m-1} \tag{9-61}$$

数学期望(均值)

$$E(t)=\gamma+\eta\Gamma(1+\frac{1}{m}) \tag{9-62}$$

方差

$$D(t)=\eta^2[\Gamma(1+\frac{2}{m})-\Gamma^2(1+\frac{1}{m})] \tag{9-63}$$

式中 m——形状参数；

η——尺度参数；

γ——位置参数；

$\Gamma(\cdot)$ ——Gamma 函数，其值可以查找Γ函数表，数学表达式为

$$\Gamma(x)=\int_0^{\infty}t^{x-1}\,\mathrm{e}^{-t}\,\mathrm{d}t \tag{9-64}$$

1)形状参数 m

形状参数 m 是威布尔分布中最重要的一个参数，通过选择不同的形状参数 m，威布尔概率密度函数可以呈现不同的形状。例如，图 9-11 表示η=1，γ=0 时，m 取不同值时 $f(t)$、$\lambda(t)$的曲线。可见，随着 m 的取值不同，威布尔分布曲线大致可以分为以下三种情况：

(1)当 $m<1$ 时，$\lambda(t)$为递减函数，反映了失效率随时间递减的情况，可用于描述产品早期失效的情况。

(2)当 $m=1$ 时，$\lambda(t)$ 为常数，此时威布尔分布变为失效率等于常数的指数分布，可用于描述产品的偶然失效期。

(3)当 $m>1$ 时，$\lambda(t)$为递增函数，反映了失效率随时间递增的情况，并且随着 m 的增大，$f(t)$曲线逐渐趋于对称。当 $m=3.5$ 时，威布尔分布的概率密度 $f(t)$曲线近似于正态分布。同时，失效率$\lambda(t)$随时间增长而增大，反映了产品耗损失效期的情况。

由此可见，对于威布尔分布，只要改变形状参数 m，就可以得到对应于各种失效率形态的函数形式。这也是威布尔分布能够在可靠性分析、设计中被广泛应用的原因之一。

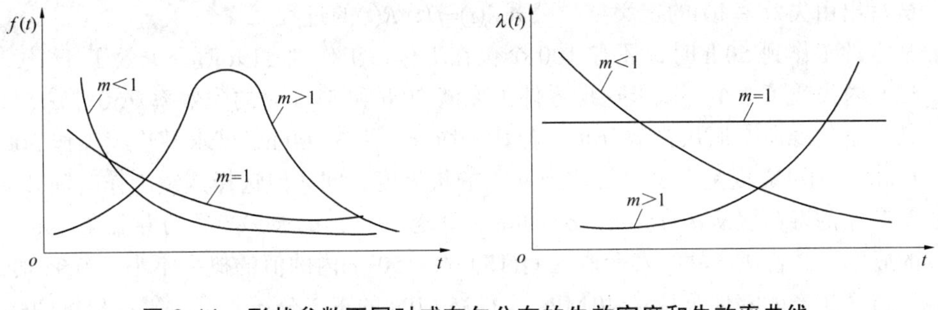

图 9-11 形状参数不同时威布尔分布的失效密度和失效率曲线

2)位置参数γ

位置参数γ决定了概率密度曲线 $f(t)$的位置，而不影响 $f(t)$的形状。例如，图 9-12 表示η=1，m =2 时，γ取不同值时概率密度函数 $f(t)$的曲线。显然，改变γ的值相当于把 $f(t)$曲线沿横坐标整体移动，可分为两种情况：

如果$\gamma>0$，曲线由γ=0 的位置向右平移一段距离γ。

如果$\gamma<0$，曲线由γ=0 的位置向左平移一段距离$-\gamma$。

3)尺度参数η

尺度参数η的变化会放大或缩小概率密度函数$f(t)$的横坐标的标尺，曲线的形状在实质上没有变化，不会引起图形的改变。例如，图 9-13 表示 $m=2$，$\gamma=0$ 时，η取不同值时概率密度函数$f(t)$的曲线。

当$\eta>1$时，概率密度函数的横坐标被放大η倍，纵坐标被缩小η倍。

当$\eta<1$时，概率密度函数的横坐标被缩小了η倍，纵坐标被放大了η倍。

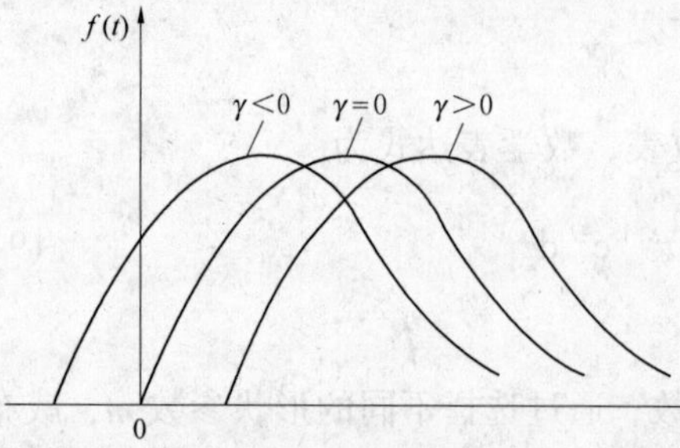

图 9-12　位置参数不同时威布尔分布曲线

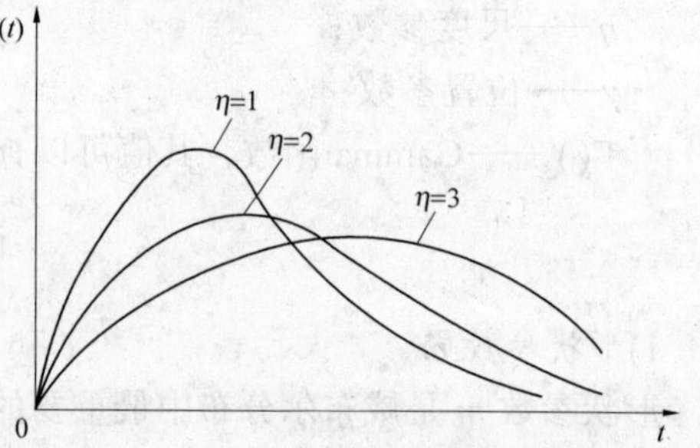

图 9-13　尺度参数不同时威布尔分布曲线

威布尔分布含有三个参数，可靠性设计方法中常用的指数分布、正态分布等都可以看做是威布尔分布的特例。所以，对各种类型的试验数据拟合能力强，可以全面地描述产品不同失效的失效过程与特征。因此，威布尔分布在机械、电气、化工等各个领域得到了广泛的应用。

习　题

[9-1]　思考失效概率密度$f(t)$与失效率$\lambda(t)$有何异同。

[9-2]　试写出由失效率$\lambda(t)$的定义推导公式$\lambda(t)=f(t)/R(t)$的过程。

[9-3]　某零件工作到 50 h 时，还有 100 个仍在工作，工作到 51 h 时，失效了 1 个，在第 52 h 内失效了 3 个，试求这批零件工作满 50 h 和 51 h 时的失效率$\lambda(50)$、$\lambda(51)$。

[9-4]　某设备的寿命 T 服从指数分布，若其平均寿命为 3 500 h，试求其连续工作 300 h 和 1 000 h 的可靠度是多少？要达到 95%的可靠度，问如何选择连续工作时间。

[9-5]　某产品的寿命服从$\mu=150$ h，$\sigma=20$ h 的正态分布，试求①产品的寿命在 100 h 以上的概率；②若使产品的寿命取区间$(150-x，150+x)$内的值的概率不小于 0.95 时的 x。

[9-6]　制造厂生产的零件服从μ=40 MPa，μ=35 MPa 的正态分布，试求①一根梁的强度超过 50 MPa 的概率是多少？②小于 40 MPa 的概率是多少？

第十章 系统可靠性设计

可靠性设计包括零件和系统两方面，其中系统可靠性设计更为重要，因为体现产品可靠性的是系统的功能及其稳定性。通常，在设计之初，就应根据用户要求或市场需要确定系统目标可靠度，然后逐级对子系统直至零部件进行可靠性分配，在已知零部件可靠度时，也可以对系统进行预测和评估。

系统的可靠性设计是在遵循系统工程范围的基础上，在系统设计过程中采用一些专门技术，将可靠性“设计”到系统中去，以满足系统可靠性的要求。系统是由若干单元(元件、零件、部件、子系统)为了完成规定功能而互相结合起来所构成的综合体。由于系统是由零部件组成的，所以系统的可靠度取决于以下两个因素：

(1)零部件本身的可靠度，即组成系统的各个零部件完成规定功能的能力。

(2)零部件组合成系统的组合方式，即组成系统的各个零部件之间的联系形式。在零部件可靠度相同的前提下，由于其组合方式的不同，其系统的可靠度是有很大的差异的。

为了提高系统的可靠性，必须从设计构思阶段就对产品的设计、生产和使用等各方面，以及系统的各个部分、各阶段，进行全面考虑，提出要求和措施。系统的可靠性设计主要包括可靠性预计和可靠性分配两方面的内容。系统的可靠性预计，是按已知各零部件的可靠性数据，计算和预测系统的可靠性指标。系统的可靠性分配，是按给定的系统可靠度，对各组成零部件的可靠度进行合理分配。在产品的设计阶段应该反复多次的进行可靠性预计与分配，并不断深化，其目的是为了选择方案，预测产品可靠性水平，找出薄弱环节和逐步合理地把可靠性指标分配到各个产品层次上。这是一种反复迭代的过程，最终求得最优设计。

第一节 系统可靠性模型

为了计算系统的可靠度，不管是可靠性预计还是可靠性分配，首先都需要建立系统的可靠性模型。系统的可靠性模型是指为预计和估算系统可靠性而建立的可靠性框图和数学模型。可靠性框图是将系统各单元之间的可靠性逻辑关系用框图来表示的一种模型。可靠性数学模型是可靠性框图表示的逻辑关系的数学描述。建立系统、子系统或设备的可靠性模型，其目的在于定量地预测和分配系统、子系统或设备的可靠性以及便于从事可靠性设计。一个复杂系统的子系统或零部件之间的可靠性关系，可以划分为串联系统、并联系统、混联系统、待机系统、表决系统等多种基本模型。

一、串联系统

串联系统是指组成系统的所有单元中任一单元失效，就会导致整个系统失效的系统，其可靠性框图如图 10-1 所示。

图 10-1　串联系统

若各个单元相互独立，某一单元失效对其他单元没有影响。根据概率乘法定理，串联系统的可靠度等于各单元可靠度的乘积，即

$$R_s = R_1 \times R_2 \times R_3 \times \cdots \times R_n = \prod_{i=1}^{n} R_i \tag{10-1}$$

式中　R_i——单元 i 的可靠度，$i=1,2,\cdots,n$。

由于 $0 \leqslant R_i \leqslant 1$，所以串联系统的可靠度随单元数的增加而降低，它总是小于系统中任一单元的可靠度。因此，减少串联单元数目，尽可能减少系统的零件数，是提高系统的可靠度的重要措施之一。应该指出，在设计中应使系统内各单元可靠度大致相近，而不应有过高或过低的可靠度单元，否则将导致系统可靠度急剧下降，此时高可靠度单元将不能充分发挥作用。

二、并联系统

并联系统是组成系统的所有单元中只要一个单元不失效，整个系统就不会失效。其可靠性框图见图 10-2。若系统由 n 个元件并联而成，特点是只要其中有一个元件可靠，系统就可靠。只有当 n 个元件全部失效时，系统才会失效。系统失效的概率 F_s 是元件全部失效概率的乘积，即

$$F_s = \prod_{i=1}^{n} F_i = \prod_{i=1}^{n} (1 - R_i) \tag{10-2}$$

系统的可靠度 R_s 为

$$R_s = 1 - F_s = 1 - \prod_{i=1}^{n} F_i = 1 - \prod_{i=1}^{n} (1 - R_i) \tag{10-3}$$

并联系统的可靠度大于系统中任一单元的可靠度，并联的单元越多，系统的可靠度越大。所以，当单元可靠度的提高受到限制时，用并联系统能取得较高的可靠度。应该注意，并联系统使结构复杂，增加费用，因此单元数也不宜过多。

三、混联系统

混联系统是由串联和并联混合组成的系统，常见的两种典型结构型式有：一种是先串联后并联，称为串–并系统；一种是先并联后串联，称为并–串系统。对于混联系统的可靠度计算，可以先将并联单元系统简化为一个等效的串联系统，然后按串联系统计算。

四、待机系统

待机系统又称为非工作冗余系统或冷储备系统。如图 10-3 所示，典型的待机系统的 n 个单元中有一个在工作，其余 n–1 个单元不工作，当工作单元失效时，通过切换开关或相应装置，储备单元开始工作，直到所有的元件都发生故障时系统才发生故障。其优点是储备单元平时不工作，充分利用了元件的工作寿命，与并联系统相比，提高了可靠性。

待机系统一般装有报告失效的装置和开关转换装置，在系统发生故障时就可以换到储备单元工作，要求这种装置的可靠性非常高，否则就失去了备份的作用。在计算时可假定装置的可靠度为 100%，且储备单元不工作时失效概率为零。

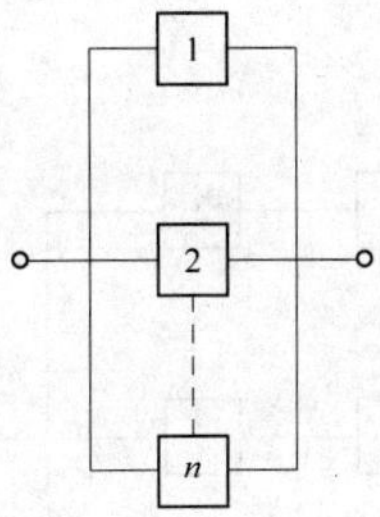

图 10-2　并联系统

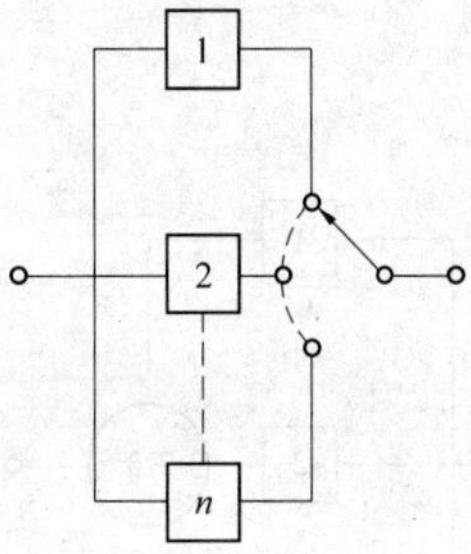

图 10-3　待机系统

系统由 n 个元件组成，在给定的时间 t 内，只要失效元件数不多于 n–1 个，系统均处于可靠状态。设某元件的寿命服从指数分布，即元件的失效率 $\lambda_1(t)=\lambda_2(t)=\cdots=\lambda_n(t)=\lambda$ (λ 为常数)，则各单元的平均寿命为

$$m=\frac{1}{\lambda}$$

整个待机系统的平均寿命为

$$m_s=\frac{n}{\lambda} \tag{10-4}$$

按平均寿命和可靠度的关系，可以证明系统的可靠度按下列泊松分布的部分求和公式计算，即

$$R_s(t)=e^{-\lambda t}[1+\lambda t+\frac{(\lambda t)^2}{2!}+\cdots+\frac{(\lambda t)^{n-1}}{(n-1)!}] \tag{10-5}$$

当元件数为 2 时，则有

$$R_s(t)=e^{-\lambda t}(1+\lambda t) \tag{10-6}$$

五、表决系统

如果组成系统的 n 个单元中，只要有 k 个($1\leqslant k\leqslant n$)单元不失效，系统就不会失效，这样的系统称为表决系统，称为 k/n 系统。表决系统是一种特殊的冗余系统。例如，吊桥的钢丝绳就是这样一个冗余形式的例子，它要求最小数目的钢丝绳是支承构架所必需的。

图 10-4(a)为 2/3 表决系统，图 10-4(b)为 2/3 表决系统的可靠性逻辑框图。分析此系统正常工作有以下四种情况：无失效；只有第 1 元件失效；只有第 2 元件失效；只有第 3 元件失效。该系统的可靠度为

$$R_s(t)=R_1R_2R_3+(1-R_1)R_2R_3+R_1(1-R_2)R_3+R_1R_2(1-R_3)$$

若系统备元件可靠度相同，则有

$$R_s(t)=3R^2-2R^3$$

设表决系统中每个单元的可靠度为 R，则系统的可靠度为

$$R_s=\sum_{i=k}^{n}C_n^iR^i(1-R)^{n-i} \tag{10-7}$$

式中　C_n^i——n 中取 i 的组合数，即

$$C_n^i = \frac{n!}{(n-i)!i!}$$

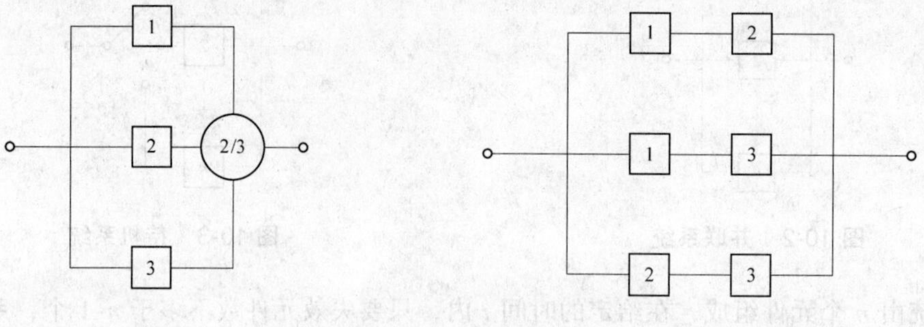

图 10-4　表决系统

[例 10-1]　有一架飞机装有 3 台相同发动机，要求至少需要 2 台发动机工作，飞机才能正常飞行。若发动机的可靠度为 $R(100\,\text{h})=0.95$，求飞机飞行100 h 的可靠度。

解　该系统为 2/3 表决系统可靠度为

$$R_s = \sum_{i=2}^{3} C_3^i R^i (1-R)^{3-i} = C_3^2 R^2 (1-R) + C_3^3 R^3$$

$$= 3R^2 - 2R^3 = 3\times 0.95^2 - 2\times 0.95^3 = 0.99$$

在产品设计初期就应建立产品可靠性模型，以有助于设计评审，并为产品的可靠性分配、预计和拟定纠正措施的优先顺序提供依据。对于一些大型复杂系统，要建立正确的可靠性模型是很复杂的工作。首先，需要确定产品的定义，包括产品的用途、性能、限制及故障定义等，从而弄清系统的组成和层次；然后，逐层找出对系统功能有影响的下一级子系统或零部件，并分析这些子系统或零部件在系统中所起的作用及失效模式。通常，当某一层次的零部件对实现系统功能有决定性影响而又不能取代的可用串联形式表示，反之，当某一层次的零部件可以取代或一组零部件只有同时失效才影响实现系统功能的，可用并联形式表示。当一组 n 个零部件中至少有 k 个正常系统才正常的，应该采用表决形式，通称为 k/n 系统。

第二节　系统可靠性预计

可靠性预计是一种预测方法，是在产品可靠性结构模型的基础上，根据同类产品在研制及使用过程中所得的失效数据和有关资料，预测产品及单元在实际使用中，所能达到的可靠性水平。这是一个由局部到整体、由小到大、由下到上的过程，是一个综合的过程。它可以按单元→子系统→系统，自下而上地落实可靠性指标，可以说是一种合成方法。通过可靠性预计，一方面可以对比设计方案，找出薄弱环节，采取改进措施选择最佳系统；另一方面，可以协调设计参数及指标，提高产品的可靠性。常见的可靠性预计方法有系统逻辑图法和布尔真值表法。

一、系统逻辑图法

在可靠性工程中，常用结构图表示系统中各元件的结构装配关系，用逻辑图表示系统各元件间的功能关系。逻辑图包含一系列方框，每个方框代表系统的一个元件，方框之间用短线连接起来，表示各元件功能之间的关系。根据各种可靠性基本模型，将复杂系统看做是由这些基本模型所代表的系统组合而成，即可预计许多复杂系统的可靠度，这种方法称为系统逻辑图法。系统逻辑图的作用：①反映零部件之间的功能关系；②为计算系统的可靠度提供数学模型。

[例 10-2] 已知某系统可靠性逻辑图如图 10-5 所示，各元件的可靠度为 R_1=0.93，R_2=0.94，R_3=0.9，R_4= R_5=0.85，R_6=0.91，R_7=0.92，R_8=0.95，R_9=0.99，求该系统的可靠度。

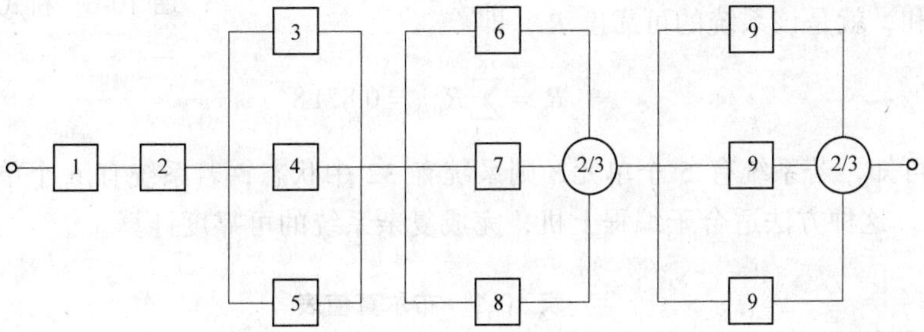

图 10-5 系统可靠性逻辑图

解 元件 1、2 构成串联系统，看做第一个子系统，其可靠度为

$$R_{s1}=R_1R_2=0.93\times0.94=0.874\,2$$

元件 3、4、5 构成并联系统，看做第二个子系统，其可靠度为

$$R_{s2}=1-\prod_{i=1}^{n}(1-R_i)=1-(1-R_3)(1-R_4)(1-R_5)=0.997\,75$$

元件 6、7、8 为构成可靠度不等的 2/3 表决系统，看做第三个子系统，其可靠度为

$$R_{s3}=R_6R_7R_8+(1-R_6)R_7R_8+R_6(1-R_7)R_8+R_6R_7(1-R_8)=0.985\,02$$

三个相同元件 9 构成 2/3 表决系统，看做第四个子系统，其可靠度为

$$R_{s4}=\sum_{i=k}^{n}C_n^iR^i(1-R)^{n-i}=3R_9^2-2R_9^3=0.999\ 7$$

4 个子系统串联，则系统的可靠度为

$$R_s=\prod_{i=1}^{4}R_{si}=0.874\,2\times0.997\,75\times0.985\,02\times0.999\,7=0.859$$

对于复杂系统，可将该系统的一些部分看做子系统，先求出子系统的可靠度，再按各子系统的结构关系，求出复杂系统的可靠度。

二、布尔真值表法

系统逻辑图法不适用于桥式网络结构系统。对于桥式网络结构系统，可采用布尔真值表法。布尔真值表法也称穷举列表法。若一个系统由 n 个单元组成，每个单元只有失效和正常两种状态，可知系统共有 2^n 种状态。若把系统全部状态一一枚举就可以得到给定的真值表。把表中所有能正常工作的状态的概率加起来，就是系统的可靠度。

如图 10-6 所示，系统由 A、B、C、D 四个单元构成，其可靠度分别为 $R(A)$=0.9、$R(B)$=0.8、$R(C)$=0.9、$R(D)$=0.9。系统从左到右可以传递信息时，系统处于正常状态，记作 R；当从左到右不能传递信息时，为系统失效，记作 F。若系统的每个单元正常为 1，失效为 0。

取表 10-1 中第 4 种状态，此时 $A=B=0,C=D=1$，此时，各单元的可靠度分别为 $R(A)=0.9$、$R(B)=0.8$、$R(C)=0.7$、$R(D)=0.6$，考虑到各个单元的工作状态，则第 4 种工作状态的概率为

$$R_{s(4)}=[1-R(A)]\times[1-R(B)]\times R(C)\times R(D)$$
$$=0.1\times0.2\times0.7\times0.6=0.008\,4$$

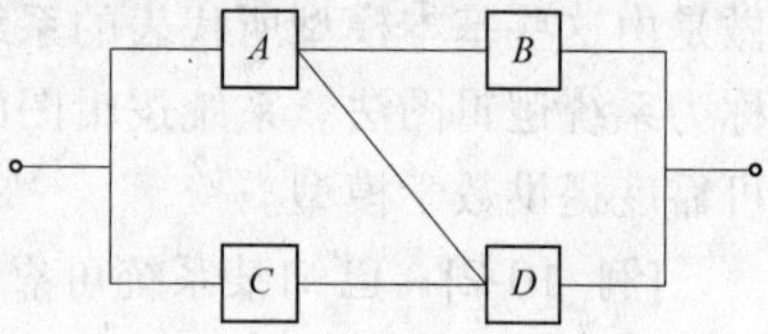

图 10-6　桥式网络结构系统

将表中所列所有正常状态下系统的可靠度计算出来，再求和，就是该系统的可靠度 R_s，即

$$R_s=\sum_{i=1}^{16}R_{s(i)}=0.871\,8$$

分析可知，若系统有 5 个单元，则系统有 32 中状态；若系统有 6 个单元，则系统有 64 种状态，这种方法适合于编程上机，完成复杂系统的可靠度计算。

表 10-1　布尔真值表

系统状态序号	A $R(A)=0.9$	B $R(B)=0.8$	C $R(C)=0.7$	D $R(D)=0.6$	系统状态取值	$R_{s(i)}$
1	0	0	0	0	F	
2	0	0	0	1	F	
3	0	0	1	0	F	
4	0	0	1	1	R	0.008 4
5	0	1	0	0	F	
6	0	1	0	1	F	
7	0	1	1	0	F	
8	0	1	1	1	R	0.033 6
9	1	0	0	0	F	
10	1	0	0	1	R	0.034 2
11	1	0	1	0	F	
12	1	0	1	1	R	0.075 6
13	1	1	0	0	R	0.086 4
14	1	1	0	1	R	0.129 6
15	1	1	1	0	R	0.201 6
16	1	1	1	1	R	0.302 4
$\sum R_{s(i)}=0.871\,8$						

第三节　系统可靠性分配

系统可靠性分配是将规定的系统可靠性指标进行细分并合理地分给系统单元(子系统零件、部件元件)的方法。这是一个由整体到局部的分析过程，可以说是按系统→子系统→单元，自上而下地落实可靠性指标。显然这是一种分解过程，其目的是将整个系统的可靠性要求转换为每一个分系统或单元的可靠性要求，使之协调。

本节讨论在给定系统可靠度的情况下确定各组成零部件的可靠度，使系统可靠性指标得以落实，即可靠性分配。它也是可靠性设计中的一个重要环节。对一个系统提出了可靠度要求后，如何向各零部件分配其应有的可靠度，是一个比较复杂的问题。这是因零部件

的生产所能达到的可靠性水平不一，各零部件复杂程度不同，各零部件对整个系统性能影响大小不等所致。可靠性分配的依据包括两个方面：一是系统的可靠性指标；二是各零部件可靠性预测的结果。因此，可靠性预计是可靠性分配的基础，预计工作做好了，分配也就好做了。可靠性预计是由零件开始，经由部(组)件，子系统而后到系统的自下而上进行的过程。可靠性分配则恰好相反，需自上而下进行。可靠性分配不是一次性工作，它始终贯穿在系统设计中。系统可靠性设计往往需经过预计、分配、再预计、再分配的多次反复，才能逐步趋于合理，最终使系统的性能、成本、研制周期等各方面取得协调，求得最佳设计。

按照分配原则不同，可靠性分配方法有许多种，以下仅介绍其中的等同分配法、分配因子法、AGREE 分配法和数学规划优化分配法。

一、等同分配法

等同分配法按照全部与子系统可靠度相等的原则进行分配，是最简单的分配法，一般只用于简单系统。

对于串联系统，则式(10-1)成为 $R_s = R_i^n$，所以

$$R_i = R_s^{\frac{1}{n}} \tag{10-8}$$

对于并联系统，则式(10-2)成为 $R_s = 1-(1-R_i)^n$，所以

$$R_i = 1-(1-R_s)^{\frac{1}{n}} \tag{10-9}$$

这种方法简单，但是由于通常各子系统的可靠度不同，为提高各子系统的可靠度所花费的成本也大不相同，因此，在实际工程中应用较少。

二、分配因子法

分配因子法的基本思想是：每个子系统的容许失效概率正比于预计的失效概率，即在各子系统可靠性预计值的基础上按比例提高。

对于串联系统，由 k 个子系统串联而成，R_i 为第 i 个子系统的预计可靠度，$F_i = 1-R_i$ 为第 i 个子系统的预计不可靠度，则系统的预计可靠度为

$$R_s = \prod_{i=1}^{k} R_i \tag{10-10}$$

若系统的预计可靠度 R_s 超过或满足系统要求的可靠度 R_s'，即 $R_s \geqslant R_s'$ 时，可靠度指标可以按各子系统的预计值分配下去，然后再进行适当调整，使其更为合理。反之，即 $R_s < R_s'$ 时，可用分配因子法进行分配，具体步骤如下所示：

(1)按系统所要求的可靠度指标 R_s'，算出系统容许的失效概率 $F_s' = 1-R_s'$。

(2)计算各子系统的预计不可靠度之和 $\sum_{i=1}^{k} F_i$。

(3)按下式确定分配因子，即

$$C = F_s' \;/\; \sum_{i=1}^{k} F_i$$

此种情况 $R_s < R_s'$，一般总有 $F_s' < \sum_{i=1}^{k} F_i$，所以 $0 < C < 1$。

(4)按分配因子算出分配给各子系统的允许不可靠度 F_i，即

$$F_i' = CF_i$$

(5)分配给第 i 个子系统的可靠度为

$$R_i' = 1 - F_i'$$

对于并联系统，当 n=2 时，取

$$\frac{F_1'}{F_2'} = \frac{F_1}{F_2}$$

由于 $F_s = F_1F_2$，$F_s' = F_1'F_2'$，可得

$$R_1' = 1 - F_1\left(\frac{F_s'}{F_s}\right)^{\frac{1}{2}}，\quad R_2' = 1 - F_2\left(\frac{F_s'}{F_s}\right)^{\frac{1}{2}}$$

推而广之，可知

$$R_i' = 1 - F_i\left(\frac{F_s'}{F_s}\right)^{\frac{1}{n}} \tag{10-11}$$

对于混联系统，可以将系统分解为纯串联或并联系统，再进行分配。

[例 10-3] 如图 10-7 所示，某串–并混联系统，已知 R_1=0.97，R_2=0.965，R_3=0.94，R_4=0.95，R_5=0.96，R_6=0.98，经计算 R_s=0.978 9，要求提高 $R_s' = 0.99$，试计算如何分配到各个单元的可靠度。

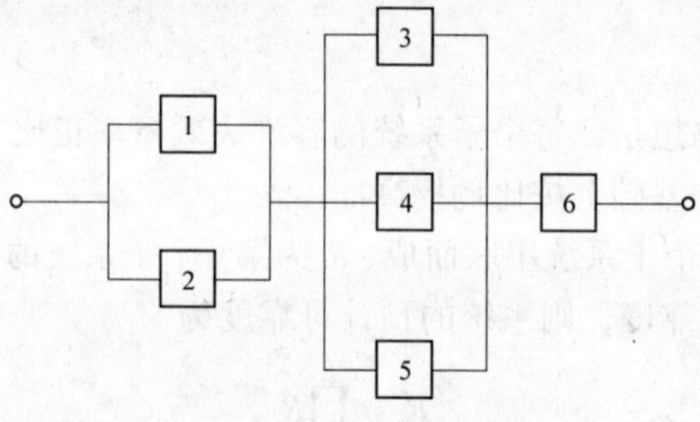

图 10-7 可靠性逻辑图

解 (1)将系统按 n=3 的串联系统分配，$R_{1\sim2}=R_A$，$R_{3\sim5}=R_B$，$R_6=R_C$，则有

$$R_A = 1 - F_1F_2 = 0.998\,95$$

$$R_B = 1 - F_3F_4F_5 = 0.999\,88$$

$$R_C = R_6 = 0.98$$

$$\sum F_i = F_A + F_B + F_C = 0.021\ 17$$

则分配到 A，B，C 的可靠度分别为

$$R_A' = 1 - \frac{F_A}{\sum F_i}F_s' = 0.999\ 50$$

$$R_B' = 1 - \frac{F_B}{\sum F_i} F_s' = 0.999\ 94$$

$$R_C' = 1 - \frac{F_C}{\sum F_i} F_s' = 0.990\ 55$$

(2)将 R_A' 分配到单元 1，2，则有

$$R_1' = 1 - F_1 \left(\frac{F_A'}{F_A} \right)^{\frac{1}{2}} = 1 - \left(\frac{F_1}{F_2} F_A' \right)^{\frac{1}{2}} = 0.979\ 30$$

$$R_2' = 1 - F_2 \left(\frac{F_A'}{F_A} \right)^{\frac{1}{2}} = 1 - \left(\frac{F_2}{F_1} F_A' \right)^{\frac{1}{2}} = 0.975\ 85$$

(3)将 R_B' 分配到单元 3，4，5 则有

$$R_3' = 1 - F_3 \left(\frac{F_B'}{F_B} \right)^{\frac{1}{3}} = 0.952\ 38$$

$$R_4' = 1 - F_4 \left(\frac{F_B'}{F_B} \right)^{\frac{1}{3}} = 0.960\ 31$$

$$R_5' = 1 - F_5 \left(\frac{F_B'}{F_B} \right)^{\frac{1}{3}} = 0.968\ 25$$

(4)对单元 6，则有

$$R_6' = R_C' = 0.990\ 55$$

按上述计算结果分配可靠度就可以满足系统 $R_s' = 0.99$ 的要求。

三、AGREE 分配法

这种方法是美国电子设备可靠性顾问团(AGREE)提出来的，它考虑了系统各单元的复杂度、重要度及工作时间等因素。

重要度是指某个单元发生故障时对系统可靠性的影响程度，用 W_i 表示，即

$$W_i = \frac{N_s}{r_i} \tag{10-12}$$

式中 N_s——第 i 个单元故障引起系统的故障次数；

r_i——第 i 个单元的故障次数。

显然，对于串联系统，每个单元的每次故障都会引起系统发生故障，所以每个单元对系统的重要度都相同，即 W_i=1。对于有冗余单元的系统，该单元失效系统未必失效，所以 $0 < W_i < 1$。若系统中有的单元失效，不会引起系统发生故障(如电控装置中的信号装置)，则 W_i=0。因此，对于 W_i 越大的单元分配到的可靠性指标应该大一些，反之，可以低一些。

复杂度是指某个单元的元器件数与系统总元器件数之比，用 K_i 表示，即

$$K_i = \frac{n_i}{N} \tag{10-13}$$

式中　n_i——第 i 个单元的元器件数；

N——系统元器件总数。

$$N = \sum_{i=1}^{n} n_i \tag{10-14}$$

式中　n——单元数。

显然，K_i 大的单元，由于包括的元器件数量多，较复杂，实现较高的可靠性指标困难，故分配到的可靠性指标值应低一些。

由以上可得

$$\frac{\lambda_i}{\lambda_s} = \frac{n_i}{N}\frac{1}{W_i}$$

式中　λ——分配给第 i 个单元的失效率；

λ_s——系统的失效率。

若系统的可靠性分布为指数分布，可知 $R_s = e^{-\lambda_s t}$，则

$$\lambda_s = -\frac{-\ln R_s}{t}$$

$$\lambda_i = \frac{-n_i \ln R_s}{NW_i t} \tag{10-15}$$

四、数学规划优化分配法

采用数学规划来优化可靠度的分配，首先建立优化数学模型，再采用数学规划法进行求解。在实际应用中，可根据系统的用途、需优先考虑的条件及侧重点等，建立如下两类数学模型：

(1)以系统的成本、体积、重量或研制周期等最小或性能最高为目标，以系统可靠度不低于某一规定值为约束条件，进行可靠性分配，即花费最小来分配可靠度。

(2)以系统可靠度最大为目标，而以系统的成本、性能、体积、重量或研制周期等为约束条件进行可靠性分配。

针对所建立的数学模型，可选用有效的优化算法求解，其中较常用的算法为动态规划法。

在各种系统可靠性分配方法中，每种方法都侧重考虑了一些因素。忽略了另一些因素。一般地讲，考虑因素越多，越能充分反映客观事实。但事无巨细，都在可靠性分配上考虑，必然使问题变得极其烦琐，无法得到精确解。

具体进行可靠性分配时，首先必须明确设计目标、限制条件、系统的可靠性模型及有关同类产品的可靠性预测数据等信息。随着设计工作的不断深入，可靠性模型的逐步细化，采用的可靠性分配模型也不同。一般在设计阶段建立系统可靠性分配模型；在方案论证阶段，可以采用分配因子法；在详细设计阶段，可以采用 AGREE 分配法和数学规划优化分配法。

在工程实际中，应根据着重考虑的因素或可忽略的因素，选择合适的方法，得到近似解。由于工程问题各式各样，考虑的侧重点不同，难以建立一套确定的可靠性分配准则。下面仅介绍几点具有共同性的原则，供应用时参考。

(1)对于复杂程度较高的分系统、设备等，应分配较低的可靠性指标。因为产品越复杂，

其组成单元就越多，要达到高可靠性就越困难。

(2)对于技术上不成熟的产品，分配较低的可靠性指标。对于这种产品提出高可靠性要求会延长研制时间，增加研制费用。

(3)对于处于恶劣环境条件下工作的产品，应分配较低的可靠性指标。因为恶劣的环境会增加产品的失效率。

(4)对于需要长期工作的产品，分配较低的可靠性指标。因为产品的可靠性随着工作时间的增加而降低。

(5)对于重要度高的产品，应分配较高的可靠性指标。因为重要度高的产品的故障会影响重要任务的完成。

(6)对便于维修和人工补救的子系统，分配的可靠度可低一些。因为这类子系统即使发生故障，也易于排除而使系统恢复正常。

(7)对改进潜力较大的子系统，分配的可靠度应高一些。一般情况下，预计可靠度较低的子系统其改进潜力要大一些，而可靠度较高的子系统改进要困难一些。

习　题

[10-1] 某系统由三个子系统组成，元件 1，2，3 为 2/3 表决系统，元件 4，5 相互串联，元件 6，7 相互并联，上述三个子系统串联构成该系统。设各元件的可靠度为 $R_1=R_2=R_3=0.91$，$R_4=0.97$，$R_5=0.99$，$R_6=0.95$，$R_7=0.94$，求该系统的可靠度。

[10-2] 某汽车的行星齿轮轮边减速器，半轴与太阳轮(可靠度为 0.995)相连；车轮与行星架相连；齿圈(可靠度为 0.999)与桥壳相联，4 个行星齿轮的可靠度均为 0.999，求轮边减速器齿轮系统的可靠度。

[10-3] 某系统由 4 个串联子系统构成，子系统的预计可靠度分别为 $R_1'=0.984$，$R_2'=0.941$，$R_3'=0.996$，$R_4'=0.979$，试求当系统要求的可靠度为 $R_s=0.87$，$R_s=0.95$，分别给 4 个子系统分配可靠性。

第十一章 可靠性设计方法

第一节 概 述

本章介绍了常用的可靠性设计方法基本概念和原理，包括机械零件可靠性设计、降额设计、简化设计、余度技术、容错设计，其中重点介绍机械零件可靠性设计。

机械可靠性设计是将概率统计与传统设计理论相结合进行机械零件或构件设计的一种先进的设计方法。它的基本任务是预测和预防产品所有可能发生的故障，使其达到规定的可靠性目标值。机械可靠性设计一般分为以下两种情况：

(1)根据给定的可靠性目标值进行设计，一般用于新产品的设计和开发。

(2)对现有定型产品的薄弱环节应用可靠性设计方法加以改进提高，以达到增长可靠性的目的。

这里的机械产品指纯电子产品以外的产品，包括机械、光学、液压、气动、电气等。机械产品与电子产品相比，具有以下的特点：

(1)机械产品的故障并不都服从恒定故障率的假设，相当一部分机械产品的寿命服从或近似服从正态分布或威布尔分布。

(2)机械产品的组成零部件多是非标准件，而且一种零部件常常要完成多种功能，因此像电子产品一样准确地统计其故障率是非常困难的。目前已有的故障率统计模型及手册中的数据都不足以作为可靠性预计的直接依据。

(3)机械产品出现故障的主要原因是疲劳、老化、磨损、腐蚀等，因而都是耗损型故障，而且还难以采用定量的方法进行估算。

(4)相对于电子产品，机械产品的可靠性试验一般是小子样的，而且为了检测耗损型故障模式所要求的试验时间较长，采用电子产品的可靠性鉴定试验统计方案往往是研制方无法接受的。

(5)机械产品的工作环境常与电子产品不同，对各种环境应力的敏感程度也大不相同。

(6)机械产品常处于运转工作状态，其可靠性更易受到操作及维护人员等人为因素的影响。

所以，机械产品有其特有的可靠性分析手段，如机械产品零部件静强度设计方法、疲劳强度设计方法、耗损(磨损)型故障分析方法等，本书主要介绍机械产品零部件静强度设计方法。

第二节 机械零件可靠性设计

机械可靠性设计不能简单地理解为只是提高产品的固有可靠性，而应当理解为要在产品性能、可靠性、费用等方面的要求之间进行综合权衡，从而达到产品的最优设计。一般机械产品的可靠性设计程序，大致可以分为以下几个阶段：

(1)方案论证阶段。该阶段通过调研分析，掌握市场信息，明确可靠性要求，确定可靠性指标，对可靠性和成本进行估算分析。

(2)审批阶段。对设计方案进行评议、审查，初步评估可靠性及其增长，验证试验要求，评价和选择试制厂家。

(3)设计研制阶段。该阶段根据产品的特点和特殊要求，进行可靠性设计，主要进行可靠性预计、分配和故障模式及综合影响分析，进行具体的结构设计。

(4)设计及试验阶段。按规范进行寿命试验、故障分析及反馈、验收试验等。

(5)使用阶段。用来收集现场可靠性数据，为改进提供依据。

一、可靠性设计理论

可靠性设计理论的基本任务，是在可靠性物理学研究的基础上结合可靠性试验及可靠性数据统计及分析，提出可供实际设计计算的物理数学模型和方法，以便在产品设计阶段就能规定其可靠性指标，或估计、预测机械产品及其主要零部件在规定条件下的工作能力状态或寿命，保证所设计的产品具有所需要的可靠度。下面介绍机械产品零部件静强度设计方法的设计原理，即应力–强度干涉理论。

(一)应力–强度干涉理论

在机械产品中，零件是否失效取决于强度和应力的关系。当零件的强度大于应力时，能够正常工作；当零件的强度小于应力时，则发生失效。机械可靠性设计是将应力和强度均作为具有某种分布规律的随机变量，其基本思想是按零件的失效概率大小来衡量零部件的可靠性，其基本出发点是应力–强度干涉理论。

要确定应力和强度的随机特性，首先应了解影响应力和强度随机性的因素。一般情况下，影响应力的主要因素有载荷、几何尺寸、工况变化等。影响强度的主要因素有材料的机械性能、加工工艺、使用环境等。

(1)载荷。机械产品由于受多种因素的影响，所承受的载荷都不是确定值，而是服从某种规律变化的随机变量。例如，汽车的载荷不仅与载重有关，而且与汽车的行驶速度、地面条件、驾驶员操作等因素有关，这些因素大多是一些随机变量，分布形式也是多种多样的。

(2)几何尺寸。由于加工制造设备、人员操作、工况等因素的影响，同一批产品的实际加工尺寸各有差异。这些尺寸也是随机变量，经实践检验加工的几何尺寸大都服从正态分布。

(3)工况变化。机械或零部件工作时其工作条件、环境等的变化也影响机械的强度与寿命的变化。

(4)材料性能。由于冶炼、加工、热处理、试验等各种因素的影响，机械性能如抗拉强度、疲劳强度、弹性模量等都是随机变量。统计结果表明，其中多数服从正态分布，有的则服从对数正态分布及威布尔分布。

因此，零件的应力通常取决于载荷的大小、作用位置，材料物理特性，工作条件等因素，可以用一个多元函数来表示，即

$$s = f(P, l, T, A, t, m) \tag{11-1}$$

式中 P——载荷，如力、弯矩、扭矩等；

l——几何尺寸，如长度、截面积等；

T——环境温度；

A——材料物理性质，如弹性模型、泊松比等；

t——载荷作用的时间或作用的循环次数；

m——环境其他影响因素。

在传统设计中，以上因素都是看做确定的变量，在可靠性设计中则处理成随机变量，随机变量的分布服从一定的规律，可以通过试验、统计分析和处理，确定载荷分布与分布参数。大量的统计数据表明，多数静载荷服从正态分布，几何尺寸的分布也服从正态分布。在静载荷作用下，应力主要取决于载荷和几何尺寸的变化，当载荷和几何尺寸都服从正态分布时，应力也服从正态分布。

零件材料的强度是抵抗失效的极限工作能力，与材料性质、热处理方式、应力种类以及其他影响因素(应力集中、表面质量、工作温度、环境等)有关。大量统计数据表明，材料的静强度，如屈服极限、强度极限都较好地服从正态分布。

假设某零件，其强度 r 用概率密度函数 $g(r)$来描述，而承受载荷作用的应力 s 用概率密度函数 $f(s)$来描述，如果将应力 s–$f(s)$和强度 r–$g(r)$以及时间在同一坐标系中绘出，如图 11-1 所示为应力、强度分布与时间的关系。分析可知有以下几种情况：

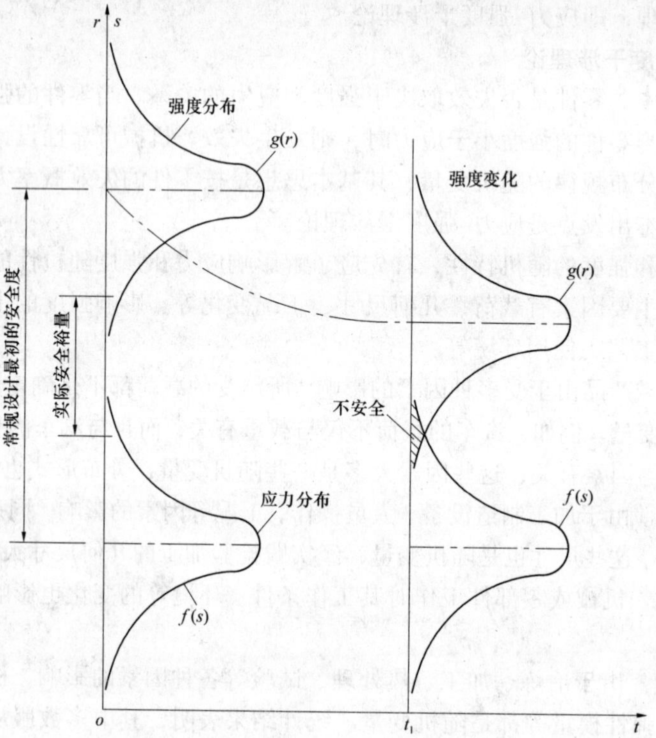

图 11-1　应力、强度分布与时间的关系

(1)应力和强度的概率密度曲线不重叠，但可能出现最大应力均小于可能出现的最小强度。此时，可靠度为 1，累计失效概率为 0。

(2)应力和强度的概率密度曲线产生部分重叠，即“干涉”(见图 11-2、图 11-3 阴影部分)。此时，不能保证应力在任意情况下均小于强度。即可靠度为

$$R = P(r > s) = P[(r - s) > 0] \tag{11-2}$$

(3)应力和强度的概率密度曲线不重叠，但可能出现最大强度均小于可能出现的最小应力。此时，可靠度为 0，累计失效概率为 1。

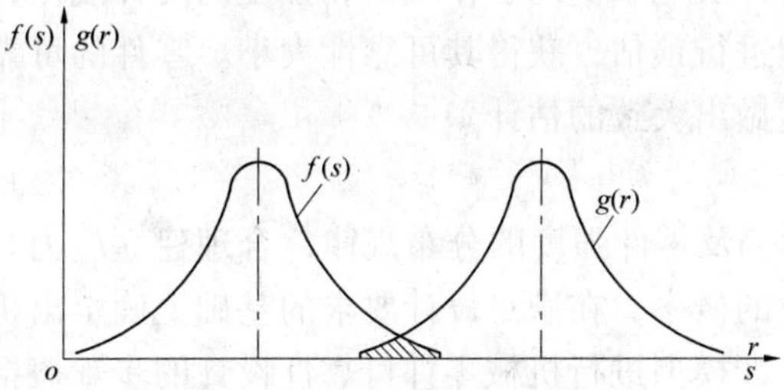

图 11-2　应力–强度干涉模型

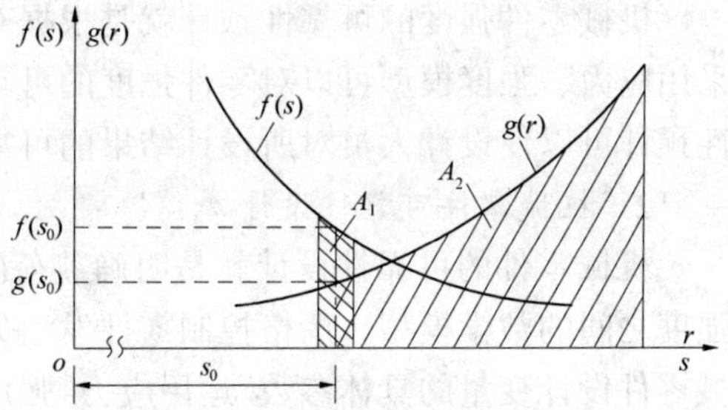

图 11-3　干涉模型原理图

如图 11-1 所示，当 $t=0$ 时，应力和强度的分布之间有一定的安全强度，属于上述第一种情况，因而不会产生失效。随着时间的推移，由于材料和环境等因素，强度老化，强度的均值降低，导致在 t_1 时刻，应力与强度概率密度曲线发生干涉，此时属于上述第二种情况。当强度进一步下降，则属于第三种情况，此时零件失效。

因此，计算零件的可靠度，就是计算强度大于应力的概率。首先对连续的应力空间进行划分，将连续的应力离散化，用各小区间的中值代替各区间内的应力变量。则对指定某离散应力 s_0，强度大于应力的概率为

$$P(r>s_0)=\int_{s_0}^{+\infty}g(r)\,\mathrm{d}r \tag{11-3}$$

应力值 s_0 存在于区间 ds 内的概率等于面积 A_1，即

$$P(s_0-\frac{\mathrm{d}s}{2}\leqslant s_0\leqslant s_0+\frac{\mathrm{d}s}{2})=f(s_0)\,\mathrm{d}s=A_1 \tag{11-4}$$

假设零件的强度与其承受的应力相互独立，即 $(r>s_0)$ 和 $(s_0-\frac{\mathrm{d}s}{2}\leqslant s_0\leqslant s_0+\frac{\mathrm{d}s}{2})$ 为两个独立的随机事件。根据概率乘法定理，计算应力为 s_0 时的可靠度为

$$\mathrm{d}R=f(s_0)\,\mathrm{d}s\cdot\int_{s_0}^{+\infty}g(r)\,\mathrm{d}r \tag{11-5}$$

因为零件的可靠度为强度值 r 大于所有可能应力值 s 的整个概率，则有

$$R(t)=\int_{-\infty}^{+\infty}\mathrm{d}R=\int_{-\infty}^{+\infty}f(s)[\int_{s}^{+\infty}g(r)\,\mathrm{d}r]\,\mathrm{d}s \tag{11-6}$$

失效概率 $F(t)$ 为

$$F(t)=1-R(t)=P(r<s)=\int_{-\infty}^{+\infty}f(s)[\int_{-\infty}^{s}g(r)\,\mathrm{d}r]\,\mathrm{d}s \tag{11-7}$$

式(11-6)和式(11-7)是已知应力和强度概率密度函数计算可靠度的一般公式，其中应力和强度的分布类型可以是各种各样的。应力–强度干涉理论也可以进一步延伸，如将零件的工作循环次数理解为应力，而零件的失效循环次数可以理解为强度。

(二)应力–强度干涉理论的应用

1. 机械零件强度的可靠性预计

机械零件强度的可靠性预计就是根据对零件所能承受的工作载荷和强度的统计规律，采用应力、强度模型可以对零件强度的可靠性进行预估，获得其可靠性大小。零件的可靠性预计可以使设计人员对所设计结果的可靠度做出大致的估计。

2. 机械零件可靠性设计

机械零件的可靠性设计就是明确载荷(应力)及零件强度的分布规律，合理建立应力与强度之间的数学模型，严格控制零件发生失效的概率，在满足设计要求的基础上确定出机械零件设计变量的具体参数。运用应力–强度干涉模型进行机械零件可靠性设计的步骤概括如下：

(1)确定设计对象及内容，并明确所包含的设计变量和参数；

(2)确定机械零件的主要失效模式；

(3)确定导致机械零件失效的载荷统计和概率分布；

(4)确定机械零件抵抗失效的强度统计和概率分布；

(5)根据要求达到的可靠度指标值，采用应力–强度干涉模型进行机械零件的可靠性设计计算，获得设计变量和参数的设计值。

二、可靠性数据收集和随机变量特征值计算

(一)可靠性数据收集

机械可靠性设计认为，所有的设计变量都是随机变量，其设计的基础是所有的设计变量都是经过多次的试验测定的实际数据，经过统计检验得到的统计量。由于载荷、材料的力学性能、几何尺寸以及工况变换等各种不确定的影响因素都有随机性，最理想的情况是掌握它们的分布形式与参数。但是，由于这些参数都是随机变量，其准确数据很难获得，比较精确的数据也只能通过大量实测得到，这对普通设计往往很难办到，故只能应用近似处理的方法解决。

常见的可靠性数据的收集主要有以下途径：

(1)真实情况的实测、观察。这种途径获得的数据样本量越大，置信度就越高。从数据的真实性看，这种方法是比较理想的，但耗费大量的人力、物力、财力。

(2)模拟真实情况的测试。获得的数据真实性稍差，经济性有一定改善，但成本仍较高。

(3)标准件的专门试验。获得的数据并不能完全反映所设计产品的真实性，但其主要性能与真实情况基本一致。对其进行必要的修正，可以近似看成真实情况。

(4)利用手册、产品目录或其他文件中的数据。

(二)随机变量特征值计算

1. 单一随机变量的统计特征值

在可靠性设计中，设计变量应以统计特征值的形式给定。大多情况下，手册和文献只给出了变量的变化范围，因此需要将其转化为均值和标准差。目前，手册和文献给出的参数范围是在大量试验测试的基础上得到的，大都服从正态分布。因此，可以认为给定的数据覆盖了随机变量的 $\pm 3\sigma$。由正态分布的性质可知，数据落入其均值的 $\pm 3\sigma$ 范围内的可靠度为 0.9973。

例如，机械应力一般是载荷和几何尺寸的函数，因此应力的随机性不仅取决于载荷的随机性，也取决于几何尺寸的随机性。由于加工不能保证几何尺寸绝对准确，而只能将其限制在允许的公差范围内，故几何尺寸也是一个随机变量，一般尺寸服从正态分布。

若已知某尺寸数据为 $x\pm\Delta x$，则有

均值
$$\mu_x = x \tag{11-8}$$

标准差
$$\sigma_x = \frac{\Delta x}{3} \tag{11-9}$$

在进行可靠性设计时，对于设计参数的均值μ和标准差σ的关系，可以按照 $3\sigma=\alpha\mu$关系式确定，α的取值可以根据设计要求确定，一般取α=0.015，即σ=0.005μ。另外，有些情况下，对于几何尺寸参数的标准差σ的大小可以由加工误差Δx 确定，误差Δx 可以根据加工方法确定。例如，车削加工，误差一般为±0.125 mm，最小可达 0.025 mm；研磨加工，误差一般为 0.005 mm，最小可达 0.001 2 mm。

若已知尺寸数据为 $x_{\min}$ 和 $x_{\max}$，则有

均值
$$\mu_x = \frac{x_{\min} + x_{\max}}{2} \tag{11-10}$$

标准差
$$\sigma_x = \frac{x_{\max} - x_{\min}}{6} \tag{11-11}$$

一般来说，对有较严限制的尺寸误差，对应力数值的影响甚微，常可以假定为确定量而使计算大为简便。应该指出，强度的均值和标准差也可以参考上述方法确定。

2. 随机变量函数的统计特征值

若函数 $y=f(x)$为一维随机变量 x 的函数，随机变量 x 的均值和标准差已知，用μ_x和σ_x表示。将 $f(x)$在 $x=\mu_x$ 处展开，即

$$\begin{aligned} y = f(x) = f(\mu_x) + f'(\mu_x)(x-\mu_x) + \\ \frac{1}{2}f''(\mu_x)(x-\mu_x) + \cdots + \frac{f^{(n)}(\mu_x)}{n!}(x-\mu_x)^n + \cdots \end{aligned} \tag{11-12}$$

对上式的首项或连同次项的均值和方差作为该函数的均值和方差的近似估计，可得函数的均值和方差为

$$\begin{aligned} \mu_y &\approx f(\mu_x) + \frac{1}{2}f(\mu_x)\sigma_x^2 \approx f(\mu_x) \\ \sigma_y^2 &= [f'(\mu_x)]^2\sigma_x^2 \end{aligned} \tag{11-13}$$

设 $y=f(x_1,x_2,\cdots,x_n)$为相互独立的随机变量 $x_1,x_2,\cdots,x_n$ 的函数，其均值和标准差分别为$\mu_1,\mu_2,\cdots,\mu_n$ 和$\sigma_1,\sigma_2,\cdots,\sigma_n$。将函数 $y=f(x_1,x_2,\cdots,x_n)$在均值处展开，即

$$\begin{aligned} y = f(\mu_1,\mu_1,\cdots,\mu_n) + \sum_{i=1}^{n}\left.\frac{\partial f(x)}{\partial x_i}\right|_{x_i=\mu_i}(x_i-\mu_i) + \\ \frac{1}{2}\sum_{j=1}^{n}\sum_{i=1}^{n}\frac{\partial^2 f(x)}{\partial x_i \partial x_j}(x_i-\mu_i)(x_j-\mu_j) + \cdots \end{aligned} \tag{11-14}$$

其均值和方差分别为

$$\mu_y \approx f(\mu_1, \mu_1, \cdots, \mu_n) \tag{11-15}$$

$$\sigma_y^2 \approx \sum_{i=1}^{n}\left[\left.\frac{\partial f(x)}{\partial x_i}\right|_{x_i=\mu_i}\sigma_i\right]^2 \tag{11-16}$$

在可靠性设计中，正态分布获得了广泛的应用。为了方便，通常将正态随机变量函数 z 的统计特征值求解公式列于表 11-1 中，其中 x 和 y 为相互独立且服从正态分布的随机变量，a 为任意常数。

表 11-1　基本函数及其参数计算

序号	基本函数	均值 μ_z	标准差 σ_z
1	$z=ax$	$a\mu_x$	$a\sigma_x$
2	$z=x+a$	μ_x+a	σ_x
3	$z=x\pm y$	$\mu_x\pm\mu_y$	$\sqrt{\sigma_x^2+\sigma_y^2}$
4	$z=xy$	$\mu_x\mu_y$	$\sqrt{\mu_x^2\sigma_y^2+\mu_y^2\sigma_x^2}$
5	$z=x/y$	μ_x/μ_y	$\frac{1}{\mu_y^2}\sqrt{\mu_x^2\sigma_y^2+\mu_y^2\sigma_x^2}$
6	$z=x^n$	μ_x^n	$n\mu_x^{n-1}\sigma_x$

[例 11-1]　已知随机变量 x_i 的均值和标准差为 μ_i 和 $\sigma_i(i=1,2,3)$，求函数

$$y=\frac{x_1x_3}{x_2+x_3}$$

的均值 μ_y 和标准差 σ_y。

解　由题意可得

$$\mu_y=\frac{\mu_1\mu_3}{\mu_2+\mu_3}$$

又知

$$\frac{\partial y}{\partial x_1}=\frac{x_3}{x_2+x_3}，\ \frac{\partial y}{\partial x_2}=-\frac{x_1x_3}{(x_2+x_3)^2}，\ \frac{\partial y}{\partial x_3}=\frac{x_1x_2}{(x_2+x_3)^2}$$

所以，y 的标准差为

$$\sigma_y=\sqrt{(\frac{\partial y}{\partial x_1})^2_{x_i=\mu_i}\sigma_1^2+(\frac{\partial y}{\partial x_2})^2_{x_i=\mu_i}\sigma_2^2+(\frac{\partial y}{\partial x_3})^2_{x_i=\mu_i}\sigma_3^2}$$

$$=\sqrt{\frac{\mu_3^2}{(\mu_2+\mu_1)^2}\sigma_1^2+\frac{\mu_1^2\mu_3^2}{(\mu_2+\mu_3)^4}\sigma_2^2+\frac{\mu_1^2\mu_2^2}{(\mu_2+\mu_3)^4}\sigma_3^2}$$

三、可靠度计算

根据应力–强度干涉理论可知，要计算零件的可靠度，首先必须建立零件应力与强度

的数学模型，明确应力和强度的分布类型和分布参数(主要是均值和标准差)，下面分析应力和强度服从各种分布时可靠度的计算。

(一)应力和强度均服从正态分布时的可靠度计算

设应力 s 和强度 r 都服从正态分布，即

$$s \sim N(\mu_{\rm s}, \sigma_{\rm s}^2)\,, \qquad r \sim N(\mu_{\rm r}, \sigma_{\rm r}^2)$$

则 $y = r-s$ 也服从正态分布，随机变量 y 的均值和标准差为

$$\mu_{\rm y} = \mu_{\rm r} - \mu_{\rm s}\,, \qquad \sigma_{\rm y} = \sqrt{\sigma_{\rm r}^2 + \sigma_{\rm s}^2}$$

于是，零件的失效概率为

$$F = P(y<0) = \int_{-\infty}^{0} \frac{1}{\sigma_{\rm y}\sqrt{2\pi}} \exp[-\frac{1}{2}(\frac{y-\mu_{\rm y}}{\sigma_{\rm y}})^2]\,{\rm d}\,y \tag{11-17}$$

零件可靠度为

$$R = 1 - F = \int_{0}^{+\infty} \frac{1}{\sigma_{\rm y}\sqrt{2\pi}} \exp[-\frac{1}{2}(\frac{y-\mu_{\rm y}}{\sigma_{\rm y}})^2]\,{\rm d}\,y \tag{11-18}$$

为便于计算，引入标准正态随机变量，即

$$z = \frac{y-\mu_{\rm y}}{\sigma_{\rm y}} \tag{11-19}$$

则$\sigma_{\rm y}$=dz=dy。当 y=0 时，z 的下限为

$$z = -\frac{\mu_{\rm y}}{\sigma_{\rm y}} = -\frac{\mu_{\rm r} - \mu_{\rm s}}{\sqrt{\sigma_{\rm r}^2 + \sigma_{\rm s}^2}} \tag{11-20}$$

当 $y \to \infty$ 时，z 的上限为∞，则有

$$R = \frac{1}{\sqrt{2\pi}} \int_{z}^{+\infty} {\rm e}^{-\frac{z^2}{2}}\,{\rm d}\,z \tag{11-21}$$

由标准正态分布的对称性，可知

$$R = \frac{1}{\sqrt{2\pi}} \int_{-\infty}^{-z} {\rm e}^{-\frac{z^2}{2}}\,{\rm d}\,z \tag{11-22}$$

令

$$Z_R = \frac{\mu_{\rm y}}{\sigma_{\rm y}} = \frac{\mu_{\rm r} - \mu_{\rm s}}{\sqrt{\sigma_{\rm r}^2 + \sigma_{\rm s}^2}} \tag{11-23}$$

则有

$$R = \frac{1}{\sqrt{2\pi}} \int_{-\infty}^{Z_R} {\rm e}^{-\frac{z^2}{2}}\,{\rm d}\,z = \phi(Z_{\rm R}) \tag{11-24}$$

$$Z_R = \frac{\mu_{\rm y}}{\sigma_{\rm y}} = \frac{\mu_{\rm r} - \mu_{\rm s}}{\sqrt{\sigma_{\rm r}^2 + \sigma_{\rm s}^2}} = \phi^{-1}(R) \tag{11-25}$$

式(11-25)称为“联结方程”或“耦合方程”，Z_R称为可靠性系数或可靠度指数，它与可靠度 R 有一一对应的关系，当已知可靠性系数时，可查标准正态分布表计算可靠度，当知道可靠度时，同样可以计算可靠性系数。

[例 11-2] 某零件强度和应力均服从正态分布，且应力的均值μ_s=379 MPa，标准差σ_s=41.4 MPa，强度的均值μ_r=482 MPa，标准差σ_r=32.1 MPa，试计算该零件的可靠度。若控制强度的标准差，使 32.1 MPa 降到 15 MPa，计算此时的可靠度。

解 由联结方程可知，可靠性系数为

$$Z_R = \frac{\mu_r - \mu_s}{\sqrt{\sigma_r^2 + \sigma_s^2}} = \frac{482 - 379}{\sqrt{32.1^2 + 41.4^2}} = 1.97$$

查正态分布表可知

$$R = \phi(1.97) = 0.975\,6$$

当σ_r=15 MPa 时，

$$Z_R = \frac{\mu_r - \mu_s}{\sqrt{\sigma_r^2 + \sigma_s^2}} = \frac{482 - 379}{\sqrt{15^2 + 41.4^2}} = 2.34$$

则有

$$R = \phi(2.34) = 0.990\,4$$

由此可见，强度和应力保持不变，缩小其标准差，可以增大可靠性系数的数值，即增大系统的可靠性。

(二)强度和应力均服从对数正态分布时的可靠度计算

当变量 x 服从对数正态分布时，则 x 的对数值 $\ln x$ 服从正态分布。设应力 s 和强度 r 服从对数正态分布，其均值和标准差分别为$\mu_{\ln s}$、$\mu_{\ln r}$和$\sigma_{\ln s}$、$\sigma_{\ln r}$。由于 $\ln x$ 和 $\ln r$ 均服从正态分布，所以 $y=\ln r-\ln x$ 也服从正态分布，均值和标准差分别为

$$\mu_y = \mu_{\ln r} - \mu_{\ln s}, \quad \sigma_y^2 = \sigma_{\ln r}^2 + \sigma_{\ln s}^2 \tag{11-26}$$

这样，对数正态变量就可以转化为正态变量，用前面的方法计算，可靠性系数为

$$u = \frac{\mu_y}{\sigma_y} = \frac{\mu_{\ln r} - \mu_{\ln s}}{\sqrt{\sigma_{\ln r}^2 + \sigma_{\ln s}^2}} \tag{11-27}$$

应该注意，应力 s 和强度 r 的均值和标准差分别为μ_s、μ_r和σ_s、σ_r，它与 $\ln x$、$\ln r$ 是不同的，其关系可近似计算为

$$\mu_{\ln s} \approx \ln\mu_s, \quad \mu_{\ln s} \approx \ln\mu_s, \quad \sigma_{\ln s} \approx \frac{\sigma_s}{\mu_s} = C_s, \quad \sigma_{\ln r} \approx \frac{\sigma_r}{\mu_r} = C_r$$

式(11-27)可变为

$$u = \frac{\mu_y}{\sigma_y} = \frac{\ln\mu_r - \ln\mu_s}{\sqrt{(C_r)^2 + (C_s)^2}} \tag{11-28}$$

[例 11-3] 已知某零件的强度和应力均服从对数正态分布，且应力的均值μ_s=60 MPa，

标准差σ_s=10 MPa，强度的均值μ_r=100 MPa，标准差σ_r=10 MPa，试计算该零件的可靠度。

解 由题意可知

$$C_s = \frac{\sigma_s}{\mu_s} = \frac{10}{100} = 0.1\,, \qquad C_r = \frac{\sigma_r}{\mu_r} = \frac{10}{60} = 0.166\ 7$$

由公式(11-27)得

$$Z_R = \frac{\ln\mu_r - \ln\mu_s}{\sqrt{C_r^2 + C_s^2}} = \frac{\ln 100 - \ln 60}{\sqrt{0.133\ 7^2 + 0.1^2}} = 2.689$$

查标准正态分布表 9-2 可得

$$R = \phi(Z_R) = \phi(2.689) = 0.996\ 4$$

(三)强度和应力均服从指数分布时的可靠度计算

应力和强度均为指数分布时的概率密度函数分别为

$$f(s) = \lambda_s \mathrm{e}^{-\lambda_s s} \qquad (0 \leqslant s \leqslant \infty)$$

$$g(r) = \lambda_r \mathrm{e}^{-\lambda_r r} \qquad (0 \leqslant r \leqslant \infty)$$

式中 λ_s——应力分布参数，$\lambda_s = \frac{1}{\mu_s}$ 为应力均值；

λ_r——应力分布参数，$\lambda_r = \frac{1}{\mu_r}$ 为应力均值。

由式(11-6)可得出可靠度为

$$\begin{aligned} R(t) &= \int_0^{+\infty} f(s)\left[\int_s^{+\infty} g(r)\,\mathrm{d}r\right]\mathrm{d}s = \int_0^{+\infty} \lambda_s \mathrm{e}^{-\lambda_s s}\left[\int_s^{+\infty} \lambda_r \mathrm{e}^{-\lambda_r r}\,\mathrm{d}r\right]\mathrm{d}s \\ &= \int_0^{+\infty} \lambda_s \mathrm{e}^{-(\lambda_s+\lambda_r)s}\,\mathrm{d}s = \frac{\lambda_s}{\lambda_s + \lambda_r} \end{aligned} \tag{11-29}$$

上面介绍了应力和强度分别服从正态分布、对数正态分布、指数分布时的可靠度计算。这三种分布也是可靠性设计中最常用的分布形式。在工程中，应力和强度的分布类型更为复杂，如应力服从指数分布，强度服从正态分布，应力和强度都服从威布尔分布，等等。对于这些问题，可以采用可靠度计算的一般公式(11-5)计算。实际中已求出各种强度和应力服从各种分布的可靠度计算公式，可查阅有关书籍。

四、零件静强可靠性设计实例

(一)受拉杆件可靠性设计

[例 11-4] 已知圆杆承受的载荷 P 服从正态分布，其均值μ_P=28 000 N，标准差σ_P=4 200N，材料强度也服从正态分布，其均值μ_r=438 MPa，标准差σ_r=13 MPa，试求：

(1)按常规方法设计该圆杆的直径；

(2)若保证该零件的最小可靠度为 0.999 9 时，设计该圆杆的直径。

解 (1)取安全系数 n=3，则许用应力为

$$[\sigma] = \frac{\mu_r}{n} = \frac{438}{3} = 146\ \text{(MPa)}$$

拉杆的工作应力为

$$\sigma=\frac{p}{A}=\frac{4\times 28\,000}{\pi\mu_{\mathrm{d}}^{2}}\leqslant[\sigma]$$

由上式可得

$$\mu_R\geqslant\sqrt{\frac{4\times 28\,000}{\pi[\sigma]}}=15.6\ \mathrm{mm}$$

(2)根据材料力学知识可得

$$s=\frac{p}{A}=\frac{4p}{\pi d^{2}}$$

由随即变量函数分布参数的公式可得

$$\mu_{\mathrm{s}}=f(\mu_{\mathrm{P}},\mu_{\mathrm{d}})=\frac{4\mu_{\mathrm{P}}}{\pi\mu_{\mathrm{d}}^{2}},\ \sigma_{\mathrm{s}}=\sqrt{(\frac{4}{\pi\mu_{\mathrm{d}}^{2}})^{2}\sigma_{\mathrm{P}}^{2}+(\frac{8\mu_{\mathrm{P}}}{\pi\mu_{\mathrm{d}}^{3}})^{2}\sigma_{\mathrm{d}}^{2}}$$

根据设计制造经验确定拉杆直径的标准差满足

$$3\sigma_{\mathrm{d}}=0.015\mu_{\mathrm{d}}\text{，即 }\sigma_{\mathrm{d}}=0.005\mu_{\mathrm{d}}$$

则有

$$\mu_{\mathrm{s}}=\frac{35\,650}{\mu_{\mathrm{d}}^{2}},\ \sigma_{\mathrm{s}}=\frac{5\,359.5}{\mu_{\mathrm{d}}^{2}}$$

由 R=0.9999，查正态分布表可得 Z_R=3.72，代入联结方程，可得

$$Z_R=\frac{\mu_{\mathrm{r}}-\mu_{\mathrm{s}}}{\sqrt{\sigma_{\mathrm{r}}^{2}+\sigma_{\mathrm{s}}^{2}}}$$

整理可得

$$\mu_{\mathrm{d}}^{4}-149\mu_{\mathrm{d}}^{2}+3\,774=0$$

解得

$$\mu_{\mathrm{d1}}^{2}=116.80,\ \mu_{\mathrm{d2}}^{2}=32.32\ (\text{均取正值})$$

即

$$\mu_{\mathrm{d1}}=10.81,\ \mu_{\mathrm{d2}}=5.69$$

代入联结方程演算，可知 $\mu_{\mathrm{d2}}=5.69$ 不符合实际，故得圆杆直径为

$$d=\mu_{\mathrm{d}}+\Delta d=\mu_{\mathrm{d}}\pm 3\sigma_{\mathrm{d}}=\mu_{\mathrm{d}}\pm 3\times 0.005\mu_{\mathrm{d}}=10.81\pm 0.162$$

(二)轴的可靠性设计

[例 11-5] 设计某传动轴，已知传递的扭矩为 $T=10^{7}\pm 2\times 10^{3}\ \mathrm{N\cdot m}$，材料的剪切疲劳强度 $\tau_{-1}=230\pm 50\,\mathrm{MPa}$，要求轴的可靠度为 0.999，试设计该传动轴。(假设 $\sigma_{\mathrm{d}}=0.001\,\mu_{\mathrm{d}}$)

解 (1)传动轴只传递扭矩时，其失效模式一般是剪切疲劳破坏。计算传动轴的扭转切应力的均值和标准差，设轴的直径为 d，根据材料力学知识，则轴受的切应力为

$$\tau=\frac{16T}{\pi d^{3}}$$

则有

$$\mu_{\tau}=\frac{16\mu_{\mathrm{T}}}{\pi\mu_{\mathrm{d}}^{3}}=\frac{16\times 10^{7}}{3.14\times\mu_{\mathrm{d}}^{3}}=\frac{5.1\times 10^{7}}{\mu_{\mathrm{d}}^{3}}\ (\mathrm{MPa})$$

$$\sigma_{\tau}=\sqrt{\left(\frac{\partial\tau}{\partial T}\right)^{2}\sigma_{\mathrm{T}}+\left(\frac{\partial\tau}{\partial d}\right)^{2}\sigma_{\mathrm{d}}^{2}}$$

$$=\sqrt{\left(\frac{16}{\pi\mu_{\mathrm{d}}^{3}}\right)^{2}\sigma_{\mathrm{T}}^{2}+\left(\frac{48\times\mu_{\mathrm{T}}}{\pi\mu_{\mathrm{d}}^{4}}\right)^{2}\sigma_{\mathrm{d}}^{2}}$$

已知 $\mu_{\mathrm{T}}=1\times10^{7}\ \mathrm{N\cdot m}$，$\sigma_{\mathrm{T}}=\dfrac{\Delta T}{3}=\dfrac{2\times10^{3}}{3}=6.67\times10^{2}$，$\sigma_{\mathrm{d}}=0.001\,\mu_{\mathrm{d}}$，则有

$$\sigma_{\mathrm{r}}=\frac{3.939\,3}{\mu_{\mathrm{d}}^{3}}\times10^{6}\quad(\mathrm{mm})$$

(2)计算轴的强度的均值和标准差，即

$$\mu_{\mathrm{r}}=\bar{\tau}_{-1}=230\ \mathrm{MPa},\quad \sigma_{\mathrm{r}}=\frac{\Delta\tau_{-1}}{3}=\frac{50}{3}=16.7\ (\mathrm{MPa})$$

(3)利用联结方程求解传动轴的直径。查标准正态分布表(见表 9-2)，可知对应可靠度为 0.999 的可靠性系数为 $z=3.09$。

$$z=\frac{\mu_{\mathrm{r}}-\mu_{\mathrm{s}}}{\sqrt{\sigma_{\mathrm{r}}^{2}+\sigma_{\mathrm{s}}^{2}}}$$

$$3.09=\frac{230-\dfrac{5.1\times10^{7}}{\mu_{\mathrm{d}}^{3}}}{\sqrt{16.7^{2}+\left(\dfrac{3.939\times10^{6}}{\mu_{\mathrm{d}}^{3}}\right)^{2}}}$$

解上式可得 μ_{d}=47.5 mm。

圆整后，可取传动轴的直径为 d=50 mm。

由以上设计过程可以看出，零件的可靠性设计具有以下优点：

(1)可靠性设计将设计过程的应力和强度参数视为随机变量，与传统设计相比，更加符合实际情况。因此，可靠性设计可以满足给定可靠度的更为经济合理的设计结果。

(2)在设计过程中引入可靠度指标，使设计者对其设计结果的风险程度有一个定量的概念，基本上避免了以前的安全系数设计方法中人为主观因素的影响。

(3)利用应力–强度干涉模型进行可靠性设计的机械零件，可以充分发挥材料的固有性能。

(4)用可靠性指标参与设计过程，可以用可靠性指标去控制零件在选材、热处理工艺、加工等工序的质量，使它们都在统一的可靠性指标下得到控制，从而有利于产品质量的改善和提高。

应该指出，采用应力–强度干涉模型进行可靠性设计的计算方法比传统的安全系数法的计算过程复杂，往往需要求解高次方程。同时，设计过程中涉及载荷、强度的分布，故障模式的判定，评定标准的选择，以及产品试验数据的获取离其应用还有一定距离，因此仍需要大量的研究。还应指出，尽管可靠性设计是一种新的设计理论和方法，它仍然需要传统的设计经验，并且要与各产品的固有专业以及其他设计理论与方法一起综合应用。例如，有限元分析、疲劳统计学、实验应力分析等。这样可以较低的成本，设计出产品所要求的可靠性。

第三节　降额设计

一、概述

降额设计，是选择额定值(一般代表强度指标)高于一般工作情况下所需额定值的元器

件或设备，使其工作时承受的工作应力适当地低于其规定的额定值，从而达到降低基本故障率，提高可靠性的目的。在选用电气电子元器件和机械产品时常做适当的降额设计。因为电气电子元器件的电应力和温度应力对可靠性影响显著，所以降额设计技术对其可靠性设计显得十分重要，是可靠性设计中的重要组成部分。

降额设计方法在电气电子设计中常常采用。许多电子元器件都有最佳的降额范围，在此范围内工作应力的变化对其失效率有显著的影响，在设计上也较容易实现，对设备体积、重量和成本也影响很小。例如，在选用钢触点的交流接触器控制长期工作的交流电机时，由于发热的影响，一般应将其额定电流降低 50%使用来提高可靠性。即一个负载电流接近或等于 200 A 的电路中需选用一个额定电流为 400 A 的铜触点交流接触器，这样才可以保证长期工作的可靠性。

应该指出，对于元件的降额幅值越大，元件的可靠性将会越高，但降额幅值过大，将带来设备的体积、重量和成本的增加，这在某些场合是不允许的。同时，应该考虑环境的影响，因为不同的环境中，元件的额定值在改变。进行降额设计时必须注意，有些元器件的某些参数是不能降额的。例如，继电器的电流若降额就不能可靠地工作，电感元器件绕组的电压和工作频率也是固定而不能降额的。

二、降额等级

在最佳降额范围内，一般分 3 个降额等级，分别如下所示。

1. Ⅰ级降额

Ⅰ级降额是最大的降额，适用于设备故障将会危及安全、导致任务失败或造成严重经济损失情况时的降额设计，它是保证设备可靠性所必须的最大降额。若采用比它还大的降额，不但设备的可靠性不再会增长多少，而且设计上也是难以接受的。

2. Ⅱ级降额

Ⅱ级降额是中等降额，适用于设备故障将会使工作任务降级或发生不合理的维修费用情况的设备设计。这级降额仍在降低工作应力可对设备可靠性增长有明显作用的范围内，它比Ⅰ级降额易于实现。

3. Ⅲ级降额

Ⅲ级降额是最小的降额，适用于设备故障只对任务完成有小的影响或能经济地修复设备的情况。这级降额可靠性增长效果最大，设计上也不会有什么困难。

三、降额准则

各类元器件的详细降额准则及应用指南按国家相关标准执行，如国家军用标准《元器件降额准则》(GJB/Z 35)。

第四节　简化设计

设计人员在设计中都必须重视产品的简化设计，即在保证性能要求的前提下，尽可能使产品设计简单化。

一、简化设计可以提高产品固有可靠性

设一个产品由 k 个单元串联组成，第 i 个单元的可靠度为 R_i、不可靠度为 F_i，则有

$$R_s = \prod_{i=1}^{k} R_i(\ )\text{，}\qquad F_s = 1 - R_s = 1 - \prod_{i=1}^{k}(1 - F_i)$$

可见，串联系统产品愈复杂，组成的单元愈多(即 k 愈大)，则产品的可靠度 R_s 就愈低。可采用简化设计的方法，在保证满足性能要求的前提下，减少产品组成单元数，从而提高其可靠性。

二、简化设计可以降低维修工作量和成本

简化设计不仅可以获得产品可靠性的提高和易于维修的效果，还会由于产品结构简化而降低其生产成本。

例如，作为替代 F-4、A-T 战斗机的美国 F／A-8A 战斗机在设计中，对雷达、发动机和液压系统采用了简化设计，取得了高可靠性的成效。F／A-18A 的发动机 F-404 只有 14 300 个元件，而 F-4 的发动机 J-79 有 22 000 个元件。也就是说，F-404 所用元件数为 J-79 的 2/3，但两者推力几乎相等，而 F-404 的可靠性却比 J-79 提高了 4 倍。在研制期间，海军规定平均故障间隔时间(MTBF)为 173 h，由于采取了简化设计实际上达到 289 h。

为了实现简化设计，应注意的基本原则如下所述：

(1)尽可能减少产品组成部分的数量及其相互间的联接。例如，可利用先进的数控加工及精密铸造工艺，把过去要求很多零部件装配成的复杂部件实行整体加工及整体铸造，成为一个部件。

(2)尽可能实现零、组、部件的标准化、系列化与通用化，控制非标零、组、部件的比率。尽可能减少标准件的规格、品种数。争取用较少的零、组、部件实现多种功能。

(3)尽可能采用经过考验的可靠性有保证的零、组、部件以至整机。

(4)尽可能采用模块化设计。

第五节　余度技术

一、概述

为了提高系统的可靠性，最简单的技术措施是采用高可靠性的元器件、降额设计和简化设计等。只有当这些措施不能有效地提高系统可靠性目标时，余度技术是提高系统可靠性最有效的办法。

余度技术是系统或设备获得高可靠性、高安全性和高生存能力的设计方法之一。特别是当元器件或零部件质量与可靠性水平比较低、采用一般设计已经无法满足设备的可靠性要求时，余度技术就具有重要的应用价值。采用余度技术，就可以用可靠度不太高的零部件组成高可靠度或超高可靠的系统，从而将系统的故障率降低数个量级。

“余度”就是指系统或设备具有一套以上能完成给定功能的单元。只有当规定的几套单元都发生故障时，系统或设备才会丧失功能，这使得系统或设备的可靠性大大提高，所

以这种技术得到了广泛的应用。简化设计对于串联形式的系统的可靠性有较大帮助，余度技术一般考虑用并联形式的备用单元来提高可靠性，二者并不矛盾。当然从简化设计角度看，采用余度技术使系统或设备的复杂性、重量和体积有所增加，使系统或设备的基本可靠性有所降低。总之，系统或设备是否采用余度技术，需从可靠性、安全性指标要求的高低，基础元器件和成品可靠水平，非余度和余度方案技术可行件，研制周期和费用，使用、维护和保障条件，重量、体积和功耗的限制等方向进行权衡分析后确定。

为提高系统或设备的可靠性而采用余度技术时，需与其他工程设计技术相结合，因为不是各种余度技术在各类设备上都可以实现。因此，应根据需要与可能来确定，可以较全面地采用，也可以局部地采用，不过一般在系统的较低层次单元中采用余度技术和针对系统中的可靠性关键环节采用余度技术时，对减少系统的复杂性、提高系统可靠性更有效。同时还需注意，采用某些余度技术时会增加若干故障检测和余度通道切换装置，它们应该保证更高的可靠度，否则采用余度布局所获得的可靠性增长将会被它们的故障率所抵消。此外余度技术也能用来解决设备超负荷之类的问题。

二、余度技术分类

根据余度系统运行方式的不同，余度技术的分类如图 11-4 所示。

工作余度是指在余度布局中有工作通道发生故障时，不需要其他装置来完成故障检测和通道转换的余度结构；非工作余度是指在余度布局中有工作通道发生故障时，需要有其他装置来完成故障检测和通道转换的余度结构。

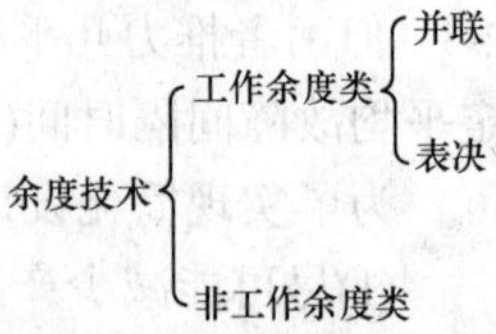

图 11-4　余度技术分类

三、余度设计方法

余度设计的任务有：选定余度类型，确定余度配置方案和管理方案。以下简单介绍余度配置和余度管理方面的一些较通用的工程设计方法和原则。

(一)余度配置

余度配置主要涉及余度数的选择、表决／监控面的设置和信号传递方式的选择等问题。

1. 余度数的选择

目前余度数(部件级或整机级的)大多采用双余度、三余度及四余度，少数也采用五余度或双–三余度。余度数不是越多可靠性越高。余度数增多，相应的检测、判断隔离和转换装置必然会增多。由于它们的串联，系统可靠性将降低。

2. 表决/监控面的设置

一般设置原则为：满足系统可靠性指标要求。一般分级余度可靠性高于整机余度。表决/监控面的设置正是将余度分为若干级，使生存通道增多，可靠性提高。但要受到检测转换部件故障的限制。

3. 信号传递方式的选择

余度配置中，信号传递是靠部件间及通道间的信息交换与传输来进行的。这与表决/监控面的设置密切相关。一般信号传递方式有以下几种：

(1)直接传递式。在直接传递式信号通道中，如果有一个工作单元失效，则该通道失效，因此对可靠性不利。

(2)交叉传递式。信号交叉传递是提高余度系统可靠性的有力手段。交叉传输可用硬线联接方式，其可靠性较高但会增加系统的复杂性和重量，各种机载计算机则更多地采用内部交叉传输和软件表决方法。此外计算机系统还采用输入/输出接口(I/O)传递信息的方式，即使某台中央处理机故障，有关信息也不会丢失。

(二)余度管理

余度管理主要是处理信号选择(表决)和监控技术问题。

1. 信号选择

信号选择由表决器按规定的表决形式来完成。在数字式系统中通常用软件来完成，在模拟式系统中只能用硬件来完成。通过信号选择提高各通道信号的一致性，并与交叉传输配合使用提高系统的可靠性。多数表决器只能用于数字电路，模拟电路多采用平均值或中值选择器。

2. 监控技术

任何余度方案都需要采取一定的故障监控措施。系统感受各通道工作状况，从而检测并隔离故障的方法称为监控或检测技术。

监控主要分为两种：比较监控和自监控。不管是模拟式系统，还是数字式系统，大多数采用比较监控。比较监控直观、简单、覆盖率高，缺点是非得有两个以上相似通道才能进行比较，剩下一个通道就无法比较了。自监控比较复杂，覆盖率较低，而且许多自监控方法也基于比较技术。

第六节 容错技术

一、概述

容错技术是设计高或超高可靠性系统必不可少的技术。一般来说，“错”可以分为两类：第一类是先天性的固有错，如元器件生产过程中造成的错或线路与程序在设计过程中产生的错，需对这一类错拆除、更换或改正；第二类错是后天性的，是由于系统在运行中产生的缺陷所导致的故障。故障有永久性、瞬间性及间歇性的区别。对瞬间性及间歇性的故障不能采取检测定位等措施(因为很可能检测时没有问题，过一段时间又会出现)，但可以考虑随机地消除其作用，使其不影响到运算结果的正确性。由于瞬间性故障占全部故障的大多数，它成为容错技术的主要对象。对运行中产生的永久性故障，也可暂时消除其影响，但根本的办法乃是检出其存在，最好诊断出它存在的范围或部件，将有关零部件或分系统切换、修理。另一点要说明的是容错技术所考虑并加以补救处理的错主要是单独地、孤立地存在的错。

造成异常状态的原因有：外部原因，包括温度、湿度、振动、冲击、噪声、停电等物理因素及操作人员过失和局外人恶意破坏等人为因素；内部原因，包括器件的偶然性故障和长时间使用后性能老化，以及经过试验未能发现的软件及硬件缺陷等引起的错误。使错误不影响系统功能的方法有以下几种：信息容错、硬件容错、软件容错和时间容错。

在容错设计中要利用余度提供的信息，而余度又需要增加额外的资源(硬件、软件、时间等)。因此，采用容错技术也需从可靠性、复杂性、重量、费用等方面进行权衡考虑。

二、容错技术实现的主要方法

1. 信息容错

信息容错是以检测或纠正信息在运算或传输中的错误为目的而外加的一部分信息。在通信和计算机系统中，信息经常是以编码形式出现的。采用奇偶校验码、法尔码可以检错；采用海明码可以纠错。

2. 时间容错

时间容错是以牺牲时间来换取计算机系统的高可靠性的一种手段。可以有两种方式：一种是有限度地降低机器的速度来增加系统的可靠性。因元件、工艺相同的系统，速度越高可靠性越低，基本上按指数形式变化。当计算机系统的时钟周期 t 大于某一常数 t_0 时，可靠性就比较有保证，否则由于温度、电压、辐射等影响，会降低系统的可靠性。另一种是以重复执行指令或程序来消除瞬时错误带来的影响。主要有如下两种形式：

(1)指令复执。指令的复执是当机器检出错后，让当前的指令重复执行若干次。如果故障是瞬时性的，在指令复执期间，有可能不再出现。这样原来的程序又可以继续运行。这就等于延长了无故障运行时间。如果指令复执解除不了故障，程序员往往可以根据出错信号是在什么指令上发生的来判断故障所在，或调用一些诊断程序来帮助找出故障的位置。

(2)程序卷回。程序卷回是一小段程序的重复执行，如卷回一次不解决问题，可能要卷回若干次，直到故障消除，或者到判定不能消除故障为止。

3. 硬件容错。

硬件容错是最常用的余度技术，在容错系统中按工作方式又可分静态、动态和混合余度三种情况。

(1)静态余度通过表决和比较，屏蔽系统中出现的错误。

(2)动态余度技术的主要方式是多重储备模块相继运行来维持系统正常工作。当检测到工作的模块出现故障时，即用一个备用模块顶替并重新运行。显然这里有一系列检测、切换和恢复的过程，故称其为动态余度技术。

(3)混合余度是静态和动态余度技术的结合。

4. 软件容错

软件容错是增加程序以提高软件的可靠性。如增加用于测试、检错或诊断的外加程序，用于计算机系统自动改组、降级运行的外加程序，以及一个程序用不同的语言或途径独立编写，等等。按一定方式将执行结果分阶段进行表决，然后采用静态余度方式，也有采用恢复块的动态余度方式，实现软件容错。

习　题

[11-1]　已知 $\theta=\dfrac{384Fl^3}{Ed^4}$，其中 $\mu_F=10\ \text{kN}$，$\sigma_F=1\ \text{kN}$，$\mu_l=200\ \text{mm}$，$\sigma_l=4\ \text{mm}$，$\mu_E=2\times10^5\ \text{N/mm}^2$，$\sigma_E=12\,000\ \text{N/mm}^2$，$\mu_d=50\ \text{mm}$，$\sigma_d=0.75\ \text{mm}$，设各参数均

服从正态分布，试求：μ_θ、σ_θ。

[11-2] 钢制拉杆，工作应力 s 服从正态分布 $s \sim (400, 25^2)$ MPa，屈服强度 r 也服从正态分布 $r \sim N(500, 50^2)$ MPa，求该拉杆工作时不发生屈服失效的可靠度。

[11-3] 某机器的连杆机构，连杆剖面为矩形，工作时连杆受到的拉力 P 服从正态分布，$\mu_{\rm P}$=120 000 N，$\sigma_{\rm P}$=12 000 N，连杆抗拉强度 r 也服从正态分布，$\mu_{\rm r} = 238\ \rm N/mm^2$，$\sigma_{\rm r} = 19.04\ \rm N/mm^2$。若要求连杆具有 0.999 的可靠度，试设计连杆的剖面尺寸。

[11-4] 已知某受拉圆杆，承受的载荷 P 服从正态分布，其均值$\mu_{\rm P}=4\times10^4$ N，标准差$\sigma_{\rm P}=1\times10^3$ N，该圆杆材料的抗拉强度 r 也服从正态分布，其均值$\mu_{\rm P}=4\times10^2$ MPa，标准差σ=5 MPa，试求：若保证该零件的最小可靠度为 0.999 9 时，设计该圆杆的直径。

[11-5] 降额设计的原理是什么？可以分为哪些等级？

[11-6] 简化设计的原理是什么？

[11-7] 容错技术实现的主要方法有哪些?

第三篇　机电产品造型设计

第十二章　机电产品造型设计

工业产品造型设计，简称造型设计，与含义更广的“工业设计”既有区别又有联系。一般认为，工业设计包含以下三方面内容：①产品设计，如生活用品、办公用品和生产用品等；②视觉传达设计，如包装、装潢、广告、展示、海报、招贴等；③环境设计，包括室内、室外生活与工作环境等。而造型设计仅指上述内容的第一方面，是工业设计的一个重要组成部分。

国际工业设计协会联合会(International Council of Societies of Industrial Design，简称ICSID)在1980年的巴黎年会上为工业设计下的修正定义为：“就批量生产的工业产品而言，凭借训练、技术、知识、经验及视觉感受，而赋予材料、构造、形态、色彩、表面加工及装饰以新的品质和资格。”因此，工业产品造型设计是科学与艺术相结合的创造性劳动，要求设计师们对产品的功能、材料、构造、形态、色彩、工艺、装潢等诸因素，从社会、经济、心理、生理、技术和艺术等角度作系统综合处理，设计出优质美观、舒适方便、经济实惠、具有时代感的新产品，使产品在保证实用功能的前提下，具有美的、富有艺术表现力的审美特性，反映出工业产品的科技面貌和时代风格。由此可见，工业产品造型设计是一门综合性很强的学科，涉及人机工程学、价值工程学、可靠性设计、生理学、心理学、美学、艺术、商品经济学等学科。

第一节　概　述

一、产品造型的构成要素

工业产品的物质功能、生产加工的物质技术条件和精神功能，是任何一件现代工业品造型赖以存在的条件，或具有的必然效果，因此称为产品造型的三要素。

物质功能是指产品的功用，是产品必备的条件，也是产品设计的主要目的。产品造型设计应保证物质功能的充分发挥和顺利实现，并能最大限度地发挥出来。

技术含义甚广，泛指人们为达到各种目标而掌握的知识、能力与手段，既可表现为机器设备等实体物质，也可表现为无形的知识、经验、智能、信息等因素。产品造型的物质技术条件，一般指使产品造型设计得以物化的材料、工艺与结构。材料是实现产品造型的物质基础，每一种新材料的出现和应用，都会给造型带来新的飞跃，形成新的设计风格；工艺是将材料转化为造型的方法和手段；结构是产品造型的存在形式，同样的功能可以由不同的结构来实现，正确恰当地选择结构方案，是产品造型设计的重要方面。材料与工艺的结合，为产品的造型设计提供更多的方法和手段，推动产品造型的不断创新。

精神功能是指产品造型给人的心理上、情感上带来的种种感受，是产品物质功能和物质技术条件的综合体现。

产品造型的三要素在一件产品中有机地结合在一起，互相促进，互相制约，互相渗透，如图 12-1 所示。物质功能是设计的根据和目的，对产品的结构和造型起着主导作用，但物质功能的实现要受当时的物质技术条件和精神功能的制约，同时物质功能的要求也促进技术条件的发展；物质技术条件是设计的基础，但并不仅仅是一种被动和消极的因素，新材料、新工艺、新结构的不断研发和应用为设计提供广泛的基础和广阔的发展空间，促进产品造型的创新；精神功能也随着诸多因素的变化而改变，影响着产品的造型，同时对物质功能和物质技术条件的发展起着能动的促进作用。产品造型设计时，应在充分考虑前两个因素的前提下，力求从形态到色彩的设计别致美观、悦目新颖。

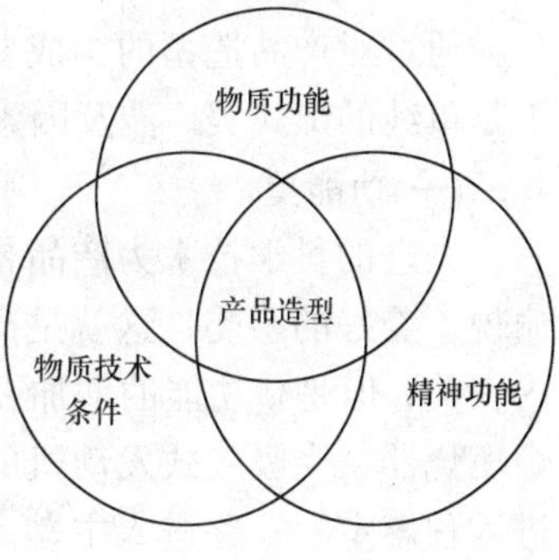

图 12-1　产品造型的三要素

二、工业造型设计的原则

与工业造型设计三要素相对应，实用、经济、美观是产品造型设计的三个基本原则。一般来说，实用原则居于主导地位，美观通常是从属原则，经济原则是实用与美观的约束条件。

工业产品首先要好用，其次才要好看。这也是工业造型与绘画、雕塑等纯粹艺术造型在遵循的原则上的最根本区别。因此，实用是产品造型设计的首要原则。如果一个产品造型独特，但是不好用，那么该产品设计也不是优良设计。例如，设计了一个样式新颖的椅子，却坐着不舒服，那么这个椅子的设计不算成功。产品的功能设计具体表现为两个方面：适当的功能范围，优良的工作性能和使用性能。

设计中的经济原则不只是指产品的价格低，而是指以最低的费用取得最佳的效果。产品的费用主要包括材料、设计与制造加工、包装、运输、储存和推销等成本，还有生产产品用的机器运行、使用和折旧费用，动力消耗费用，维修费用以及服务费用等。由此看出，经济性作为一个设计原则应贯穿于产品设计的整个过程，同时也要求设计者对产品造型进行全面的、综合的考虑，做到物美价廉。在贯彻产品造型的经济原则时有以下两点值得设计人员注意：第一，只追求价廉而粗制滥造，这就从根本上违背了设计目的，可能会导致产品滞销或亏本销售，造成更大的浪费；第二，科技发展迅速，先进的新材料、新工艺、新技术不断涌现，如玻璃钢、木塑复合材料、丝网漏印、无电制冷新技术、低温焊接技术等，工业造型设计人员应及时采用。

美是人类共同的语言。随着时代的发展，美观原则对设计越来越重要。现代工业产品是科学技术和艺术的结晶，是先进的科技成果应用到实际中，生产出新的具有优良功能和美观相一致的产品。在产品技术含量相同、功能类似的情况下，人们总愿意用相同或高一点的价格购买更加美观的产品。为了遵循产品造型设计的美观原则，应在保证物质功能的前提下，合理运用材料、结构、工艺等物质技术条件，并充分地把产品造型、色彩搭配、装饰图案等美学艺术融合在整个设计之中，使设计具有强烈的个性色彩，达到共性美与个性美和谐、协调的境界。产品设计中的美观原则又是多元的，它受到消费者、功能、技术、文化传统、时间等多方面的影响。同时，设计的美观原则应服从功能和经济要求的限度。

三、产品造型的美学内容

通过对产品造型的构成要素、工业造型设计的原则等问题的讨论，可知产品的造型美不是单纯的形式美，涉及因素众多，如功能、材料、工艺、结构等，归纳为以下十大方面。

(一)功能美

先进的科学技术为产品带来新的更高级的功能，使人们的工作和生活更方便，给人以愉悦、美好的感受，这就是产品的功能美。从内容和形式关系上讲，功能美是技术产品的内在美，但是新功能的增加，又促进新结构和新造型的出现。例如，图 12-2 所示的奥运火炬燃烧器，受吸气式发动机的启发，运用双火焰设计。燃料经过回热之后，分两路，一路进入预燃室，一路进入主燃室，基本上按 1∶2 的比例进行分配。预燃室底部中心是喷嘴，其周围是进空气的孔。火炬外壳底部也有一定面积的进气通道。预燃室中燃料和空气混合后，燃烧充分，火焰温度比较高，形状短，是蓝色的，在强光下不易看见。而主燃室的燃料没有经过预混，燃料喷出后和空气混合，先扩散再燃烧，火焰温度稍低些，呈不透明的橙色，火焰高度高于 25 cm。预燃室相当于一个稳定的火源，保证它始终不灭，即使外面的主燃室火焰熄灭，它会马上把主火焰点燃。主火焰从圆形管道上的均匀小孔中喷出，是圆形的火焰；另一个优点就是喷出来的燃料能与空气掺混得比较均匀，燃烧比较充分，烟就会小，有利于观赏和环保。

(二)舒适美

根据人机工程学的基本原理，使产品在使用中安全、高效、感觉舒适是产品的舒适美。例如，休闲躺椅的设计，除了形态优美，还应让使用者在生理和心理上感觉安全、舒适和降低疲劳。图 12-3 所示的休闲躺椅，造型简洁，线条流畅，椅背的弧度非常适合人体背部曲线，躺在上面身体与椅身紧密贴合，并在设计上融入很多曲线，有较强的随意感，凸显出时代的潮流和现代艺术气息，让人耳目一新。

图 12-2　奥运火炬燃烧器结构图

图 12-3　休闲躺椅

(三)材质美

材料本身所固有的质地、色彩、肌理，通过设计而加以利用，并充分显示其优美的特点，构成良好的视觉艺术效果，就是材质美。在社会鉴赏力不断提高的今天，产品的美学观不仅仅局限于大工业时代整齐化一的工业美学。能够体现材料自然真实的本质也是材质美，并不断地得到世人的认可，因为它真实地记载了工艺的自然流程，表达了材质的本性。

随着科学技术的发展，材料种类越来越多，如金属、陶瓷、玻璃、塑料、竹木、纸张及复合材料等。不同材质的视觉和触觉的交融蕴涵着不同的美感，让人们在使用产品的过程中产生丰富多彩的情感联想。比如，图 12-4 所示的不同材质灯具，玻璃、透明塑料的灯具可形成玲珑剔透的富丽气氛，镀铬、镀镍的金属制作的灯具可显示出较强的现代感，天然材料如石材、陶瓷、竹木制成的灯具，则往往给人以朴素的亲近感。

玻璃灯具

金属灯具

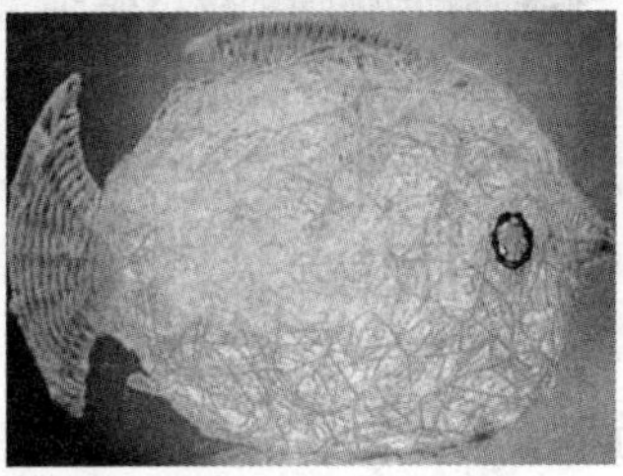

竹制灯具

图 12-4　不同材质的灯具

现代发展的一些新的装饰工艺手段，能使非金属材料具有金属的外观特征、非木材具有木材的外观特征等，从而使某种材料所具有的材质美，已可能由其他材料通过相应的表面装饰手段来获得。

(四)工艺美

任何产品要获得美的形态，必须通过相应的工艺措施来保证。工艺是加工工艺和装饰工艺的通称，加工工艺是造型得以实现的措施，装饰工艺则是完美造型的手段，二者相辅相成，体现产品造型的工艺美。不同的加工工艺具有不同的美感。例如，高速切削显示平顺光洁美，抛光工艺形成的表面平滑、光亮、美观，体现柔和之美，模压成型有挺拔圆润之美等。产品造型设计时，可以根据实际情况选用。另外，大量的工业产品，使人们习惯了工艺所造成的形态特征，比如铸造成型的工件，外观上存在着拔模斜度、过渡圆角，已自觉不自觉地进入了人们潜在的审美意识。

(五)结构美

结构是保证产品物质功能的手段，同一功能要求的产品可以设计成多种结构形式。结构形式是构成产品外观形态的依据。结构美是产品依据一定原理而组成的具有审美价值的结构系统。

以图 12-5 所示的楔形设计风格汽车为例，整个车身由流畅的线条和丰富的曲面组成。车灯和进气格栅所组成的一体式设计使前脸最引人注目，并且前脸为圆滑走势，让进气口的开口显得更加锋利，有一种切削的工艺美。进气口在尺寸上也要比常见车型的小很多，营造出细长的造型，这主要是为了配合横向布置狭长前大灯设计的。前脸的另外一个重要设计特征是扁长造型的大灯和车身的连续过渡，即两者表面具有相同的曲率。尾部十分短促，从车顶下来顺畅过渡到尾箱盖顶部，而在转折处采用了反角设计，这样的设计让整个车身在尾部形成一个急促的感觉，很能体现运动感。尾灯采用了多角的锋利造型，看起来十分运动，而在布置上仍然与前大灯保持一致，紧贴车身表面给人扁平的感觉，维护了尾部的整洁性。

此外，在结构设计中，人们还需考虑如何使产品尽可能做到外形美观、使用性能优良、成本低廉、加工制造容易、维修简单、运输方便以及对环境无不良影响，等等。

图 12-5　汽车实例

(六)色彩美

所谓色彩美，就是具有一定形态产品的色彩配置，给人一种愉悦的快感。色彩的表现力十分丰富，能使人感到冷暖、前后、轻重、大小、动静和软硬等，这自然是利用人的心理感受。设计师对色彩的感情、配色规律、时代性和不同地区、国家对色彩的爱好等了解的越多，越能准确掌握色彩语言和功能，设计出大众喜欢的产品。

(七)形态美

产品都是以特定的形态存在的，产品设计的过程也可以看做是形态创造的过程。产品形态的创造是指某种特定的造型风格，将各部分有机地结合成整体，并且应符合形式的美学法则，给人一种美感。以图 12-6 所示的北京奥运主场馆——“鸟巢”为例。其形态如同孕育生命的树枝构成的“鸟巢”，洋溢着浓郁的温馨气氛，它更像一个摇篮，寄托着人类对未来的希望。高低起伏变化的外观缓和了建筑的体量感，并赋予了戏剧性和具有震撼力的形体。设计者们对体育馆没有做任何多余的处理，只是坦率地把结构暴露在外，因而形成了建筑的自然外观，形象完美纯净，立面与结构达到了完美的统一。

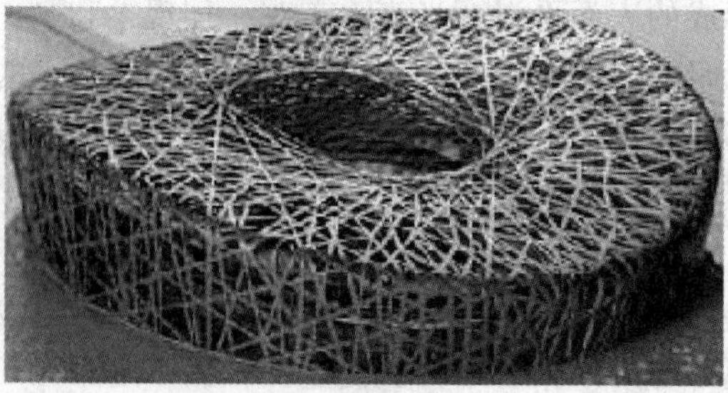

图 12-6　奥运鸟巢

(八)规范美

现代化大生产应用多专业和流水线作业方式，所以要求产品造型设计符合标准化、通用化及系列化原则和成批生产的规范美。

(九)严格与精确美

产品造型设计要求外形简洁美观、结构紧凑轻巧、比例协调、刻度与指针精细，不仅体现产品强烈的科学特点，而且使人们感受到产品内在的严格与精确美。

(十)单纯和谐美

现代产品造型特点是日益趋向于简练与单纯化，其造型设计应力求简洁明快。外形单纯不仅可提高生产效率，易保证质量，且也符合人们的审美趋势。单纯不是肤浅，高度的概括与提炼才是造型设计追求的更高境界。

四、产品造型设计的程序

按照产品造型设计的一般流程，设计的程序大致分为以下三大步骤。

(一)调研及产品定位

调研是产品造型设计的基础和开始。根据设计任务，收集大量的相关产品资料，对现有产品或可供借鉴产品的造型、功能、结构、色彩、材质和使用性能等作历史变迁及发展趋势的纵向研究，以及国内外现状的横向比较，明确产品设计的目标。此外，还要调查市场供求情况、顾客对目前同类或类似产品的评论和要求、设计的成功之处和存在的问题等市场反馈情况，并进行认真的研究和分析，以此作为今后产品设计的改进依据，保证产品的不断创新；掌握当前市场上出售的同类产品中不同造型产品的销售情况，充分分析现代产品市场需求的发展趋势。

通过深入的市场调查，对消费者的需求应有深刻的理解，明确产品的销售对象，确定适当的产品性能、造型风格及市场价位等。

(二)造型设计及表达

充分利用调查资料和各种信息，运用创造性的各种方法，进行总体造型方案构思，从而产生多种设计设想，并绘制出方案草图。然后，对若干这样的整体方案进行分析比较，根据实际的可行性、预期的实用性和经济性等，取长补短，确定出一个较理想的方案。必要时，可绘制外观效果图，制作外观模型，以便对整体外观效果进行评价。之后，吸取正确的意见，对设计进行有益的修改，使之符合美学法则、工艺要求和生产条件等。

(三)完善及改进设计

产品投放市场后，根据用户的反馈信息，确保整体造型完整的情况下，对设计进行修改，使之完善。

第二节　造型与形式法则

一、形态要素及其视觉效果

形态分为概念形态和现实形态。概念形态是指人的视觉和触觉不能直接感知的形态，如点、直线、曲线、三角形、矩形、正方体、圆锥体等几何形态。将它们表示为可视形象的符号，称为纯粹形态或抽象形态。而现实形态则是指能看到或能触摸到的形态，包括自然形态与人为形态。日月、树木、山川、石头、动物等是自然形态，建筑、汽车、轮船、桌椅、服装及雕塑等是人为形态。

点、线、面、立体、色彩、肌理等是构成一切形态的基本要素，称为形态要素。产品造型是由形态要素构成的，因而有必要研究其构成规律及审美效果。

(一)点

点是构成一切形态的基础，视觉效果活泼多变。

1. 点的形态与特征

在几何学上，点只有位置，不具有大小，没有任何形状，如直线的两端、线的转折处、三角形的角端、圆锥形的顶角等。而造型中的点不仅有大小，也有形状，但它一定是相对表现为细小的形象。就大小而言，越小点的感觉越强，越大则越有面的感觉。就形状而言，可以是各种不同的形状，如圆、椭圆、三角形、方形、五角星、多边形、梅花和其他不规则形态，等等。其中圆形点的感觉最强，即使面积较大，在不少情况下仍给人以点的感觉。所谓细小的形象，是与其他形象相比来确定的，不是形象本身所决定的，如控制面板上的按钮、夜晚大海上的灯塔、暗室中的一盏灯、黑夜中的萤火虫，等等。

2. 点的视觉效果

点的特点是单纯、宁静、稳定，视觉上能给人一种富有积聚性的心理作用，并能引导、组织线的发展。

图 12-7 所示的是点的几种常见的视觉效果。只有一个点时，如图 12-7(a)所示，具有视觉的焦点作用，视线会集中在这个点上，并具有固守不动的特性。两个等大相距一定距离的点，如图 12-7(b)所示，则具有视觉的联系，视线焦点就会在两点之间往返，在心理上也就产生了一种“线”的反映，并且距离越近引力越强。若把大小不同的两点排列在一起，如图 12-7(c)所示，会产生不同的视觉动向，点越大越容易引起视觉的注意，点越小积聚力越强，视线会逐渐由大的点移向小的点，最后集中到小点上，产生强烈的运动感。面上并列三个等大的点，如图 12-7(d)所示，则视线在三点之间移动后，最后停留在中间的点上，形成视觉停歇点。面上三个点不在同一条直线上，如图 12-7(e)所示，则隐隐感觉各点间好像有线联系，构成三角形虚面。

运用点上述的视觉特征和点自身形态的不同、大小、数量多少来组合排列，可使人们产生不同的视觉效果，在造型设计中具有特别重要的意义。如以由大到小的点按一定的轨迹、方向变化，如图 12-7(f)所示，使之产生一种优美的韵律感；许多大小点渐次排列具有强弱远近的空间感，如图 12-7(g)所示；将大小一致的点按一定的方向进行有规律的排列，如图 12-7(h)所示，给人留下一种由点的移动而产生线化的感觉。

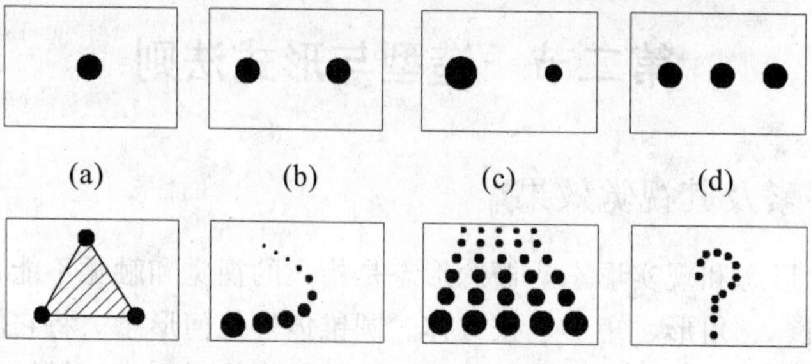
(a) (b) (c) (d)
(e) (f) (g) (h)

图 12-7　几种点的视觉效果

(二)线

1. 线的形态与特征

几何学上的线只有长度而没有粗细。而在造型设计中，粗细限定在必要的范围之内。与周围其他视觉要素比较，能充分显示连续性质，并能表达长度和轮廓特性的，都可以称为线。因此，造型设计中的线是一个细长的形态，所谓细，是与面比较而言的；所谓长，是与点比较而言的。它存在于平面边缘、立体形的转折处和棱边、曲面体的轮廓、两面的交接处、造型物上的分割处等，还存在于如钢丝、绳索、铁轨、树枝等线状物。

线基本上分为直线和曲线两种类型。直线，包括水平线、铅垂线、斜线、折线等；曲线，包括弧线、抛物线、旋涡线等几何曲线和自由曲线等。

2. 线的视觉效果

在造型设计中，由于线的种类、形状以及方向、质感等多种因素存在，赋予线以丰富的形态，是形态要素中最富表现力的元素。

直线一般表示静态，给人以简洁、明快、果断、理性、坚定和速度等感觉，有男性化倾向。粗直线更显厚重、醒目、粗犷、有力；细直线则显精致、挺拔、锐利、微弱。水平线显示安定、平静、稳重等特性，同时也具有广阔、无限的横向延展性；铅垂线赋予庄重、高耸、挺拔、直接、干脆等特性，有上下方向运动感，斜线方向感强，具有生动、活泼等特性，由左向右上升的斜线，使人产生一种明快、飞跃、轻松的运动感，由左向右下落的斜线，使人产生瞬间的飞快速度及动势，产生强烈的刺激感；折线富于变化，表现力强，易形成空间感，具有锋利、运动、抑扬顿挫的特性。

曲线表现一种动态，使人产生柔和、优雅、感性、流畅、轻快、活泼之感，有女性化倾向。几何曲线既具有直线的简单明快又具有曲线的柔和光滑特性；自由曲线比几何曲线更随意、更复杂，更具有曲线的流畅、柔和、幽雅、自由、奔放、优美的特征，其独特特性主要体现在它的韵律、弹性和自由的伸展性等方面。

以直线和曲线相结合的造型，有直有曲，或方或圆，刚柔相济，具有形神兼备的特色，不同风格线装饰的音响设备，如图 12-8 所示。

图 12-8　不同风格线装饰的音响设备

(三)面与体

1. 面

在几何学中，面是线运动的轨迹，是无界限、无厚薄的。而造型设计中，面是有界限、有轮廓、有轻薄感的，即有“形”的。只要在厚度和周围环境比较之下，显示不出强烈的实体感觉，它就属于面的范畴。一页纸、墙壁、屏幕、桌面、叶片等都给我们面的实际感受。这些面可能是一个凹凸的区域或由色彩、装饰色等分割形成的区域。实际上在造型设计中，点、线、面之间并没有绝对的界限，点的密集或者扩大，线的宽度增加、密集和闭合等都会形成面。因此，面的构成可谓点和线构成的扩展，只是视觉效果更为明确醒目，富于力度感。

造型设计中的面可分为平面和曲面两种。平面给人的感觉是明确、秩序、规整、简洁、朴素，但容易产生单调和机械感，几种常见平面的视觉效果如图 12-9 所示。曲面富于流动与变化，使人感到舒畅、自然、光滑、柔美等。由于平面易于制造和加工，使用上有很多优良性能，所以平面是各类造型物中使用最广泛的，建筑物、机械、仪器及家具等的表面大多是平面。

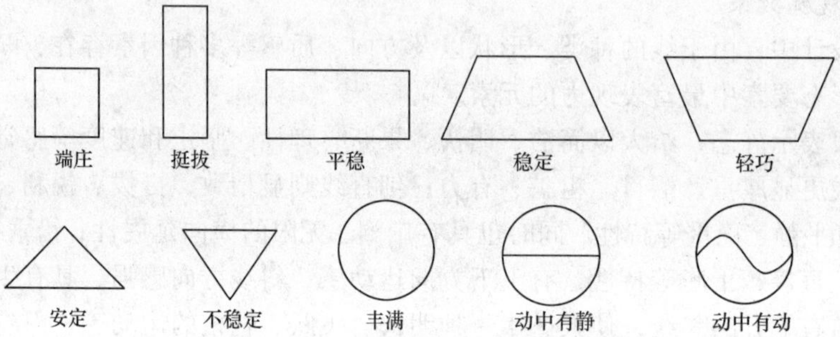

图 12-9　几种平面的视觉效果

2. 体

体是面运动或围合而成的，是具有相对的长度、宽度和高度的三元单位。体有几何体和非几何体之分。几何体有正方体、长方体、圆柱体、圆锥体、三棱锥体、球体等形态；非几何体一般指一切不规则的形体。体给人的视觉感受与构成体的面、体的视向线以及体量有关。由于一个体总是包含着多个点、线、面，且从不同的方向看到的结果不同，因此体的视觉效果更为复杂。总的来说，平面立体单纯、规整，呈静态；曲面立体温和、亲切，有动感。造型物的视觉重量称为体量，体量大显得稳定、充实；体量小显得轻盈、灵便。

图 12-10 所示的两款数控机床，在形体上的差别引起视觉感受明显不同。

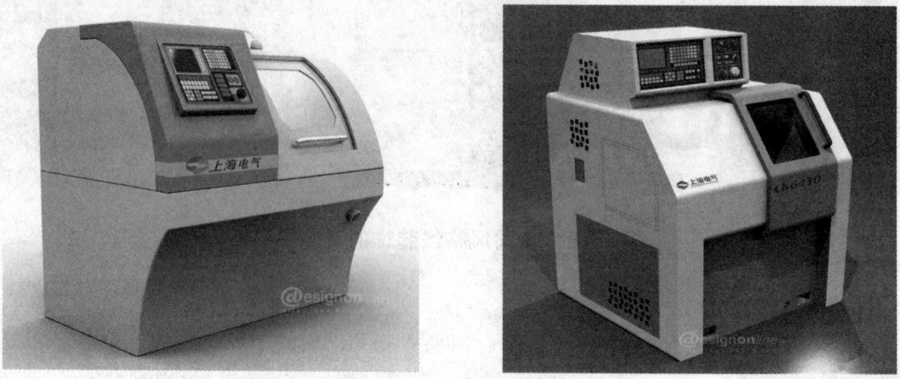

图 12-10　点、线、面、体在机床中的综合体现

(四)肌理

肌理是指材料表面的组织构造和纹理，给人以触觉质感和视觉触感，如粗糙与细腻、柔软与生硬、干燥与湿润等。触觉质感又称为触觉肌理，触摸可感觉到，在适当的光照下，也可通过视觉感受到。视觉触感又称为视觉肌理，只能通过视觉感受到，如白云、大海的肌理等。

不同的肌理具有不同的视觉美感和触觉快感，能产生不同的心理感受，因而是造型的重要构成要素。造型设计中肌理的创造和运用，应视造型物整体或局部的功能、环境而定，使造型物具有整体美感和使用舒适感。图 12-11 所示的精密测量仪器千分尺就是一个肌理丰富的例子。

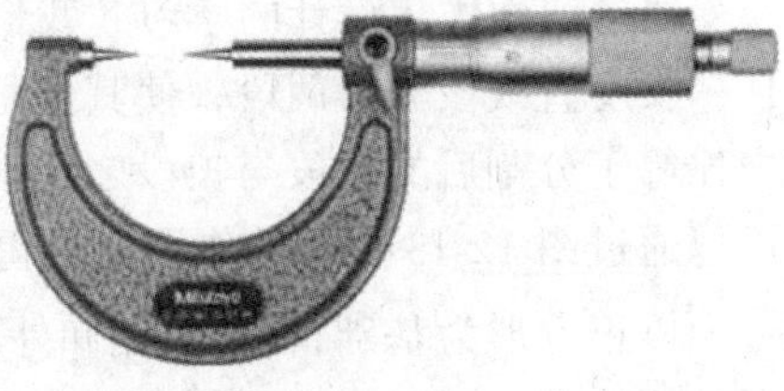

图 12-11　千分尺的肌理运用

将形态要素按一定规则组成形象，称为构成。构成立体形象称为立体构成。立体构成是对简单立体进行挖切、叠加和组成，并融入理性的分析和敏锐的感觉，使形象符合一定的审美标准，是较单纯的立体形象的塑造，如图 12-12 所示。产品造型设计是包括立体构成在内，并综合时代性、生产性、功能要求等所有因素的精神与物质的生产活动，因此立体构成是为造型设计积累形象资料、奠定基础的。

图 12-12　立体构成

二、造型美的形式法则

在日常生活中，美是每一个人追求的精神享受。人们由于所处经济地位、文化素质、思想习俗、生活理想、价值观念等不同而具有不同的审美观念。然而单从形式条件来评价某一事物或某一视觉形象时，对于美或丑的感觉在大多数人中间存在着一种基本相通的共识。这种共识是人们长期在实践中不断创造和总结、不断完善而形成的，它反映了产品造型设计形式美的一般规律，我们称之为造型美的形式法则。在西方自古希腊时代就有一些学者与艺术家提出了美的形式法则的理论，时至今日，美的形式法则已经成为现代设计的理论基础知识。产品造型美的形式法则概括为以下几个方面。

(一)比例与尺度

任何一件受人们欢迎的工业产品，都必须具有协调的比例和正确的尺度。这是构成产品造型形式美的最基本也是最重要的手段之一。

1. 比例

工业产品造型的比例一般包含两个方面的概念：一是造型整体或某个局部自身的长、宽、高之间的大小关系；二是造型整体与局部、局部与局部之间的大小关系。良好的比例不只是直觉的产物，而且应符合科学理论。在工业产品造型设计中，最常用的比例关系有下面几种。

1)黄金分割比例

通过前面优化设计的学习，我们知道黄金分割比例是将任一长度直线段分为两段，使其分割后的长段与原直线长度之比等于分割后的短段与长段之比求得的。黄金分割比例还可以通过图 12-13 所示的作图法求得。

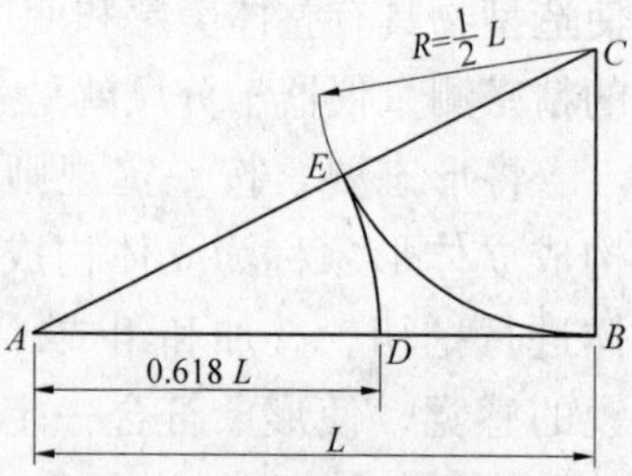

图 12-13 黄金分割比例的作图

以正方形为基础，在其内侧和外侧均可作出黄金率矩形。以外侧为例，如图 12-14 所示，以正方形 *ABCD* 的 *BC* 边中点 *E* 为圆心，*ED* 为半径画圆弧交 *BC* 延长线于 *F* 点，过 *F* 点作 *FG* 垂直于 *BF*，且交 *AD* 延长线于 *G*，则矩形 *ABFG* 为黄金率矩形或黄金分割矩形。

黄金分割矩形具有完美的比例，其独特之处在于它被多次分割后，得到的图形仍是一个正方形和一个较小的等比矩形。因为这样特殊的性质，黄金分割矩形被称为“螺旋产生正方形的矩形”。以这些等比例减小的正方形边长作为半径可以构成一条螺旋线，称为黄金涡线，如图 12-15 所示。

黄金分割椭圆也显示出了与黄金率矩形相似的美学性质。就像矩形一样，它的短轴与长轴的比例为 1：1.618。

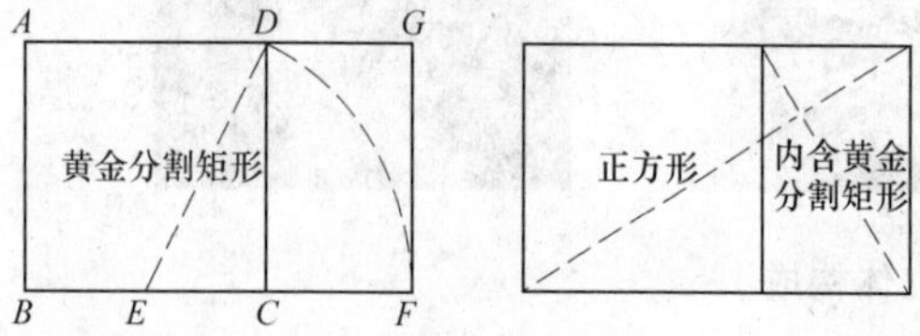

图 12-14 黄金率矩形

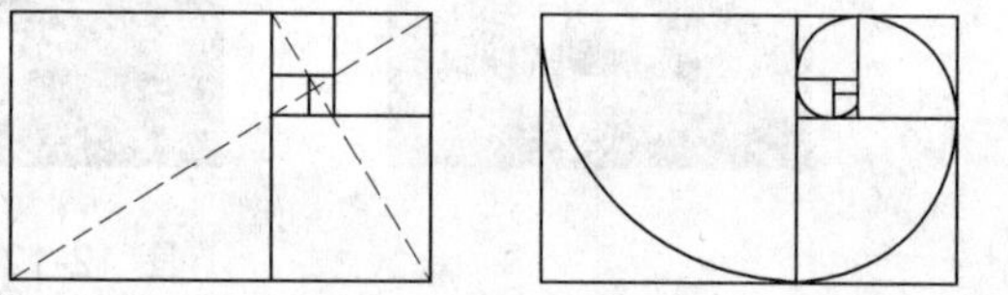
图 12-15 黄金涡线

黄金分割比例，以严格的比例性、艺术性、和谐性，蕴藏着丰富的美学价值。黄金分割比例不但具有美学观点，更具有达到机能的目的。根据调查，大多让人感到赏心悦目的矩形，包括电视屏幕、写字台面、书籍、门窗、画框、建筑结构、力学工程、音乐艺术等，其短边与长边之比大多为 0.618，甚至连扑克牌、火柴盒、国旗的长宽比例，都恪守 0.618 比值。许多造型物体与空间，只要近似于这个数字，在视觉心理上就能产生部分与整体的比例美感。因而黄金分割比例的实际应用多为 2：3，3：5，5：8 的近似值比例。

用黄金分割比例设计产品可获得良好的造型。这一比例已广泛应用于汽车造型。据统计，在各国典型的小轿车中，大部分车轴距与总长之比为 1：(1.618 ~ 1.732)。

如图 12-16 所示的甲壳虫汽车，黄金分割比例得到了充分的应用。从侧面看，一个黄金分割椭圆与一个黄金率矩形内接，车体正好处于黄金分割椭圆的一半部分，椭圆长轴刚好在车轮中轴下部。第二个黄金分割椭圆围绕着汽车侧窗，该椭圆同时与前轮轮井和后轮相切，其长轴与前后轮轮井相切。从尾部看，大体上是一个正方形，表面各个细节都对称，引擎盖上的大众公司的标志位于该正方形中心。该车外观造型的各处细节变化部分都与黄金分割椭圆和正圆相切，甚至天线的定位都是与前车轮轮井外圆相切。

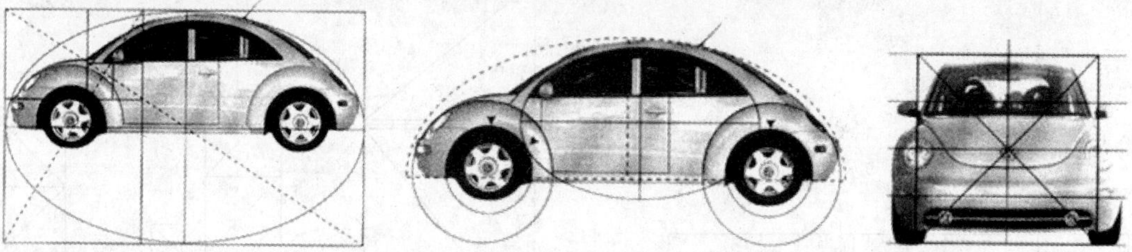

图 12-16　甲壳虫汽车

2)平方根比例

平方根比例是以正方形的一条边与该正方形对角线所形成的矩形比例关系为基础，逐渐以新产生矩形的对角线与正方形一条边形成相应的比例系统。

通常有三种方法可以由正方形逐渐形成短边与长边之比为：1∶$\sqrt{2}$、1∶$\sqrt{3}$、1∶$\sqrt{4}$、1∶$\sqrt{5}$、…的矩形，如图 12-17 所示。

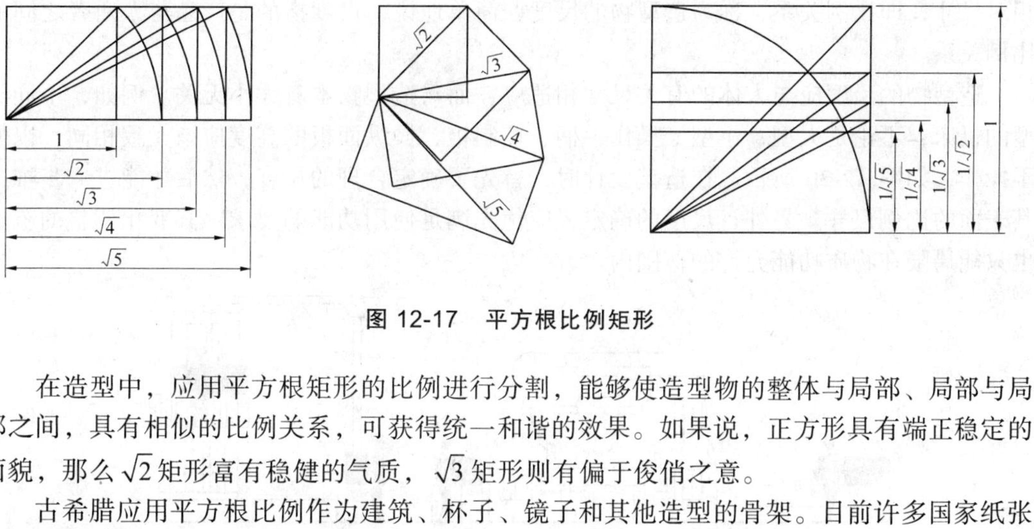

图 12-17　平方根比例矩形

在造型中，应用平方根矩形的比例进行分割，能够使造型物的整体与局部、局部与局部之间，具有相似的比例关系，可获得统一和谐的效果。如果说，正方形具有端正稳定的面貌，那么$\sqrt{2}$矩形富有稳健的气质，$\sqrt{3}$矩形则有偏于俊俏之意。

古希腊应用平方根比例作为建筑、杯子、镜子和其他造型的骨架。目前许多国家纸张的规格就普遍采用$\sqrt{2}$矩形。因为这种比例的纸张，无论几开都具有相同的边长比 1∶$\sqrt{2}$。

3)整数比例

黄金分割比例与平方根比例虽有很多优点，也易用几何作图法加以分割，但用这些比例求出的系列尺寸大多不为整数，有不方便的一面。于是又在造型设计中提出应用整数比例的方法。整数比例是以正方形作为基本单元而组成不同的矩形比例。如图 12-18 所示，两个正方形毗连组合形成边长比为 1∶2 的矩形，三个正方形毗连组合形成边长比为 1∶3 矩形，以此类推，可形成 1∶4，1∶5，…，1∶n。整数比例是平方根比例中的特例。

在同一造型物中，为了追求整体的和谐，通常选取同一类矩形。判别是否为同类矩形的方法是：不论是外连矩形或是内含矩形，若它们的对角线彼此平行或垂直，则为边比相等的同类矩形，如图 12-19 所示。

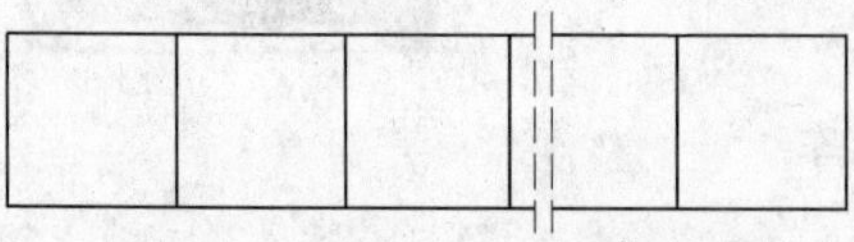

图 12-18　整数比例矩形

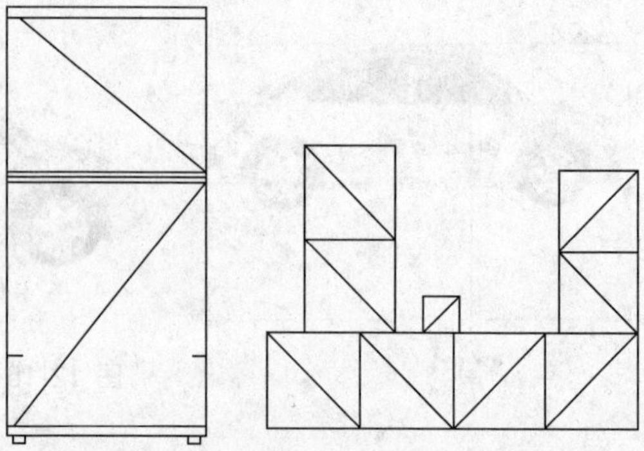

图 12-19　同类矩形的判定方法

此外，还有调和数列比例、等比数列比例、相加级数比例等。

2. *尺度*

以人体尺寸或人们所习见事物的尺寸为标准，对造型物的整体或局部进行度量所得的相对尺寸，即比例关系，称为造型物的尺度。简单地说，尺度指的是产品与人两者之间的比例关系。

造型物的尺度应与人体的有关尺寸相适应，而与造型物本身大小无关。例如，不同类型的机床，不论是大型、小型，操作手柄、控制柜、操纵面板的高度应该大致相同，以便于操作，如图 12-20 所示。在造型设计时，首先要确定合理的尺度，然后才能进一步推敲其表面的比例尺寸。另外，尺度的确定，应优先满足使用功能的要求，其变化调整的范围也只能局限在物质功能允许的范围内。

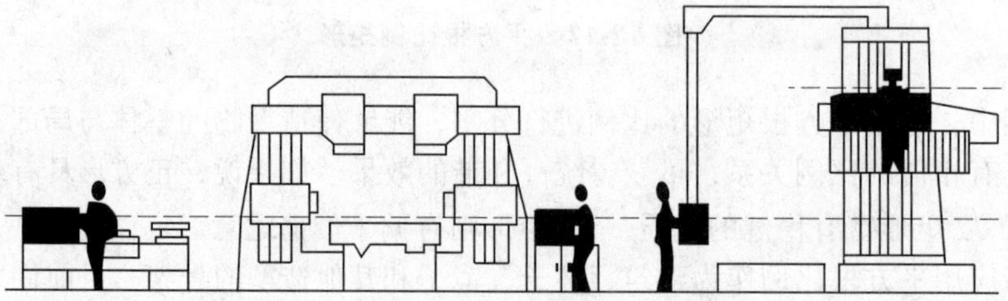

图 12-20　小、中、大型机床的操作部分高度

(二)统一与变化

在造型美的形式法则中，统一与变化是最灵活多变、最具有艺术表现力的因素，任何事物的美都表现在它的统一性和差异性中。

统一性可以增强造型的条理与和谐的美感，但只有统一而无变化的造型又会产生单调、呆板的效果。因此，必须在统一中求变化，变化可以引起视觉的刺激，增强物体自由、活跃、生动的美感。但是，多样变化要有一定的限制，否则会导致杂乱无章、支离破碎的烦乱感，也不能产生美感。因此，变化必须在统一中求取。

1. 统一

造型中的统一是指造型物各组成部分之间和造型物群体之间在线、形、色、质、装饰等造型要素方面形成某种一致性或有一致性的感觉。统一并不是使造型物单一化、简单化，而使它们的多种变化因素具有和谐性、条理性和规律性，构成一个有机、有秩序的整体，最终形成造型物整体的风格与主调。

造型设计中所要求的统一，主要包括以下几点：

(1)造型形式与功能的统一。形式服从功能，功能又靠形式体现。任何造型物都是功能和形式有机结合的统一体。这是工业造型特有的要求，也是工业造型求取形式美的前提与约束。

(2)比例与尺度的统一。同一造型物各部分之间的比例应尽量相同或相近，造型物的尺度应合理。

(3)格调的统一。对于所论造型物，各造型要素，如线型、形体、色彩、材质，应具有整体划一的统一性、和谐性和内在呼应联系性。但对于不同企业、不同设计师等所创造的造型物而言，要显示出本造型物的个性与特色。

两种不同款式的汽车造型如图 12-21 所示。在线型上，一种采用曲线造型，车身从头到尾由两条弧线构成，圆润的车顶轮廓把前、后端流畅地连接起来。圆圆的车顶、车窗、发动机罩和轮拱，配上短短的前悬和后悬，显得娇小玲珑；一种采用直线造型，圆形的双大灯，带“百叶窗”的前引擎盖，几乎垂直的前挡风玻璃，窄而扁的侧面车窗，以及宽大的轮胎，给人粗犷、硬朗的印象。但是，各自的主要形体线型是一致的、协调的，并前后呼应。在色彩上，一种蓝中带有白色线条，一种纯红色，也是调和的。

图 12-21　两种不同款式的汽车

对于图 12-22 所示的印包机械这样的成套设备，其中的各个产品在线型、形体、色彩及材质等方面都要充分体现共性，以显示系统形象的整体性。

又如图 12-23 所示的体育项目象征图形，虽形态各异，极富变化，但可以发现它们都是以水平线、垂直线和 45° 斜线来组成图形，有了这样的统一处理就便于电子屏幕显示。

图 12-22　印包机械

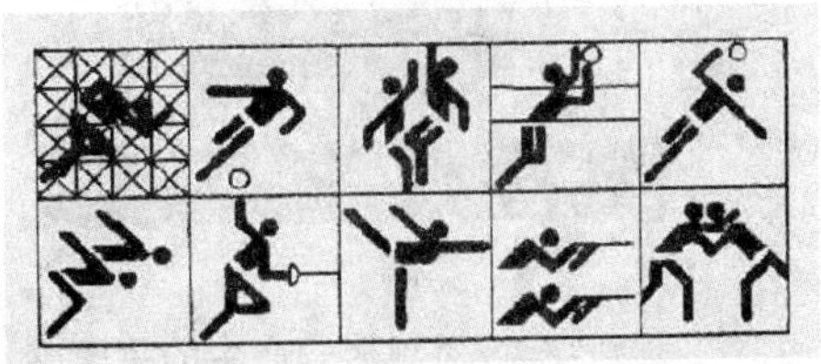

图 12-23　体育项目象征图形

2. 变化

变化是统一的对立面。造型中的变化是指利用造型要素(线、形、色、质等)的差异性，求得在统一的基础上体现出局部的特点，互相衬托，使造型物形象丰富多彩、生动活泼。

造型中差异性的表现形式很多，如形状的方圆、大小、宽窄、高低、长短、凹凸，线型的曲直、粗细、疏密，色彩的浓淡、冷暖、进退、明暗、轻重，材质与肌理的光滑或粗糙、柔软或坚硬，等等。

(三)均衡与稳定

均衡与稳定是造型美的又一形式法则。工业产品各方向和各局部由于材料、比例、结构、色彩及质感的不同，会产生不同的量感。均衡与稳定的造型法则，就是使造型既有物理意义上的稳定可靠，又能引起视觉上的完整和稳定。

1. 均衡

均衡是指造型物的前后、左右的相对轻重关系，在造型中着重指各部分在视觉上感觉到的相互之间的轻重感。这种均衡感是对支点和物体视觉量感相对位置的判断，即有一支点，支点两边诸造型要素的量感与其到支点的距离的乘积，即量感距大致相等，如图 12-24 所示。

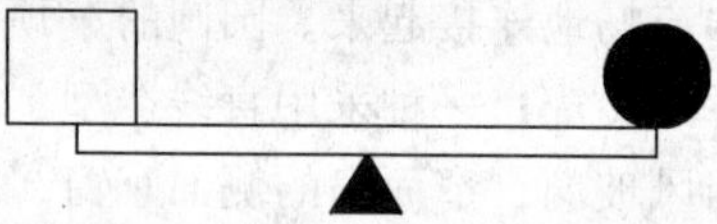

图 12-24 均衡的概念

物体的视觉量感与其体积的大小、颜色的深浅等有关。譬如：物体体积大，颜色深，封闭，则量感大；反之，量感小。

在产品造型设计中，要获得均衡感，一方面可采用同形同量的对称形式，另一方面也可采用异形同量的不对称形式。图 12-25 所示的数控机床，采用对称形式造型，最易达到均衡，并显得端庄、严谨。但这种形式又极易吸引人的视觉中心停留在对称线上，心理上易产生严重的静态感和生硬感，因而给人以单调、呆板之感。与对称形式相比，图 12-26 所示的不对称形式造型，则显得玲珑活泼、富于变化，能适应各种功能条件下的造型要求。但是此时应妥当布置，力求获得异形同量的视觉平衡感。

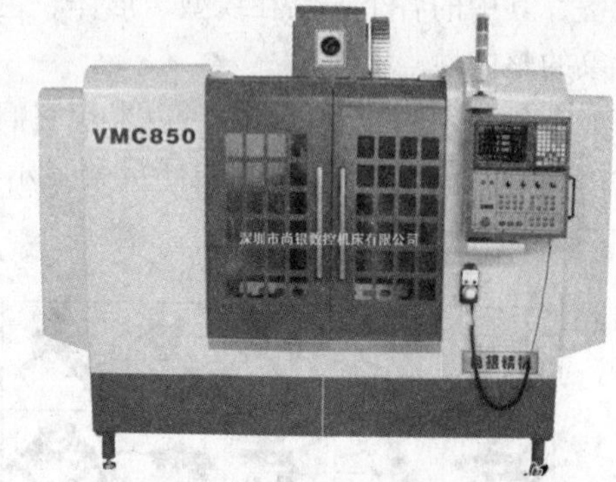

图 12-25 对称形式产生的平衡感

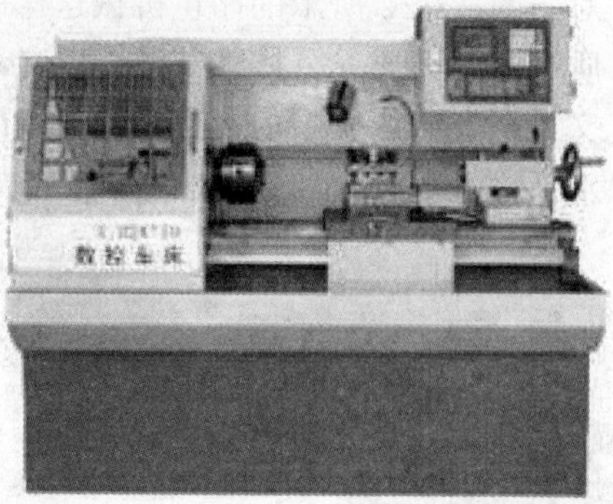

图 12-26 不对称形式产生的平衡感

2. 稳定

造型的稳定是指造型物上下部分间的轻重关系，即指造型物的稳固、安定和不易倾覆状态。稳定的造型给人以安详、舒心的美感，反之，则产生不安、紧张、危险的感觉。造型中考虑稳定性，即是解决好造型对象上下、大小所呈现的合理的轻重感关系。除了从结构布局、材料使用上使产品实际重心符合稳定条件的“实际稳定”外，还要从形体、色彩、材质处理和虚实关系等方面求得“视觉稳定”。在造型设计时，要同时考虑以上两个方面。

在产品造型设计中，采用以下方法可以增强视觉稳定感：

(1)降低重心。例如，采用宝塔式造型，即造型体量底部较大向上逐渐递减缩小。这样，既可降低重心，取得稳定感，又丰富了造型的线型变化，增强造型的生动感。

(2)附加或扩大支承面。

(3)可利用不同材料的性质与材料的表面处理、色彩对比、产品的局部装饰手段，块面处理、细部处理、虚实处理等达到稳定。例如，利用质感对比法，作下粗上光处理，来加强稳定感；作上明下暗处理，达到增加下部重量感的方法来加强稳定感。

(4)质量平衡则稳定。

(5)三点以上着地，重心垂线处于支承面之内则稳定。

综上所述，除上述三大形式法则外，还有对比与调和、概括与简单、过渡与呼应等。这些法则相互穿插，相互渗透，相互重叠，不能孤立和片面地理解。在工业造型设计中，要根据产品自身的功能特点，有机灵活地运用这些美学法则来造型，力求获得完美统一的产品外观艺术形象。

三、视错觉及其应用

当观察物体时，基于经验主义或不当的参照形成的错误判断和感知，即视觉与客观存在不一致的现象，称为视错觉。视错觉产生的原因在于形、光、色等因素的干扰或透视的影响，造成远近、高低错视等。

在造型设计中，通过研究视错觉现象的规律，一方面，可以利用视错觉来加强造型效果或改善某种缺陷，但需要注意的是，视错觉的过分应用，就会扭曲人的正确判断，引起视幻觉；另一方面矫正设计，使错觉得到“补偿”而“还原”，从而保证预期的造型效果。

(一)视错觉的几种类型

1. 对比错觉

几种对比错觉如图 12-27 所示。图 12-27(a)长度相等的两线段，竖线显得比横线长一些。图 12-27(b)两条竖直线段 *A* 与 *B* 是等长的，但由于两端附加线不同的影响，左边的显得比右边的长。图 12-27(c)中，与线段 *B* 相比，线段 *A* 显得长一点，尽管它们的长度完全相等。

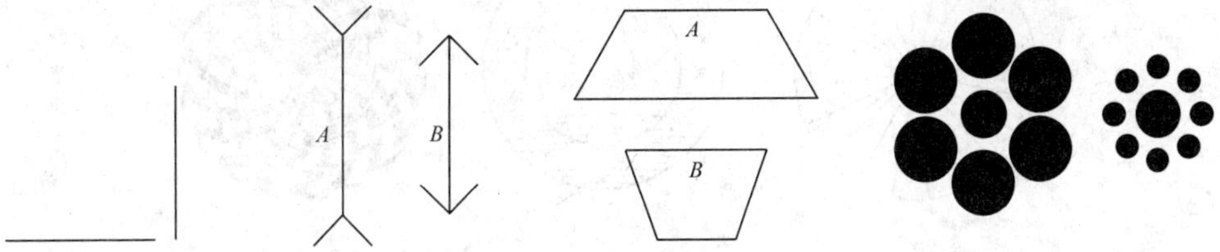

(a) (b) (c) (d)

图 12-27 对比错觉

这是由于大于90°的角使包含它的边显得长一些，而小于90°的角使包含它的边显得短一些，通常称为梯形错觉。图 12-27(d)两个图形中心的圆其实大小完全一样，但是第一个图形中心的圆被围住它的大圆衬托得“小”了，而第二个图形中心的圆被围住它的小圆衬托得“大”了，尤其是当二者放在一起的时候。

2. 透视错觉

透视错觉是常见的“近大远小”经验引起的错觉。在图 12-28(a)中，左侧的方块显得比右侧的高，其实它们的高度完全一致；物体在高度方向被 4 等分，从视点 E_1 或 E_2 看去，因每等分占据的视角不同而显得上部的间距小于下部的间距，如图 12-28(b)所示；大小不等的两个物体放在一起，小的形体显远，大的形体显近，如图 12-28(c)所示。

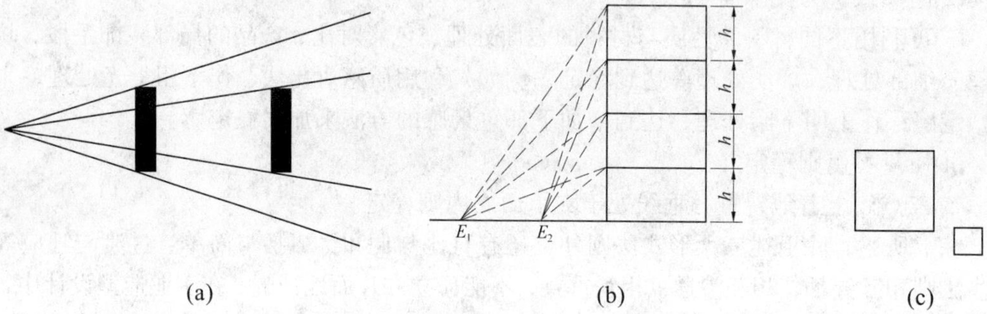

图 12-28　透视错觉

3. 变形错觉

在背景图形、线条的干扰下，对图形产生歪曲的感觉，称为变形错觉。

图 12-29 的 2 组平行线均在背景线组的干扰下，显得不平行，甚至成为曲线。

图 12-30 的正方形和矩形，在背景图形的干扰下，正方形显得歪曲，矩形变成了倒梯形。

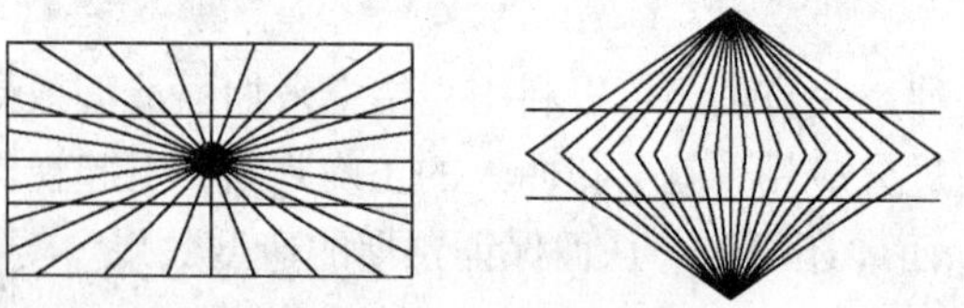

图 12-29　不平行错觉

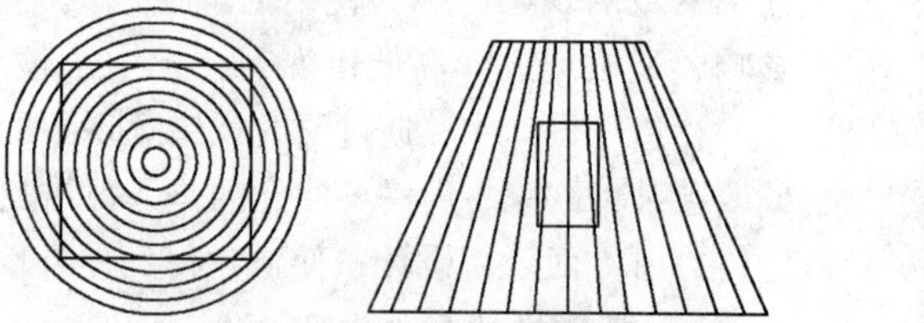

图 12-30　正方形的变形错觉

图 12-31 是一系列完好的圆，在背景图形的干扰下，有的不圆了，有的看起来像螺旋。

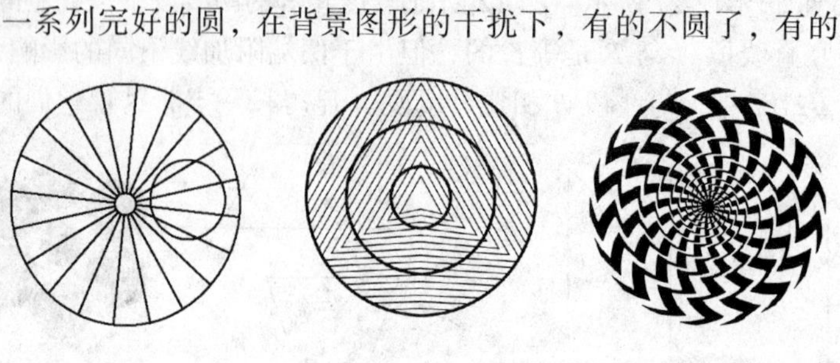

图 12-31　圆形的变形错觉

4. 光渗错觉

图 12-32(a)所示是两个面积、形状相同的面，白底上的黑面感觉小，黑底上的白面感觉大，图 12-32(b)中，“云”中心的黑白方块和其他的同色方块的明亮度显得不同。

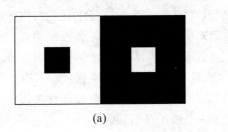

(a)　　　　(b)

图 12-32　光渗错觉

5. 分割错觉

图 12-33 中的两组图形，分别被水平线和竖直线分割，左边的两个图形由于人的视线受分割线的诱导，使被竖直线分割的图形比被水平线分割的图形显得高。但是这种分割线条数较多时，对视线就沿分割线排列的方向(即与分割线垂直的方向)诱导，因此右边的两个图形中被竖直线分割的图形显得较高，被水平线分割的图形显得较宽，均沿与分割线垂直的方向感觉加长，而实际上两个都是同样尺寸的正方形。

6. 位移错觉

一条斜向的直线，被两条直线断开后，斜线会产生错开的视觉效果，这种错觉被称为位移错觉，如图 12-34 所示。斜线与一对平行线交角(指锐角)越小，这种错觉越严重；交角增大，错觉减轻。平行线的间距加大，错觉也增强。分隔线成角度时，错觉也更严重。

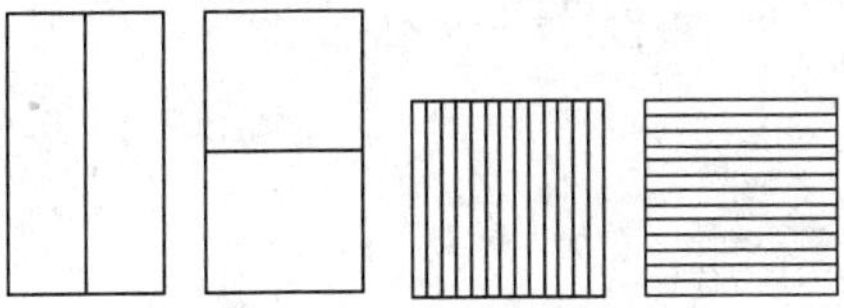

图 12-33　分割错觉

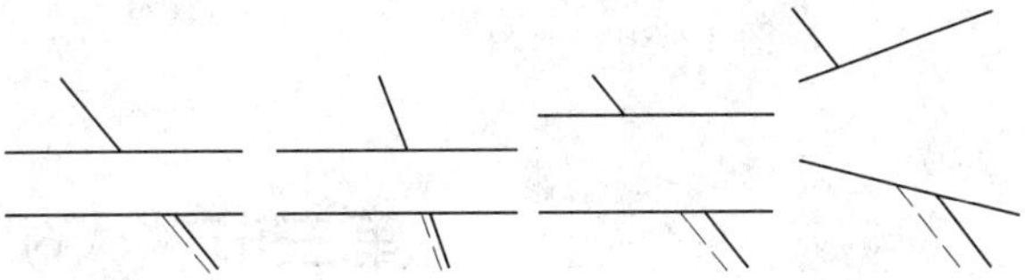

图 12-34　位移错觉

(二)视错觉在造型设计中的应用

人们对手表的总厚度一般都会作出偏薄的估计，而且差距不小，所以手表造型设计是一个利用视错觉典型的、也是成功的例子。图 12-35 是常见的不同款式的手表。玻璃表蒙所占的厚度是容易被忽视的；在表壳、底盖造型中取较大的倒角、并逐层往里收缩，由于给人印象深的是最外层轮廓的厚度，而收缩到里面、占有相当厚度的部分不易引起注意而被忽略了。因此，在人们的印象里，手表厚度普遍小于其真实厚度。

家用电器中的冰箱，如图 12-36 所示，其上下高度比左右宽度和前后厚度大许多，给人以不

图 12-35　手表

稳的感觉，但是冰箱前面上下两扇门之间分界线的存在，将视线引导到上下两个宽高比相差不大的门上，顿时消除了不稳定感，并且这种错觉与分割线的条数、粗细有关。这是一个利用分割错觉的例子。

对上下两圆弧线直接用它们的公切(直)线相连接，这是常规几何作图法所得的图形。但这种图形会引起视错觉，公切线看起来像有点内凹的略带弧度的曲线，整个形体显得干瘪无力。应采用略带外凸的微弯弧线来代替公切(直)线，使形体丰满挺拔。汽车顶面及四周车体表面均设计成外凸的(向外微微隆起)，使视觉上产生饱满而具有生气的感觉，达到预期的造型效果。另外，可以增大内部空间，消除压抑感，曲线优美流畅，富有弹性，给人以美的享受，如图 12-37 所示。这是一个矫正视错觉的实例。

图 12-36　冰箱

图 12-37　汽车

第三节　人机工程学

一、概述

工业产品造型设计的现代化，其内容不仅要求造型新颖、美观、大方，色彩符合现代人的审美要求，还应包括产品造型设计必须符合人机工程学的要求。

人机工程学，在美国有人称之为人类工程学(Human Engineering)、人因工程学(Human Factors (Engineering))，在欧洲也有人称之为人机工程学(Ergonomics)、生物工艺学、工程心理学、应用实验心理学以及人体状态学等。日本称之为人间工学。我国目前除使用上述名称外，还有译成工效学、宜人学、人体工程学、人机学、运行工程学、机构设备利用学、人机控制学等。本书将该学科定名为“人机工程学”。目前，“人机工程学”这一术语已被我国广大科技工作者所接受，并成为工程技术界较为通用的名称。

(一)人机工程学的定义

国际人机工程学会(International Ergonomics Association)将人机工程学定义为：研究人在某种工作环境中的解剖学、生理学和心理学等方面的因素，研究人和机器及环境的相互作用，研究在工作中、生活中和休假时怎样统一考虑工作效率、人的健康、安全和舒适等问题的学科。

《中国企业管理百科全书》将人机工程学定义为：研究人和机器、环境的相互作用及其合理结合，使设计的机器与环境系统适合人的生理、心理等特点，达到在生产中提高效率、安全、健康和舒适的目的。

综上所述，可以认为，人机工程学是以人的生理、心理特性为依据，应用系统工程的观点，分析研究人与机器、人与环境以及机器与环境之间的相互作用，为设计操作简便省力、安全、舒适，人–机–环境的配合达到最佳状态的工程系统提供理论和方法的科学。因此，人机工程学可简单地概括为，按照人的特性设计和改善人–机–环境系统的科学。

（二）人机工程学的研究对象及目的

根据上述的定义可知，人机工程学研究的对象，是工程技术设计中与人体有关的问题，也就是人与机器、环境的关系。研究的目的是使机器的设计和环境条件的设计适应于人，以保证人的操作简便省力、迅速准确、安全舒适、心情愉快，充分发挥人机效能，使整个系统获得最佳经济效益和社会效益。

（三）人–机–环境系统

人机工程学的显著特点是在认真研究人、机、环境三个要素本身特性的基础上，不单纯着眼于个别要素的优良与否，而是将使用“物”的人和所设计的“物”以及人与“物”所共处的环境作为一个系统来研究。在人机工程学中将这个系统称为“人–机–环境”系统，如图 12-38 所示。这个系统中，人、机、环境三个要素之间相互作用、相互依存、相互制约的关系决定着系统的总体性能。本学科的人机系统设计理论，就是科学地利用三个要素间的有机联系来寻求系统的最佳参数。

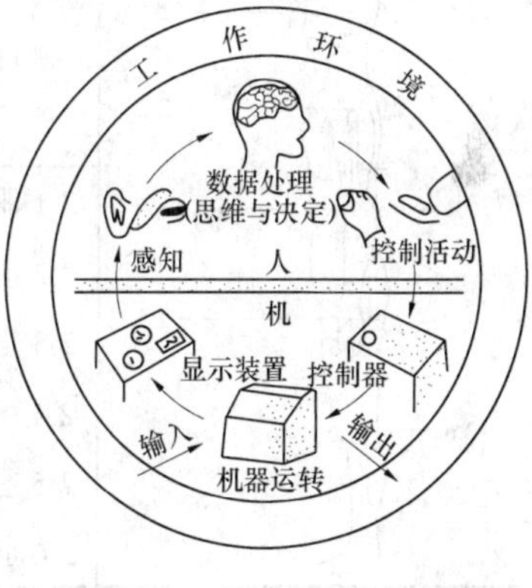

图 12-38　人–机–环境系统

若不考虑环境的影响，就简单的人机系统而言，如图 12-38 内圆所示，表示了机器设备运行的典型过程：人通过手脚操作控制器，机器在按指令运行的同时，将其运行状态通过显示器反映出来，人以眼耳等器官接收信息并传递给大脑，大脑经过分析判断，再通过手脚进行操作，循环下去形成工作流程。在人机系统中，人与机各有自己的特点，人机工程学的研究就是在人与机器间取长补短，使整个系统达到最佳效率和最佳效能。

二、人体尺寸与造型尺度

（一）成年人的人体尺寸

1988 年 12 月颁布了国家标准《中国成年人人体尺寸》(GB 10000—88)，该标准是根据人机工程学要求提供的我国成年人人体尺寸的基础数据，共 7 个类别 47 项，包括人体主要尺寸、立姿人体尺寸、坐姿人体尺寸、人体水平尺寸、人体手部和足部尺寸等。它适用于工业产品设计、建筑设计、军事工业以及工业技术改造、设备更新及劳动权保护。为了应用方便，各类数据表中的各项人体尺寸数据值均同时列出其相应的百分位数。百分位数表示在某一身体尺寸范围内，有百分之多少人的身体尺寸等于或小于给定值。人体主要尺寸如表 12-1 所示，立姿人体尺寸如表 12-2 所示，坐姿人体尺寸如表 12-3 所示。

表 12-1　人体主要尺寸　(单位：mm)

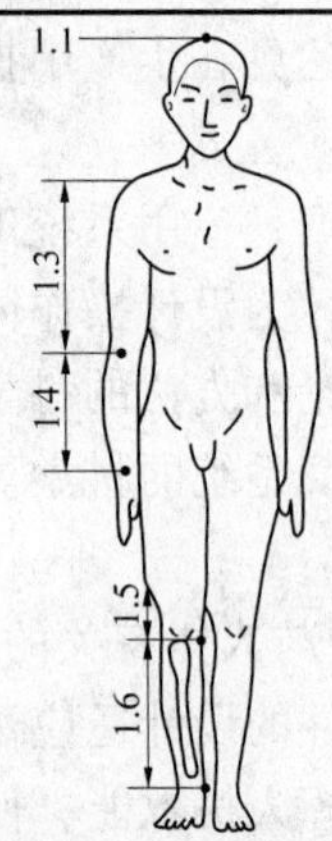

测量项目	男(18～60 岁) 百分位数			女(18～55 岁) 百分位数		
	5	50	95	5	50	95
1.1 身高	1 583	1 678	1 775	1 484	1 570	1 659
1.3 上臂长	289	313	338	262	284	308
1.4 前臂长	216	237	258	193	213	234
1.5 大腿长	428	465	505	402	438	476
1.6 小腿长	338	369	403	313	344	376

表 12-2　立姿人体尺寸　(单位：mm)

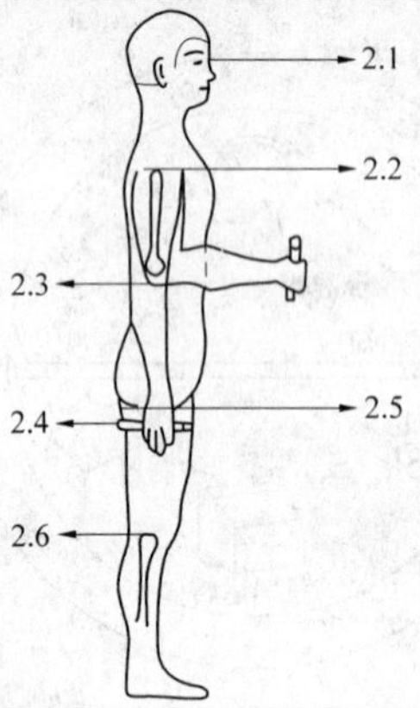

测量项目	男(18～60 岁) 百分位数			女(18～55 岁) 百分位数		
	5	50	95	5	50	95
2.1 眼高	1 474	1 568	1 664	1 371	1 454	1 541
2.2 肩高	1 281	1 367	1 455	1 195	1 271	1 350
2.3 肘高	954	1 024	1 096	899	960	1 023
2.4 手功能高	680	741	801	650	704	757
2.5 会阴高	728	790	856	673	732	792
2.6 胫骨点高	409	444	481	377	410	444

表 12-3　坐姿人体尺寸　(单位：mm)

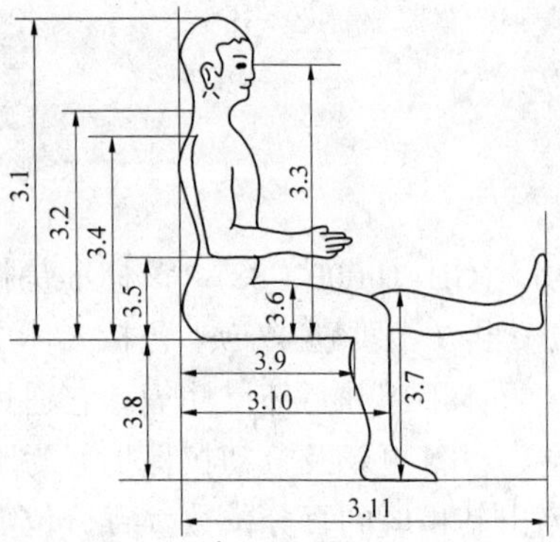

测量项目	男(18～60 岁) 百分位数			女(18～55 岁) 百分位数		
	5	50	95	5	50	95
3.1 坐高	858	908	958	809	855	901
3.2 坐姿颈椎点高	615	657	701	579	617	657
3.3 坐姿眼高	749	798	847	695	739	783
3.4 坐姿肩高	557	598	641	518	556	594
3.5 坐姿肘高	228	263	298	215	251	284
3.6 坐姿大腿厚	112	130	151	113	130	151
3.7 坐姿膝高	456	493	532	424	458	493
3.8 小腿加足高	383	413	448	342	382	405
3.9 坐深	421	457	494	401	433	469
3.10 臀膝距	515	554	595	495	529	570
3.11 坐姿下肢长	921	992	1 063	851	912	975

我国不同地区人体尺寸有一定差异，不同国家的人体尺寸差异更为明显。体态正常的成年人人体各部分尺寸之间的比例关系，还有人体水平方向的尺寸，等等，使用时均可查阅有关资料。

(二)产品设计中人体尺寸数据的应用

各种人体测量数据只是为设计提供基础参数，设计人员能否正确运用是设计合理与否的关键。在产品设计时，应用各种人体测量数据，应该附加尺寸修正量，并正确选择百分位数。

1. 尺寸修正量

产品设计中人体尺寸修正量包括功能修正量和心理修正量两种。

为了保证实现产品功能，必须考虑着装、可能的姿势、动态操作等需要的修正量，称为功能修正量。各种修正量，使用时可查阅国家标准和有关资料。但事实上国家标准中不可能给出所有操作修正量的数据，更多操作修正量数据，需要设计工作者根据实际情况，通过研究、实测来加以确定。

为了消除空间压抑感、高度恐惧感和过于接近时的窘迫感、不舒适感，或为了美观、新奇等心理需求而加的尺寸修正量，称为心理修正量。心理修正量应根据实际需要和条件许可两个因素来研究确定。

2. 人体尺寸百分位数的选择

人体尺寸用百分位数表示时，称人体尺寸百分位数，百分位数为 K 的人体尺寸用 P_K 表示。常用的百分位数有 P_{50}，P_1 与 P_{99}，P_5 与 P_{95}，P_{10} 与 P_{90}。

根据国家标准《在产品设计中应用人体尺寸百分位数的通则》(GB/T 12985—91)，将产品按所用百分位数的不同分为Ⅰ型、Ⅱ型、Ⅲ型三类，见表 12-4，人体尺寸百分位数的选择见表 12-5。

表 12-4 产品尺寸设计分类

产品类型	产品类型定义	说明
Ⅰ型产品尺寸设计	需要两个百分位数作为尺寸上限值和下限值的依据	属双限值设计
ⅡA 型产品尺寸设计	只需要一个百分位数作为尺寸上限值的依据	属大尺寸设计
ⅡB 型产品尺寸设计	只需要一个百分位数作为尺寸下限值的依据	属小尺寸设计
Ⅲ型产品尺寸设计	只需要第 50 百分位数作为产品尺寸设计的依据	平均尺寸设计

表 12-5 人体尺寸百分位数的选择

产品类型	产品性质	作为产品尺寸设计依据的人体尺寸百分位数	满足度
Ⅰ型	涉及人的安全、健康的产品，一般工业产品	上限值 P_{99}、下限值 P_1 上限值 P_{95}、下限值 P_5	98% 90%
ⅡA 型	涉及人的安全、健康的产品，一般工业产品	P_{99} 或 P_{95}，P_{90}(上限值)	99%或 95%，90%
ⅡB 型	涉及人的安全、健康的产品，一般工业产品	P_1 或 P_5，P_{10} (下限值)	99%或 95%，90%
Ⅲ型	一般工业产品	P_{50}	通用

表 12-5 中的满足度是指所设计的产品在尺寸上能满足多少人使用，以合适使用的人占使用群体的百分比表示。

3. 产品功能尺寸的设定

产品设计时是以某一尺寸人体尺寸百分位数为依据，不是选该尺寸作为产品的造型尺寸，而是要视条件取与该人体百分位数相应的产品最小功能尺寸或最佳功能尺寸。

为了保证实现产品某项功能而设定的产品最小尺寸，称为产品最小功能尺寸。最小功能尺寸=人体尺寸百分位数+功能修正量。为了方便、舒适地实现产品某项功能而设定的产品尺寸，称为产品最佳功能尺寸。最佳功能尺寸=最小功能尺寸+心理修正量。

三、控制台的设计及布置

现代机械设备的显示、控制装置多固定安装在同一台板上，该台板称为控制台。而这些设备的自动化、数控化程度越来越高，安装显示、控制器件的控制台板的尺寸则越来越小。除大型、成套设备外，一般不采用独立的控制台，而是设计成与主机同体的控制面板。

人在操作机器时，通过感官，如视觉、听觉接受外界的信息，由大脑进行分析和处理，作出反应，进而实现对机器的操纵和控制。要实现正确的操作，人必须能够准确、全面、及时地接受外界的信息。设计时应研究和分析人感觉器官的感知能力和范围，确定合适的人机界面。

(一)人的视觉特征

人在工作过程中，视觉的应用是最重要，也是最普遍的。据统计，人们在认识物质世界的过程中，大约有 80%的信息是从视觉得到的，且多数是重要的。所以，人的视觉特征对显示器认读的速度与准确度，对操作的可靠性与效率等均是关键的因素，设计产品时，信息源应尽可能在人的视野和视距范围内。

1. 视野

视野又称视场，就是头部固定、眼球不转动时所能看到的空间范围。

图 12-39、图 12-40 所示的分别是铅垂方向和水平方向的视野。正常人的视野在垂直面内向上 60°，向下 70°，有效区域向上 30°，向下 40°；水平面内约左右 60°，有效区域为左右 10°～20°。据辨认效果的不同，将整个视野分为四个视区，如表 12-6 所示。

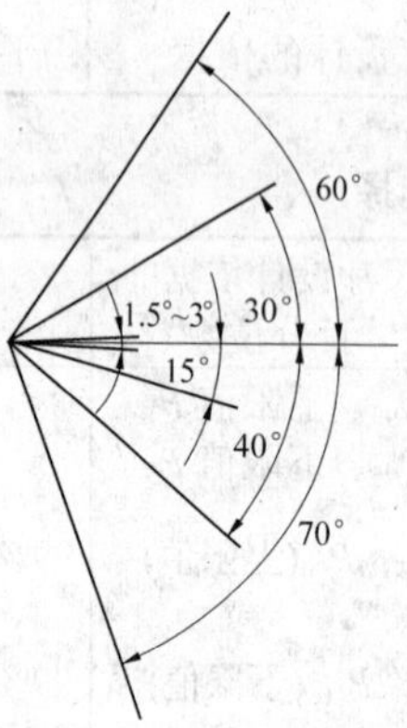

图 12-39 铅垂方向的视野

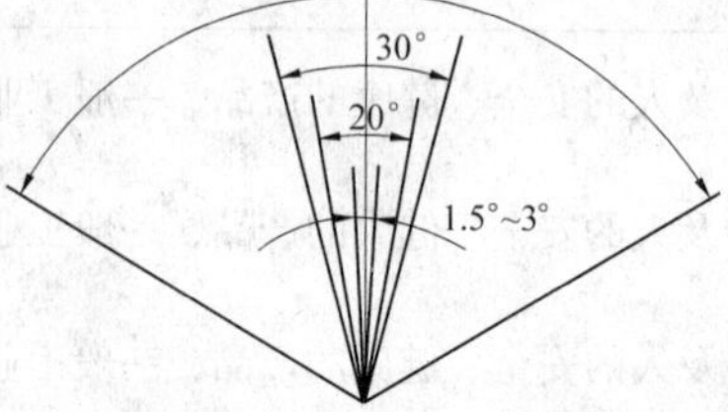

图 12-40 水平方向的视野

表 12-6　视野分区

视区	范围		辨认效果
	铅垂方向	水平方向	
中心视区	1.5° ~ 3°	1.5° ~ 3°	辨别形体最清楚
最佳视区	水平线下 15°	20°	在短时间内能辨认清形体
有效视区	上 30°，下 40°	30°	需集中精力才能辨认清形体
最大视区	上 60°，下 70°	120°	可感到形体存在，但轮廓不清楚

2. 视距

视距是指人眼观察显示器、控制器的距离。一般视距范围在 380 ~ 760 mm，最佳视距为 560 mm，过远或过近都会影响认读的速度和准确性。

3. 视觉特征

人眼的视觉特征为：①眼睛水平方向的运动比铅垂方向快，且不易疲劳，对水平方向的尺寸与比例的估测比铅垂方向准确；②视线运动的习惯是从左到右，从上到下；③对环形观察宜为顺时针方向；④在偏离视觉中心相同距离的情况下，感知最快的是左上方，其次是右上、左下，右下方感知最慢；⑤人眼对直线轮廓比对曲线轮廓更易接受；⑥人眼最易辨别红色，然后依次为绿、黄、白，当两种颜色匹配在一起时，最易辨别的顺序是黄底黑字、黑底白字、蓝底白字和白底黑字等。

(二)肢体活动范围

正常人(身高 1 680 mm)分别为立姿和坐姿时，手臂的活动范围如图 12-41 所示。其中：手臂的最大能及范围见图中的曲线 3，是以半径约 600 mm 的两个圆弧区域；小手臂的正常活动范围见图中的曲线 1，是由两个半径约为 300 mm 的圆弧所构成；正常活动范围见图中的曲线 2，为半径约 500 mm 的圆弧。

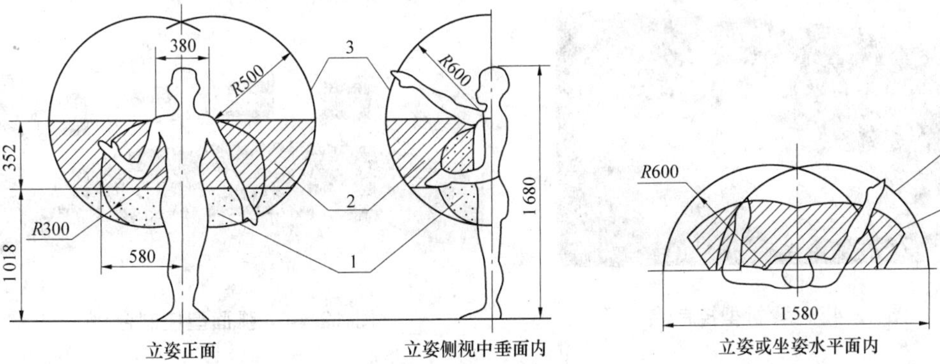

图 12-41　手臂的活动范围　(单位：mm)

(三)控制台的造型

控制台的设计，一方面要满足功能结构的要求，另一方面必须考虑人体尺寸、肢体活动范围及动作特性、人的感知操作习惯等因素。

控制台按面板组合形式的不同，一般可分为一字型(也叫平面型)、弯折型和弧面型等。

图 12-42 所示的是一字型控制台，支承部分多是一字形排列的箱柜，台面由几块面板按平面、竖面或斜面组合而成。其特点是台面沿横向尺寸较大，既可单件使用，也可多件组合使用；既可一人操作，也可供多人同时操作。当一人操作时，一字型控制台适用于控制器与显示器不多的情况，横向总宽度一般不宜超过 0.9 ~ 1.0 m，否则不同仪表与人眼的距离有较大差距，人眼观察不同仪表时眼球内的水晶体需要进行调节，会增加感知时间。

图 12-42　一字型控制台

显示器与控制器较多时，为使显示器与人眼的距离、控制器与肘关节或肩关节的距离相差不致过大，控制台宜做成图 12-43 所示的弯折型控制台。它是在一字型控制台的基础上演变而成的，即根据需要把一字型控制台的左、右两边各弯折一次，形成三面相交的形式。其基本要求是，弯折后各面板的中心与人眼的垂直距离应大致相等，并保证在最佳视野范围内。

弧面型控制台是在弯折型控制台基础上的进一步变形，如图 12-44 所示。其特点是弧面上布置的各显示器与操作者视距相等。观察时不需调节视距，因而准确、便捷；各控制器与人肢体活动距离一致，因而操作也较为方便、快捷。若不需观察和监视台外情况，还可做成球面型。

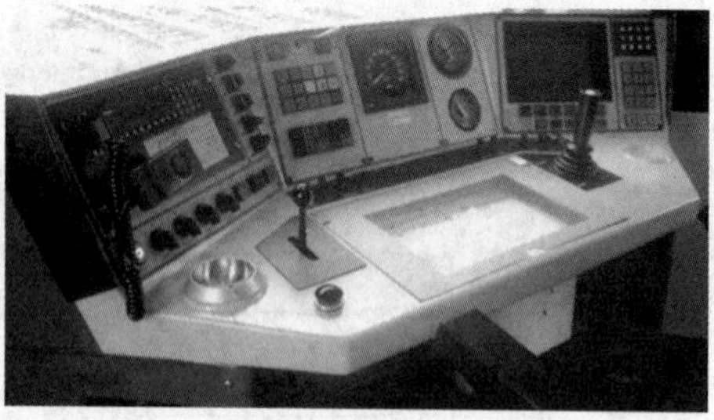

图 12-43　弯折型控制台

图 12-44　弧面型控制台

(四)控制台的造型尺度

人的任何操作动作都是在一定姿势下进行的，姿势不同，肢体活动的空间范围也不同，因此控制台的造型尺度也不同。一般来说，人在控制台上的操作姿势多为坐姿、立姿或坐、立姿交替三种。

据测定，人立姿作业的能量消耗约为坐姿操作的1.6倍，若上身倾斜操作可高达10倍。坐姿操作的准确性通常也都高于立姿。所以，在工作条件允许的情况下，作业姿势应尽可能地采用坐姿。对于作业时间持续较长，操作精度要求较高，需要手脚并用的场合，更应优先选用坐姿操作。只有在手或脚操作时需要较大空间且要经常改变操作体位的，或没有容膝空间而使坐姿操作有困难的情况下，才宜采用立姿操作。控制台是操纵控制装置中普遍采用的，其中尤以一字型控制台最为常见。

一字型控制台的造型尺度是根据操纵控制装置的功能范围，人体适宜的操作姿势而定。下面分别讨论。

(1)坐姿操作的一字型控制台造型尺度如图12-45所示。图12-45(a)为视平线在控制台之上，可监视控制台之外的信息，一般用于控制装置和显示装置都不太多的场合。图12-45(b)为视平线在控制台之间，一般多用于控制装置和显示装置较多的场合。

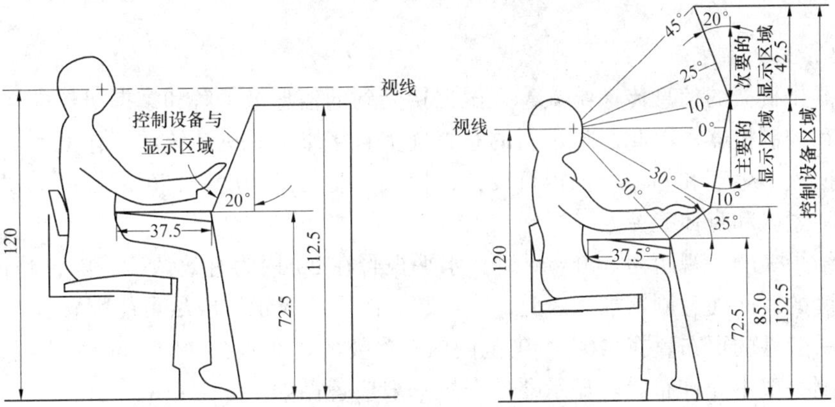

图12-45 坐姿操作控制台推荐尺寸 (单位：cm)

(2)立姿操作的控制台造型尺度如图12-46虚线部分所示。通常情况下，单纯采用立姿操作较少，一般多采用坐、立姿交替的操作方式为基础进行设计和布局的一字型控制台。

(3)坐立两用控制台造型尺度如图12-46所示。坐、立姿交替操作的优点是：能使操作者在作业中变换体位，从而避免由于身体长时间处于一种体位而引起的肌肉疲劳。由于这种操作的姿势是可变的，而控制台的尺寸是不变的，因此采用坐、立姿交替操作时，首先与控制台相配套使用的座椅在高度方向应是可调的，以适应不同身高的人使用。其次是椅子必须是可移动的，以便在坐姿改为立姿操作时向后移动。另外，控制台下部必须设置脚踏板，以便坐姿操作时放脚。通常要求脚踏板的高度也是可调的，其调节范围一般取在20~230 mm。

(五)控制台的布置

控制台的造型及尺度一经确定，面板上显示器和控制器的合理布局就成为关键问题。为了保证工作效率和减少人体疲劳，面板的设计原则应尽可能地让操作者不转动头部和眼睛，更不必移动操作位置，便可方便地操作，并可从显示器上获取全部信息。推荐的控制台作业面布置区域如图12-47所示。

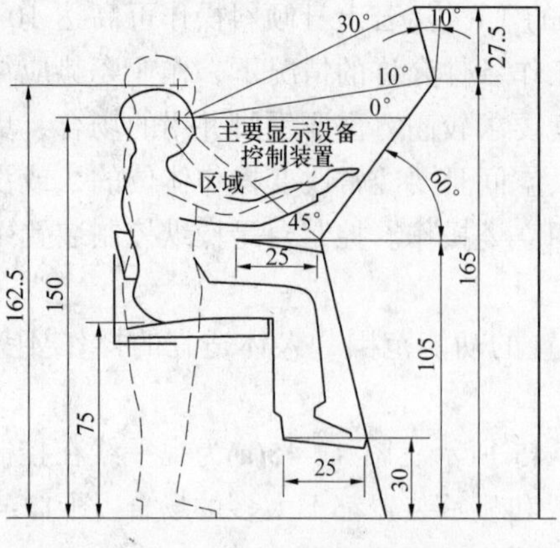

图 12-46　坐立两用控制台推荐尺寸　(单位：cm)

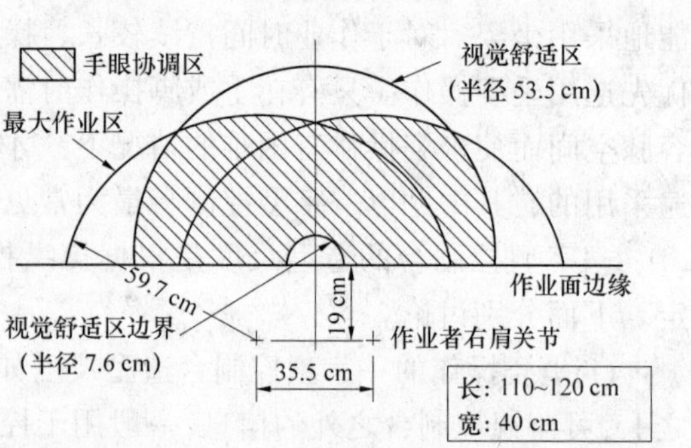

图 12-47　推荐的控制台作业面布置区域

1. 显示器的布置

显示器将机器的信息传递给人，人根据接受到的信息来了解和掌握机器的运行情况，从而操纵和控制机器。因此，显示器的布置优劣直接影响人机系统的工作效率。显示器的布置应根据人的生理和心理特征进行设计，使人接受信息速度快、可靠性高、误读率低，并减轻精神紧张和身体疲劳。

实验结果表明：视距为 800 mm 时，水平视野在 20°内为有效认读范围，超过 24°时，其正确认读的时间便急剧增加。因此，建议常用的主要显示器应尽可能配置在视野中心 3°范围内，一般性的可布置在 20°～40°范围内，次要的可布置在 40°～60°范围内，80°以外的视野范围一般不允许布置。显示器的布置一般应遵循如下原则：

(1)显示器所在平面应尽量与作业者的视线近于垂直，对正常的坐姿作业，此面后仰 15°～30°为佳。布置要紧凑，主要显示器安置在最佳视区。视区范围应水平方向略大于铅垂方向。

(2)多个显示器有观察顺序时，应依据自左向右、自上而下或顺时针的方向排列。

(3)显示器与控制器在配置上应形成逻辑联系。位置对应，运动方向一致，如图 12-48(a)所示，而图 12-48(b)布置就不太好。

(4)显示器指针的零位指向应在上方或左方。多个显示器，其零位指向应一致，图 12-49 所示的零位指向就不太好。

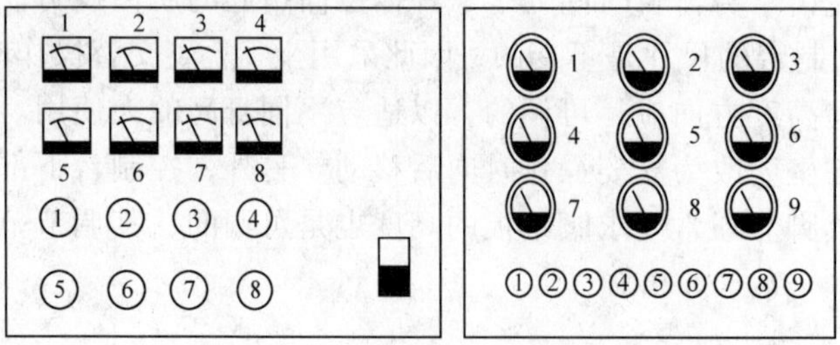

(a)　　　　(b)

图 12-48　显示器与控制器的不同配置方式

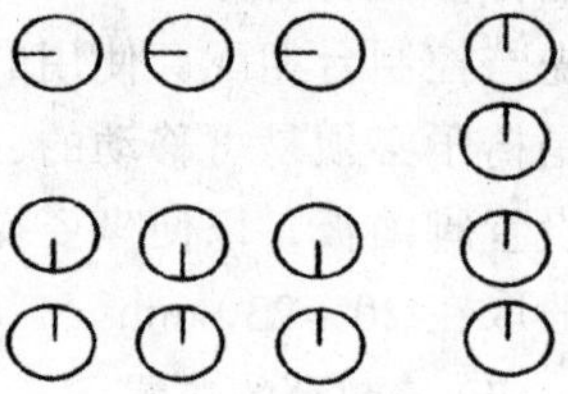

图 12-49　显示器指针的零位指向

2. 控制器的布置

控制器设计时应注意其形状、大小、位置、运动状态和操纵力的大小等，留出人的操作位置，让操纵者有一个合适的姿势，合理布局控制件的位置和确定操作运动的方向，合适的操作力大小，这些都应符合力学和生理学的规律，以保证操纵时的舒适和方便。

人们在操纵时，通常通过视觉或听觉得到信号，经过思索，理解信号的意义，然后产生相应的行动。经过长期的生活和工作实践以及培训，人们逐渐形成了一套习惯，直接根据接受到的信号产生相应的行动而不经过大脑的思考，这样可以有效地提高操作的速度。在进行产品设计时，必须遵循这些习惯，以免操纵者受到外界干扰，未经思考，直接按习惯进行行动而产生误操作。

控制器布置的一般原则如下所述：

(1)常用的、重要的控制器，应安置在手活动最方便、用力最适宜的区域。

(2)有操作顺序的控制器，应依序自左向右、自上向下或顺时针的方向排列。

(3)联系较多的控制器，应尽量靠近排列。如控制器数量较多，应按功能分区布置。

(4)总电源开关、紧急停车等装置应与其他控制器分开，标志要醒目，大小要适当，并安置在便于操作的地方。

(5)各控制器间应保持一定的安全距离。

(6)控制器一般不宜安置在水平或铅垂的面板上，以免操作时手在前后、上下移动中无意地触动其他控制器。水平控制面板一般以后高前低为宜，铅垂控制面板可稍向后仰。较高处如需布置控制器，则需将铅垂面前倾一个角度，如图 12-50 所示。

3. 显示器和控制器的配置

显示器和控制器在生产操作中常常是组合在一起使用的。两者配合得是否合理，将直接影响信息传递的速度和质量。根据人的视觉特性，造型设计中控制和显示装置在铅垂面内的合理分布如图 12-51 所示。*A* 为一般区域，可布置操作频繁的控制器，但不宜布置精度和认读频繁的显示器；*B* 为视觉与手控制的最佳区域，可布置需要精确调整及认读的显示装置和应急控制装置；*C* 为辅助区域，可布置辅助的控制、显示装置；*D* 为最大区域，可布置较为次要的辅助控制、显示装置。图 12-51 中的尺度也可直接用于作业高度的控制与选取，如立姿作业时取腰部水平线与方框下边的水平线重合。

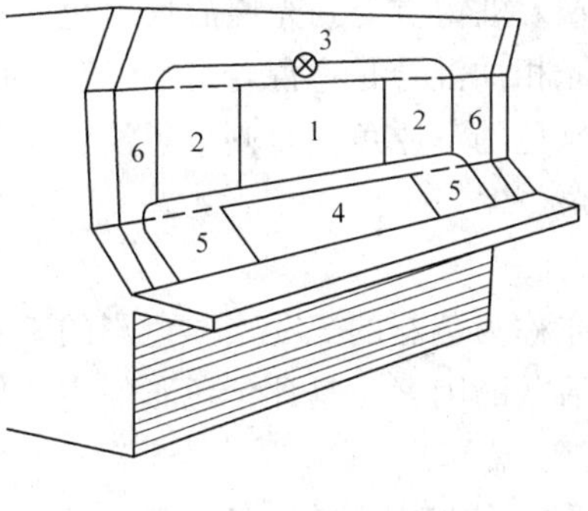

图 12-50　控制面板的放置

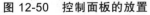

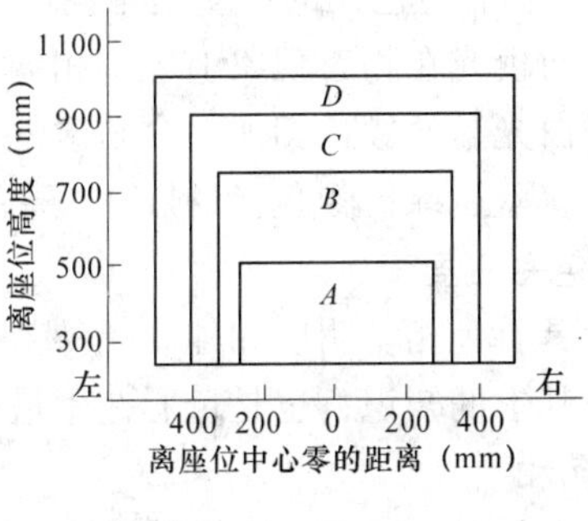

图 12-51　控制和显示装置在垂直面内的合理分布

一般来说，显示器与控制器的配置应遵循以下原则：

(1)空间一致性。是指显示器与控制器在空间相互位置关系的一致性。

(2)运动一致性。是指同一对象的控制与显示，在运动方向上的一致性。一般旋钮顺时针转动为增加，逆时针为减少。

(3)概念一致性。指显示器与控制器编码的意义要与其作用一致。例如，用表示危险的红色标明“制动”，用表明安全的绿色标明“运行”等。

(4)通用定型性。通用定型就是人们长期形成的共同习惯，也称习惯定型。例如，收音机顺时针旋转表示音量增大；电闸向上推表示“接通”、向下表示“断开”；汽车的离合器踏板在“左”，制动器踏板在“右”等。

显示器与控制器的配置应尽可能遵守以上四项原则。若彼此发生矛盾，应综合考虑，权衡利弊后再进行配置。

图 12-50 所示是常用的一字型控制台面板布局示意图，可供设计布局时参考。图中 4 为常用的控制器安置区；5 为一般的控制器安置区；6 为不常用的控制器安置区，又因一般人为右利，故左边一块区域尽量少安置控制器；1 为常用与重要的显示器安置区；2 为一般显示器的安置区；3 为较少用、较次要显示器的安置区。

第四节　产品色彩设计

色彩能美化产品、美化环境。工业产品色彩的良好设计能使造型更加完美。研究表明，人们在观察一件产品的瞬间，首先作用于人视觉的是色彩；其次是形态；最后才是质感。由于色彩具有这种主动的、引人的感染力，能先于造型而影响人们感情的变化，因此，在商品竞争日益加剧的今天，研究机电产品的色彩设计，对增强产品的市场竞争力，有着重要的现实意义。

一、色彩的基本知识

(一)色光与颜色(色料)

色彩是由光的刺激而产生的一种视觉效应。可见光的波长范围在 380 ~ 780 nm。不同波长的光呈现的颜色各不相同，随着波长由长到短，呈现的颜色依次为：红、橙、黄、绿、青、蓝、紫七色。但因青与蓝两色区别甚微，所以色彩学上习惯将两者算做一种，并将红、橙、黄、绿、蓝(或青)、紫称为色彩学中的 6 种单色光。

颜色(色料)与色光的性质是不同的，是有机或无机物质受到光照后反射色光所形成的色。颜色与色光在物态现象上也不相同。各种色光相加混合是愈混合愈亮，色光的三原色混合可得白光；而颜色相加混合是愈混合愈暗，颜色的三原色混合则成黑浊色。色光的三原色为红、蓝、绿；颜色(色料)的三原色为红、黄、蓝。

(二)色彩三要素

色彩具有色相、明度和纯度三种基本属性，亦称为色彩的三要素。色彩的三要素是色彩系中最基本的知识，也是色彩艺术最本质、最活跃的因素，是评价色彩的主要依据。

1. 色相

色相是色彩的相貌，是用来区别色彩种类的名称，就如同人的姓名一般，如红、橙、黄、绿、蓝、紫等。但是色相和色彩的强弱及明暗没有关系，只是纯粹表示色彩相貌的差异。

色相的感觉是由色光的波长决定的，波长不同，色相会有很大差别。将上述红、橙、黄、绿、蓝、紫 6 种色相首尾相连环状排列，称之为色相环。基本色相间取中间色，即得十二色相环，如图 12-52 所示。再进一步划分便是二十四色相环。在色相环的圆圈里，各彩调按不同角度排列，则十二色相环每一色相间距为 30°。二十四色相环每一色相间距为 15°。

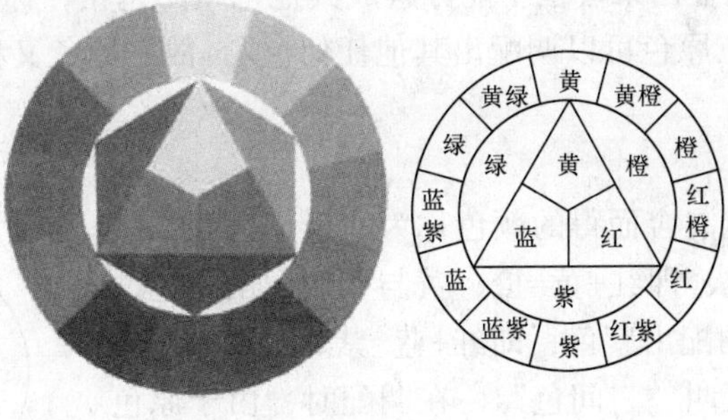

图 12-52　色相环

2. 明度

明度是色彩的明暗程度。由于各种色相本身反射的光量强弱不一，因而会产生不同程度的明暗。将 6 种单色光按照明度关系由强到弱进行排列，依次是黄、橙、红、绿、蓝、紫。在这些色相中，黄橙红属于明色，绿蓝紫是暗色。黑白两色是明度的两极，黑与白相加是灰色。

白颜料属于反射率相当高的物体，在其他颜料中混入白色，可以提高混合色的反射率，也就是说提高了混合色的明度。混入白色越多，明度提高越多。相反，黑颜料属于反射率极低的物体，在其他颜料中混入黑色越多，明度降低越多。运用这种方法，可以作出同一色相颜色的明度推移，如图 12-53 所示。而在具体的设计或色彩环境中，色彩的明暗是相对的。例如，红色相对于黄色是暗色，而相对于青色则是明色。

此外，色彩的明暗程度与光线的强弱有关系。光线强时感觉比较亮，光线弱时感觉比较暗。

明度是所有色彩都具有的属性，任何色彩都可以还原为明度关系来思考。因此，明度关系是色彩搭配的基础。

3. 纯度

纯度是色彩的纯洁程度、鲜艳程度，又称饱和度。其实质是光波波长的单一程度。有波长相当单一的，有波长相当混杂的，也有处在两者之间的。黑、白、灰等无彩色就是因波长最为混杂，纯度、色相感消失造成的。波长愈单一，色彩愈鲜艳，纯度也愈高，光谱中红、橙、黄、绿、蓝、紫等色光都是最纯的高纯度色光。

任一色彩加黑、白、灰、补色都会降低它的纯度，混入的越多，纯度降低也越多。在一种色相中，逐渐加入白色或黑色，可得一系列不同纯度的色阶，如图 12-54 所示。因此，同一色相的纯度是不同的。

物体的表面结构和照明光线性质也影响纯度。相对来说，光滑面的纯度大于粗糙面的纯度，直射光照明的纯度大于散射光照明的纯度。

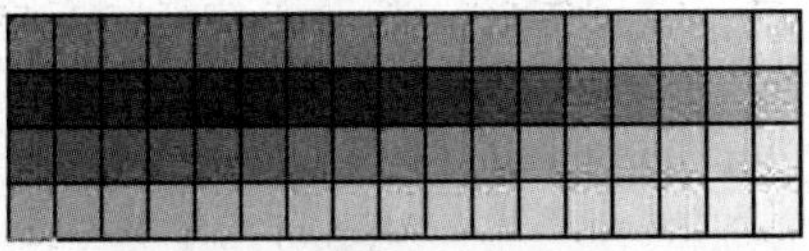

图 12-53　明度推移

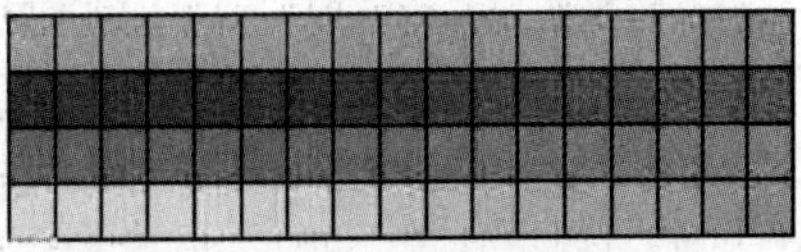

图 12-54　纯度色阶

(三)常用术语

1. 原色

不能用其他色相混合出来、也不能分解成其他色相的色相，称为原色。从理论上讲，由颜色中的红、黄、蓝三原色可以调配出其他任何色彩，故三原色又称第一次色，如图 12-55 所示。

2. 间色

三原色的任何两色混合而得的颜色称为间色，又叫二次色。红与黄调配出橙色，即红+黄=橙；黄与蓝调配出绿色，即黄+蓝=绿；红与蓝调配出紫色，即红+蓝=紫，如图 12-55 所示的橙、绿、紫，又叫“三间色”。在调配时，由于原色在份量多少上有所不同，所以能产生丰富的间色变化。

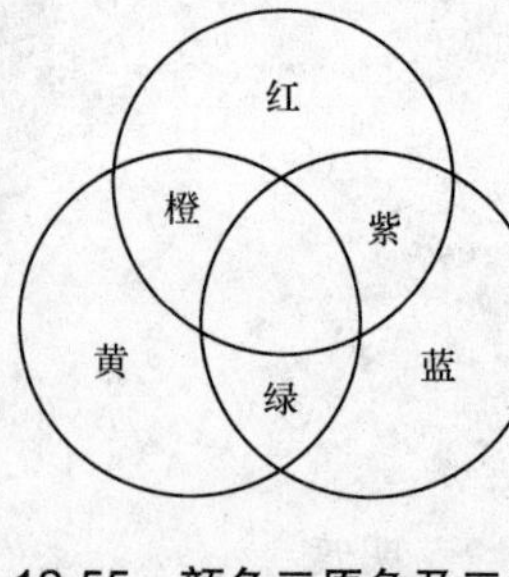

图 12-55 颜色三原色及三间色

3. 复色

复色是由两种间色或一种原色与另两种原色混合得到的间色或三原色相调而成，也称三次色或再间色。由于间色中均包含有红、黄、蓝三原色的成分，可见，复色实际上是三原色的混合，如橙紫(红灰)=橙+紫=(红+黄)+(红+蓝)，绿紫(蓝灰)=绿+紫=(蓝+黄)+(红+蓝)。不断改变三原色在复色中所占的比例，可以调出为数居多的复色。因此，复色是最丰富的色彩家族，千变万化，丰富异常，包括了除原色和间色以外的所有颜色。与间色和原色相比，复色含的色素多，所以纯度低，较混浊，呈灰性色调。

4. 补色

凡两种色光相加呈现白色，两种颜色混合呈现出浊黑色，则这两种色光或颜色就互为补色。一种原色与另两种原色调配的间色就互为补色，如红与绿(黄+青)、黄与紫(红+青)、青与橙(红+黄)。在色相环上，与环中心对称，并在180°位置两端的色互为补色。如果将补色并列在一起，则两种颜色对比最强烈、最醒目、最鲜明，但处理不好会造成过分刺激、生硬的感觉。补色中，混合的色越多，明度越低，纯度也会有所下降。

5. 消色和极色

非彩色系列的黑、灰、白统称为消色，又称中性色。它们只有明度区别，而没有色相和纯度之分。消色中的黑、白两色称为极色。

6. 色调

色调是指色彩外观的基本倾向。在色相、明度、纯度三个要素中，某种因素起主导作用，可以称之为某种色调。譬如，以色相划分，有红色调、蓝色调等；也可以由色性的冷暖分为冷色调、暖色调，等等。

色调是一眼看上去工业产品所具有的总体色彩感觉，是起支配和统一全局作用的色彩设计要素。它的选择应格外慎重，一般可根据产品的用途、功能、结构、时代性及使用者的好恶等艺术性地加以确定。确定的标准是色形一致，以色助形，形色生辉。比如，飞机的用途和功能是载客载物在高空高速地飞行，所以它的主调色彩一般都处理为高明度的银白色，很容易使人感觉到飞机的轻盈和精细，这就是形色一致，而且色助于形；如果相反，把飞机涂成黑灰色主调，则容易使人怀疑它笨重得是否能够飞起来，这就是色破坏了形，色调选得不对。

(四)色彩的表示方法与色彩体系

为了在丰富的色彩世界里对色彩加以区别，人们常给不同的色彩以不同的名称，通常是以色相命名，再附以修饰语区别明度与纯度的差异，或以天蓝、土黄、宝石绿、古铜色、柠檬黄、橙红、孔雀绿、象牙白等自然景物来命名。但是色彩的色相、明度、纯度的差异构成的色彩数量非常繁多，以上这些对色彩的称谓是远远不够的，并且准确度差。为了方便研究、交流与应用，需要采用科学的表示方法。

德国科学家栾琴最先指出，色彩有色相、纯度、明度三种独立的属性，要准确描述一种色彩必须有三个指标，因此不可能将所有的色彩都排列到一条线上或一个平面上去，只有三维空间才能容纳下规则排列的所有色彩，并由此提出了色立体的概念。在图 12-56 所示的色立体中，水平面上为色相环，不同的角度对应不同的色相，沿半径方向的距离不同指示纯度的变化，沿竖直的轴指示明度的变化。在色立体中可以找到任一色相的某种明度和某种纯度的色彩。因此，色立体包括了千变万化的各种色彩。

目前，国际上常用色彩表示法主要有图 12-57 所示的美国蒙赛尔色彩体系(MUNSELL)、图 12-58 所示的德国奥斯特瓦尔德体系(OSTWALD)、CIE 表色体系、日本色研所(P.C.C.S)等。它们都是以图 12-56 所示的色立体为基础的，把色彩三要素色相 H、明度 V、纯度 C 构成一个立体模型，其区别仅仅在于对三要素的划分方法有所不同。

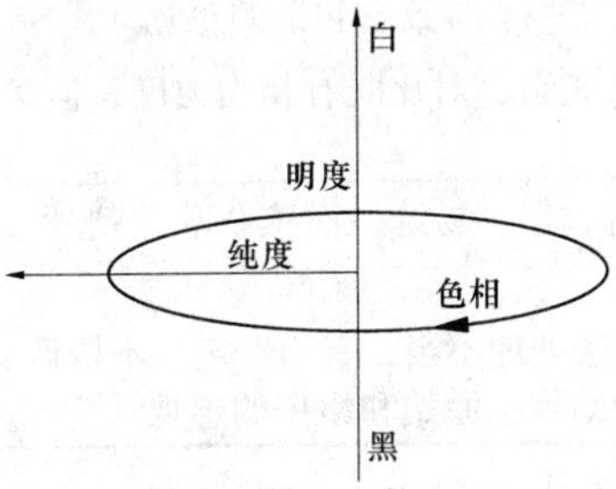

图 12-56　色立体

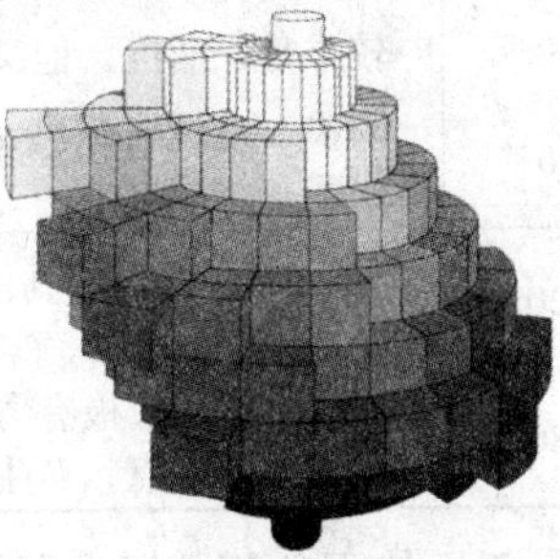

图 12-57　蒙赛尔色立体

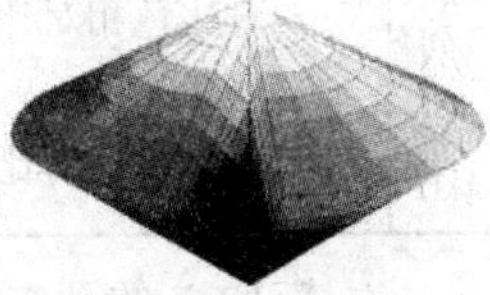

图 12-58　奥斯特瓦尔德色立体

二、色彩的对比与调和

对比与调和也称变化与统一，这是产品造型中获得美的色彩效果的一条重要原则。如果色彩对比杂乱，失去调和统一的关系，在视觉上会产生失去稳定的不安定感，使人烦躁不悦；相反，缺乏对比因素的调和，也会使人觉得单调乏味，不能发挥色彩的感染力。

(一)色彩对比

处于相邻位置的两种以上色彩，其差异产生的综合比较效果，简称色彩对比。

对比意味着色彩的差别，差别越大，对比越强，相反就越弱。不同程度的色彩对比，造成不同的色彩感觉，过强的对比使人感觉生硬、粗俗；较强的对比使人感觉生动、有力；较弱的对比使人感觉柔和、平静；过弱的对比使人感觉朦胧、无力。

色彩对比必须在同一条件下进行，如色相与色相对比，明度与明度对比，纯度与纯度对比，否则就得不到准确的结论。色彩对比的效果还与面积有关。

1. 色相对比

因色相的差别而形成的色彩对比叫色相对比。色相对比的强弱，取决于色相在色相环上的角度(距离)，间隔愈大，对比愈强。在二十四色相环上，每一色相对应的范围为15°。因此，对于15°以内者可视为同一色相。相距15°~45°的色相称为类似色，两色相相距继续加大，则依次给予邻近色、中差色、对比色、互补色等名称。各种色相对比的效果如表12-7所示。

表12-7 两色相对比的性质效果

对比性质		角度关系	对比效果
零度对比	无彩色对比		大方、庄重、高雅而富有现代感，但也易产生过于素净的单调感
	无彩色与有彩色对比		既大方又活泼，无彩色面积大时，偏于高雅、庄重，有彩色面积大时活泼感加强
	无彩色与同种色对比		既有一定层次，又显大方、活泼、稳定
	同种色相对比	15°以内	单纯、柔和、雅致、含蓄、稳重，但由于缺乏对比，容易产生单调、呆板
调和对比	类似色相对比	30°	柔和、和谐、雅致、文静，但也感觉单调、模糊、乏味、无力，必须调节明度差来加强效果
	邻近色相对比	60°	较丰富、活泼，但又不失统一、雅致、和谐的感觉
	中差色相对比	90°	明快、活泼、饱满，使人兴奋，对比既有相当力度，但又不失调和之感
强烈对比	对比色相对比	120°	鲜明、强烈、饱满、丰富，但不易统一而感杂乱、刺激，造成视觉疲劳
	互补色相对比	180°	强烈、鲜明、极有力，但若处理不当，有不安定、不协调、过分刺激的缺点，产生一种幼稚、原始和粗俗的感觉

对表12-7的两点说明：无彩色虽然无色相，但它们的组合在实用方面很有价值，在这里列入了表中；表中仅列了两色相对比的情况，还可以三色相、四色相进行对比。

2. 明度对比

因明度的差别而形成的色彩对比叫明度对比。明度不同的二色并列在一起时，明的会显得更明，暗的会显得更暗。

不同的明度，可以产生不同类别的色调。根据明度色标，可以把色彩分为低调色、中调色、高调色三类。高调色愉快、活泼、柔软、辉煌、弱、轻；低调色朴素、丰富、迟钝、雄大、重，有寂寞感。

色彩间明度差别的大小，决定明度对比的强弱。不同的明暗对比，也同样能产生各种不同的感情效果。一般来说，明度对比较强时光感强，形象的清晰程度高，锐利，不容易出现误差。明度对比太强时，具有振奋感，富有生气，但造型中大面积的强明度对比会产生生硬、眩目与简单化等感觉。明度对比弱，没有强烈反差，色调之间有融和感，可反映安定、平静、优雅的情调。若明度对比模糊不清、朦胧含蓄，会产生玄妙和神秘感，但是形象不易看清，效果有时不好。

3. 纯度对比

因纯度差别而形成的色彩对比叫纯度对比。它是色彩对比的另一个重要方面，但因其较为隐蔽、内在，故易被忽视。在色彩设计中，纯度对比是决定色调感觉华丽、高雅、古朴、粗俗、含蓄与否的关键。

纯度对比强弱程度取决于色彩在纯度等差色标上的距离，距离越长对比越强，反之则对比越弱。由于纯度倾向和纯度对比的程度不同，产生不同的视觉作用与感情影响。一个造型中，以纯度的弱对比为主的色调是幽雅的，所表达的感情效果基本上是宁静的；相反，纯度的强对比，则具有振奋、活跃的感情效果。

一般来说，纯度对比有以下几个特点：

(1)在色相、明度相同的条件下，纯度对比的总特点是柔和，纯度差愈小，柔和感愈强。

(2)处于纯度强对比时，高纯度的色相就愈加鲜明、艳丽、生动、活泼，且感情倾向愈明显。

(3)纯度对比不足时，往往会出现脏、灰、黑、闷、单调、软弱、含混等感觉；纯度对比过强时，则会出现生硬、杂乱、刺激、眩目等不好的感觉。

4. 色彩对比与面积的关系

形态作为视觉色彩的载体，总有一定的面积。因此，从这个意义上说，面积大小的差别也影响着色彩对比的效果。例如，当一块黑色的面积为 1 cm^2时，会感到清晰、醒目；当面积为 1 m^2时，会感到严肃、沉闷；当面积为 100 m^2时，就会感到阴森、恐怖、绝望。又如，100 cm^2的纯红色，使人觉得鲜艳、可爱；1 m^2的纯红色，使人觉得兴奋、激动；当100 m^2的纯红色包围我们时，会使人感到过分刺激，烦躁不安，难以忍受。因此，在设计色彩时不能忽略面积的影响。在工业产品的色彩设计中，不应大面积地使用纯色，尽量使用中性灰色或纯度中等偏低的复色，这样可使工作人员长期不易产生疲劳。

色彩组合时，只有相同面积的色彩相互之间产生抗衡，对比效果相对强烈，才能较准确地比较出实际的差别；单色色彩属性不变，随着面积的增大，对视觉的刺激力量加强，反之则削弱。因此，色彩的大面积对比可造成眩目效果。当对比双方面积较小时，能感到强烈的色彩对比美，在面积增大后刺激力也大大增强，如果超出了人们的视觉心理所能接受的限度，往往为人们所反感。

(二)色彩调和

色彩调和一般有两层含义：一是有差别的色彩组合在一起，能给人以和谐、秩序、统一的感觉，这样的色彩配置便是调和的；二是有差别的色彩经过调整与组合，构成和谐统一的整体，也称为色彩的调和。

色彩有差异才有调和，而有差异必然会导致不同程度的对比。过分对比的配色需要加强共性来进行调和，过分调和的配色需要加强对比来进行调和。色彩的调和就是在各色的统一与变化中表现出来的。可见对比与调和是同一事物互为依存、矛盾统一的两个方面。

有关色彩调和的理论很多。总的来说，色彩的三要素有的相同，有的相近，或都相近，则色彩是调和的，或者说在色立体上相距较近的色彩是调和的。

以下从几个方面来说明色彩调和的方法。

1. 色彩要素的同一调和法

增加各色的同一因素，改变色彩的色相、明度、纯度，使各色逐渐缓和，增加同一的、一致性的因素越多调和感越强。它包括：混入同一非彩色调和，混入同一原色、间色、复色调和，同色相、同明度、同纯度的调和。

2. 色彩要素的近似调和法

所谓近似，就是差别很小，同一成分越多，双方越接近越相似。选择性质与程度很接近的色彩组合，或者增加对比色各方的同一性，缩小色彩间的差别，取得或增强色彩调和的基本方法，称近似调和法。近似调和有如下几种方法：非彩色的明度近似调和；同色相同纯度的明度近似调和；同色相同明度的纯度近似调和；同明度同纯度的色相近似调和；同色相的明度与纯度近似调和；色相、明度、纯度都近似的调和。

3. 秩序调和法

把不同色彩组织起来，形成渐变的、有条理的，或等差的、有韵律的效果，使原本强烈对比、刺激的色彩关系因此变得调和，使本来杂乱无章的、自由散漫的色彩由此变得有条理、有秩序，从而达到统一调和。这种方法就叫秩序调和。秩序调和法包括：非彩色明度序列调和；同色相同纯度的明度序列调和；同色相同明度的纯度序列调和；同色相的纯度明度序列调和；同明度的色相纯度序列调和；同纯度的色相明度序列调和；色相、明度、纯度综合序列的调和；对比色相混序列调和；与第三色相混序列调和等。

三、色彩的心理效应

人们对色彩的心理效应来源于生活印象的积累。虽然人们对于色彩的心理感受存在着一定的个体差异，并不完全相同，但经研究与实践证明，色彩心理效应的共性还是很明显的。从事造型的色彩设计时，应把握人们的这种心理效应，并应根据一般人的色彩感觉效果去合理地选择产品的色彩方案。

(一)色彩的心理感觉

色彩的冷暖感、轻重感、软硬感等是一种心理现象，与实际的色彩物质并无直接关系。

1. 冷暖感

色彩本身并无冷暖的温度差别，主要是色彩通过人的视觉而引起冷暖的感觉。

红、橙、黄等色使人感到温暖，属暖色。蓝、蓝紫、蓝绿等色，使人将之与清冷的概念相联系，属冷色。绿色、紫色属于中性色。

在无彩色系中，黑色、白色给人的感觉是白冷黑暖，灰色属中性色。

2. 轻重感

由于物体表面的色彩不同，给人的轻重感觉不同，这种与实际重量不符的视觉效果，称为色彩的轻重感。这主要与色彩的明度有关，高明度的色彩感觉轻，如白、浅蓝、浅黄、浅绿等；低明度色彩易使人产生沉重感，如黑、棕、深红、土黄等。

色彩的轻重感，对处理产品造型的稳定与轻巧有着重要作用，如上明下暗的造型可增强产品的稳定感，下明上暗的造型则能显得轻巧。

3. 进退感

与观察者等距的色彩，有的使人感到突出、靠近，有的使人感到隐退、远离。这是色彩在对比过程中给人的一种视觉反应，称为色彩的进退感。

一般暖色、高明度色、强对比色、大面积色、集中色等有前进感觉；相反，冷色、低明度色、弱对比色、小面积色、分散色等有后退感觉。

色彩的进退感还与产品的底色和主色调有关。在深底色上，高明度色或暖色显得近；在浅底色上，低明度色显得近。

在产品设计中，往往利用色彩的近感色来强调重点部位，以引人注目；对次要部分则用远感色，使其隐退。例如，产品上的商标多采用近感色，使之与周围色彩形成强烈对比，以强调和突出品牌。

4. 胀缩感

观察不同背景条件的色彩时，给人造成大小不同的视觉效果，称为色彩的胀缩感。这是一种光渗错觉。一般来说，暖色、高明度色等有扩大、膨胀感；冷色、低明度色等有显小、收缩感。

由于色彩的胀缩感，在同等面积下，感觉高明度色彩的面积略大于低明度色彩的面积；淡色面积略大于深色面积；白色面积略大于黑色面积。因而，在产品配色时，必须考虑选取适当的尺度关系，以取得面积或体量的同等感。

5. 软硬感

色彩的软硬感主要取决于色彩的明度和纯度。

一般来说，明度高而纯度低的色彩使人产生柔软感，明度低而纯度高的色彩使人产生坚硬感，而中纯度的色彩呈柔感。在无彩色中，黑色和白色给人感觉较硬，而灰色则较柔软。

在造型设计中，可以利用色彩的软硬感为人们创造舒适、安定的环境。例如，与人接触或贴近的工业产品(如座椅、电梯内墙面等)施以软感色，可给人柔和、亲切的感觉。而对于工具、机械设备的工作部件(如机床刀架、推土机的推铲等)要施以硬感色，来加强它们坚硬的个性。

(二)色彩的情感联想和象征意义

不同的颜色，让人们产生不同的情感联想，具有不同的象征意义，如表 12-8 所示。

表 12-8 不同颜色的情感联想和象征意义

色彩	情感联想	象征意义		应用
		褒义	贬义	
红色	温暖、兴奋、活泼、热情、积极、希望，警觉、恐怖、危险、血腥	革命 喜庆	暴力 危险	除用做警告、危险、禁止、防火等标示用色，忌大面积使用
橙色	温情、愉快、幸福、跃动、炽热，闷热、重压	成熟 丰收	疑惑 嫉妒	警戒色，如火车头、登山服装、背包、救生衣等
黄色	明亮、轻快、活跃、爽朗、功名、希望，轻薄、不稳定、变化无常、冷淡	伟大 神圣	颓废 病态	常用来警告危险或提醒注意
绿色	清新、健康、青春、活力、希望，压抑、伤感	疗养 健康	衰老	工作的机械、一般的医疗机构场所及军、警规定的服色
蓝色	沉静、理智、高深、沉思，刻板、冷漠、悲哀、恐惧	永恒 博大	悲凉	当机器或设备配以蓝色调，给人一种浩瀚之感
紫色	幽雅、神秘、轻柔、娇艳、优美、庄重，忧郁、险恶、孤寂、消极	权力 尊严	消极 不祥	除和女性有关的商品或企业形象，其他类的设计不常用为主色
白色	单纯、洁净、光明、纯真、清白、朴素、卫生、恬静，悲意、恐怖	圣洁	丧色	在医用仪器、电冰箱的主色调多用象牙白、米白、乳白、珍珠白
黑色	严肃、庄重、高贵、神秘、沉静、含蓄，沉重、阴森、恐怖、悲哀、不祥、沉默、罪恶、绝望	庄严	丧色	许多科技产品的用色，如电视、跑车、摄影机、音响、仪器的色彩；在其他方面，应用黑色庄严的意象，但是不能大面积使用
灰色	柔和、平稳、朴素、大方，单调、贫乏、苦闷			常用做背景色和主色调

四、工业产品的色彩设计

(一)工业产品色彩设计的基本原则

与艺术品不同，工业产品造型的色彩设计受工艺方法、材质选取及功能要求等因素的制约。因而，工业产品的色彩设计应力求单纯、概括、简洁、明快，富于装饰性，并且又要符合产品自身功能要求，符合环境的要求，符合人机工程学的要求，使产品的色彩既满足人们的审美要求，又要经济适用。

工业产品虽然种类繁多、造型各异、功能特点不同，但在色彩设计上有着共同的设计法则。一般来讲，产品色彩设计应符合以下原则。

1. 色彩设计应符合产品的功能要求

这是产品色彩设计的重要原则，往往居于主导地位。例如，消防车都采用红色为主体色调。这是因为红色有很好的注目性和远视效果，使人容易联想到危险和火灾，主动让其通过，使消防车畅行无阻。同时红色能振奋人的精神、激发人的斗志，使人积极投入灭火战斗。因此，消防车采用红色充分发挥了其功能作用。

机床设备是固定安置，工作气氛平静，色彩不宜过于刺激与兴奋，但又不宜过于沉闷，应当使工作者在工作期间感觉心情愉快。因此，色彩以纯度低明度高或较为鲜艳的冷、暖色调为宜，但不宜采用大面积的刺激和兴奋作用大的暖色调色彩，以免引起操作者心神不安。对于大型机床设备，不宜选用浅色，用较深的颜色可以增加庞大及稳定感。但为了不使机床由于色彩较暗而失去明朗生动的感觉，可按需要配置一些与主体色调相调和的明度较高的其他色彩。

在野外工作的工程车与拖拉机一类的车辆装置，行驶速度不高，主要是在它的工作范围内引人注意，因此在绿色的田野和树林的衬托下，采用鲜艳的暖色调的色彩，以达到对比鲜明、和谐、引人注目的目的，一般选用棕黄、橘红、朱红等色彩。

汽车由于车速高，在不同的环境色和背景色中急驰，为使它醒目、引人注意而减少车祸，应采用醒目、明亮、艳丽的高明度或高纯度的色彩，或采用对比强烈的复色色彩，有时在汽车上添加一些色带，也是为丰富色彩变化及增加动感，与汽车的高速前进功能特点密切相关。

家用空调、冰箱等工业产品，其功能是降温和保鲜，宜采用浅而明亮的冷色；卫生用具和医疗器械采用素雅的浅色，有利于安定患者的情绪；军用产品采用隐蔽自己、欺骗敌人的迷彩色和草绿色等，都是从产品各自的功能特点和色彩的功能作用结合起来选择的。

2. 色彩设计应符合加工工艺与结构特点

色彩的配置不但要在工艺上易于实现，还要适合产品的结构特征。如选择零部件的结合处分色，更便于工艺实施。

工业产品应色质并重。材料除了固有的色质，采用不同的加工和面饰工艺可获得不同的表面色、质，表现力十分丰富。例如，对金属采用粗精切削加工、磨削、抛光、喷砂、电化处理，色光效果、质感各不相同。在现代工业产品上，大量采用油漆的着色工艺方法。油漆可以赋予产品各种绚丽的色彩。另外，还应对极色与光泽色加以合理利用。黑、白极色易与其他色彩协调，用以衬底，线型装饰，作两色之间的过渡。金、银、镀铬等具有光泽的色具有强烈的装饰作用，使造型物产生辉煌富丽、豪华高贵的感觉。但不可多用，特别避免大面积地使用反光性的光泽色，以免引起耀眼的刺激而带来操作者视觉上的疲劳，同时也增加了产品的成本，所以必须合理应用。

3. 色彩设计应符合美学法则

色彩设计应符合统一与变化、均衡与稳定、尺度与比例等形式法则。

产品配色要有统一的整体感。为了增加色彩的变化和丰富造型物色彩的生气，要做到统一中有变化，允许在不破坏其整体效果的同时，作一些色彩上的适当变化，使产品生动活泼。

配色的均衡感和稳定感，是达到视觉的均衡和稳定的有效方法。特别是对于形体结构不对称、不稳定的产品，利用色彩的轻重、强弱感，达到视觉上的均衡与稳定。例如，配置明、轻、虚、暖色在上，暗、重、实、冷色在下则安定，反之显得轻巧、有动感。

此外在配色中还应注意重点突出，例如有特殊要求的零部件，不允许靠近或引起注意的一系列具有特殊功能的器件，常采用警惕的色彩；注意配色的节奏与韵律，获得动感。

4. 重视色彩设计的时代感与新颖性

不同的时代具有不同的审美标准，在色彩设计时也应参考符合时代特征的流行色。

流行色不是一成不变的，要注意调查研究国内外工业产品的基本色调，了解科技的发展动态和人们审美观念的变化，准确预测将来产品投放市场时的主导色彩，据此作出色彩的超前设计。只有这样，才能避免色彩设计的主观盲目性，使产品的色彩与时代合拍，具有生命力。

同时还要注意色彩配置的新颖性，其核心是抓住人们对产品色彩的心理要求，产生新奇的吸引力。

5. 色彩设计应适应不同民族、地域的好恶

人们对色彩的喜欢和禁忌，受国家、地区、政治、民族传统、宗教信仰、文化、风俗习惯等影响而存在差异。例如，中国人喜欢红色，认为喜庆，而一些国家禁忌红色，认为不祥；黄色在信仰佛教的国家备受欢迎，而埃及等国认为黄色是不幸的颜色……。同时，人们由于性别、年龄、个性等的不同，对色彩的喜好也不同。比如，男性喜欢带有刚强、庄重、粗犷特性的色彩；女性喜欢温和、典雅、华美的色彩；年轻人喜欢明快的色彩；老人喜欢含蓄的色彩。

工业产品的色彩设计，不能脱离客观现实，必须注意到消费者不同的审美要求。尤其是销往不同国家和地区的产品，应特别注意该国、该地区对色彩的好恶与禁忌。

(二)主体色的数量与选择

工业产品的主体色一般以 1 ~ 2 个为宜，以便取得简洁概括的整体效果。个别也有用 3 种颜色的，但几色中必有主次之分。用色在于巧而不在于多，这是产品色彩应用的一个基本原则。

1. 主体用一个色

采用一个色为产品主体色，能给人以简洁、明快、朴素、大方的感觉，在产品色彩设计中是常见的。除大型产品上大面积无任何变化的外表面需要分色增强变化外，一般未必会由于采用一个主体色而显得单调无生气。因为产品是由不同功能、不同材料、不同形状的零部件组成的，再加上操作件、显示面板、标志的色彩和造型等点缀，完全可能与主体色配置成生动的整体效果。如机床导轨和工作台的银灰色，手轮手柄的光泽色(或黑色)，

指示灯、按钮的红、黄、绿以及与机床主体色相适应的标牌等小尺寸的点缀，仍使机床色彩丰富多彩。仪器仪表各色各样的旋钮、指示灯、按键以及面板、装饰条等都会使总体色彩丰富。

2. 主体用两个色

为了使产品色彩丰富，可使用两个主体色，二者应有主次之分，主色面板应较大。但应按调和理论选择适宜的两色，达到一定的艺术效果，色彩对比不能太弱，以免显得含混。对比太强会显得不协调，没有和谐的整体感。两色配置的形式较多，应根据产品的功能特点，按照产品色彩设计的原则进行搭配，一般有以下几种形式：上下分色，左右分色，综合分色，采用中间色带等。

3. 主体采用三个色

主体用三色的情况不太多，因为用得不好，会产生不良效果，使得色彩纷乱，整体感不强，并造成涂饰工艺复杂，所以一定要根据产品结构仔细推敲，切不可滥用。一般采用三色时，往往以两色近似，另一种为对比色较宜。

习 题

[12-1] 产品造型的三要素指什么？

[12-2] 产品造型设计遵循的三个基本原则是什么？

[12-3] 产品造型的美学内容有哪些？

[12-4] 产品造型的形态要素有哪些？

[12-5] 产品造型美的形式法则有哪些？

[12-6] 常见的视错觉有哪几种类型？试举出一两个视错觉应用的例子。

[12-7] 人体尺寸中百分位数的含义是什么？

[12-8] 产品尺寸设计分哪几种类型，如何分类？

[12-9] 人体尺寸修正量的意义、构成是什么？人体尺寸如何应用？

[12-10] 常见控制台有哪几种，它们的优缺点是什么？

[12-11] 显示器的布置、控制器的布置和两者的配置遵循的一般原则有哪些？

[12-12] 按照控制台布置的一般原则，就你见到过的控制台，哪些布置是合理的，哪些布置是不合理的？

[12-13] 色彩的三要素及各自的含义是什么？

[12-14] 工业产品色彩设计的基本原则是什么？

[12-15] 就你熟悉的一种产品，说明在色彩设计方面哪些是合理的，哪些是不合理的？

第四篇　其他现代设计方法

第十三章　工程遗传算法

第一节　概　述

自然界的生物群体是现实世界中最复杂的系统。在自然界中，复杂的生物群体在自身繁衍的过程中能不断地进化，是因为生物群体的繁殖过程蕴涵着自然优化的机制。早在20世纪60年代，人们就已关注自然界生物群体进化中蕴涵着的内在的、朴素的优化思想，并开始将生物进化思想引入工程领域。

1962年，美国密歇根大学(Michigan University)的John Holland教授认识到生物群体的遗传、进化和人工系统自适应间的相似性，因而借鉴生物遗传的基本理论来研究人工自适应系统，并与Bagley等一起提出了遗传算法(Genetic Algorithms)的概念。虽然在20世纪50年代初期，已有一些生物学家开始利用计算机技术来模拟生物的遗传和进化过程，但研究的主要目的是为了更深入地了解生物遗传进化的机制。因此，Holland教授等提出的遗传算法思想和概念具有创新性，他们的研究工作为工程领域应用生物遗传进化思想奠定了重要的基础。20世纪70年代初，Holland教授提出了基因模式理论(Schema Theorem)。该基因模式理论以二进制位串为基础，探讨了模拟生物染色体的人工染色体的表示、人工染色体的繁殖等，揭示了遗传算法的内在机制。基因模式理论为遗传算法奠定了坚实的理论基础。1975年，Holland教授出版了《自然和人工系统的自适应》(Adaptation in Natural and Artificial System)著作，该著作系统地介绍了遗传算法的理论、原理和方法。《自然和人工系统的自适应》专著的出版进一步推动了遗传算法的研究与应用，遗传算法开始被用来解决各种优化问题。1989年，Goldberg出版了《搜索、优化和机器学习中的遗传算法》(Genetic Algorithms in Search ,Optimization and Machine Learning)著作，该著作对遗传算法的理论和应用进行了全面的阐述，为遗传算法的发展奠定了重要的基础。20世纪80年代中期，国际上已经举办了遗传算法方面专门的学术会议。1985年，第一届遗传算法的国际学术会议在美国召开。在遗传算法国际学术会议召开期间，国际遗传算法学会(International Society of Genetic Algorithms)宣告成立。自此，来自不同学科和工程应用领域的各国学者在遗传算法方面有了交流、探讨的国际论坛。此后国际遗传算法学术会议每两年定期召开一次。20世纪80年代后期、90年代初期，遗传算法在算法的复杂性、收敛性、算法的混合形式等理论方面都取得了重要的研究成果；在工程实践方面遗传算法也得到了最为广泛的应用。遗传算法已在机械工程的优化设计、切削加工、制造过程规划、设备故障诊断，自动控制的自适应控制、系统辨识、模糊控制、分类系统，人工智能的机器学习、专家系统、神经网络，结构工程的结构设计，电工学科的电机、变压器和电磁设备设计、电网规划、优化调度、潮流计算、电力系统控制，计算机学科的并行计算、图像处理、模式识别、文档处理，电子学科的超大规模集成电路设计，生物学科的分子生物学，计算数学的非线性规划、整数规划、组合规划，社会科学的人口学、交通系统规划等领域都得到了初步成功的应用。几乎所有工程领域的研究人员都曾尝试过利用遗传算法来解决各自专业领域的工程问题。1993 年，人们以遗传算法等进化算法为基础提出了进化计算概念(Evolutionary Computation)。《进化计算》国际杂志也随之在美国问世。1994 年，国际电工、电机和电子学会(IEEE)神经网络委员会召开了第一届进化计算国际学术会议。进化计算国际学术会议为世界计算智能(Computational Intelligence)学术大会的重要组成部分。

目前，国际上掀起了以遗传算法为主要内容的进化算法的研究热潮。人们纷纷利用国际信息交互网络(Internet)进行遗传算法方面的信息交流。美国海军后勤研究中心早在 1985 年就建立了全球性的有关遗传算法的信息交流节点，并不定期地编辑、出版遗传算法文摘(GA Digest)供交流遗传算法研究与应用成果。

遗传算法发展到现在，其本身也经历了进化和不断完善的过程，从前述的简单遗传算法经过了一系列的改进，产生了多种具体的改进了的遗传算法。在简单遗传算法的基础上，根据计算规模和计算效率的需求，研究人员在不断地探索在并行计算机上运行的并行遗传算法(PGA)。

作为一种优化方法的遗传算法，其研究的思路相似于一般的优化方法，研究工作主要集中在以下几个方面。

(1)性能分析。遗传算法的性能分析一直都是遗传算法研究领域中最重要的主题之一。在遗传算法中，群体规模、交叉和变异算子的概率等控制参数的选取是应用的主要困难，然而，它们又是必不可少的试验参数，这方面已有一些具有指导性的实验结果；遗传算法的研究也在不断地吸取传统优化方法精华，在一些共性的问题处理方面取长补短、相互结合，以提高算法的性能。遗传算法还存在一个过早收敛也就是人们感兴趣的问题之一。从理论上讲，变量的表示，群体规模的大小，选择、交叉、变异的概率选择合理的话，是可以搜索到全局最优解的。因此，为了深入研究遗传算法和拓宽遗传算法的应用范围，人们在不断研究新的遗传表示法和新的遗传算子。

(2)并行遗传算法。遗传算法在操作上具有高度的并行性，许多研究人员都在探索在并行计算机上高效执行遗传算法的策略。研究表明，只要通过保持多个群体和恰当的控制群体间的相互作用来模拟并行执行过程，即使不使用并行计算机，也能提高算法的执行效率。

(3)分类系统。分类系统属于遗传算法的机器学习中的一类，它包括一个简单的基于串规则的并行生成子系统、规则评价子系统和遗传算法子系统。分类系统正被人们越来越多地应用在科学、工程和经济等领域。例如，规则集的演化能预估公司的利润和对字母序列进行预测。目前，分类系统是遗传算法研究中的一个非常活跃的领域。

第二节　工程遗传算法基本原理及计算步骤

GA(Genetic Algorithms)是基于自然选择和遗传机制，在计算机上模拟生物进化机制的搜索寻优算法。在自然界的演化过程中，生物体通过遗传(后代和双亲非常相像)、变异(后代与双亲不完全相像)来适应外界环境，一代又一代地优胜劣汰、繁衍进化。GA 模拟了上述进化现象，它把搜索空间(所求问题的解的隶属空间)映射为遗传空间，即把每一个可能的解编码作为一个向量(二进制或十进制数字串或字符串)，称为一个染色体或个体，向量的每个元素称为基因，所有染色体组成群体或种群，并按预定的目标函数(或某种评价指标)对每个染色体进行评价，据其结果给出一个适应度值。算法开始时先随机地产生一些染色体(所求问题的候选解)，计算其适应度，据适应度大小对诸染色体进行选择、交叉、变异等遗传操作，剔除适应度低(性能不佳)的染色体，留下适应度高(性能优良)的染色体，从而得到新的群体。由于新群体的成员是上一代群体的优秀者，继承了上一代的优良性能，因而明显优于上一代。GA 就通过这样反复地操作，向着更优解的方向进化，直到满足某种预定的优化收敛指标。

GA 是一个重复的搜索过程，但这一过程并不是简单的重复搜索，而是一个带着“记忆”的搜索，算法本身使搜索不会向一个低的区域进化。GA 就是靠着自身的这种“导向”，不断地产生新的个体，不断地淘汰劣的个体，从而进化到较高阶段或者说趋于收敛。遗传算法基本处理流程图如图 13-1 所示。

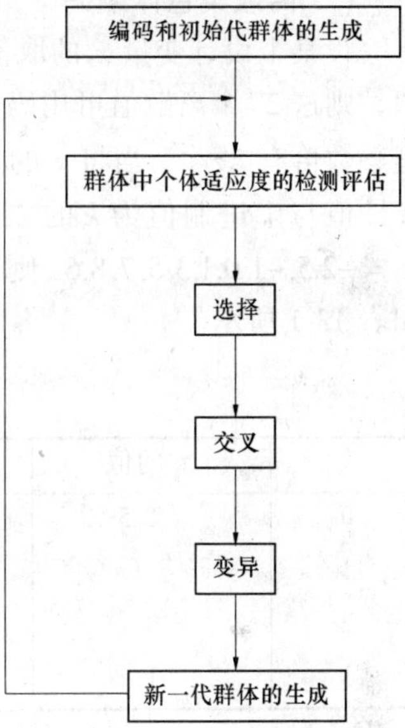

图 13-1　遗传算法的基本流程

从图 13-1 可知，遗传算法是一种群体型操作。该操作以群体中的所有个体为对象。通过检测、评估每个个体的适应度和遗传操作，生成新一代的群体，并从中挑选出较优的个体，这样经过一代代的搜索，最终求得满足要求的最优个体。

在遗传算法中，包含了 5 个基本要素：个体参数编码、初始代群体的生成、适应度函数的设计、遗传操作方法和控制参数(主要指群体大小和遗传操作的概率等)。这 5 个要素构成了遗传算法的核心内容。下面分述前 4 个要素。

一、个体参数编码

由于遗传算法不能直接处理解空间的解数据，因此我们必须通过编码将解空间的点表示成遗传空间中的基因型串结构数据。表示方案的确定需要选择串长 l 和字母表规模 k 。二进制串是遗传算法中常用的表示方法，即将一个十进制的实数表示成一个二进制的数码串。此时，字母表规模 $k=2$ ，符号集是最简单的二值符号集{0，1}。例如，实数 $k=13$ 可表示成二进制数 01101。

(一)一维染色体编码

设 $x=[x_1 \quad x_2 \quad \cdots \quad x_n]^T$ 是设计空间(或解空间)中的一个点。若将 x 中的第 i 个设计变量 x_i 采用二进制编码表示成一个子串，再把 n 个子串串连成一行(称为染色体)并用一维数组存储。则可建立设计空间的点和染色体之间的一一对应关系。从而完成参数编码的设计。例如，设 $x=[x_1 \quad x_2 \quad x_3]^T=[4 \quad 7 \quad 8]^T$。若每个设计变量用码长为 4 的二进制编码表示，则点 x 可表示成串长 $l=12$ 的一个染色体 010001111000。每个设计变量的码长大小取决于该变量绝对值的大小。

因为一个确定码长为 m 的二进制，只能表示一个绝对值不大于

$$N_m = 2^0 + 2^1 + \cdots + 2^{m-2} + 2^{m-1} = 2^m - 1 \qquad (13\text{-}1)$$

的十进制实数。

(二)离散染色体编码

设某个设计变量 x_i 的取值范围为 $x_i \in [x_{id}, x_{iu}]$，变量 x_i 取为区间 $[x_{id}, x_{iu}]$ 上的 2^m 个离散值，则这 2^m 个离散值可用码长为 m 的 2^m 个二进制编码表示，这是因为码长为 m 的二进制正整数恰有 2^m 个。当将 x_i 的 2^m 个值从小到大依次排列并赋于标号 $0,1,\cdots,2^m-1$，则 x_i 的第 k 号值与十进制值为 k 的二进制编码一一对应。例如，设 $x_i \in [-2.5, 8.6]$，取 8 个值：$x_i = -2.5, -1, 0, 1, 3, 5, 7, 8.6$，则 x_i 的 8 个值和码长为 $m=3$ 的 8 个二进制编码的一一对应关系如表 13-1 所示。

表 13-1 离散值编码

k	x_i 的值	二进制编码	k	x_i 的值	二进制编码
0	-2.5	000	4	3	100
1	-1	001	5	5	101
2	0	010	6	7	110
3	1	011	7	8.6	111

若将 x_i 的取值区间 $[x_{id}, x_{iu}]$ 等分 2^m-1 段，分点标号依次设为 $0,1,\cdots,2^m-1$，每个标号用相应的二进制数表示，则译码公式为：

$$x_{ik} = (x_{iu} - x_{id})k/(2^m - 1) + x_{id} \qquad (13\text{-}2)$$

式中 k——对应二进制编码的十进制值，也即标号数。

一个设计方案或设计空间中的一个点 $x=[x_1 \quad x_2 \quad \cdots \quad x_n]^T$，其 n 个设计变量的码长可以是不同的。除了上面介绍的 2 种编码方法外，还有一些其他的编码方法。如一维染色体编码中的实数表示、格雷码表示和表表示等，还有可变染色体长度编码、树结构编码和二维染色体编码等。

二、初始代群体的生成

(一)群体规模

初始代群体及迭代搜索过程中各代群体中包含的个体数 N_g 的大小会影响最终结果及

遗传算法的执行效率。当 N_g 太小时，遗传算法的优化性能一般不会太好；采用较大的 N_g 则可减少遗传算法陷入局部最优解的机会，但较大的群体规模 N_g 意味着计算复杂度高。一般取 N_g=10～160。

(二)初始代群体

根据优化问题固有特性，设法确定最优解可能的分布范围 $\boldsymbol{D}\in\boldsymbol{R}^n$，即确定每个设计变量 x_i 的取值范围 $x_i\in[x_{id},x_{iu}](i=1,2,\cdots,n)$，然后用随机搜索法确定 N_g 个点，通过编码组成初始代群体。

三、适应度函数的设计

适应度函数是一个非负函数，用以评估每个个体性能或解的优劣。某个个体的适应度函数值越大，该个体的性能越好。遗传算法在进化搜索中基本上不用外部信息，仅靠适应度进行评估，所以适应度函数的设计直接影响到遗传算法的性能和计算效果。

(一)无约束优化问题的适应度函数

对于无约束优化问题

$$\min f(x)\quad(x\in\boldsymbol{R}^n) \tag{13-3}$$

为保证非负性，其适应度函数可表示为

$$F(x)=\begin{cases}c_{\max}-f(x) & (f(x)<c_{\max})\\ 0 & (f(x)\geqslant c_{\max})\end{cases} \tag{13-4}$$

式中的 $c_{\max}$ 最好是一个与群体无关的常数，它可以是一个合适的输入值，也可采用迄今为止或当前群体中 $f(x)$的最大值。

(二)约束优化问题的适应度函数

设只含不等式约束条件的优化问题为

$$\begin{cases}\min f(x) & (x\in\boldsymbol{R}^n)\\ \text{s.t.}g_j(x)\leqslant 0 & (j=1,2,\cdots,p)\end{cases} \tag{13-5}$$

由于找一个可行点与找最优点是一样的难，因此通常不采用直接判断一个计算点是否为可行点来考虑约束条件，而是通过引入惩罚函数来考虑约束条件，这样，约束优化问题式(13-5)的适应度函数可取为

$$F(x)=G(x)\cdot P(x) \tag{13-6}$$

式中

$$G(x)=\begin{cases}\dfrac{1}{1+(1.1)^{f(x)}} & (f(x)\geqslant 0)\\[2ex] \dfrac{1}{1+(0.9)^{-f(x)}} & (f(x)<0)\end{cases} \tag{13-7}$$

$$P(x)=\frac{1}{(1.1)^{\varphi(x)}} \tag{13-8}$$

$$\varphi(x)=\sum_{i=1}^{k} g_i(x) \tag{13-9}$$

其中，$g_i(x)>0 \quad (i=1,2,\cdots,k\leqslant p)$ 为所有违背约束条件的约束函数值。

当引进适应度函数 $F(x)$ 后，优化问题式(13-3)或式(13-5)均转化为如下无约束极大值问题，即

$$\max F(x) \quad (x\in \boldsymbol{R}^n) \tag{13-10}$$

(三)适应度函数的定标

应用遗传算法时，尤其用它来处理小规模群体时，常常会出现一些不利于优化的现象或结果。在遗传进化的初期，有时会出现一些超常的个体，这些异常个体因竞争力太大会控制选择过程，导致不成熟收敛现象，从而影响算法的全局优化性能。此外，在遗传进化过程中，有时也会出现群体的平均适应度值与最佳个体的适应度值非常接近的情况。在这种情况下，个体间的竞争力减弱，最佳个体和其他大多数个体几乎有相等的幸存机会，从而使有目标的优化过程趋于无目标的随机漫游过程。

显然，对于不成熟收敛现象，我们应设法降低某些异常个体的竞争力，这可以通过缩小相应的适应度函数值来实现。对于随机漫游现象，我们应设法提高个体间的竞争力，这可以通过放大相应的适应度函数值来实现。这种对适应度函数的缩放调整称为适应度函数定标，目前大致有以下几种。

1. 线性定标

设原适应度函数值为 F，定标后的适应度函数值为 F'，则线性定标的公式为

$$F'=aF+b \tag{13-11}$$

其中，a 和 b 为待定系数。

系数 a 和 b 的设定，应满足下列两个条件：

(1)原适应度函数值 F 的平均值 F_{avg} 和定标后适应度函数值 F' 的平均值 F'_{avg} 应相等。即

$$F'_{\text{avg}}=F_{\text{avg}} \tag{13-12}$$

(2)定标后适应度函数值的最大值 $F'_{\max}$ 要等于原适应度函数平均值 F_{avg} 的指定倍数 c_{m}。即

$$F'_{\max}=c_{\text{m}}F_{\text{avg}} \tag{13-13}$$

其中，当 N_{g}=50~100 时，c_{m}=1.2~2.0，常取 c_{m}=2.0

条件(1)保证在以后的选择处理中，平均每个群体中的个体可贡献一个期待的子孙到下一代。条件(2)的提出是为了控制原适应度函数值最大的个体可贡献子孙的数目。

若定标后的适应度函数值 F' 出现负值(这种情形常出现在搜索后期)，一个简单的处理方法是将原适应度函数的最小值 $F_{\min}$ 映射成定标后适应度函数的最小值 $F'_{\min}=0$，但仍保持平均值相等：$F'_{\text{avg}}=F_{\text{avg}}$。

2. 乘幂定标

乘幂定标的公式为

$$F' = F^{\alpha} \tag{13-14}$$

其中，幂指数α与求解问题有关，而其在计算过程中应视需要进行必要的修正。有人在机器视觉试验中取$\alpha = 1.005$。

3. 指数定标

指数定标的公式为

$$F' = e^{\beta F} \tag{13-15}$$

其中，$0 < \beta < 1$是待定常数。若希望避免出现不成熟收敛现象，β应取较小的值；若希望避免出现随机漫游现象，β应取较大的值。

[例 13-1]　群体中有 6 个个体，其中一个个体的适应度函数值非常大：

原适应度函数值F：200，　8，　7，　6，　5，　4。

取$\beta = 0.005$，定标后的适应度函数值F'：2.178，1.041，1.036，1.030，1.025，1.020。

[例 13-2]　群体中有 6 个个体，它们的适应度函数值比较接近：

原适应度函数值F：9，　8，　7，　6，　5，　4。

取$\beta = 0.5$定标后的适应度函数值F'：90.0，54.6，33.1，20.1，12.2，7.4。

从上面可看到，指数定标可以让非常好的个体保持多的生存机会，同时又限制了其复制数目，以免出现不成熟收敛现象。当个体间的竞争力较接近时，通过指数定标可以提高最佳个体的竞争力，以免出现随机漫游现象。显然，常数β的选取是关键。

四、遗传操作

遗传操作是遗传算法的核心，包括 3 个主要的操作算子：选择、交叉和变异。遗传操作使遗传算法具有其他算法所没有的特点。

在遗传算法的运行过程中，存在着对其性能产生重大重大影响的一组参数。这组参数在初始阶段或种群进化过程中需要合理的选择和控制。主要包括染色体位串长度 l，种群规模 N，交叉概率 p_c 和变异概率 p_m。

(1)位串长度 l：位串长度 l 取决于待定问题的精度。要求的精度越高，位串就越长，但需要更多的计算时间。为了提高运算效率，编长度位串或者在当前所达到的较小可行域内重新编码是一种比较可行的方法，并显示了良好性能。

(2)种群规模 N：大规模的种群含有较多模式，为遗传算法提供了足够的采样点，可以改进 GA 搜索的质量，防止早熟收敛。但大种群增加了个体适应度评价的计算量，使收敛速度降低。建议取值范围为 10~160。

(3)交叉概率 p_c：交叉概率 p_c 控制着交叉算子的应用频率，在每一代新的种群中，需要对选中个体的染色体进行交叉操作。交叉概率 p_c 越大，种群中新结构的引入就越快，已获得的优良基因结构的丢失速度也就越高。而交叉概率 p_c 太小，则会导致搜索阻滞，造成早熟收敛。建议取值范围为 0.4~0.99。

(4)变异概率 p_m：变导操作是保持种群多样性的有效手段，交叉结束后，交配池中的全部个体位串上的每位等位基因以概率随机改变，因此每代中大约发生 n 次变异。变异概率太小，可能会使某些基因过早丢失的信息无法恢复，而变异概率过大，则搜索将变成随机搜索。一般在不使用交叉算子的情形下变异概率 p_m 取较大值为 0.4~1；在与交叉算子联合使用的情形下变异概率 p_m 通常取较小值为 0.000 1~0.5；当变异算子用做核心搜索算子时，比较理想的是自适应设置变异概率，以实现遗传算法从“整体搜索”慢慢过渡到“局部搜索”。

遗传操作是模拟生物基因遗传的操作。在遗传算法中，通过编码生成初始代群体后，遗传操作的任务就是对群体中的个体按照它们的适应度函数值(或定标后的适应度函数值)的大小施加一定的操作。根据优胜劣汰的原则，生成新的一代群体。从优化搜索的角度而言，遗传操作可使问题的解一代又一代地优化，并逼近最优解。

遗传操作包括选择、交叉和变异共 3 个基本遗传算子。

(一)选择算子(Selection Operator)

从群体中选择优胜个体，淘汰劣质个体的操作称为选择。选择算子又称为再生算子(Reproduction Operator)。选择的目的是把当前代中优胜的个体选择出来，以形成一个新的群体，该新群体称为交配池。交配池是当前代和下一代之间的中间群体。选择操作是建立在群体中各个体的适应度评估基础上的。选择方法有多种，目前最常用的选择方法是适应度比例方法，也称为赌轮法或蒙特卡洛(Monte Carlo)选择。在该法中，各个体被选进交配池中的概率和其适应度函数值成比例。

设当前代中有 N_k 个个体。各个体的适应度函数值或定标后的适应度函数值为 $F_i(i=1,2,\ldots,N_g)$，可采用如下的赌轮技术从当前代的 N_g 个个体中选出 N_r ($N_r \leqslant N_g$，常取 $N_r=N_g$) 个个体(允许重复)组成交配池。

(1) 计算 $s_{um}=\sum_{i=1}^{Ng}F_r$，令 $N=0$。

(2) 产生一个 0 与 s_{um} 之间的随机数 $r_m=r_{andom}\cdot s_{um}$。其中 r_{andom} 是(0,1)上的伪随机数。

(3) 从当前代中编号为 1 的个体开始，将其适应度函数值与后继个体的适应度函数值相加，直到累加和等于或大于 r_m 时为止，则最后一个被加进去的个体就是一个被选进交配池中的个体。令 $N=N+1$。

(4) 若 $N=N_r$ 则选择结束；否则，转步骤(2)。

用赌轮技术选择当前代中的优胜个体组成交配池的过程是随机的，但每个个体被选择进交配池中的机会都直接与该个体的适应度函数值成比例。当然，由于选择的随机性，群体中适应度函数值最小的个体也可能被选中，这会影响到遗传算法的计算效果，但随着进化过程的进行，这种偶然性的影响将会逐步消失。

(二)交叉算子(Crossover Operator)

选择算子并不产生新的个体，交叉算子(或称杂交算子)可以产生新的个体，从而检测搜索空间中的新点。选择算子每次仅作用在当前代中的一个个体上，而交叉算子每次作用在从交配池中随机选取的两个个体(称为父代)上。交叉算子每次对父代作用后，产生两个新个体(称为子代)。子代的两个个体一般与其父代不同，并且彼此也不相同，但每个子代个体都包含两个父代个体的遗传基因。常用的交叉算子有一点交叉算子和二点交叉算子等。

1. 一点交叉算子

一点交叉又叫简单交叉。具体操作：设个体串长为 l，在 l 和 l–1 之间随机地产生一个

随机正整数 i(称为交叉点)，并从交配池中随机确定的两个父代个体，将它们在交叉点后的部分结构(即第 $i+1$ 到第 l 个基因)进行互换，从而生成两个新的子代个体。下面给出一点交叉的例子。设交叉点为 4，则

个体 A　　1001 ┆ 101　　⟶ 1001100 新个体 A′

配对个体(父代)

个体 B　　1011 ┆ 100　　⟶ 1011101 新个体 B′

从上可知，新个体 A′是由个体 A 的第 1~4 个基因和个体 B 的第 5~7 个基因组成，而新个体 B′是由个体 B 的第 1~4 个基因和个体 A 的第 5~7 个基因组成，即交换个体 A 和个体 B 的第 4 个基因后的部分(也就是第 5~7 个基因)形成了子代个体 A′和 B′。

2. 二点交叉算子

二点交叉与一点交叉类似，只是需随机地设定 2 个交叉点 i 和 $j(1 \leqslant i < j \leqslant l)$，然而交换两个父代个体的 2 个交叉点间的部分结构，即第i个到第 $j-1$个基因，形成两个子代个体。例如，

设 $i=2, j=6$,则

个体 A　　10 ┆ 111 ┆ 11　　⟶ 1011011 新个体 A′

配对个体(父代)

个体 B　　00 ┆ 110 ┆ 00　　⟶ 0011100 新个体 B′

从上可知，子代的新个体 A′和新个体 B′是通过交换父代个体 A 和个体 B 的第 3~5 个基因而得到的。

3. 交叉概率 p_c

有时并不把交配池中所有 N_r 个个体都进行交叉，只是对其中的一部分个体作用交叉算子。为此，需设定交叉概率 $p_c(0<p_c<1)$然后从交配池中随机地选出 $p_cN_r/2$(取整)对个体进行交叉操作。交配池中余下的个体直接复制到下一代，即复制概率 $p_r=1-p_c$。

(三)变异算子(Mutation Operator)

变异算子的基本内容是对群体中个体某些位上的基因值作变动。就基于字符集{0,1}的二进制编码而言，变异操作就是把某些位上的基因值取反，即 1→0 或 0→1。其基本步骤如下：

(1)在群体中，以预先设定的变异概率 p_m 随机地确定需进行变异操作的个体。变异概率 p_m 一般都取得很小，如取 $p_m=0.001\sim0.05$ 等。

(2)对需进行变异操作的个体，按预先确定的变异算子进行变异操作。

常用如下两种变异算子：

1. 基本变异算子

在位号$1\sim l$间随机地确定需进行变异的位号，位号可以是 1 个或多个。根据确定的位号，改变个体串相应位上的基因值。如需进行变异的个体 A 为 1011001，随机确定的 2 个变异号为 2 和 7，则将个体 A 的第 2 个基因值由 0 变异为 1，第 7 个基因值由 1 变异为 0，得变异后的新个体 A′为 1111000。

2. 逆转变异算子

逆转变异算子是变异算子的一种特殊形式，其基本操作内容是：在位号1～l间随机地确定 2 个逆转点i和$j(i<j)$，然后将个体码串中的第i位到第j位的基因值逆向排序，其余不变，从而得变异后的新个体。如需进行变异操作的个体 A 为 0101011，随机确定的 2 个逆转点为 3 和 6，将 A 的第 3 位到第 6 位的基因串 0101 逆向排序得 1010，于是经变异后的新个体 A′为 0110101。

在遗传算法中引入变异操作的目的有两个：一是使遗传算法具有局部的随机搜索能力，当遗传算法通过交叉操作已接近最优解邻域时，利用变异算子的这种局部随机搜索能力，可以加速向最优解收敛。显然，这种情况下的变异概率p_m应取较小值，否则会破坏接近最优解的群体。二是使遗传算法可维持群体的多样性，以防止出现不成熟收敛现象。因此，在搜索早期或群体规模N_g较小时，变异概率p_m应取较大值。

(四)最佳个体保存方法

该方法的思想是：设$a'(t)$是当前代群体中适应度函数值最大的最佳个体，经遗传操作后，若新一代群体中没有$a'(t)$，则$a'(t)$将直接复制到新一代群体中。

采用此法的优点是：在进化过程中每代的最佳个体可不被遗传操作所破坏，从而在理论上可保证算法的收敛性。但也隐含了一种危机，即局部最优个体的遗传基因急速增加，而使进化有可能局限于局部最优解。也就是说，该方法的全局搜索能力差：它可以保证收敛，但不一定能保证收敛到全局最优解。所以，此法一般都与其他的选择方法结合使用。

从以上讨论可知：优化问题式(13-3)或式(13-5)均可转化为用遗传算法求解适应度函数$F(x)$的无约束极大值问题式(13-10)。而一个遗传算法最基本的参数有：群体规模N_g，交配池规模N_r，交叉概率p_c和变异概率p_m。在根据优化问题式(13-3)和式(13-5)确定了适应度函数$F(x)$，定标后的适应度函数$F'(x)$和基本参数N_g、N_r、p_c及p_m后，可按下列步骤用遗传算法求得优化问题式(13-3)和式(13-5)的最优解x^*。

(1)输入$F(x)$、$F'(x)$、N_g、N_r、p_c和p_m，以及迭代计算的代数N_t。

(2)初始化。在解空间$\boldsymbol{D}\subset\boldsymbol{R}^n$上随机地生成$N_g$个点$x^{(i)}$ (i=1，2，…，N_g)，并用二进制编码方法将这N_g个点$x^{(i)}$表示成串长为l的N_g个个体串，于是这N_g个个体串组成了初始代群体，令$t=0$。

(3)适应值计算。计算t代群体中各个体的适应度函数值F_i和定标后的适应度函数值F_i' (i=1，2，…，N_g)。

(4)交配池。根据t代群体中各个体的适应值F_i' (i=1，2，…，N_g)，用赌轮法生成由N_r个个体组成的交配池。

(5)交叉操作。根据确定的交叉概率p_c在交配池中随机地选出$p_cN_r/2$对父代进行交叉操作，并将所得子代和交配池中不进行交叉操作的个体作为下一代个体。

(6)变异操作。根据确定的变异概率p_m，对步骤(5)所得群体进行变异操作，并将所得新个体添加进步骤(5)所得群体中。

(7)最佳个体保存。若步骤(6)所得群体中无t代的最佳个体$a'(t)$，则添加进步骤(6)所得群体中，设新群体中互不相同的个体个数为N_g'。

(8)计算步骤(7)所得群体中各个体的适应度函数值F_i和定标后的适应度函数值F_i' (i=1，

2，…，N_g')，若 $N_g'=N_g$，则转步骤(10)；否则，转步骤(9)。

(9)确定新一代群体。若 $N_g'<N_g$，则在 t 代群体中选出 N_g-N_g' 个在步骤(7)所得群体中没有出现的较好个体添加进步骤(7)所得群体中，组成新一代体，转步骤(10)；若 $N_g'>N_g$，则在步骤(7)所得群体中根据个体的 F_i' 值淘汰依次最差的 $N_g'-N_g$ 个个体，组成新一代群体，转步骤(10)。

(10)停止准则。若 $t=N_t$，则在 t 代群体中确定一个或几个 F_i' 值依次最大的较佳个体，并通过译码得较优解 x^*，输出 x^* 等信息，计算结束；否则，令 $t=t+1$，转步骤(4)。

应当指出：上述遗传算法的计算步骤仅是较典型的一种计算步骤。可以考虑根据计算情况不断调整群体规模 N_g 和 N_r，概率 P_c 和 P_m 以及采用不同的停止准则等灵活地设计遗传算法的计算步骤。有关遗传算法更深入的内容可参阅相关文献。

[例 13-3]　简单函数优化实例

考虑下列一元函数求最大值的优化问题

$$f(x)=x\sin(10\pi\cdot x)+2.0 \qquad x\in[-1,2]$$

1. 编码

变量 x 作为实数，可以视为遗传算法的表现型形式，从表现型到基因型的映射称为编码，通常采用二进制编码形式，将某个变量值代表的个体表示为一个{0,1}二进制串。当然，串长取决于求解的精度。如果设定求解精确到 6 位小数，由于区间长度为 2–(–1)=3，必须将闭区间[–1,2]分为 3×10^6 等份。因为：$2\ 097\ 152=2^{21}<3\times10^6\leqslant2^{22}=4\ 194\ 304$，所以编码的二进制串长至少需要 22 位。

将一个二进制串($b_{21}\ b_{20}\ \cdots\ b_0$)转化为区间[–1，2]内对应的实数值很简单，只需要采用以下两步：

(1)将一个二进制串($b_{21}\ b_{20}\ \cdots\ b_0$)代表的二进制数转化为十进制数，即

$$(b_{21}\ b_{20}\ \cdots\ b_0)=(\sum_{i=0}^{21}b_i\cdot2^i)_{10}=x'$$

(2) x' 对应的区间[–1，2]内的实数为

$$x=-1.0+x'\cdot\frac{2-(-1)}{2^{22}-1}$$

例如，一个二进制串 $s1=$<1000101110110101000111>表示实数值 0.637 197。

$$x'=(1000101110110101000111)_2=2\ 255\ 967$$

$$x=-1.0+2\ 288\ 967\cdot\frac{3}{2^{22}-1}=0.637\ 197$$

二进制串<0000000000000000000000>与<1111111111111111111111>，则分别表示区间的两个端点的值–1 和 2。

2. 产生初始种群

一个个体由串长为 22 的随机产生的二进制串组成染色体的基因码，我们可以产生一定数目的个体组成种群。种群的大小(规模)就是指种群中的个体数目。

3. 计算适应度

对于个体的适应度计算，考虑到本例目标函数在定义域内均大于 0，而且是求函数最

大值，所以直接引用目标函数作为适应度函数：$f(s)=f(x)$。

这里二进制串 s 对应变量 x 的值。例如，有 3 个个体的二进制串为

$$s_1 = <1000101110110101000111>$$
$$s_2 = <0000001110000000010000>$$
$$s_3 = <1110000000111111000101>$$

分别对应于变量值 x_1=0.637 197, x_2=0.958 973, x_3=1.627 888,个体的适应度计算如下

$$f(s_1)=f(x_1)=2.586\ 345$$
$$f(s_2)=f(x_2)=1.078\ 878$$
$$f(s_3)=f(x_3)=3.250\ 650$$

显然，3 个个体中 s_3 的适应度最大，s_3 为最佳个体。

4. 遗传操作

这里介绍交叉和变异这两个遗传操作是如何工作的。

下面是经过选择操作(上面章节介绍的赌轮法)的 2 个个体，首先执行单点交叉，如

$$s_2 = <00000|01110000000010000>$$
$$s_3 = <11100|00000111111000101>$$

随机选择一个交叉点，例如第 5 位与第 6 位之间的位置，交叉后产生新的子个体，即

$$s_2' = <00000|00000111111000101>$$
$$s_3' = <11100|01110000000010000>$$

这 2 个子个体的适应度分别为

$$f(s_2')=f(-0.998\ 113)=1.940\ 865$$
$$f(s_3')=f(1.666\ 028)=3.459\ 245$$

我们注意到，个体 s_3' 的适应度比其两个父代个体的适应度高。

下面考察变异操作。假设已经以一小概率选择了 s_3 的第 5 个遗传因子(即第 5 位)变异，遗传因子由原来的 0 变为 1，产生新的个体为 $s_3' = <1110100000111111000101>$，计算该个体的适应度：$f(s_3')=f(1.721\ 638)=0.917\ 743$，发现个体 s_3' 的适应度比其父代个体的适应度减少了，但如果选择第 10 个遗传因子变异，产生新的个体为 $s_3'' = <1110000001111111000101>$，$f(s_3'')=f(1.666\ 028)=3.459\ 245$，又发现个体 s_3'' 的适应度比其父代个体的适应度改善了。这说明了变异操作的“扰动”作用。

5. 模拟结果

设定种群大小为 50，交叉概率 p_c=0.25，变异概率 p_m=0.01，按照上述的基本遗传算法，在运行到 89 代时获得最佳个体，即

$$s_{max} = <1101001111110011001111>$$
$$x_{max}=1.850\ 549, \qquad f(x_{max})=3.850\ 274$$

下表 13-2 列出了模拟世代的种群中最佳个体的演变情况。

表 13-2　模拟世代的种群中最佳个体的演变情况(150 代终止)

世代数	个体的二进制串	x	适应度
1	1000111000010110001111	1.831 624	3.534 806
4	0000011011000101001111	1.842 416	3.790 362
7	1110101011100111001111	1.854 860	3.833 280
11	0110101011100111001111	1.854 860	3.833 286
17	1110101011111101001111	1.847 536	3.842 004
18	0000111011111101001111	1.847 554	3.842 102
34	1100001101111011001111	1.853 290	3.843 402
40	1101001000100011001111	1.848 443	3.846 232
54	1000110110100011001111	1.848 699	3.847 155
71	0100110110001011001111	1.850 897	3.850 162
89	1101001111110011001111	1.850 549	3.850 274
150	1101001111110011001111	1.850 549	3.850 274

第三节　遗传算法在机械工程中的应用

机械设计和机械制造是机械工程领域中最重要的内容。机械设计是人们利用在生产与实践活动中获取的知识，进行的一种创造性的活动。因此，机械设计的过程比较复杂，必须利用优化设计等现代设计手段才能实现产品的最佳设计。由于机械产品本身日趋复杂(如采煤机包含了截割、传动、牵引等系统，在传动系统中又包括机械传动、液压传动等多种传动方式)，因此利用优化设计来解决机械优化设计问题已面临着设计变量种类繁多、函数性态复杂等问题。另外，机械产品的大型化以及机械产品的高性能使得机械产品的优化设计的规模愈来愈大，因而用传统的优化设计方法还难以有效地解决这些问题。

在机械制造领域，也存在许多特殊的优化问题，如冲裁件的最优排样、机床挂轮组的最优选择、制造系统的实时最优调度、制造智能系统中的优化、刀具切削量的优化、制造过程的最佳生产规划、切削参数的组合优化等问题。这些优化问题分别具有设计空间不连续、函数性态复杂等特点，因而也需利用新的优化方法来求解。

遗传算法不需要函数导数信息，适合于求解大规模、复杂优化问题，因此遗传算法为解决机械工程领域特殊优化问题提供了新的手段和方法。本节介绍遗传算法在定齿轮传动、齿轮减速器及龙门铣床等机械设计和制造领域的初步应用。

一、定齿轮传动系统优化设计

双级齿轮传动系统如图 13-2 所示，设计要求为每个齿轮的齿数在[14，60]内，设计目标为传动比等于 1 / 6.931。

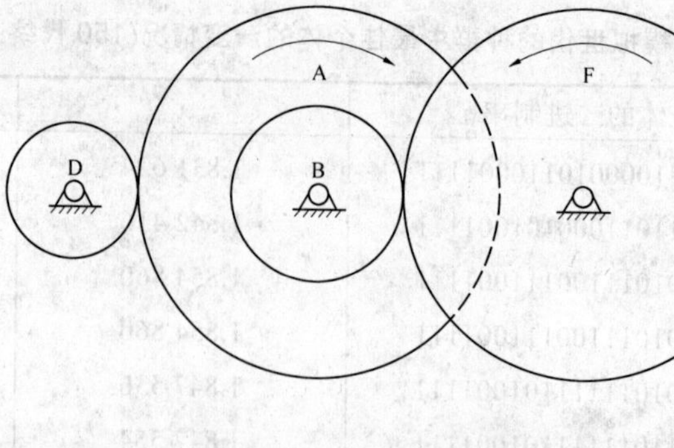

图 13-2　双级齿轮传动

首先，建立双齿轮传动系统优化设计的数学模型

$$\min f(x) = (\frac{1}{6.931} - \frac{x_1 x_2}{x_3 x_4})^2, \qquad x = [x_1 \quad x_2 \quad x_3 \quad x_4]^{\mathrm{T}}$$

$$\text{s.t. } 14 \leqslant x_1 \leqslant 60, \quad 14 \leqslant x_2 \leqslant 60$$

$$14 \leqslant x_1 \leqslant 60, \quad 14 \leqslant x_4 \leqslant 60$$

$$x_1, \quad x_2, \quad x_3, \quad x_4, \in \{ \text{整数} \}$$

在上式中，设计变量 x_1, x_2, x_3, x_4 分别为图 13-2 中齿轮 D、齿轮 B、齿轮 F 和齿轮 A 的齿数。

目标函数 $f(x)$ 为设计传动比与要求的传动比之间差量。当目标函数取最小值 0 时，设计传动比与要求的传动比相等，满足设计要求。

建立相应的适应度函数，选取群体规模数为 21，交叉概率为 0.60，变异概率为 0.02，利用基于遗传算法的混合离散变量优化方法进行求解。表 13-3 是利用遗传算法求解双级齿轮传动系统优化问题的解。从表 13-3 给出的双级齿轮传动系统优化结果可以看出，利用遗传算法求得的优化解比文献[29]、文献[30]的优化方法求得的解要好。

表 13-3　双级齿轮传动系统优化结果

	初始解	文献[29]解	文献[30]解	遗传算法解
x_1	18	18	14	16
x_2	15	22	29	19
x_3	33	45	47	43
x_4	41	60	59	49
f	3.0×10^{-3}	5.7×10^{-6}	4.5×10^{-6}	2.7×10^{-12}

二、齿轮减速器的优化设计

齿轮减速器优化设计的数学模型为

$$\min f(x) = 0.785 x_1 x_2^2 (3.333 x_3^2 + 14.933 4 x_3 - 43.093 4) - 1.508 x_1 (x_6^2 + x_7^2)$$
$$+ 7.477 7 (x_6^2 + x_7^2) + 0.785 4 (x_6^2 + x_7^2)$$

其中：$x = [x_1 \quad x_2 \quad x_3 \quad x_4 \quad x_5 \quad x_6 \quad x_7]^{\mathrm{T}}$

$$\text{s.t.}\quad 27\frac{x_3^2}{x_1x_2}-1\leqslant 0,\quad \frac{397.5}{x_1x_2^2x_3^2}-1\leqslant 0,\quad \frac{193x_4^3}{x_2x_3x_6^4}-1\leqslant 0,\quad \frac{193x_5^3}{x_2x_3x_7^4}-1\leqslant 0,$$

$$\frac{\sqrt{(\frac{745.0x_4}{x_2x_3})^2+16.9\times 10^6}}{110.0{x_5}^3}-1\leqslant 0\ ,\quad \frac{\sqrt{(\frac{745.0x_5}{x_2x_3})^2+157.5\times 10^6}}{85.0{x_5}^3}-1\leqslant 0\ ,$$

$$x_2x_3-40.0\leqslant 0\ ,\quad \frac{1.5x_6+1.9}{x_4}-1\leqslant 0\ ,\quad \frac{x_1}{x_2}\leqslant 12\ ,\quad \frac{x_2}{x_1}\leqslant 5.0\ ,$$

$$\frac{1.1x_2+1.7}{x_5}-1.0\leqslant 0\ ,\quad 2.6\leqslant x_1\leqslant 3.6\ ,\quad 0.7\leqslant x_2\leqslant 0.8\ ,\quad 17.0\leqslant x_3\leqslant 28.0\ ,$$

$$7.3\leqslant x_4\leqslant 8.3\ ,\quad 7.3\leqslant x_5\leqslant 8.3\ ,\quad 2.9\leqslant x_6\leqslant 3.9\ ,\quad 5.0\leqslant x_7\leqslant 5.5\ 。$$

取群体规模数 70，经过 20 次群体进化得到的优化解为

$$\begin{cases} x^*=[3.5\quad 0.7\quad 17.0\quad 7.3\quad 7.715\,3\quad 3.350\,2\quad 5.286\,7]^{\mathrm{T}} \\ f(x^*)=2\,999.4711 \end{cases}$$

三、龙门铣床进给箱优化设计

X2012 龙门铣床进给箱优化设计的数学模型为

$$\min f(x)=\frac{8.651\,9{x_1}^2x_2{x_4}^2+1.283\,1{x_1}^2x_2{x_5}^2+5.314{x_1}^2x_3{x_5}^2}{1\,000}+\frac{14.144{x_1}^2x_3{x_6}^2+6.221\,5{x_7}^2x_8x_9}{1\,000}$$

其中：$x=[x_1\ x_2\ x_3\ x_4\ x_5\ x_6\ x_7\ x_8\ x_9]^{\mathrm{T}}$

$$\text{s.t.}\quad \frac{27\,311.0}{x_1^2x_2x_4^2}-1\leqslant 0,\quad \frac{296\,992.0}{x_1^2x_2x_5^2}-1\leqslant 0,\quad \frac{19\,470.0}{x_1^2x_3x_6^2}-1\leqslant 0,\quad \frac{92\,027.0}{x_1^2x_3x_5^2}-1\leqslant 0,$$

$$\frac{22\,840.0}{{x_7}^2x_8{x_9}^2}-1\leqslant 0\ ,\quad \frac{776.8}{{x_1}^2x_2x_4}-1\leqslant 0\ ,\quad \frac{4\,657.0}{{x_1}^2x_2x_6}-1\leqslant 0\ ,\quad \frac{1\,221.0}{{x_1}^2x_3x_6}-1\leqslant 0\ ,$$

$$\frac{5\,953.0}{{x_1}^2x_3x_5}-1\leqslant 0\ ,\quad \frac{1\,761.0}{{x_7}^2x_8x_9}-1\leqslant 0\ ,\quad \frac{33.0}{x_7x_4}+\frac{6.5}{x_4}-1\leqslant 0\ ,\quad \frac{40.0}{x_1x_5}+\frac{6.5}{x_5}-1\leqslant 0\ ,$$

$$\frac{40.0}{x_1x_6}+\frac{6.5}{x_6}-1\leqslant 0\ ,\quad 40.0+6.5x_7-x_1x_9\leqslant 0\ ,\quad \frac{42.0}{x_1x_5}+\frac{6.5}{x_6}-0.463\leqslant 0\ ,$$

$$2.75\leqslant x_1\leqslant 40.0\ ,\quad 15.0\leqslant x_2\leqslant 18.0\ ,\quad 15.0\leqslant x_3\leqslant 18.0\ ,$$

$$18.0\leqslant x_4\leqslant 25.0\ ,\quad 45.0\leqslant x_5\leqslant 55.0\ ,\quad 18.0\leqslant x_6\leqslant 25.0\ ,$$

$$25.0\leqslant x_7\leqslant 40.0\ ,\quad 20.0\leqslant x_8\leqslant 35.0\ ,\quad 18.0\leqslant x_9\leqslant 25.0\ 。$$

取群体规模数为 90，经过群体进化得到的最优解为 $f(x)=2\,970.608\,0$ 。

习　题

[13-1]　工程遗传算法基本原理是什么？

[13-2]　遗传算法包含几大要素？分别是什么？

[13-3]　一点交叉和二点交叉的区别是什么？

[13-4]　交叉概率 p_c=0.25，变异概率 p_m=0.01 分别说明什么问题？

[13-5]　如何保存最佳个体？

[13-6]　简要叙述工程遗传算法计算步骤。

第十四章　虚拟设计

第一节　概　述

虚拟设计是一种新兴的多学科的科研成果交叉技术。它涉及多方面的科研成果与专业技术，通过以虚拟现实技术为基础，以机械产品为对象，使设计人员通过多种传感器与多维的信息环境进行交互。同时这项技术也可以大大地减少实物模型和样机的制造。

虚拟设计按照配置的档次可分为两大类：一类是基于 PC 机的廉价设计系统；另一类是基于工作站的高档产品开发设计系统。虽然是两种系统，但它们的工作原理是基本相同的。首先看一下 PC 机系统，它的优势主要在于价格低廉，对小型虚拟设计系统的开发非常适宜，并且它的用户广泛，所以具有良好的市场前景。随着 PC 机性能的迅速提高，越来越多的问题完全可以利用 PC 机解决，但是由于目前 PC 机的发展仍不够完善，很难胜任大型复杂产品的虚拟设计，因此对于这些复杂产品的虚拟设计系统，高档的工作站仍是不可取代的硬件平台。

虚拟设计是以计算机辅助设计(CAD)为基础，利用虚拟现实技术发展而来的一种新的设计系统。这种设计系统按应用情况又可分为增强的可视化系统和基于虚拟现实的 CAD 系统。增强的可视化系统：利用现行的 CAD 系统进行建模，通过对数据格式进行适当的转换输出虚拟环境系统。在虚拟的环境中利用三维的交互设备(如头盔式显示器、数据手套等)在一个“虚拟”真实的环境中，设计人员对虚拟模型进行各个角度的观察。目前投入使用的虚拟设计多采用增强的可视化系统，这主要是因为基于虚拟建模系统还不够完善，相比之下目前的 CAD 建模技术比较成熟，可以利用。基于虚拟现实的 CAD 系统：利用这样的技术用户可以在虚拟环境中进行设计活动。与纯粹的可视化系统相反，这种系统不再使用传统的二维交互手段进行建模，而直接进行三维设计；与增强的可视化系统相同，利用三维的输入设备，与虚拟环境进行交互。此外，它也支持如语音识别、手势及眼神跟踪等。这种虚拟设计系统不需要进行系统培训即可掌握，普通的设计人员略加熟悉便可利用这样的系统进行产品设计。研究表明，这样的虚拟设计系统比现行的 CAD 系统的设计效率至少提高 5 ~ 10 倍。

人们对虚拟现实技术在机械产品设计方面的应用进行广泛的探讨研究后发现，这项技术(虚拟设计)对缩短产品开发周期，节省制造成本有着重要的意义。当今在不少大公司的产品设计中都采用了这项先进技术，例如通用汽车公司、波音公司、奔驰公司、福特汽车公司等。随着科技日新月异的高速度发展，虚拟设计在产品的概念设计、装配设计、人机工程学等方面必将发挥更加重大的作用。

一、虚拟设计的概念

虚拟设计是以“虚拟现实”(Virtual Reality)技术为基础，以机械产品为对象的设计手段。借助这样的设计手段，设计人员可以通过多种传感器与多维的信息环境进行自然交互，实现从定性和定量综合集成环境中得到感性和理性的认识，从而帮助深化概念和萌发新意。

虚拟设计技术充分地利用了模拟仿真技术，但它又不同于一般的模拟仿真技术，它具有虚拟现实的特征，如自主性、交互性、沉浸感等(“虚拟现实”的特点)。

二、虚拟设计的技术基础

虚拟现实技术是人的想象力和电子学等相结合而产生的一项综合技术，它利用多媒体计算机仿真技术构成一种特殊环境。用户可以通过各种传感系统与这种环境进行自然交互，从而体验比现实世界更加丰富的感受。

虚拟现实系统不同于一般的计算机绘图系统，也不同于一般的模拟仿真系统，它不仅能让用户真实地看到一个环境，而且能让用户真正感到这个环境的存在，并能和这个环境进行自然交互。

三、虚拟设计的应用

虚拟设计(VD)是利用虚拟现实技术在计算机辅助设计(CAD)的基础上发展而来的一种设计手段。它可以在设计的某些阶段来帮助设计人员进行设计工作。这项技术对缩短产品开发周期，节省制造成本有着重要的意义。它的近期目标是把设计人员从键盘和鼠标上解脱下来，使其可以通过多种传感器与多维的信息环境进行自然的交互，实现从定性和定量综合集成环境中得到感性和理性的认识，从而帮助深化概念和萌发新意，帮助设计人员进行创新设计。利用此项技术可以大大地减少实物模型和样机的制造，从而减少产品的开发成本、缩短开发周期。

美国麦道飞机公司采用了沉浸式的虚拟现实系统以帮助新型号发动机的设计。这个虚拟设计系统首先用来研究发动机的拆装过程，尤其是用来发现拆装过程中发动机是否可能与其他零部件发生干涉。整个发动机的拆装过程可以在虚拟环境中进行。若要进行拆卸，首先打开虚拟的发动机肋门，把拖车放到发动机的下面，然后用千斤顶把拖车顶到一定的高度。接下去可使用虚拟工具把固定发动机的螺栓松开，再把发动机固定在拖车上，降低拖车，把发动机移出去进行维修或替换。安装发动机的过程与拆卸类似，只是顺序相反。

英国航空实验室进行了一项用于概念验证的项目。研究人员研制开发了一个虚拟人机工程学评价系统，该系统由一个 VPL 生产的高分辨率 HRX Eye Phone 头盔式显示器，一个 Data Glove 数据手套，一个 Convolvotron 三维音响系统和一台 SGI 工作站组成，另外系统还为用户提供一个真实的轿车座舱。设计人员采用 CAD 系统创建了一辆 Rover400 型轿车的驾驶室模型，经过一定的转换后将这个驾驶室模型引入这个虚拟人机工程学评价系统。借助这个系统，设计人员可以精确研究轿车内部的人机工程学参数，并且必要时可以修改虚拟部件的位置，重新设计整个轿车的内部构造。

第二节　虚拟现实技术

虚拟现实(简称 VR)，又称灵境技术，是以沉浸感、交互性和构思为基本特征的计算机高级人机界面。他综合利用了计算机图形学、仿真技术、多媒体技术、人工智能技术、计算机网络技术、并行处理技术和多传感器技术，模拟人的视觉、听觉、触觉等感觉器官功能，使人能够沉浸在计算机生成的虚拟境界中，并能够通过语言、手势等自然的方式与之进行实时交互，创建了一种适人化的多维信息空间。使用者不仅能够通过虚拟现实系统感受到在客观物理世界中所经历的“身临其境”的逼真性，而且能够突破空间、时间以及其他客观限制，感受到真实世界中无法亲身经历的体验。

一、虚拟现实的特点

虚拟现实是一项综合技术，它来源于三维交互式图形学，目前已经发展成为一门相对独立的学科，它需要一整套的工具和支持系统，如：三维图形技术、模拟仿真工具以及实现用户在虚拟环境中以直观自然的方式与虚拟对象进行交互的各项技术。它能使我们真实地看到一个环境，而且能让用户真正感到这个环境的存在，并能和这个环境进行自然交互。总结发现，虚拟现实系统具有以下特征：

(1)交互性。在虚拟环境中，操作者能够对虚拟环境中的生物及非生物进行操作，并且操作的结果能反过来被操作者准确地、真实地感觉到。

(2)沉浸感。在虚拟环境中，操作者应该能很好地感觉各种不同的刺激。沉浸感的强弱与虚拟表达的详细度、精确度、真实度有密不可分的关系。

(3)想象空间。在虚拟现实环境中，用户处于多通道的三维空间中，从而可以充分发挥人的灵感和想象力，使设计成功率和用户驾驭设计对象的能力得到空前的提高。

(4)实时性。虚拟现实环境的最终目标是模拟真实的物理世界，因此虚拟现实系统可以按用户当前的视点位置和视线方向，实时的改变呈现在用户面前的虚拟环境画面，并在用户耳边和手上实时地产生符合当前场景的听觉和其他各种感觉。

二、虚拟现实的组成

虚拟现实一般有三个要素组成：软件，硬件，用户界面。为了构造一个全面的虚拟现实系统，在硬件方面需要有以下几种设备的支持：

(1)跟踪系统。确定参与者的头、手和身躯的位置。

(2)触觉系统。提供力和压力的反馈。

(3)音频系统。提供立体声源和判定空间位置。

(4)图像生成和现实系统。产生视觉图像和立体现实。

(5)高性能计算机处理系统。具有高处理速度、大存储容量、强联网特性。

在软件方面，除一般所需要的软件支撑外，主要是提供一个产生虚拟环境的工具集或产生虚拟环境的“外壳”。它至少应该具有以下功能：

(1)能够接受各种高性能传感器的信息，如头盔的跟踪信息。

(2)能生成立体的现实图形。

(3)能把各种数据库(如地形地貌数据库、物体形象数据库等)、各种 CAD 软件进行调用和互联的集成环境。

三、虚拟现实的分类

一般来说，我们可以从不同角度对虚拟现实进行分类。例如，按照参与者沉浸程度的不同，可以将虚拟现实分为以下四类。

(一)桌面虚拟现实

桌面虚拟现实通常利用个人计算机(PC)进行仿真，将电脑的屏幕作为用户观察虚拟环境的窗口。观看者可以通过各种外部输入设备与虚拟现实世界进行交互，并操纵其中的物体。这些外部设备包括鼠标、追踪球、力矩球等。桌面虚拟现实的缺点是缺乏真正的接近现实的体验，但相对来说成本较低，使其应用比较广泛。常见的桌面虚拟现实技术有基于静态图像的虚拟现实 QuickTime VR，虚拟现实造型语言 VRML 等。

(二)沉浸式虚拟现实

高级虚拟现实系统提供完全沉浸的体验，使用户有一种置身于虚拟世界之中的感觉。通常利用头盔式显示器或者其他设备，把参与者的视觉、听觉等其他感觉封闭起来，而提供一个新的、虚拟的感觉空间，同时利用位置跟踪器、数据手套以及其他手控输入设备等使参与者产生一种身临其境、全心投入和沉浸其中的感觉。常见的沉浸式系统有基于头盔式显示器的系统、投影式虚拟现实系统等。

(三)增强现实式虚拟现实

增强现实式虚拟现实不仅是利用虚拟现实技术来模拟现实世界、仿真现实世界，而且要利用它来增强参与者对真实环境的感受，也就是增强现实中无法感知或不方便感知的感受。典型的例子是坦克驾驶员的平视显示器，它可以将仪表读数和武器瞄准数据投射到安装在驾驶员面前的穿透式屏幕上，使坦克驾驶员不必低头读座舱中仪表的数据，从而可集中精力调整导航偏差。

(四)分布式虚拟现实

如果将多个用户通过电脑网络连接在一起，同时在一个虚拟空间中活动，共同体验虚拟的经历，就能把虚拟现实提升到一个更高的境界，这就是分布式虚拟现实系统。在分布式虚拟现实系统中，多个用户可通过网络对同一虚拟世界进行观察和操作，以达到协同工作的目的。目前最典型的分布式虚拟现实系统是 SIMNET，该系统由坦克仿真器通过网络连接而成，用于部队的联合训练。通过 SIMNET 系统，位于欧洲的仿真器可以和位于美国的仿真器同时运行在同一个虚拟世界中，参与同一场作战演习。

四、虚拟现实的开发工具

(一)硬件开发工具

虚拟现实是多种技术的综合，它运用了多种硬件设备，主要硬件设备包括：①3D 位置跟踪器；②传感手套；③三维鼠标；④数据衣；⑤触觉和力反馈装置；⑥立体显示设备；⑦3D 声音生成器。

(二)软件开发工具

如果把虚拟环境的硬件部分看做其肢体，则虚拟现实环境的软件控制部分就是其大脑。虚拟环境中采用的软件有四类：

(1)语言类：如 C++、OpenGL、VRML 等。

(2)建模软件类：如 AutoCAD、Solidworks、Pro/Engineer、I–DEAS、CATIA 等。

(3)应用软件类：指用户自己的各种需求，选择或者开发的自用软件。

(4)通用的商用工具软件包：帮助用户建立虚拟环境的通用和基本的软件，可以使用户显著地加快虚拟现实系统的开发进程。

目前，已经有了一些可用于建立虚拟环境的图形软件包，如 WTK，OpenGL，Java3D，VRML 等。

五、虚拟现实的应用

早在 20 世纪 70 年代便开始将虚拟现实用于培训宇航员。由于这是一种省钱、安全、有效的培训方法，现在已被推广到各行各业的培训中。目前，虚拟现实已被推广到不同领域中，得到了广泛应用。

在科技开发上，虚拟现实可缩短开发周期，减少费用。例如，克莱斯勒公司 1998 年初便利用虚拟现实技术，在设计某两种新型车上取得突破，首次使设计的新车直接从计算机屏幕投入生产线，也就是说完全省略了中间的试生产。由于利用了卓越的虚拟现实技术，克莱斯勒避免了 1 500 项设计差错，节约了 8 个月的开发时间和 8 000 万美元费用。利用虚拟现实技术还可以进行汽车冲撞试验，不必使用真的汽车便可显示出不同条件下的冲撞后果。

现在虚拟现实技术已经和理论分析、科学试验一起，成为人类探索客观世界规律的三大手段。用它来设计新材料，可以预先了解改变成分对材料性能的影响。在材料还没有制造出来之前便知道用这种材料制造出来的零件在不同受力情况下是如何损坏的。

商业上，虚拟现实常被用于推销。例如，建筑工程投标时，把设计的方案用虚拟现实技术表现出来，便可把业主带入未来的建筑物里参观，如门的高度、窗户朝向、采光多少、屋内装饰等，都可以感同身受。它同样可用于旅游景点以及功能众多、用途多样的商品推销，因为用虚拟现实技术展现这类商品的魅力，比单用文字或图片宣传更加有吸引力。

医疗上，虚拟现实应用大致上有两类：一类是虚拟人体，也就是数字化人体，这样的人体模型使医生更容易了解人体的构造和功能；另一类是虚拟手术系统，可用于指导手术的进行。

军事上，利用虚拟现实技术模拟战争过程已成为最先进的多快好省的研究战争、培训指挥员的方法。也是由于虚拟现实技术达到很高水平，所以尽管不进行核试验，也能不断改进核武器。战争实验室在检验预定方案用于实战方面也能起巨大作用。1991 年海湾战争开始前，美军便把海湾地区各种自然环境和伊拉克军队的各种数据输入计算机内，进行各种作战方案模拟后才定下初步作战方案，后来实际作战的发展和模拟试验结果相当一致。

娱乐上，应用是虚拟现实最广阔的用途。英国出售的一种滑雪模拟器。使用者身穿滑雪服、脚踩滑雪板、手拄滑雪棍、头戴头盔式显示器，手脚上都装着传感器，虽然身在斗室里，但只要做着各种各样的滑雪动作，便可通过头盔式显示器，看到堆满皑皑白雪的高山、峡谷、悬崖陡壁一一从身边掠过，其情景就和在滑雪场里进行真的滑雪所感觉的一样。

现在，虚拟现实技术不仅创造出虚拟场景，而且还创造出虚拟主持人、虚拟歌星、虚拟演员。日本电视台推出的歌星 DiKi，不仅歌声迷人而且风采翩翩，引得无数歌迷纷纷倾倒，许多追星族欲亲睹其芳容，迫使电视台只好说明她不过是虚拟的歌星。美国迪斯尼公司还准备推出虚拟演员。这将使“演员”艺术青春常在、活力永存。明星片酬走向天价是导致使用虚拟演员的另一个原因。虚拟演员成为电影主角后，电影将成为软件产业的一个分支，各软件公司将开发数不胜数的虚拟演员软件供人选购。固然，在幽默和人情味上，虚拟演员在很长一段时间内甚至永远都无法同真演员相比，但它的确能成为优秀演员。不久前，由计算机拍成的游戏节目《古墓丽影》片中的女主角入选全球知名人物，预示着虚拟演员时代即将来临。

第三节　虚拟产品

虚拟产品是虚拟现实技术应用于产品设计的产物，是一种数字化的产品。它具有真实产品所必须具有的特征。通过对产品实时性功能的仿真，设计人员或用户就能够像使用真实产品一样使用虚拟产品。由于产品的设计过程是数字化的，因此节省了传统方法中需要制造物理模型(包括概念模型、模拟试验模型、外观模型和生产模型等)的时间和物质。由于是在计算机中对设计的产品进行反复设计、分析、干涉检查、模具设计等过程，使设计绘图的工作量比传统的绘图工作量大大减少。

第四节　虚拟概念设计

在概念设计中，如采用头脑风暴法进行方案创意时，可以将体验设计思想更好地融于其中，也就是更多地关注产品使用者的感受，而非产品本身。比如，针对不同用户及爱好者的要求，在不同的虚拟环境中，让他们亲自体验修改模型的感受，利用触摸屏来选择产品的造型、色彩、装饰风格等许多可选部件，使其在渲染和生成十分逼真的三维模型时，充分感受自己所喜爱的产品在虚拟环境中的“真实”情况。甚至还可根据用户的建议，邀请部分用户直接与设计者一起对模型提出修改意见，观察设计和修改过程，直至大多数人满意为止。

为了适应激烈的市场竞争，设计厂家不能坐等用户找上门订购产品，而应该主动把自己厂家的产品推向市场。利用虚拟现实技术做出虚拟产品的动画广告，再与计算机网络技术结合起来，使用户能够通过网络来浏览设计厂家的设计产品，并能直接在虚拟环境中对产品的功能、结构、外形、色彩等方面进行实时交互、了解、观察；同时，还可以通过 E-mail 对产品提出意见和建议，让厂家参照各方面的意见修改和完善所设计的产品。这样可提高设计厂家的竞争力，为设计厂家谋得更多的市场份额。

若用户对厂家设计的产品有购买的欲望，通过网上浏览，将信息反馈到各商家，而商家则会主动争先与厂家联系，网上定货，使厂家的产品提前占领市场。由于激烈的全球市场竞争，各国都投入了大量的资金对虚拟现实技术及其在工业设计领域中的应用进行深入地研究。将研究的成果及时转化为生产力，是产品迅速占领市场的关键。

第五节　虚拟装配设计

基于虚拟现实的产品虚拟拆装技术在新产品开发、产品的维护以及操作培训方面具有独特的作用。在交互式虚拟装配环境中，用户使用各类交互设备(数据手套/位置跟踪器、鼠标/键盘、力反馈操作设备等)像在真实环境中一样对产品的零部件进行各类装配操作。在操作过程中系统提供实时的碰撞检测、装配约束处理、装配路径与序列处理等功能，从而使得用户能够对产品的可装配性进行分析、对产品零部件装配序列进行验证和规划、对装配操作人员进行培训等。在装配(或拆卸)结束以后，系统能够记录装配过程的所有信息，并生成评审报告、视频录像等供随后的分析使用。

虚拟装配是虚拟制造的重要组成部分。利用虚拟装配，可以验证装配设计和操作正确与否，以便及早地发现装配中的问题，对模型进行修改，并通过可视化显示装配过程。虚拟装配系统允许设计人员考虑可行的装配序列，自动生成装配规划，它包括数值计算、装配工艺规划、工作面布局、装配操作模拟等。现在产品的制造正在向着自动化、数字化的方向发展。虚拟装配是产品数字化定义中的一个重要环节。

虚拟装配技术的发展是虚拟制造技术的一个关键部分，但相对于虚拟制造的其他部分而言，它又是最薄弱的环节。虚拟装配技术发展滞后，使得虚拟制造技术的应用性大大减弱，因此虚拟装配技术的发展也就成为目前虚拟制造技术领域内研究的主要对象。这一问题的解决将使虚拟制造技术形成一个完善的理论体系，使生产真正在高效、高质量、短时间、低成本的环境下完成，同时又具备了良好的服务。虚拟装配从模型重新定位、分析方面来讲，它是一种零件模型按约束关系进行重新定位的过程，是有效的分析产品设计合理性的一种手段；从产品装配过程来讲，它是根据产品设计的形状特性、精度特性，真实地模拟产品三维装配过程，并允许用户以交互方式控制产品的三维真实模拟装配过程，以检验产品的可装配性。

作为虚拟制造的关键技术之一，虚拟装配技术近年来受到了学术界和工业界的广泛关注，并对敏捷制造、虚拟制造等先进制造模式的实施具有深远影响。通过建立产品数字化装配模型，虚拟装配技术在计算机上创建近乎实际的虚拟环境，可以用虚拟产品代替传统设计中的物理样机，能够方便地对产品的装配过程进行模拟与分析，预估产品的装配性能，及早发现潜在的装配冲突与缺陷，并将这些装配信息反馈给设计人员。运用该技术不但有利于并行工程的开展，而且还可以大大缩短产品开发周期，降低生产成本，提高产品在市场中的竞争力。

第六节　虚拟人机工程学设计

人机工程学是 20 世纪初发展起来的一门独立学科。其大致经历了经验人机工程学、科学人机工程学、现代人机工程学三个阶段。1961 年正式成立了国际人类工效学学会(IEA)。现代人机工程学把人–机–环境系统作为一个统一的整体来研究。计算机辅助人机工程将成为今后人机工程学发展的一个主要趋势，人机工程学正向着信息化、智能化、网络化的方向发展。

人机工程学的研究是通过揭示人、机、环境三要素之间互相关系的规律，以达到人–机–环境系统总体性能的最优化。主要研究内容为以下几个方面：①人体特性的研究；②人机系统的总体设计；③工作场所和信息传递装置的设计；④环境控制与安全保护设计。

虽然人机工程学的研究内容和应用范围非常广泛。但它最突出的特点是把人的因素作为产品设计中的重要参数，把人、机、环境统一考虑，为设计师在工业设计中解决人与机器、环境的关系问题提供了科学的方法。早期的人机系统功效评价是在设计过程完成后进行的，根据试验结果对设计方案进行功效综合评价。如果评价结果不符合人机工程学的基本原则和人机系统的特点，就必须重新修正设计方案，造成返工和浪费。应用虚拟样机技术进行人机工程的辅助设计和仿真是最好的方法，它可以提高设计的效率，及时发现问题，进行设计的改进与优化，并缩短设计周期，降低开发成本。

一、人机系统的设计评价

人机系统设计中的设计评价主要包含两方面内容：一是指在设计过程中，对解决设计问题的方案进行比较、评定，由此确定各方案的优劣，以便筛选出最佳设计方案；二是指对产品按照全产品的观念 (实质产品、形式产品、延伸产品)，遵循一定的评价项目和评价标准评判其优劣。评价过程可以看成一个系统，评价系统由评价者、评价项目(或评价目标)、评价标准、评价方法四个元素组成。其各元素之间的关系为：评价者按照评价项目对产品或设计方案进行分析和认识，然后再将认识结果与评价标准相比较，并通过相应的评价方法将其变成评价结果。

二、虚拟人技术

虚拟人是指人体计算机仿真模型。虚拟人可以充分地对人机功效进行分析和评估，实现以人为中心的产品设计。用于人机分析、评价的三维虚拟人以人体生物力学及人体生理学知识为基本参照，是多种生物力学、生理学模型的综合体，同时还加入了人体行为和功效学特性以实现人机分析、评价。如英国诺丁汉大学的 Sammie，波音公司的 Boeman，Safework 公司的 Safeworkpro，美国 Nasa 的 Jack 对虚拟人现状及其在人机系统中的应用和虚拟人的研究已趋于成熟。将虚拟人技术与 Cax 系统的集成，结合虚拟样机技术，就构成了高级人机工程设计开发平台。

三、基于虚拟样机技术的人机系统设计评价

基于虚拟样机设计的仿真系统结构如图 14-1 所示，利用人机工程分析软件提供的数字化人体模型，结合生理学、运动学等人机工程学的试验数据、原则，在虚拟环境中模拟人的操作而进行的人机工程设计评价。它可进行可视度评价、可及度评价、力和扭矩评价、脊柱受力分析、舒适度评价、疲劳分析、举力评价、能量消耗与恢复评价、噪声评价、姿势预测、决策时间标准、静态施力评价等。结合通用的 CAX 系统与产品数据库设计人员可以在计算机上快速地完成复杂产品的开发、设计、分析与评价等工作。

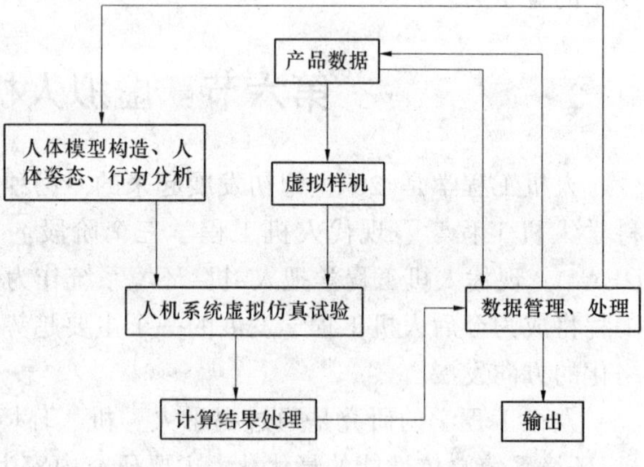

图 14-1　人机系统设计评价系统框架

计算机技术对人机工程的辅助最终以计算机软件的形式得以体现。发展到今天，已经有大量的人机工程商业软件被应用到产品及系统开发中。由于很多用于人机工程分析、评

价的软件来自国外，其中的许多功能模块与我国的实际情况不符合。人机工程软件与通用CAX系统的接口问题还没很好的解决。另外，由于人机工程学从不同的学科、不同的领域发源，又面向更广泛领域的研究和应用，基于虚拟样机技术的人机工程设计开发平台必先针对具体的现实问题(如某一或一类产品)来实现。

习　题

[14-1]　虚拟设计的概念是什么?

[14-2]　虚拟现实技术的特点有哪些?

[14-3]　虚拟现实技术如何分类?

[14-4]　什么是虚拟产品

第十五章　并行设计

第一节　概　述

大量实践表明，开发新产品的首要环节是必须抓好产品设计。好的产品是设计出来的，然后才是制造出来的。传统制造工业中，产品的开发过程是沿用从设计到制造的串行生产模式。其表现为从时间上和功能上把各部门的专职人员彼此孤立开来，信息不通，难以交流，缺乏协调统一。这种设计不能及时考虑到产品的制造、装配等要求，难以对产品开发过程中的各种可选方案进行充分的评价和筛选，加长了设计周期，提高了产品成本，使设计过程多次反复；又由于各个设计阶段设计人员知识和经验的局限性，加之设计过程的复杂性，设备、材料、工艺和实现技术的多样性，难以确定以最低成本制造出高质量产品方案；且串行设计过程时间紧迫，使设计师只能把可选方案局限在最方便的方案上，而不是最佳的设计方案；同时在产品开发过程中，没有营销、财务、采购及用户的积极参与和指标考核，设计者对目标成本、用户的期望和要求很少考虑，造成了产品难以适应市场的需求。上述这些问题使得产品开发持续时间长，反复次数多，研制费用高，很显然已不能适应快速变化的市场需求。

并行是基于传统中的串行而提出的。并行设计是指在产品设计一开始，就考虑到产品整个生命周期中从概念形成到报废处理的所有因素，包括产品质量、制造成本、进度计划，充分利用企业内的一切资源，最大限度地满足用户的要求，同时及时全面评价产品设计，尽早发现后续过程中可能存在的问题，及时提出改进信息，保证产品设计、工艺设计、制造的一致性。它能够使现代产品设计做到“运筹于帷幄之中，决胜于千里之外”，使产品设计具备高度预见性和预防性，具体表现如下：

(1)缩短产品投放市场的时间。并行设计将产品及其保障资源并行进行设计，可使得在设计阶段不仅设计出产品，而且同步确定与生产、保障有关的程序和计划，缩短生产准备时间，减少制造过程中的更改、返工等，从而使产品总的开发时间减少。

(2)降低成本。并行技术不同于传统的“反复试制样机”的作法，强调“一次达到目的”。虽然这可能会提高产品设计阶段的某些费用，但与后续的生产、维修过程所减少的费用相比，对降低成本很有意义。另外它采用仿真技术，模拟产品的工作过程，对其“软样品”进行仿真实验，实现优化设计，从而省去了昂贵的样机试制。这样，产品的寿命循环价格降低了，既有利于制造者，也有利于顾客。

(3)提高质量。并行设计在一开始就已经注意到产品的制造问题，可全面优化产品设计和过程设计，使所设计的产品便于制造，易于维护，避免返工和废品，降低产品故障率。这就为质量的“零缺陷”提供了基础，使得制造出来的产品甚至用不着检验就可上市。

(4)产品符合市场或用户的需求。由于在设计过程中，同时有销售人员参加，甚至还包括顾客，所以设计出的产品能够反映用户的需求，从而提高了产品的可靠性和实用性。另外此技术能较快地推出适销对路的产品并投放市场，增强了企业的市场竞争能力。

第二节　并行设计的关键技术

一、DFX 技术

DFX 技术是并行设计系统的支撑技术，在过去得到了广泛的研究，并取得了丰硕的成果。因此，以下就将整个 DFX 技术的发展情况做详细的阐述。

近来，出于环境保护意识的强化，产品的拆卸与回用也成为设计阶段必须考虑的因素。实际上，如何通过更新设计，努力使产品的全生命周期的成本降低已经成为当前制造业的重要问题。因此，研究人员也开始关注面向环境的设计，面向回用的设计以及面向生命周期的设计等，所有的这些研究统称为 DFX。

(一)面向制造/装配的设计

DFM/DFA 研究已经经过了 20 多年的时间，研究者们提出了许多理论和方法。根据这些方法的性质和评价策略，可以将 DFM/DFA 分类为：

1. 定量分析法

在定量评估方法中，主要考虑材料费用、加工费用、非生产费用、刀具费用及机床参数等因素，把这些因素用经验公式进行量化处理，可近似估计出总费用。经许多公司使用该 DFA 系统后，结果表明：零件数目可减少 30%~50%，降低装配成本 20%~40%。

2. 仿真分析法

装配仿真通过装配序列规划、装配路径规划和干涉检查等手段进行可装配性分析，协调产品结构设计，检查零部件的装配和拆卸情况，以可视化方式展示并改进产品的可装配性。

3. 模块化方法

模块化设计中，通过采用标准件和相同的装配操作可达到系统的设计成本最低和上市时间最快的目的。

(二)面向拆卸/回用/环境的设计

近年来，随着报废旧产品数目的急剧增加，产品回用和环境保护已成为工业国家最关注的问题之一。到目前为止，学者们已经做了大量的面向拆卸/回用/环境的设计研究，提出了很多的理论和方法。按照研究的侧重点不同，仍将相关的研究情况分为两大类进行阐述。

1. 面向拆卸/回用的设计

实际上拆卸就是一个装配的逆过程。有两种可行的拆卸方法：反向装配法和强力法。产品回用的目标应该是资源回用的最大化，剩余产品对环境潜在污染的最小化。产品回用评价应该考虑三个目标：①产品生命期间利润最大；②可回用零件数目最多；③垃圾废弃物最少。

2. 面向环境的设计

环境计算方法包括了基于活动的成本估算和成本收益分析。惠普公司在内部采用了 DFE 指南，产品评估以及产品工作法则等一些 DFE 工具。该指南的内容覆盖了产品使用、产品能耗、运输包装、制造过程和产品报废策略；产品评估是产品作用工具，用于帮助度量结果与目标改进的概率；产品工作法则包括了节省材料、减少浪费、能源效率以及面向环境与制造过程损失的设计。

二、产品建模技术

产品开发与实现的核心工作是产品的建模过程，其中产品模型是关键。在过去的研究中，产品的建模主要按照两个方向发展：①纯粹的产品描述方法；②与智能设计相结合的方法。在建立产品模型的同时，也产生产品的各种制造规划。

最初的产品建模技术实际上是一种几何建模技术。近 30 多年来，随着计算机图像处理技术的突飞猛进，几何建模技术取得了超出人们想象的长足发展，已经从线框建模、表面建模发展到实体建模、特征建模以及基于特征的应用。当前的特征建模系统，不论是商业化的 CAD 软件，如 I–DEAS、Pro/E 以及 ICAD 公司的 ICAD 等，还是学术机构研发的建模系统，如美国亚立桑那州立大学的 ASU Feature Testbed 和德国柏林工业大学 W.Beitz 教授带领下研制的机械工程设计系统，它们的目标都是实现 CAD/CAM/CAPP 集成，支持产品全生命周期的建模过程。

三、特征识别技术

近 20 多年来，特征识别技术在 CAD/CAM 领域得到了广泛的重视和发展。1997 年 9 月在美国加州举行的关于特征识别的主题大会特别地探讨了相关的技术与方法，提出了基准零件库，并且要求引用库中基准零件来测试与鉴定识别算法的优劣性，标志着有关的研究进入了一个新的里程碑。目前已有的特征识别技术主要可分为以下三大类：

(1)基于二维图的识别技术。根据其作用对象的不同分为非 CAD 软件绘制的或扫描获得的二维图形识别与二维 CAD 工程设计图样识别两种。前一种识别方法在工程中的应用主要有以下两个方式：①将设计时的草绘图转换为概念设计图；②把扫描的二维图像转化为线框 CAD 模型。后一种方法根据识别的目标不同，目前有以下三个情形：①基于计算机辅助设计与草图工具绘制的工程图纸，提取零件几何与非几何信息的方法；②从二维的工程图样(包括 CAD 视图和手工图纸的扫描视图)出发，通过图形理解获取物体三维模型；③工程图中局部内容的识别，例如线状图形自动识别算法。

(2)基于中间转换文件的方法。根据模型数据交换文件(Drawing Exchange File，DXF)和 STEP 文件中的数据段来进行提取特征信息，通过匹配分析来实现特征识别。

(3)基于实体模型的识别。根据几何模型构造手段，即边界表示法与结构实体几何法的不同，又相应地分为基于边界匹配和基于立体分解两大类方法。基于边界匹配的特征识别方法主要包括：基于规则的方法、基于图的方法、基于痕迹的几何推理方法、基于神经网络的方法以及针对两维半模型的识别方法等；根据立体分解的不同策略，基于立体分解的方法主要可以分为基于立体交替和分解的方法和基于单元分解的方法两种方法。

第三节　并行设计的实施

并行设计的实施，是在产品数据集成的基础上针对某一新产品的开发，实现过程的集成，并以缩短产品开发周期、提高产品质量、降低成本为目的。

一、并行设计的数据交换技术

产品数据交换技术在并行工程的实施中有着举足轻重的作用，这是由于并行工程中经常要在不同应用系统中进行数据交换。

产品数据交换系统作为集成化产品开发工具，为产品开发团队提供了访问所需数据库的可能性与安全性，而且在所有时候都能保证数据版本的正确性。团队成员可以在同一个数据集上进行操作，重复和不统一的设计将会被清除，产品数据交换系统应支持并行任务管理与协同作业方式。

对于并行工程,集成化产品开发模型是指能支持产品生命周期中各阶段所有信息(数据)的集合，信息包括产品形状信息、工艺数据、功能需求以及其他与维护管理相关的非几何信息。相关内容包括产品特征造型、参数设计、装配建模、基于 STEP(或 IGES．DXF 等)规范的集成化产品数据交换标准等方面。

二、系统结构

并行设计主要解决的问题是在产品数据管理系统(PDM)的统一管理下，实现产品设计过程的重组和开发过程的建模。PDM 技术已成为并行设计的支持平台，利用 PDM 可以方便地实现产品数据管理、产品设计过程管理、组织模型管理以及工具的应用等，在数据库和网络通信技术的支持下，在正确的时刻把正确的数据按照正确的方式传递给正确的人。

三、实施过程

并行设计的实施需要解决以下四个问题：

(1)过程重组。从传统的串行产品开发模式转变成并行的产品开发模式，设计模式的改变涉及企业的组织、资源的改变，涉及企业整个的变革。

(2)数字化产品定义。为了提高工作效率，充分利用计算机和信息技术，必须对产品进行数字化定义、建立产品模型、数字化工具定义和信息集成，并且对其进行生命周期数据管理。

(3)产品开发队伍重构。将传统的以从事产品设计、工艺设计、生产管理、产品销售的部门为主的组织模式，转变成以产品为主线的 IPT(多功能集成产品开发团队)。

(4)协同工作环境。用于支持 IPT 协同工作的网络、通信、数据库及计算机系统。在并行设计过程中。包含一系列复杂的活动和关系，下游活动充分了解上游的设计意图，并及时进行评估和反馈，便于设计早期做出正确决策、协调，有效地缩短产品开发周期，促使设计人员及早发现问题并解决问题，满足不同过程的要求，提高产品的性能指标。采用团队工作方式，在 CSCW(Computer Support Cooperative Work)系统的支持下协同工作。通过通信网络，采用多媒体技术，实现文本、图形、语音、视频等多媒体信息进行实时交流。设计团队必须在产品开发过程模型、产品信息模型以及组织模型集成的基础上进行工作，做到开发人员、任务、信息、资源一一对应。由于 PDM 具有建立和管理上述模型的功能，一般通过 PDM 开发集成工作平台。

四、产品开发过程重组

机械产品的生命周期一般可以分为市场需求、方案设计、详细设计、加工制造、售后服务、产品报废等几个阶段。机械设计是决定机械性能的最主要的因素，这就需要根据市场需求，确定产品功能。设计者根据产品设计、制造的各种约束条件(如理论知识、设计手段、材料、加工能力、服务途径、报废方法等)进行全面考虑，权衡轻重，统筹兼顾，使设计的产品在满足性能要求的条件下，提高质量，缩短生产周期，降低生产成本，便于售后服务，使产品具有最优的综合技术经济效果。

五、并行设计的组织形式

并行设计需要各领域的技术人员协同工作，频繁交换信息。为了适应工作的需要，组织多学科团队是有效的组织形式。将不同学科领域的专业人员与产品生命周期相关的技术人员组织起来，组成一个产品开发团队。团队之间协同工作，及早解决设计中的错误、冲突。

六、集成产品开发联合组织模型

组成 IPT(多功能集成产品开发团队)可以通过以下三个步骤完成。

(一)IPT 组织结构

任命 IPT 的负责人，在更高一级的行政关系上组成支持 IPT 工作的指导委员会。IPT 负责人根据事先构造的改进产品开发流程定义开发计划：分解任务、定义任务承担角色、定义实现任务的必备资源。

(二)IPT 工作计划和任务分配

IPT 负责人将这些计划提交指导委员会与功能部门协商，确定 IPT 成员，签订任务书。IPT 成员必须被功能部门授予权力，代表功能部门做出决策，他们将按照所定义的计划执行具体资源约束的任务。

(三)IPT 的管理与运行模式

IPT 不再实行递阶结构的审签制度，而是从上、下游之间的需求出发，实行 IPT 集成负责的决策模式。设计结果可靠性可以通过 QFD(质量功能配置)的质量控制因素、相关过程的 IPT 成员及 IPT 组长共同确认。

第四节　并行设计的应用实例

在传统的车辆设计中，“市场调研—概念设计—详细设计—过程设计—加工制造—试验验证—设计修改”这一基本串行流程被广泛应用，串行开发模式和组织模式通常是递阶结构，各阶段的工作是按顺序进行的，一个阶段的工作完成后，下一阶段的工作才开始，各个阶段依次排列，各阶段都有自己的输入和输出。以车身为例，传统的车身开发以串行方式工作，即从车身的概念设计、造型设计、结构设计到车身冲压工艺设计、车身工艺装备设计、制造以及检测等手段，都以串行方式进行，如图 15-1 所示。

它反映的就是车身串行工程的基本过程，这种方法的主要弊病在于不能在设计的早期就全面地考虑到后期的可制造性、可装配性及质量保证等诸多因素，因此存在设计改动量大、开发周期长、成本高等诸多问题。

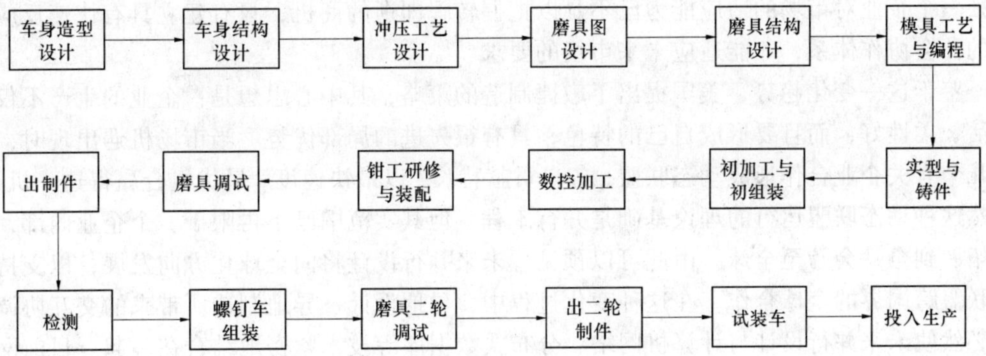

图 15-1　传统车身开发基本流程

而并行工程强调产品全生命周期中各类人员有组织地协同工作，全面地设计产品，全过程地注重客户要求。并行工程的实现框架是包括建立以人为主的组织管理框架，计算机辅助工具框架及方法框架等一系列框架的集成。实施并行工程的主要因素有员工素质、管理模式、企业运作过程分析和优化及开放系统集成方案。其系统的集成更注重开放性、标准化多平台支持，选用商品化的技术服务，支持良好的应用软件，强调分布式数据管理，以利于数据查询和传递。目前并行工程作为现代先进的产品设计开发模式，已被广泛应用于各种工业设计、生产之中。

在车身研制、开发过程中，并行地进行产品及相关过程(包括制造过程、支持过程)一体化设计，使开发人员从设计一开始，就考虑产品生命周期中的各种因素，强调信息集成，协同作业，如图 15-2 所示。

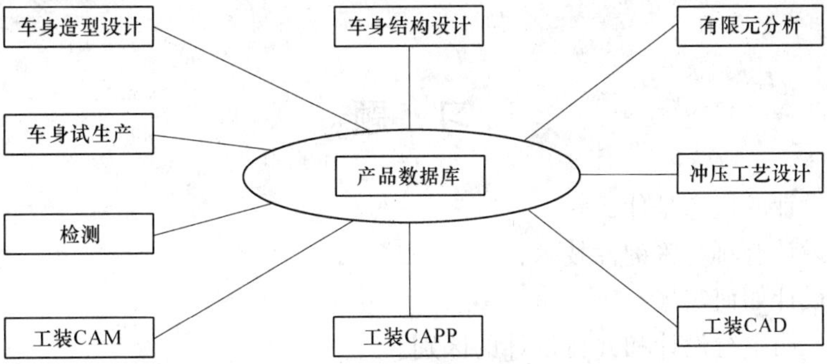

图 15-2　车身并行工程框图

并行工程的采用保证了在产品开发早期阶段能做出正确的决策，从而进一步缩短产品开发周期、提高产品质量、降低产品成本，为企业的竞争赢得优势。

第五节　并行设计的发展趋势

目前对并行设计的研究和实践，通常仅限于一个企业范围内的生产经营各环节，两者是不能适应未来发展需要的。其原因有二：①由于新技术的出现和更迭速度越来越快，未来任何一个企业都不可能具备所有的技术和人才优势；②面对未来持续变化的商务环境，单独一个企业对市场的适应能力已不足以把握转瞬即逝的商机，只有建立具有快速反应机制的社会协作体系，才能适应未来市场的要求。

鉴于这一变化趋势，美国提出了敏捷制造的策略，其中心思想是：企业的生产不仅要灵活、柔性好，而且要形成自己的特色，具有很先进的局部优势。当市场机遇出现时，组织几个有关企业合作形成动态联盟，各自贡献特长，以最快速度、最优组合赢得这一机遇。显然这种动态联盟运行的理论基础是并行工程，但其实范围已不再限于一个企业内部，而是拓展到全社会乃至全球。由此可以预见，未来并行设计将向全球化方向发展，以支持动态联盟跨国界的全球合作。在这种变化过程中，异地设计、异地制造所带来的交互协调问题必然使未来并行设计与计算机网络、分布式数据库等技术紧密地结合在一起。目前网络技术中的文件管理系统、电子公告板 BBS、可视会议、E-mail 等功能已可以支持异地甚至异步交互，因此充分利用已有的技术基础，研究支持全球合作的并行设计将是未来的一个重要发展方向。借助于 Internet，我们可以预见未来全球并行设计的工作模式，如下所示：

第一步，用户在电子公告板上发出招标信息，说明产品功能要求和技术规范；

第二步，通过网络主页(Homepage)相互了解各自特长的有关企业迅速组成动态联盟应标，竞争的结果将是动态组合最优的联盟获胜；

第三步，在网上建立联盟指挥部(网络服务器)，协调分布在全球的联盟成员进行异地合作开发；

第四步，产品开发完成后，撤销联盟开始寻找新的市场机会。

尽管这样的工作方式在全球网络上操作还存在大量的理论和实际问题，但是 Internet 毕竟向我们展示了未来全球并行设计实施的可行性。随着信息高速公路的建立，我们坚信并行设计将是我们应付未来市场挑战的有力武器。

习　题

[15-1]　并行设计的概念是什么？

[15-2]　并行设计有哪些关键性技术？

[15-3]　并行设计如何实施？

[15-4]　举例说明串行设计和并行设计的区别。

第十六章　绿色设计

第一节　概　述

20 世纪 70 年代以来，工业污染所导致的全球性环境恶化达到了前所未有的程度，迫使人们不得不重视这一现实。日益严重的生态危机要求全世界工商企业采取共同行动来加强环境保护，以拯救人类生存的地球，确保人类的生活质量和经济持续健康发展。20 世纪 90 年代以来，各国的环保战略开始经历一场新的转折，全球性的产业结构调整呈现出新的绿色战略趋势。这就是向资源利用合理化，废弃物产生少量化，对环境无污染或少污染的方向发展。在这种“绿色浪潮”的冲击下，绿色产品逐渐兴起，相应的绿色产品设计方法就成为目前的研究热点。工业发达国家在产品设计时努力追求小型化(少用料)、多功能(一物多用，少占地)、可回收利用(减少废弃物数量和污染)；生产技术追求节能、省料、无废少废、闭路循环等，都是努力实现绿色设计的有效手段。如果说，当初是西方国家严格的环保立法和绿色法规促进了制造业奉行绿色设计，那么，现在是绿色设计的先行者尝到了甜头后自觉地遵循绿色行为，例如施乐、柯达和惠普等公司的绿色设计已经有了直接赢利。这同时也进一步促进了绿色产品及绿色设计的迅速发展。

绿色产品 GP(Green Product)或称为环境协调产品 ECP(Environmental Conscious Product)是相对于传统产品而言的。由于产品绿色的描述和量化特征还不十分明确，因此目前还没有公认的权威定义。不过分析对比现有的不同定义，仍可对绿色产品有一个基本的认识。以下即为绿色产品的几种定义：

(1)绿色产品是指以环境和环境资源保护为核心概念而设计生产的可以拆卸并分解的产品，其零部件经过翻新处理后，可以重新使用。

(2)绿色产品从生产到使用乃至回收的整个过程符合特定的环境保护要求，对生态环境无害或危害极少，以及利用资源再生或回收循环再用的产品。

从上述这些定义可以看出，虽然描述的侧重点不同，但其实质基本一致，即绿色产品应有利于保护生态环境，不产生环境污染或使污染最小化，同时有利于节约资源和能源，且这一特点应贯穿于产品生命周期全过程。因此，综合上述分析，我们可以给出绿色产品的下述定义以供参考：绿色产品就是在其生命周期全过程中，符合特定的环境保护要求，对生态环境无害或危害极少，对资源利用率最高、能源消耗最低的产品。

基本属性与环境属性紧密结合的绿色产品应具有以下内涵：

(1)优良的环境友好性。即产品从生产到使用乃至废弃、回收处理的各个环节都对环境无害或危害甚小。这就要求企业在生产过程中选用清洁的原料、清洁的工艺过程，生产出清洁的产品；用户在使用产品时不产生环境污染或只有微小污染；报废产品在回收处理过程中产生的废弃物很少。

(2)最大限度地利用材料资源。绿色产品应尽量减少材料使用量，减少使用材料的种类，特别是稀有昂贵材料及有毒、有害材料。这就要求设计产品时，在满足产品基本功能的条件下，尽量简化产品结构，合理使用材料，并使产品中零件材料能最大限度地再利用。

(3)最大限度地节约能源。绿色产品在其生命周期的各个环节所消耗的能源应最少。

要实现经济的快速增长，就必须有大量的投入。而目前的经济增长方式主要以自然资源和劳动力为主要投入手段。这种以自然资源的高投入、高消耗为特征的短期粗放型经济增长方式不仅大量消耗、浪费了地球的不可再生资源，而且资源消耗和工业废弃物造成的环境污染是对人类生态系统的破坏，将造成生态系统失衡，直接威胁人类的生存。而可持续发展是一种以高技术努力降低自然资源消耗，千方百计节约自然资源，把环境保护和自然资源统筹考虑的发展，是一种更高层次、更高质量的健康发展，即在生产时尽可能少投入、多产出，在消耗时多利用、少排放。

可持续发展的最广泛定义是“人类应享有以与自然相和谐的方式过健康而富有生产成果的生活的权利”，并“公平地满足今世后代在发展与环境等方面的需要”。可持续发展的内涵深刻，内容丰富，但它具有两个最基本的要点：一是强调人类享有追求健康而富有生产成果的生活权利，但这应该是坚持与自然相和谐方式的统一，而不应当是凭借着人们手中的技术和投资，采取耗竭资源、破坏生态和污染环境的方式来追求这种发展权利的实现；二是强调当代人在创造和追求今世发展与消费的时候，应当承认并努力做到使自己的机会与后代人的机会平等，不能允许当代人一味地、片面地、自私地为了追求今世人的发展与消费，而毫不留情地剥夺后代人应享有的同等发展与消费的机会。

因此，人们在转变传统发展模式、实行可持续发展战略的时候，必然纠正过去那种单纯靠增加投入、加大消耗实现发展的模式和以牺牲环境来增加产出的错误做法，从而使经济发展更少地依赖地球上有限的资源，而更多地与地球的承载能力达到有机的协调。

要实现可持续发展，就要求企业改变传统的生产方式和经营观念，走可持续生产之路，即对每一种产品的产品设计、材料选择、生产工艺、生产设施、市场利用、废物产生和售后服务及处置等都要有环境意识，都要有可持续发展的思想。要从根本上节约资源与能源，防止污染，关键在于设计与制造。绿色设计是实现可持续发展的关键。

第二节　绿色设计的主要内容

过去判断企业的市场竞争力只需研究其生产成本、生产周期、产品质量就足够了，而如今从可持续发展的观念来看，还必须把产品的制造技术和对环境的重视放在同等重要程度来考虑，即为了获得市场竞争力，企业必须做到五点：生产成本低、生产周期短、产品质量高、技术水平高、不影响生态环境，即进行绿色产品设计。

绿色产品设计是以环境资源保护为核心概念的设计过程，它要求在产品的整个寿命周期内把产品的基本属性和环境属性紧密结合。在进行设计决策时，除满足产品的物理目标外，还应满足环境目标以达到优化设计要求。

绿色产品至今尚无严格的可供遵循的行业标准，但在市场层面上的绿色产品标准已经得到公认，即产品在使用过程中不污染环境且能耗低，及产品在使用后可以易于拆卸、回收和翻新或能够安全废置并长期无虑。

由绿色产品设计的上述评价标准可见，进行绿色产品设计应包括以下主要内容：

一、绿色产品设计的材料选择与管理

绿色产品设计要求产品设计人员要改变传统选材程序和步骤。选材时，不仅要考虑产品的使用和性能，而且应考虑环境约束准则，同时必须了解材料对环境的影响，选用无毒、无污染材料和易回收、可重用、易降解材料。这对材料科学的发展也提出了新的要求，即要设计出适合绿色产品设计的绿色材料。除选材外，还应加强材料管理，一方面不能把含有有害成分与无害成分的材料混放在一起；另一方面，达到寿命周期的产品，有用部分要充分回收利用，不可用部分要采用一定的工艺方法处理、回收，使其对环境的影响降低到最低限度，降低材料成本。

二、产品的可回收性设计

可回收性设计是在产品设计初期充分考虑其零件材料的回收可能性、回收价值大小、回收处理方法、回收处理结构工艺性等与回收性有关的一系列问题，达到零件材料资源、能源的最大利用，并对环境污染最小的一种设计思想和方法。可回收性设计主要包括以下几个方面的内容：①可回收材料及其标志；②可回收工艺与方法；③可回收性经济评估；④可回收性结构设计。

三、产品的可拆卸性设计

可拆卸性是绿色产品设计的主要内容之一。它要求在产品设计的初级阶段就将可拆卸性作为结构设计的一个评价准则，使所设计的结构易于拆卸，维护方便，并可在产品报废后充分有效地回收和重用可重用部分，以达到节约资源和能源、保护环境的目的。可拆卸性要求在产品结构设计时改变传统的连接方式代之以易于拆卸的连接方式。可拆卸性结构设计有两种类型：一种是基于成熟结构的“案例”法；另一种则是基于计算机的自动设计方法。

四、绿色产品的成本分析

绿色产品的成本分析与传统的成本分析截然不同。由于在产品设计的初期，就必须考虑产品的回收、再利用等性能，因此成本分析时，就必须考虑污染物的替代、产品拆卸、重复利用成本、特殊产品相应的环境成本等。对企业来说，是否支出环保费用，也会形成产品成本上的差异；同样的环境项目，在各国或地区间的实际费用，也会形成企业间成本的差异。因此，绿色产品成本分析，应在每一设计选择时进行，以便设计出的产品更具绿色且成本低。

五、绿色产品设计数据库

绿色产品设计数据库是一个庞大复杂的数据库。该数据库在绿色产品的设计过程中起着举足轻重的作用。该数据库应包括产品寿命周期中环境、经济等有关的一切数据，如材料成分，各种材料对环境的影响值，材料自然降解周期，人工降解时间、费用，制造装配、销售、使用过程中所产生的附加物数量及对环境的影响值，环境评估准则所需的各种判断标准等。

第三节　绿色设计的特点

产品能否达到绿色标准要求，其决定因素是该产品在设计时是否采用绿色设计

GD(Green Design)。绿色设计是在世界“绿色浪潮”中诞生的一种全新的产品设计概念。绿色产品设计特点是设计人员主要是根据该产品基本属性指标进行设计，其设计指导原则是只要产品易于制造并具有要求的功能、性能即可。

由此可见，传统产品设计过程很少或根本没有考虑资源再生利用，以及产品对生态环境的影响。按传统设计生产制造出来的产品，在其使用寿命结束后就成为一堆废弃物，回收利用率低，资源、能源浪费严重，特别是其中的有毒有害物质，会严重污染生态环境，影响生产发展的持续性。

绿色设计就是实现产品绿色要求的设计。其目的是克服传统设计的不足，使所设计的产品具有绿色产品的各个特征。与传统设计不同的是，绿色设计包含产品从概念形成到生产制造、使用乃至废弃后的回收、重用及处理的各个阶段，即涉及产品整个寿命周期，是从摇篮到再现的过程。也就是说，要从根本上防止污染，节约资源和能源，关键在于设计与制造，要预先设法防止产品及工艺对环境产生的负作用，然后再制造，这就是绿色设计的基本思想。

概括起来，绿色设计是这样一种方法，即在产品整个生命周期内，优先考虑产品环境属性(可拆卸性、可回收性、可维护性、可重复利用性等)，并将其作为设计目标，在满足环境目标要求的同时，保证产品应有的基本性能、使用寿命、质量等。

图 16-1 就是传统设计过程与绿色设计过程的对比。由此可见，绿色设计与传统设计的根本区别在于绿色设计要求设计人员在设计构思阶段，就要把降低能耗、易于拆卸、使之再生利用和保护生态环境，与保证产品的性能、质量、寿命、成本的要求列为同等的设计目标，并保证在生产过程中能够顺利实施。

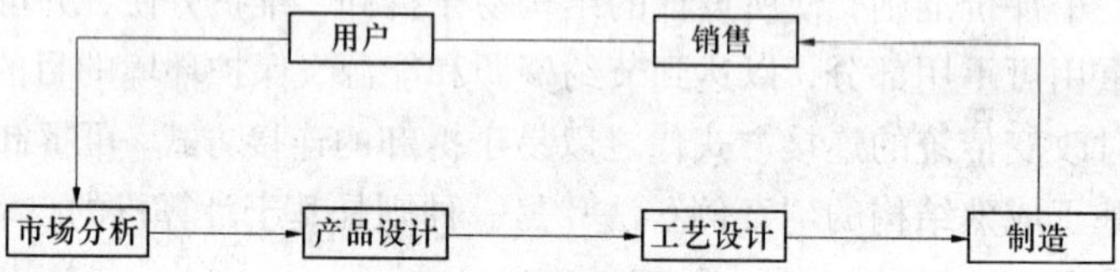

(a)传统产品设计过程

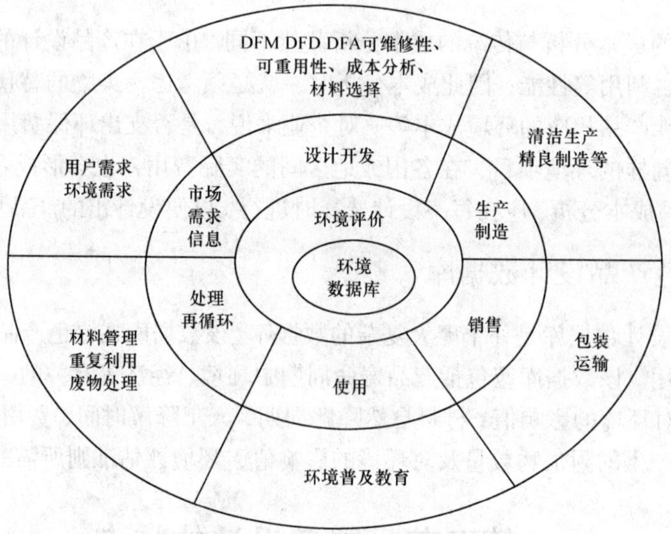

(b)绿色产品设计过程

图 16-1　传统产品设计过程与绿色设计过程

第四节　绿色产品设计的关键技术

一、面向环境的设计技术

面向环境的设计(DFE)或称绿色设计(GD)是在世界“绿色浪潮”中诞生的一种新型产品设计概念。DFE是以面向环境的技术为原则所进行的产品设计，按设计开发的产品通常称为“绿色产品”。

面向环境的设计强调：要从根本上防止污染、节约资源和能源，关键在于设计与制造，不能等产品产生了不良的环境后果之后再采取防治措施(现行的末端处理即是如此)，要预先设法防止产品及工艺对环境产生的负作用，然后再制造。概括起来，面向环境的设计是一种系统化的设计方法，即在产品整个生命周期内，以系统集成的观点考虑产品环境属性(可拆卸性、可回收性、可维护性、可重复利用性和人身健康及安全性等)和基本属性，并将其作为设计目标，使产品在满足环境目标要求的同时保证应有的基本性能、使用寿命和质量等。

二、面向能源的设计技术

面向能源的设计技术是指：用对环境影响最小和资源消耗最少的能源供给方式支持产品的整个生命周期，并以最少的代价获得能量的可靠回收和重新利用的设计技术，从而全面指导、优化产品设计过程。

面向能源的设计技术，是一项综合应用设计技术，体现了多学科发展成果转化的特征，而且这一技术发展本身是一个不断扩充、不断优化和不断调整的过程。首先，面向能源的设计技术吸收最新的环境保护方面的成就，并加以应用；其次，面向能源的设计技术采用先进的新能源应用技术成果，加以转化，变成设计参数；再次，面向能源的设计技术引用先进的控制技术、系统科学成果，把能源控制、回收保护等保持在最好的水平；最后，面向能源的设计技术与其他设计理论多次交叉融会，并需要从它们的研究成果中获取素材，充实到本项目研究中去。

产品设计是影响制造系统能源消耗的至关重要阶段。设计人员从开始就应具有能源意识，在设计过程中，不仅要考虑产品的功能、寿命、成本，还要考虑产品的能源消耗和环境特性，尽量减少产品在制造和使用过程中的能源消耗，使产品以最少的能源耗费、最高的可回收率制造出来。

三、面向材料的设计技术

在传统的产品设计中，由于材料选用上较少考虑对环境的影响，因而在产品的制造、消费过程中对环境产生了一定的危害。如氟里昂的使用导致了臭氧层的破坏，矿物燃料的使用使大气中CO_2含量过高，产生了温室效应等。随着产品对环境性能要求的不断提高，传统产品设计中材料选择的疏漏之处明显暴露出来。这表现在以下四个方面：①所用材料种类繁多；②较少考虑材料的加工过程及其对环境的影响；③较少考虑报废后的回收处理问题；④所用材料较少考虑所用材料本身的生产过程。

面向材料的设计技术是以材料为对象，在产品的整个寿命周期(设计、制造、使用、废弃)中的每一阶段，以材料对环境的影响和有效利用作为控制目标，在实现产品功能要求的同时实施使其对环境污染最小和能源消耗最少的绿色设计技术。

四、人机工程设计技术

人机工程设计技术是以人机工程学理论为基础的面向人的产品设计技术。人机工程又称为人体工程，它依据人的心理和生理特征，利用科学技术成果和数据去设计的技术系统，使之符合人的使用要求，改善环境，优化人机系统，使之达到最佳配合，以最小的劳动代价换取最大的经济成果。人机工程设计的目标是在系统约束条件下，提高工作的有效性，提高生产率及质量，减少操作者可能出现的失误，降低操作者体力和脑力消耗，尽可能地适合不同水平的操作者使用，尽可能简化操作，降低劳动强度，改善工作条件，尽量适合操作者的心理和生理特征使操作者轻松愉快地完成工作，以达到人机系统的最佳效率与效能。在设计技术系统时，要注意合理地分配操作者和技术系统之间的工作。在协调人机工作时，要尽可能放宽对操作者的技术要求，确保人的安全、可靠和身心健康。

第五节　绿色设计的方法

绿色设计涉及机械制造学科、材料学科、管理学科、社会学科、环境学科等诸多学科的内容，具有较强的多学科交叉特性。显而易见，单凭现有的某一种设计方法是难以适应绿色设计要求的。绿色设计是设计方法集成和设计过程集成，是一种综合了面向对象技术、并行工程、寿命周期设计的一种发展中的系统设计方法，是集产品的质量、功能、寿命和环境为一体的设计系统。

一、生命周期设计方法

现代企业面临着世界范围的激烈竞争，其竞争主要表现在以下几个方面：①能够开发出市场急需的、适销对路的、品种多的产品；②能够在尽可能短的时间内提供用户需要的产品；③产品质量应能最大限度地满足用户的需求；④产品的价格应具有竞争力；⑤能提供产品的全程优质服务；⑥产品在其生命周期全程中应具有良好的环境友好性能。这六个要素相辅相成，缺一不可。

正是这种竞争导致了产品设计观念的根本转变。其中最重要的影响就是要求按产品的生命周期进行设计，也就是说，从产品概念设计阶段一开始就要考虑产品生命周期的各个环节，包括设计、研制、生产、供货、使用、直到废弃后拆卸、回收或处理，以确保满足产品的绿色属性要求。产品生命周期设计对企业来说是一种新的挑战性机遇，即产品生命周期设计将为市场带来更富有竞争力的产品，以满足用户和社会需求。甚至可以说，产品生命周期设计是驱动企业面向未来的最重要的动力。

传统设计的依据是产品的技术、经济性能和相应的设计规范。企业通常只管设计与制造产品，并将生产的产品投向市场，而使用是用户的事，废弃淘汰后的处理或回收则是社会的事，生产厂家、用户和社会三者之间没有太多的联系。产品在使用期间对人体健康造成的伤害及在生命周期过程中造成的环境污染由社会承担，不会追溯到生产厂家。这种状况已经不能适应未来社会发展的要求。只有生产厂家、用户和社会三者共同关心并参与产品的设计开发，进行产品的全生命周期设计，才能克服传统设计存在的不足。

二、并行工程方法

为了在设计过程中考虑产品的整个生命周期，在设计观念、方法和组织方面必然产生根本性的变革。从这个意义上讲，设计就是将产品整个生命周期内适应挑战性要求而提出的所有商业属性和技术属性汇集起来的过程。对设计的这种理解使设计跨出了只是满足某种技术要求的概念范围，它同时强调了产品设计的商业效果。并行工程正是实现这一目标的有效途径。

并行工程是现代产品开发的一种模式和系统方法，它以集成、并行的方式设计产品及其相关过程，力求使产品开发人员在设计一开始就考虑产品生命周期全过程的所有因素，包括质量、成本、进度计划和用户的要求等，最终使产品达到最优化。绿色设计与一般设计相比而言，对并行工程有着更加迫切的需求。

要实现并行绿色设计，首先要实现人员的集成。即采用绿色协同工作组(GWT)的模式，这是一种先进的设计人员组织模式。由于设计目标和涉及问题的复杂性，并行绿色设计应组织多专业(如材料、设计、工艺和环境等)开发小组负责整个产品的设计，并要求设计小组内所有人员协调工作，并行交叉地进行。图 16-2 即为绿色产品并行设计小组的组成。

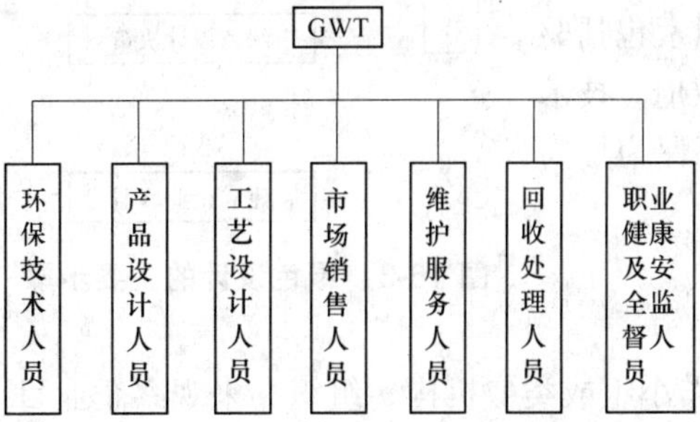

图 16-2　绿色产品并行设计小组的组成

其次，要进行有关信息与技术的集成。实现并行绿色设计的关键是产品信息的集成和技术方法的集成。产品生命周期全过程中的各类信息的获取、表达、表现和操作工具都集成在一起并组成统一的管理系统，特别是产品信息模型(PIM——Product Information Model)和产品数据管理(PDM——Product Data Management)。产品开发过程中涉及的多学科知识以及各种技术和方法也必须集成，并形成集成的知识库和方法库，以利于并行过程的实施。这两种集成能提供所需的分析工具和信息，并能在设计过程中尽可能早地分析设计特征的影响，规划生产过程，从而提供一个集成的工程支撑环境。

三、模块化设计方法

模块化设计就是在对一定范围内的不同功能或相同功能、不同性能、不同规格的产品进行功能分析的基础上，划分并设计出一系列功能模块，通过模块的选择和组合可以构成不同的产品，以满足市场的不同需求。模块化设计既可以很好地解决产品品种规格、设计制造周期和生产成本之间的矛盾，又可为产品快速更新换代，提高产品质量，方便维修，有利于产品废弃后的拆卸回收，增强产品的竞争力提供必要条件。产品模块化对绿色设计具有重要意义。这主要表现在以下几个方面：

(1)模块化设计能够满足绿色产品的快速开发要求。

(2)模块化设计可将产品中对环境或对人体有害的部分、使用寿命相近的部分等集成在同一模块中，便于拆卸回收和维护更换等。

(3)模块化设计可以简化产品结构。模块化设计可根据绿色设计的不同目标要求来进行。如在模块化设计时，若以可重用性为主，则需要考虑两个主要因素，即期望的零(部)件寿命及其重用性能。考虑零(部)件寿命时，可将长寿命的零(部)件集成在相同模块中，以便产品维护和回收后的重用；当考虑可重用性时，应将具有相同重用性零(部)件(回收价值与回收成本之比)集成在同一模块中。模块化设计能较为经济地用于多品种小批量生产，更适合于绿色产品的结构设计，如可拆卸结构设计等。

第六节　绿色设计的步骤

绿色设计的主要步骤如图 16-3 所示，包括搜集绿色设计信息，建立绿色设计小组，绿色产品方案设计，绿色设计决策及建立企业联盟。

一、搜集绿色设计信息

绿色设计信息是关于绿色产品的科技水平、材料、法规、市场需求及其竞争力方面的信息。只有通过搜集绿色信息，企业才能掌握绿色商机。绿色信息的搜集要兼顾内部及外在因素的评价与分析。内部因素包括绿色市场趋势、减废技术、环保政策、环保法规、绿色制造的成本等。外在因素包括驱动环境的绿色消费者、绿色供应商、竞争对象、政府、技术发展等。这些信息的搜集与分析，是为了拟定以环保为导向的企业设计策略与发展方向。

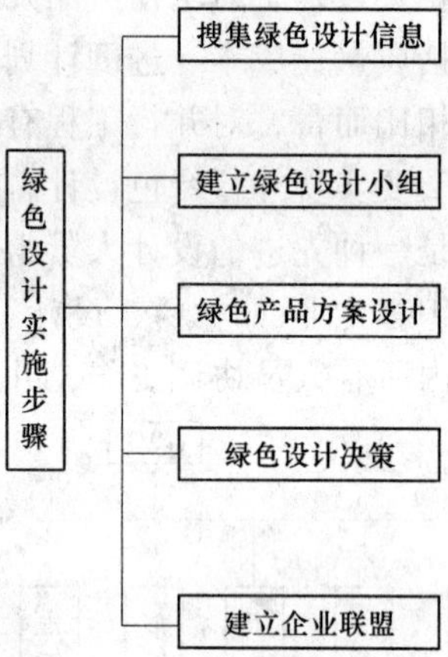

图 16-3　绿色设计的主要步骤

二、建立绿色设计小组

绿色设计的主要任务就是在通过成立绿色工作小组或类似机构、组织，来观察企业目前的绿色设计表现，决定未来企业的绿色设计需求，评价现有绿色设计与未来设计需求的目标差距，推动绿色设计改善及掌握最新的绿色设计信息。绿色设计小组可根据企业的规模成立专门的部门或工作小组，负责推动绿色设计业务的开展。

三、绿色产品方案设计

根据搜集的绿色信息提出各种具体可行的绿色概念方案。概念方案可以是一个或多个。对概念方案的评估是在设计、制造、包装、运输、消费、废弃、处理等综合流程中，以废弃物的减量化、最小化、资源化作为设计的目标，并根据每一方案的技术可行性与市场配合性做整合性的评估，最后确定出具体可行的最终设计方案。

四、绿色设计决策

企业把环境保护纳入其决策要素之中，在产品设计过程中，对最终可行的设计方案进行产品生命周期分析。该产品所有与环境有关的生活条件、废弃物、土壤污染、水质污染、空气污染、噪声、能源消耗、资源消耗以及生态影响等均纳入评估过程，经过综合评估并作适度的修正后，进行详细的绿色设计，产生最终设计的绿色产品。

五、建立企业联盟

绿色产品的发展无论在范围还是在种类方面均取得了长足的发展，许多国外一流企业已经实施绿色设计及其产品管理计划，并使该计划执行落实的范围不断扩大，越来越多的绿色产品正在源源不断地被引入这些企业。由于单个企业活动难以跨越产品生命周期全程，且单个企业活动极为有限，因而企业联盟在绿色产品设计中具有十分重要的作用。

习　题

[16-1]　绿色设计的概念是什么？
[16-2]　绿色设计的主要内容是什么？
[16-3]　绿色设计有哪些特点？
[16-4]　简要叙述绿色设计的步骤。

第十七章　常用工程软件

第一节　CAD/CAM 软件

一、UG 软件

Unigraphics(简称 UG)是美国 Unigraphics Solutions of EDS 公司推出的计算机辅助设计、辅助制造、辅助工程(CAD、CAM、CAE)一体化软件，在全球的汽车、模具、航空航天和电器电子等各个生产行业中得到了广泛的应用。Unigraphics 可以完成产品的设计、分析、加工、检验和产品数据管理的全过程，具有以下主要功能。

(一)产品设计(CAD)

利用零件建模模块、产品装配模块和平面工程图制图模块，可以建立各种复杂结构的三维参数化实体装配模型和部件详细模型，并自动地生成工作图纸(半自动标注尺寸)；设计小组之间可以进行协同设计，可以应用于各种类型产品的设计，并支持产品外观设计；所设计的产品模型可以进行虚拟装配以及各种分析，省去了制造样机的过程。

(二)计算机辅助工程(CAE)

利用有限元方法，对产品模型进行受力、受热和模态分析，从图像颜色上直观地表示出受力或者变形等情况。利用运动分析模块，可以分析产品的实际运动情况和干涉情况，并分析运动的速度。

(三)零件加工(CAM)

利用数控加工模块，根据产品部件模型或者装配模型半自动产生刀具路径，自动生成数控机床能接受的数控加工指令。

(四)布线

利用布线模块，可以根据产品的装配模型规划各种管线和线路及其标准简接头，自动走线，并能计算出使用材料，列出材料清单。

(五)产品宣传

利用UG的可视化渲染模块可以产生逼真生动的艺术照片、动画等,可以直接在 Internet 上发布产品模型。

二、Pro/E 软件

Pro/Engineer 是美国 PTC 公司的产品，于 1988 年问世，10 多年来，经历 20 余次的改版，已成为全世界及中国地区最普及的 3D CAD/CAM 系统的标准软件，广泛应用于电子、机械、模具、工业设计、汽车、航天、家电、玩具等行业。Pro/E 是全方位的 3D 产品开发软件包，和相关软件 Pro/Desinger(造型设计)、Pro/Mechanica(功能仿真)，集合了零件设计、产品装配、模具开发、加工制造、钣金件设计、铸造件设计、工业设计、逆向工程、自动测量、机构分析、有限元分析、产品数据库管理等功能，从而使用户缩短了产品开发的时间并简化了开发的流程。国际上有 27000 多家企业采用了 Pro/Engineer 软件系统，作为企业的标准软件进行产品设计。Pro/E 独树一帜的软件功能直接影响了我们工作中的设计、制造方法。与其他同类三维软件(MDT、UG、CATIA 等)相比，Pro/Engineer 的不同之处在于以下几点：

(1)基于特征的(Feature-Based)。Pro/Engineer 是一个基于特征的(Feature-Based)实体模型建模工具，利用每次个别建构区块的方式构建模型。设计者根据每个加工过程，在模型上构建一个单独特征。特征是最小的建构区块，若以简单的特征建构模型，在修改模型时，更有弹性。

(2)关联的(Associative)。通过创建零件、装配、绘图等方式，可利用 Pro/Engineer 验证模型。由于各功能模块之间是相互关联的，如果改变装配中的某一零件，系统将会自动地在该装配中的其他零件与绘图上反映该变化。

(3)参数化(Parametric)。Pro/Engineer 为一参数化系统，即特征之间存在相互关系，使得某一特征的修改会同时牵动其他特征的变更，以满足设计者的要求。如果某一特征参考到其他特征时，特征之间即产生父/子(parent/child)关系。

(4)构造曲面(surface)。复杂曲面的生成主要有三种方法：①由外部的点集，生成三维曲线，再利用 Pro/E 下 surface 的功能生成曲面；②直接输入由 Pro/Desiger(造型设计)产生的曲面；③利用 import(输入)功能，以 IGES、SET、VDA、Neutral 等格式，输入由其他软件或三维测量仪产生的曲面。

(5)在装配图中构建实体。根据已建好的实体模型，在装配(component)中，利用其特征(平面，曲面或轴线)为基准，直接构建(create)新的实体模型。这样建立的模型便于装配，在系统默认(default)状态下，完成装配。

三、SolidWorks 软件

SolidWorks 公司是专业从事三维机械设计、工程分析和产品数据管理软件开发和营销的跨国公司，其软件产品 SolidWorks 提供一系列的三维(3D)设计产品，帮助设计师减少设计时间，增加精确性，提高设计的创新性，并将产品更快推向市场。

SolidWorks 软件主要由以下部分组成：

(1)2D 到 3D 转换工具。将 2D 工程图拖到 SolidWorks 工程图中的功能；支持包括外部参考的可重复使用 2D 几何；视图折叠工具，可以从 DWG 资料产生 3D 模型。

(2)内置零件分析。测试零件设计，分析设计的完整性。

(3)机器设计工具。具有整套焊接结构设计和文件工具，以及完全关联的钣金功能。

(4)模具设计工具。测试塑料射出制模零件的可制造性。

(5)消费产品设计工具。保持设计中曲率的连续性，以及产品薄壁的内凹零件，可加速消费性产品的设计。

(6)对现成零组件的线上存取。让 3D CAD 系统使用者通过市场上领先的线上目录使用现在的零组件。

(7)模型组态管理。在一个文件中产生零件或零组件模型的多个设计变化，简化设计的重复使用。

(8)零件模型建构。利用伸长、旋转、薄件特征、进阶薄壳、特征复制排列和钻孔来产生设计。

(9)曲面设计。使用有导引曲线的叠层拉伸和扫出复杂曲面、填空钻孔，拖曳控制点以进行简单的相切控制。直观地修剪、延伸、图化、缝织曲面、缩放和复制排列曲面。

四、I–DEAS 软件

I–DEAS 是美国 SDRC(Structural Dynamics Research Corporation)公司自 1993 年推出的新一代机械设计自动化软件，也是 SDRC 公司 CAD、CAE、CAM 领域的旗舰产品，并以其高度一体化、功能强大、易学易用等特点而著称。

它可运行于 Windows/NT 和 UNIX 平台上，共有工程设计(Engineering Design)模块、工程制图(Drafting)模块、制造(Manufacturing)模块、有限元仿真(Simulation) 模块、测试数据分析(Test Data Analysis)模块、数据管理(Data Management)模块、几何数据交换(Geometry Translator)模块等七大主模块。可以实现实体建模、线性静态分析、结构模态分析、热传递分析、流动分析等仿真分析、注塑模具设计等功能，是一个集 CAD、CAE、CAM 功能为一体的软件。

(一)工程设计(Engineering Design)模块

工程设计模块主要用于对产品进行几何设计，包括建模(Master Modeler)、曲面(Master Surfacing)、装配(Master Assembly)、机构(Mechanism)、制图建模(Draft Setup)几个子模块。

(二)工程制图(Drafting)模块

I–DEAS 的绘图模块是一个高效的二维机械制图工具，它可绘制任意复杂形状的零件。它既能作为高性能系统独立使用，又能与 I–DEAS 的实体建模模块结合起来使用。

(三)制造(Manufacturing)模块

在机械行业中用到的 I–DEAS 制造模块中的功能是数控加工(NC Machining)。I–DEAS 的数控模块分三大部分：前置处理模块、后置处理编写器和后置处理模块。在前置处理模块中，I–DEAS 提供了完整的机加工环境，可同时处理三维实体和曲面。NC 刀具轨迹可根据仿真情况进行修正。

(四)有限元仿真(Simulation)模块

I–DEAS 的有限元仿真应用包括三个部分：前置处理模块(Pre–Processing)、求解模块(Solution)、后处理模块(Post–Processing)。

(五)测试数据分析(Test Data Analysis)模块

I–DEAS 的测试数据分析模块就像一位保健医生，它在计算机上对产品性能进行测试仿真，找出造成产品各种故障的原因，帮助你对症下药，排除产品故障，改进产品设计。

(六)数据管理(Data Management)模块

I–DEAS 的 Data Management 模块简称 IDM，它就像 I–DEAS 家庭的一个大管家，将触角伸到 I–DEAS 的每一个任务模块，并自动跟踪你在 I–DEAS 中创建的数据，跟踪数据之间的关系。这些数据包括你存储在模型文件或库中零件的数据。这个管家通过一定的机制，保证了所有数据的安全及存取方便。

(七)几何数据交换(Geometry Translator)模块

I–DEAS 中几何数据交换模块有好几个，如 IGES、STEP、DXF 等，其工作原理是先将别的 CAD 数据转换成中性数据(不依赖于该 CAD 系统)，然后将中性数据通过几何数据交换模块转换成 I–DEAS 数据，这样就可将外来数据全部同化。

五、AutoCAD 软件

CAD(Computer Aided Design)的含义是指计算机辅助设计，是计算机技术的一个重要的应用领域。AutoCAD 则是美国 Autodesk 公司开发的一个交互式绘图软件，是用于二维及三维设计、绘图的系统工具，用户可以使用它来创建、浏览、管理、打印、输出、共享及准确复用富含信息的设计图形。

AutoCAD 是目前世界上应用最广的 CAD 软件，市场占有率位居世界第一。AutoCAD 软件具有如下特点：

(1)具有完善的图形绘制功能。

(2)有强大的图形编辑功能。

(3)可以采用多种方式进行二次开发或用户定制。

(4)可以进行多种图形格式的转换，具有较强的数据交换能力。

(5)支持多种硬件设备。

(6)支持多种操作平台。

(7)具有通用性、易用性，适用于各类用户。

虽然 AutoCAD 本身的功能集已经足以协助用户完成各种设计工作，但用户还可以通过 Autodesk 以及数千家软件开发商开发的五千多种应用软件把 AutoCAD 改造成为满足各专业领域的专用设计工具。这些领域中包括建筑、机械、测绘、电子以及航空航天等。

六、SolidEdge 软件

作为美国公司 Unigraphic Solutions CAD 软件包，SolidEdge 提出杰出的机械装配设计和制图性能、高效的实体造型能力和无与伦比的易用性。其实体建模系统具有最佳的易用性，并可按照设计师和工程师的思路工作。SolidEdge 参数、基于特征的实体建模操作依据定义清晰、直观一致的工作步骤，推动了工作效率的提高。强大的造型工具能帮助用户更快地将高质量的产品推入市场。

SolidEdge 是适用于 Windows 的机械装配设计系统，它是一种完全创新的应用于机械装配和零件模型制作的计算机辅助设计系统。SolidEdge 是第一个将真参数化、特征化实体模型制作引入制作舒服，且为大家所熟悉的 Windows 环境的机械设计工具。通过模仿实际和自然的机械工程流程的直观界面，SolidEdge 避免了传统 CAD 系统中命令混乱和复杂的模型制作过程。SolidEdge 可以快速方便地与其他的计算机辅助工具相配合，如与办公室自动化程序、机械设计、工程和制造系统结合在一起。

七、MasterCAM 软件

MasterCAM 是美国 CNC 系统公司开发的一套适用于机械产品设计、制造的运行在 PC 平台上的 3D CAD / CAM 交互式图形集成系统。它不仅可以完成产品的设计，更能完成各种类型数控机床的自动编辑，包括数控铣床(2 轴~5 轴)、车床(可带 C 轴)、线切割机(4 轴)、激光切割机、加工中心等的编辑加工。

产品零件的造型可以由系统本身的 CAD 模块来建立模型，也可通过一坐标测量仪测得的数据建模，经系统提供的 DXIGES、CADL、VDA、STL 等标准图形接口可实现与其他 CAD 系统的双向图形传输，也可通过专用 DWG 图形接口直接与 AutoCAD 进行图形传输。系统具有很强的加工能力，可实现多曲面连续加工、毛坯粗加工、刀具干涉检查与消除、实体加工模拟、DNC 连续加工以及开放式的通用后置处理功能。

八、Edge CAM 数控自动编程系统

Edge CAM 为英国 Pathrace 公司出品的数控自动编程系统。Pathrace 公司自 1983 年以来一直从事 NC 自动编程软件的开发，是全球领先的 CAM 软件供应商，为 Autodesk 公司 MAI 合作伙伴。Edge CAM for MDT 集成于 Mechanical Desktop(MDT)，直接对实体模型进行编程，自动识别特征，极大地提高了生产效率。Edge CAM 软件具有如下特点：刀具路径与实体模型动态关联；对于用参数化设计的系列零件，只需一次编程；能确保数据完整；设计与制造联系更紧密；支持多种加工方法。

第二节 工程分析软件

一、结构分析软件

MSC.SuperModel 支持包含多个部件在内的大型结构设计过程，例如飞机、直升机、卫星、喷气发动机和空间飞行器的设计。这类大型装配结构的工程设计通常需要若干分别负责单个部件设计的项目工程师或项目团队，在部件级上合作完成。

MSC.SuperForge 是一个全新的工业锻造过程仿真软件包，由功能极强的有限体积求解器和 Windows NT 风格的易用图形界面无缝集成。利用 MSC.SuperForge 的锻造仿真技术，能够大幅度减少反复试验，缩短锻造工艺开发周期，加快产品投放市场时间，增加获利。MSC.SuperForge 已被成功用于全球各大著名锻造公司和零部件供应商的锻造产品开发。

MSC.NVH Manager 是一个完整的振动、噪声和舒适性(NVH)仿真界面。用鼠标点击界面上构成车辆系统的任何子系统如车身、动力系和悬挂等，改变其中某个或多个子系统的各种输入参数后，就能快速获得对整车 NVH 性能的影响结果。该产品适用于对车辆概念设计和改型设计 NVH 的快速评估。

MSC.FlightLoads & Dynamics 飞行载荷及动力仿真系统。MSC.Flightloads 飞行载荷及动力仿真系统可直接满足设计人员的需求，并获得详细结构设计和分析所需的精确外载荷数据。

MSC.Akusmod 是预测声音响应的有力工具，广泛用于振动和噪声分析、声学系统模拟、噪声预测、灵敏度分析优化。利用 MSC.Akusmod，设计人员和工程师能在产品设计过程的早期模拟其声学行为，快速评价不同设计的声学响应。MSC.Akusmod 与 MSC.Nastran 集成一体，为汽车、航空航天、铁道、造船和消费品等行业的内噪声计算提供了理想工具。

MSC.Acumen 让设计工程师拥有分析专家的仿真实力，MSC 公司在 1998 年推出的高级产品 MSC.Acumen，包括开发专用仿真浏览系统的软件工具箱和引导设计工程师按专家建议的分析流程完成特定任务仿真的软件平台。

MSC.Fatigue v8.0 是专业耐久性疲劳寿命分析软件系统。可用于结构的初始裂纹分析、裂纹扩展分析、应力寿命分析、焊接寿命分析、整体寿命预估分析、疲劳优化设计、振动疲劳分析、多轴疲劳分析、点焊疲劳分析、虚拟应变片测量及数据采集等各种分析，同时该软件还拥有丰富的疲劳断裂相关材料库、疲劳载荷和时间历程库等，能够可视化疲劳分析的各类损伤、寿命结果。

MSC.Dytran 主要用于求解高度非线性、瞬态动力学、流体及流–固耦合等问题，其领先技术可用于解决广泛复杂的工程问题，如金属成形(冲压、挤压、旋压、锻压)，(水下)爆炸、碰撞、搁浅、冲击、发射、穿透、汽车安全气囊(带)、液–固耦合、晃动、安全防护等问题。程序采用 Lagrange 格式的有限元方法描述结构，用 Euler 格式的有限体积方法描述流体，二者结合使用，有效求解流–固耦合问题。

MSC.Marc 是处理高度组合非线性结构、以及其他物理场和耦合场问题的高级有限元软件。MSC.Marc 具有超强的单元技术和网格自适应及重划分能力，广泛的材料模型，高效可靠的处理高度非线性问题能力和基于求解器的极大开放性，被广泛应用于产品加工过程仿真、性能仿真和优化设计。此外，MSC.Marc 独有的基于区域分割的并行有限元技术，能够实现在共享式、分布式或网络多 CPU 环境下非线性有限元分析准线性甚至超线性的并行性能扩展比。

MSC.Nastran 是世界上功能最全面、性能超群、应用最广泛的大型通用结构有限元分析软件，也是全球 CAE 工业标准的原代码程序，在国际合作和国际招标中，是首选的工程分析和校验工具。MSC.Nastran 能够有效解决各类大型复杂结构的强度、刚度、屈曲、模态、动力学、热力学、非线性、(噪)声学、流体–结构耦合、气动弹性、超单元、惯性释放及结构优化等问题。通过 MSC.Nastran 的分析可确保各个零部件及整个系统在最合理的环境下正常工作，获得最佳性能。

MSC.Patran 集几何访问、有限元建模、分析求解及数据可视化于一体的新一代框架式软件系统，通过其全新的“并行工程概念”和无可比拟的工程应用模块，将世界所有著名的 CAD/CAE/CAM/CAT(测试)软件系统及用户自编程序自然地融为一体。MSC.Patran 独有的 SGM(单一几何模型)技术可直接在几何模型一级访问各类 CAD 软件数据库系统，包括 UG、Pro/Engineer、CATIA、SolidEdge、SolidWorks、AutoDesk MDT 及 I–DEAS 等任意 CAD/CAM 软件数据库。

二、机械系统自动动力学分析软件

ADAMS 即机械系统动力学自动分析(Automatic Dynamic Analysis of Mechanical Systems)，是美国 MDI 公司(Mechanical Dynamics Inc.)开发的虚拟样机分析软件。目前，ADAMS 已经被全世界各行各业的数百家主要制造商采用。根据 1999 年机械系统动态仿真分析软件国际市场份额的统计资料，ADAMS 软件销售总额近八千万美元，占据了 51%的份额。ADAMS 软件使用交互式图形环境和零件库、约束库、力库，创建完全参数化的机械系统几何模型，其求解器采用多刚体系统动力学理论中的拉格朗日方程方法，建立系统动力学方程，对虚拟机械系统进行静力学、运动学和动力学分析，输出位移、速度、加速度和反作用力曲线。ADAMS 软件的仿真可用于预测机械系统的性能、运动范围、碰撞检测、峰值载荷以及计算有限元的输入载荷等。ADAMS 一方面是虚拟样机分析的应用软件，用户可以运用该软件非常方便地对虚拟机械系统进行静力学、运动学和动力学分析；另一方面，又是虚拟样机分析开发工具，其开放性的程序结构和多种接口，可以成为特殊行业用户进行特殊类型虚拟样机分析的二次开发工具平台。

ADAMS 软件由基本模块、扩展模块、接口模块、专业领域模块及工具箱五类模块组成。用户不仅可以采用通用模块对一般的机械系统进行仿真，而且可以采用专用模块针对特定工业应用领域的问题进行快速有效的建模与仿真分析。

三、机械系统动力学、运动学分析软件 DADS

DADS 是著名的机械系统动力学、运动学分析软件，能对机械系统整体的机械性能进行仿真。DADS 多年来一直应用于高端领域，如航空、航天、国防、铁道、特种车辆、轮船、汽车、机器人、生物医学等，被认为是动力学和运动学仿真方面的权威软件。

DADS 软件的专业模块和其他专用模块有以下几种。

(一)DADS/Pro

Pro/Engineer to DADS 模块可以嵌入到机械 CAD 软件 Pro/E 中，用户可以在 Pro/E 的环境中使用 DADS，在 Pro/E 的三维机械 CAD 模型基础上直接生成仿真模型；也可将 Pro/E 的模型输出到 DADS 中。

(二)DADS/Plant

DADS/Plant 由 DADS/Model、GUI、Animation 模块、DADSGraph Postprocessor 模块、System Build Solver 模块、Simulink Solver 模块及 Easy5 Solver 模块组成。DADS/Plant 可以将机械系统的仿真模型与控制系统的仿真模型结合起来，进行联合仿真。用户不必建立机械系统的数学方程，就能很快地生成机械系统和控制系统联合的整体仿真模型。

(三)DADS /Linearization and Eigenvectors

该模块可以将代表机械系统的非线性方程线性化，以一定的时间步长输出一系列线性方程。因为大多数的控制器设计是建立在线性控制理论基础上的，因此在分析机械系统的控制稳定性时，这些线性方程非常有用。该模块按一定格式输出的文件，可以被 MATLAB 及 Easy5 读入。

(四)Advanced Tire

Advanced Tire 模块可以仿真出各种轮胎与地面的接触状态，计算出轮胎与地面之间的各种接触力及阻力矩等，这些力及力矩会对车辆的动态响应有很大影响。Advanced Tire 模块中有标准的轮胎模型、建立在 Magic formula 理论基础上的模型以及根据用户的方程定义的轮胎模型。

(五)Track Super element

该模块是集成化的生成履带车辆与地面之间相互作用的超级模块。用户只须输入履带传动及地面的特征值，就可以定义好履带与地面之间相互作用的仿真模型。与用机械 CAD 模型生成履带传动仿真模型相比，该模块具有操作少、生成模型快、解算快、计算精度高等特点。综合效率至少提高 200 倍。

(六)Shock Absorber

Shock Absorber 模块用来定义车辆上的减振器，仿真减振器的非线性阻尼，计算减振器两端的作用力变化及动态响应。适合用于中低频率的减振，最高振动频率为 30 Hz，如用于这一频率以上的减振器可用弹簧–阻尼系统(TSDA)代替。

(七)DADS/Engine

在 DADS/Engine 中集成了一些常用于生成发动机仿真模型的模块。对于非发动机模型，如果结构类似，也可以用这些模块。其中 Hydrodynamic Bearing 模块用来定义动压油膜轴承的仿真模型，计算轴承内的接触力及摩擦力矩。此模块考虑了轴承内温度的变化对润滑油黏度的影响。HeliSpring 模块用来定义螺旋弹簧。与 TSDA(弹簧–阻尼系统)不同的是，HeliSpring 模块考虑了弹簧的质量、转动惯量和弹簧端部对动态响应的影响。在弹簧低速运动场合，用 HeliSpring 模块和用 TSDA 定义弹簧区别不大。但如弹簧运动进度比较高(如发动机气门处的弹簧)，用 HeliSpring 模块定义弹簧能保证仿真结果的精确度。Combustion Force 模块用来计算发动机活塞和气缸之间的作用力。用户给出发动机缸体气体燃烧爆炸时的气体压力和曲柄的转速、转角之间的关系曲线，该模块会计算出发动机活塞和气缸之间的作用力大小。Cam Contact 模块用来计算凸轮与滑杆之间的作用力。用 Cam Generator 构造出凸轮的外形，给定凸轮与滑杆之间接触的刚度系数、阻尼系数及摩擦系数，Cam Contact 模块能计算出凸轮与滑杆在运动时的接触力、摩擦力及摩擦力矩的变化。

习 题

[17-1] UG 软件有哪些功能？

[17-2] 与 UG 相比，Pro/Engineer 的不同之处是什么？

[17-3] SolidWorks 软件的组成是什么？

[17-4] ADAMS 软件由哪些模块组成，分别是什么？

附录　常用优化方法的 C 语言参考程序

附录 A　黄金分割法的参考程序

1．程序使用说明

a[0]——初始区间的下界值；

e——收敛精度；

tt——一维搜索初始步长。

2．C 语言程序

```
#include <stdio.h>
#include <conio.h>
#include <math.h>
#define e 0.001
#define tt 0.01

float function(float x)
{
    float y=8*pow(x，3)-2*pow(x，2)-7*x+3;//求解的一维函数
    return(y);
}
void finding(float a[3]，float f[3])
{
    float t=tt，a1,f1,ia;
    int i;
        a[0]=0;//初始区间的下界值
  f[0]=function(a[0]);
  for(i=0;;i++)
  {
        a[1]=a[0]+t;f[1]=function(a[1]);
        if(f[1]<f[0])    break;
        if(fabs(f[1]-f[0])>=e)
```

```
        {
            t=-t;a[0]=a[1];f[0]=f[1];
        }
          else{
                if(ia==1)    return;
                t=t/2;ia=1;
          }
    }
    for(i=0;;i++)
    {
        a[2]=a[1]+t;f[2]=function(a[2]);
        if(f[2]>f[1])    break;
        t=2*t;
        a[0]=a[1];f[0]=f[1];
        a[1]=a[2];f[1]=f[2];
    }
    if(a[0]>a[2])
    {
        a1=a[0];f1=f[0];
        a[0]=a[2];f[0]=f[2];
        a[2]=a1;f[2]=f1;
    }
    return;
}
float gold(float *ff)
{
      float a1[3], f1[3], a[4], f[4];
      float aa;
      int i;
      finding(a1, f1);
      a[0]=a1[0];f[0]=f1[0];
      a[3]=a1[2];f[3]=f1[2];
      a[1]=a[0]+0.382*(a[3]-a[0]);
      a[2]=a[0]+0.618*(a[3]-a[0]);
      f[1]=function(a[1]);
      f[2]=function(a[2]);
      for(i=0;;i++)
      {
      if(f[1]>=f[2])
```

```
    {
        a[0]=a[1];f[0]=f[1];
        a[1]=a[2];f[1]=f[2];
        a[2]=a[0]+0.618*(a[3]-a[0]);
        f[2]=function(a[2]);
    }
    else{
        a[3]=a[2];f[3]=f[2];
        a[2]=a[1];f[2]=f[1];
        a[1]=a[0]+0.382*(a[3]-a[0]);
        f[1]=function(a[1]);
    }
    if((a[3]-a[0])<e)
    {
        aa=(a[1]+a[2])/2;*ff=function(aa);
        break;
    }
    }
    return(aa);
}
void main()
{
    float xx, ff;
    xx=gold(&ff);
    printf("\nThe Optimal Design Result Is:\n");
    printf("\n\tx*=%f\n\tf*=%f", xx, ff);
    getch();
}
```

3．应用实例

求函数 $f(x)=8x^3-2x^2-7x+3$ 的最优解。取 $a[0]=0$，$e=0.001$，$tt=0.01$。

运用上述程序，计算机输出的优化结果为

$$x^*=0.629\,867$$
$$f^*=-0.203\,425$$

附录 B　复合形法的参考程序

1．程序使用说明

E_1——终止迭代收敛精度；

ep——复合形法中映射系数α给定的最小值δ，一般取$\delta=10^{-5}$；

n——设计变量的维数；

k——复合形的顶点数；

af——初始映射系数α。

2．C 语言源程序

```
#include "math.h"
#include "stdio.h"
#include "stdlib.h"

#define E1 0.001
#define ep 0.00001
#define n 2
#define k 4

double af;
int i, j;
double X0[n], XX[n], X[k][n], FF[k];
double a[n], b[n];
double rm=2657863.0;

double F(double C[n])
{
    double F;
    F=pow(C[0]-3, 2)+pow(C[1]-4, 2);
    return F;
}
int cons(double D[n])
{
    if((D[0]>=0)&&(D[1]>=0)&&(D[0]<=6)&&(D[1]<=8)&&((2.5-D[0]+D[1])>=0)
          &&((5-D[0]-D[1])>=0))
        return 1;
    else
```

```
        return 0;
}
void bou()
{
    a[0]=0;b[0]=6;
    a[1]=0;b[1]=8;
}
double r()
{
    double r1, r2, r3, rr;
    r1=pow(2, 35);r2=pow(2, 36);r3=pow(2, 37);rm=5*rm;
    if(rm>=r3){rm=rm-r3;}
    if(rm>=r2){rm=rm-r2;}
    if(rm>=r1){rm=rm-r1;}
    rr=rm/r1;
    return rr;
}
void produce(double A[n], double B[n])
{
     int jj;double S;
s1:  for(i=0;i<n;i++)
     {
           S=r();
           XX[i]=A[i]+S*(B[i]-A[i]);
     }
     if(cons(XX)==0)
     {goto s1;}
     for(i=0;i<n;i++)
     {
     X[0][i]=XX[i];
     }
     for(j=1;j<k;j++)
     {
          for(i=0;i<n;i++)
          {
               S=r();
               X[j][i]=A[i]+S*(B[i]-A[i]);
               }
     }
```

```
for(j=1;j<k;j++)
{
    for(i=0;i<n;i++)
    {
        X0[i]=0;
        for(jj=1;jj<j+1;jj++)
        {
            X0[i]+=X[jj][i];
        }
        X0[i]=(1/j)*(X0[i]);
    }
    if(cons(X0)==0)
    {
        goto s1;
    }
    for(i=0;i<n;i++)
    {XX[i]=X[j][i];}
    while(cons(XX)==0)
    {
        for(i=0;i<n;i++)
        {
            X[j][i]=X0[i]+0.5*(X[j][i]-X0[i]);
            XX[i]=X[j][i];
        }
    }
}
}

main()
{
    double EE, Xc[n], Xh[n], Xg[n], Xl[n], Xr[n], Xs[n], w;
    int l, lp, lp1;
    bou();
s111: produce(a, b);
s222: for(j=0;j<k;j++)
    {
    for(i=0;i<n;i++)
    {
        XX[i]=X[j][i];
```

```
        }
        FF[j]=F(XX);
    }
    for(l=0;l<k-1;l++)
    {
        for(lp=0;lp<k-l;lp++)
        {
            lp1=lp+1;
            if(FF[lp]<FF[lp1])
            {
                w=FF[lp];FF[lp]=FF[lp1];FF[lp1]=w;
                for(i=0;i<n;i++)
                {
                    XX[i]=X[lp][i];X[lp][i]=X[lp1][i];X[lp1][i]=XX[i];
                }
            }
        }
    }
    for(i=0;i<n;i++)
    {
            Xh[i]=X[0][i]; Xg[i]=X[1][i]; Xl[i]=X[k-1][i];
    }
    for(i=0;i<n;i++)
    {
        Xs[i]=0;
        for(j=0;j<k;j++)
        {
            Xs[i]+=X[j][i];
        }
        Xs[i]=1/(k+0.0)*Xs[i];
    }
    EE=0;
    for(j=0;j<k;j++)
    {
        EE+=pow((FF[j]-F(Xs)), 2);
    }
    EE=pow((1/(k+0.0)*EE), 0.5);
    if(EE<=E1)
    {
```

```
        goto s333;
    }
    for(i=0;i<n;i++)
    {
        Xc[i]=0;
        for(j=1;j<k;j++)
        {
            Xc[i]+=X[j][i];
        }
        Xc[i]=1/(k-1.0)*Xc[i];
    }
    if(cons(Xc)==1)
    {
        af=1.3;
ss: for(i=0;i<n;i++)
        {
            Xr[i]=Xc[i]+af*(Xc[i]-Xh[i]);
        }
        if(cons(Xr)==1)
        {
            if(F(Xr)>=F(Xh))
            {
                if(af<=ep)
                {
                    for(i=0;i<n;i++)
                    {
                        Xh[i]=Xg[i];
                    }
                    af=1.3;goto ss;
                }
                else
                {af=1/2.0*af;goto ss;}
            }
            else
            {
                for(i=0;i<n;i++)
                {
                    X[0][i]=Xr[i];
                }
```

```
            goto s222;
        }
    }
    else
    {af=1/2.0*af;goto ss;}
}
else
{
    for(i=0;i<n;i++)
    {
        if(Xl[i]<Xc[i])
        {a[i]=Xl[i];b[i]=Xc[i];}
        else
        {a[i]=Xc[i];b[i]=Xl[i];}
    }
    goto s111;
}
s333:printf(" F(Xmin)=%f\n", F(Xl));
    for(i=0;i<n;i++)
    {
    printf("\n The X%d is %f.", i, Xl[i]);
    }
}
```

3. 应用实例

求如下约束优化问题的最优解：

$$F(\boldsymbol{X})=(x_1-3)^2+(x_2-4)^2$$

$$\text{s.t.}\quad g_1(\boldsymbol{X})=x_1\geqslant 0$$

$$g_2(\boldsymbol{X})=x_2\geqslant 0$$

$$g_3(\boldsymbol{X})=2.5-x_1+x_2\geqslant 0$$

$$g_4(\boldsymbol{X})=5-x_1-x_2\geqslant 0$$

已知：$N=2$，$x_1\in[0,\ 6]$，$x_2\in[0,\ 8]$，取：$K=4$，$E1=10^{-3}$。

运用上述程序，计算机输出的优化结果为：

$$F(\boldsymbol{X}\min)=2.000\,008,\quad x[0]=2.000\,253,\quad x[1]=2.999\,704$$

附录 C　变尺度法的参考程序

1．程序使用说明

tt——一维搜索的初始步长；

ff——差分法求梯度时的步长；

ac——终止迭代收敛精度；

ad——一维搜索收敛精度；

n——设计变量的维数；

xk[n]——迭代初始点。

2．C 语言源程序

```
#include "stdio.h"
#include "stdlib.h"
#include "math.h"
#include "conio.h"

#define n 2
#define tt 0.08
#define ff 0.001
#define ac 0.00000001
#define ad 0.00000001

double ia;

void main()
{
    double fny(double *x);
    double *iterate(double *x，double a，double *s);
    double func(double *x，double a，double *s);
    void finding(double a[3]，double f[3]，double *xk，double *s);
    double lagrange(double *xk，double *ft，double *s);
    double *gradient(double *xk);
    double *bfgs(double *xk);
    double *xk1，f;
    int k;

    double xk[n]={1，1};
```

```
    xk1=bfgs(xk);
    f=fny(xk1);

     for(k=0;k<n;k++)
     {
          printf("\nx*[%d]=%f", k+1, xk1[k]);
     }
     printf("\nf=%f", f);
}


double fny(double *x)
{
     double f;
     f=pow(x[0], 2)+2*pow(x[1], 2)-4*x[0]-2*x[0]*x[1];
     return(f);
}

double *iterate(double *x, double a, double *s)
{
      double *x1;
      int i;
      x1=(double *)malloc(n *sizeof(double));
      for(i=0;i<n;i++)
           x1[i]=x[i]+a*s[i];
      return(x1);
}

double func(double *x, double a, double *s)
{

      double *x1, f;
      x1=iterate(x, a, s);
      f=fny(x1);
      return(f);
}

void finding(double a[3], double f[3], double *xk, double *s)
```

```
{
	double t=tt;
	double a1, f1;
	int i;
	a[0]=0;f[0]=func(xk, a[0], s);
	for(i=0;;i++)
	{
		a[1]=a[0]+t;f[1]=func(xk, a[1], s);
		if(f[1]<f[0]) break;
		if(fabs(f[1]-f[0])>=ad)
		{
			t=-t;
			a[0]=a[1];f[0]=f[1];
		}
		else
		{
			if(ia==1)	return;
			t=t/2;ia=1;
		}
	}
	for(i=0;;i++)
	{
		a[2]=a[1]+t;f[2]=func(xk, a[2], s);
		if(f[2]>f[1]) break;
		t=2*t;
		a[0]=a[1]; f[0]=f[1];
		a[1]=a[2]; f[1]=f[2];
	}
	if(a[0]>a[2])
	{
		a1=a[0]; f1=f[0];
		a[0]=a[2]; f[0]=f[2];
		a[2]=a1; f[2]=f1;
	}
	return;
}

double lagrange(double *xk, double *ft, double *s)
{
```

```
double a[3]，f[3];
double b，c，d，aa;
int i;
finding(a，f，xk，s);
for(i=0;;i++)
{
    if(ia==1)
    {
        aa=a[1];
        *ft=f[1];
        break;
    }
    d=(pow(a[0],2)-pow(a[2],2))*(a[0]-a[1])-(pow(a[0],2)-pow(a[1],2))*(a[0]-a[2]);
    if(fabs(d)==0)
        break;
    c=((f[0]-f[2])*(a[0]-a[1])-(f[0]-f[1])*(a[0]-a[2]))/d;
    if(fabs(c)==0)
        break;
    b=((f[0]-f[1])-c*(pow(a[0]，2)-pow(a[1]，2)))/(a[0]-a[1]);
    aa=-b/(2*c);
    *ft=func(xk，aa，s);
    if(fabs(aa-a[1])<=ad)
    {
        if(*ft>f[1])
        aa=a[1];
        break;
    }
    if(aa>a[1])
    {
        if(*ft>f[1])
        {
            a[2]=aa;f[2]=*ft;
        }
        else if(*ft<f[1])
        {
            a[0]=a[1];a[1]=aa;
            f[0]=f[1];f[1]=*ft;
        }
        else if(*ft=f[1])
```

```
                {
                        a[2]=aa;a[0]=a[1];
                        f[2]=*ft;f[0]=f[1];
                        a[1]=(a[0]+a[2])/2;f[1]=func(xk, a[1], s);
                }
            }
            else
            {
                if(*ft>f[1])
                {
                        a[0]=aa;
                        f[0]=*ft;
                }
                else if(*ft<f[1])
                {
                        a[2]=a[1];a[1]=aa;
                        f[2]=f[1];f[1]=*ft;
                }
                else if(*ft=f[1])
                {
                        a[0]=aa;a[2]=a[1];
                        f[0]=*ft;f[2]=f[1];
                        a[1]=(a[0]+a[2])/2;f[1]=func(xk, a[1], s);
                }
            }
        }
        if(*ft>f[1])
        {
            *ft=f[1];
            aa=a[1];
        }
        return(aa);
}

double *gradient(double *xk)
{
        double *g, f1, f2, q;
        int i;
        g=(double *)malloc(n *sizeof(double));
```

```
        f1=fny(xk);
        for(i=0;i<n;i++)
        {
            q=ff;
            xk[i]=xk[i]+q;f2=fny(xk);
            g[i]=(f2-f1)/q;
            xk[i]=xk[i]-q;
        }
        return(g);
}

double *bfgs(double *xk)
{
    double u[n], v[n], h[n][n], dx[n], dg[n], s[n];
    double aa;
    double *ft, *xk1, *g1, *g2, *xx, *x0=xk;
    int i, j, k;
    double fi;
    double a1, a2;

    ft=(double *)malloc(sizeof(double));
    xk1=(double *)malloc(n *sizeof(double));
    for(i=0;i<n;i++)
    {
        s[i]=0;
        for(j=0;j<n;j++)
        {
            h[i][j]=0;
            if(j==i)   h[i][j]=1;
        }
    }
    g1=gradient(xk);
    fi=fny(xk);
    x0=xk;

    for(k=0;k<n;k++)
    {
        int ib;
        if(ia==1)
```

```
{
    xx=xk;break;
}
ib=0;
for(i=0;i<n;i++)
    s[i]=0;
for(i=0;i<n;i++)
    for(j=0;j<n;j++)
        s[i]+=-h[i][j]*g1[j];
aa=lagrange(xk, ft, s);
xk1=iterate(xk, aa, s);
g2=gradient(xk1);

for(i=0;i<n;i++)
{
    if((fabs(g2[i])>=ac)&&(fabs(g2[i]-g1[i])>=ac))
    {
        ib=ib+1;
    }
    if(ib==0)
    {
        xx=xk1;break;
    }
    fi=*ft;
    if(k==(n-1))
    {
        xk=xk1;
        for(i=0;i<n;i++)
            for(j=0;j<n;j++)
            {
                h[i][j]=0;
                if(j==i)    h[i][j]=1;
            }
        g1=g2;k=-1;
    }
    else
    {
        for(i=0;i<n;i++)
        {
```

```
                dg[i]=g2[i]-g1[i];
                dx[i]=xk1[i]-xk[i];
            }
            for(i=0;i<n;i++)
            {
                u[i]=0;v[i]=0;
                for(j=0;j<n;j++)
                {
                    u[i]=u[i]+dg[j]*h[j][i];
                    v[i]=v[i]+dg[j]*h[i][j];
                }
            }
        }

        a1=0;a2=0;
        for(j=0;j<n;j++)
        {
            a1+=dx[j]*dg[j];
            a2+=v[j]*dg[j];
        }
        if(fabs(a1)!=0)
        {
            a2=1+a2/a1;
            for(i=0;i<n;i++)
            {
                for(j=0;j<n;j++)
                {
                    h[i][j]+=(a2*dx[i]*dx[j]-v[i]*dx[j]-dx[i]*u[j])/a1;
                }
            }
        }
        xk=xk1;g1=g2;
    }
}
if(*ft>fi)
{
    *ft=fi;xx=xk;
}
xk=x0;
```

```
    return(xx);
}
```

3．应用实例

求无约束 $f(\boldsymbol{X})=x_1{}^2+2x_2{}^2-4x_1-2x_1x_2$ 优化问题的最优解。已知：$n=2$，$xk[n]=[1\quad 1]^{\mathrm{T}}$，$tt$=0.08→，$ff=0.001$，$ac$=$ad$=0.000 000 01。

运用上述程序，计算机输出的优化结果为：

$$x[1]^*=4，\ x[2]^*=2，\ f^*=-8$$

附录 D　外点惩罚函数法的参考程序

1．程序使用说明

n——设计变量的维数；

nc——约束条件的个数；

ne——等式约束条件的个数；

tt——一维搜索的初始步长；

ff——差分法求梯度时的步长；

ac——外罚函数法和 BFGs 变尺度法的收敛精度；

ad——一维搜索时的收敛精度；

bw——惩罚因子增长系数；

r——初始惩罚因子；

xk[n]——设计变量的初始点。

2．C 语言源程序

```
#include "stdio.h"
#include "stdlib.h"
#include "math.h"
#include "conio.h"

#define n 4
#define nc 10
#define ne 1
#define tt 0.005
#define ff 0.00001
#define ac 0.00000001
#define ad 0.0000001
#define bw 10
double r，ia;
void main()
{
    double fny(double *x，double *c);
    double *iterate(double *x，double a，double *s);
    double construct(double *x);
    double penalty(double *x，double a，double *s);
    void finding(double a[3]，double f[3]，double *xk，double *s);
    double lagrange(double *xk，double *ft，double *s);
```

```
double *gradient(double *xk);
double *bfgs(double *xk);
double c[nc];
double *xk1, f1, f2, q;
double xk[n]={1, 5, 5, 1};
int i, k;
r=10;
f1=fny(xk, c);
for(k=0;;k++)
{
    double xx;
    ia=0;
    xk1=bfgs(xk);
    f2=fny(xk1, c);
    xx=0;
    if(nc!=0)
    {
        q=fabs(c[0]);
        for(i=0;i<nc;i++)
            if(fabs(c[i])<q)
                q=fabs(c[i]);
    }
    if(q<=ac)   break;
    for(i=0;i<n;i++)
        xx+=pow((xk1[i]-xk[i]), 2);
    xx=sqrt(xx);
    if((fabs(xx)<=ac)&&(fabs(f2-f1)<=ac)) break;
    r=bw*r;
    for(i=0;i<n;i++)
        xk[i]=xk1[i];
    f1=f2;
}
if(f2>f1)
{f2=f1;xk1=xk;}
for(k=0;k<n;k++)
    printf("\nx*[%d]=%f", k+1, xk1[k]);
printf("\nf=%f", f2);
for(k=0;k<nc;k++)
    printf("\nc[%d]=%f", k+1, c[k]);
```

```
}

double fny(double *x, double *c)
{
	double f;
	f=x[0]*x[3]*(x[0]+x[1]+x[2])+x[2];
	c[0]=pow(x[0], 2)+pow(x[1], 2)+pow(x[2], 2)+pow(x[3], 2)-40;
	c[1]=25-x[0]*x[1]*x[2]*x[3];
	c[2]=1-x[0];
	c[3]=x[0]-5;
	c[4]=1-x[1];
	c[5]=x[1]-5;
	c[6]=1-x[2];
	c[7]=x[2]-5;
	c[8]=1-x[3];
	c[9]=x[3]-5;
	return(f);
}

double *iterate(double *x, double a, double *s)
{
	double *x1;
	int i;
	x1=(double *)malloc(n *sizeof(double));
	for(i=0;i<n;i++)
		x1[i]=x[i]+a*s[i];
	return(x1);
}

double construct(double *x)
{
	double y, c[nc];
	int i;
	y=fny(x, c);
	if(nc==0)	return(y);
	if(ne!=0)
	{
		for(i=0;i<ne;i++)
			y+=r*c[i]*c[i];
```

```
		if(ne==nc)	return(y);
	}
	for(i=ne;i<nc;i++)
		if(c[i]>1e-05)	y+=r*c[i]*c[i];
		return(y);
}

double penalty(double *x, double a, double *s)
{
	double y;
	double *x1;
	x1=iterate(x, a, s);
	y=construct(x1);
	return(y);
}

void finding(double a[3], double f[3], double *xk, double *s)
	{
		double t=tt;
		double a1, f1;
		int i;
		a[0]=0;f[0]=penalty(xk, a[0], s);
		for(i=0;;i++)
		{
			a[1]=a[0]+t;f[1]=penalty(xk, a[1], s);
			if(f[1]<f[0]) break;
			if(fabs(f[1]-f[0])>=ad)
			{
				t=-t;
				a[0]=a[1];f[0]=f[1];
			}
			else{
				if(ia==1)	return;
				t=t/2;ia=1;
			}
		}
		for(i=0;;i++)
		{
			a[2]=a[1]+t;f[2]=penalty(xk, a[2], s);
```

```
            if(f[2]>f[1]) break;
            t=2*t;
            a[0]=a[1]; f[0]=f[1];
            a[1]=a[2]; f[1]=f[2];
        }
        if(a[0]>a[2])
        {
            a1=a[0]; f1=f[0];
            a[0]=a[2]; f[0]=f[2];
            a[2]=a1; f[2]=f1;
        }
        return;
    }

double lagrange(double *xk, double *ft, double *s)
    {
        double a[3], f[3];
        double b, c, d, aa;
        int i;
        finding(a, f, xk, s);
        for(i=0;;i++)
        {
            if(ia==1)
            {
                aa=a[1];
                *ft=f[1];
                break;
            }

            d=(pow(a[0],2)-pow(a[2],2))*(a[0]-a[1])-(pow(a[0],2)-pow(a[1],2))*(a[0]-a[2]);
        if(fabs(d)==0)
            break;
        c=((f[0]-f[2])*(a[0]-a[1])-(f[0]-f[1])*(a[0]-a[2]))/d;
        if(fabs(c)==0)
            break;
        b=((f[0]-f[1])-c*(pow(a[0], 2)-pow(a[1], 2)))/(a[0]-a[1]);
        aa=-b/(2*c);
        *ft=penalty(xk, aa, s);
        if(fabs(aa-a[1])<=ad)
```

```
{	if(*ft>f[1])
		aa=a[1];
		break;
}
if(aa>a[1])
{
	if(*ft>f[1])
	{
		a[2]=aa;f[2]=*ft;
	}
	else if(*ft<f[1])
	{
		a[0]=a[1];a[1]=aa;
		f[0]=f[1];f[1]=*ft;
	}
	else if(*ft=f[1])
	{
		a[2]=aa;a[0]=a[1];
		f[2]=*ft;f[0]=f[1];
		a[1]=(a[0]+a[2])/2;f[1]=penalty(xk, a[1], s);
	}
}
else
{
	if(*ft>f[1])
	{
		a[0]=aa;
		f[0]=*ft;
	}
	else if(*ft<f[1])
	{
		a[2]=a[1];a[1]=aa;
		f[2]=f[1];f[1]=*ft;
	}
	else if(*ft=f[1])
	{
		a[0]=aa;a[2]=a[1];
		f[0]=*ft;f[2]=f[1];
```

```
                a[1]=(a[0]+a[2])/2;f[1]=penalty(xk, a[1], s);
            }
        }
    }
    if(*ft>f[1])
            {
                *ft=f[1];
                aa=a[1];
            }
    return(aa);
}

double *gradient(double *xk)
{
        double *g, f1, f2, q;
        int i;
        g=(double *)malloc(n *sizeof(double));
        f1=construct(xk);
        for(i=0;i<n;i++)
        {
            q=ff;
            xk[i]=xk[i]+q;f2=construct(xk);
            g[i]=(f2-f1)/q;
            xk[i]=xk[i]-q;
        }
        return(g);
}

double *bfgs(double *xk)
{
        double u[n], v[n], h[n][n], dx[n], dg[n], s[n];
        double aa;
        double *ft, *xk1, *g1, *g2, *xx, *x0=xk;
        int i, j, k;
        double fi;
        double a1, a2;

        ft=(double *)malloc(sizeof(double));
        xk1=(double *)malloc(n *sizeof(double));
```

```
for(i=0;i<n;i++)
{
        s[i]=0;
        for(j=0;j<n;j++)
        {
              h[i][j]=0;
              if(j==i)   h[i][j]=1;
          }
 }
 g1=gradient(xk);
 fi=construct(xk);
 x0=xk;

for(k=0;k<n;k++)
{
        int ib;
        if(ia==1)
        {
              xx=xk;break;
          }
          ib=0;
          for(i=0;i<n;i++)
                    s[i]=0;
          for(i=0;i<n;i++)
                for(j=0;j<n;j++)
                      s[i]+=-h[i][j]*g1[j];
          aa=lagrange(xk, ft, s);
          xk1=iterate(xk, aa, s);
          g2=gradient(xk1);

          for(i=0;i<n;i++)
          {
              if((fabs(g2[i])>=ac)&&(fabs(g2[i]-g1[i])>=ac))
              {
                    ib=ib+1;
               }

              if(ib==0)
```

```
{
      xx=xk1;break;
  }
fi=*ft;
if(k==(n-1))
{
        xk=xk1;
        for(i=0;i<n;i++)
              for(j=0;j<n;j++)
              {
                      h[i][j]=0;
                      if(j==i)      h[i][j]=1;
              }
         g1=g2;k=-1;
}
else
{
      for(i=0;i<n;i++)
      {
              dg[i]=g2[i]-g1[i];
              dx[i]=xk1[i]-xk[i];
       }
      for(i=0;i<n;i++)
      {
            u[i]=0;v[i]=0;
            for(j=0;j<n;j++)
            {
                    u[i]=u[i]+dg[j]*h[j][i];
                    v[i]=v[i]+dg[j]*h[i][j];
             }
       }
}

a1=0;a2=0;
for(j=0;j<n;j++)
   {
        a1+=dx[j]*dg[j];
        a2+=v[j]*dg[j];
   }
```

```
        if(fabs(a1)!=0)
        {
            a2=1+a2/a1;
            for(i=0;i<n;i++)
            {
                for(j=0;j<n;j++)
                {
                    h[i][j]+=(a2*dx[i]*dx[j]-v[i]*dx[j]-dx[i]*u[j])/a1;
                }
            }
        }
        xk=xk1;g1=g2;
        }
    }
    if(*ft>fi)
    {
        *ft=fi;xx=xk;
    }
    xk=x0;
    return(xx);
}
```

3．应用实例

求如下约束优化问题的最优解：

$$\min f(\boldsymbol{X}) = x_1 x_4 (x_1 + x_2 + x_3) + x_3$$

$$\text{s.t.} \quad g_1(\boldsymbol{X}) = x_1^{\ 2} + x_2^{\ 2} + x_3^{\ 2} + x_4^{\ 2} = 0$$

$$g_2(X) = 25 - x_1 x_2 x_3 x_4 \leqslant 0$$

$$1 \leqslant x_j \leqslant 5,\ j=1,2,3,4$$

已知：维数 $n=4$，$nc=10$，$ne=1$，取初始点 $\boldsymbol{X}^0 = [1\ \ 5\ \ 5\ \ 1]^{\mathrm{T}}$。取收敛精度 $ac = ad = 10^{-7}$，$r=10$，$bw=10$，$ff=0.000\ 01$，$tt=0.005$。

运用上述程序，计算机输出的优化结果为：

$$\boldsymbol{X}^* = [0.999\ 827\ \ 4.736\ 903\ \ 3.829\ 058\ \ 1.378\ 568]$$

$$f^* = 17.013\ 868$$

参考文献

[1] 韩林山．机械优化设计[M]．郑州：黄河水利出版社，2003.
[2] 张鄂．现代设计方法[M]．西安：西安交通大学出版社，1999.
[3] 钟志华，周彦伟．现代设计方法[M]．武汉：武汉理工大学出版社，2001.
[4] 孙靖民．现代机械设计方法[M]．哈尔滨：哈尔滨工业大学出版社，2003.
[5] 孙靖民．机械优化设计[M]．北京：机械工业出版社，2000.
[6] 刘惟信．机械最优化设计[M]．北京：清华大学出版社，2000.
[7] 高健．机械优化设计基础[M]．北京：科学出版社，2000.
[8] 徐锦康．机械优化设计[M]．北京：机械工业出版社，1996.
[9] 陈继平，李元科．现代设计方法[M]．武汉：华中科技大学出版社，2002.
[10] 蔡学熙．现代机械设计方法实用手册[M]．北京：化学工业出版社，2004.
[11] 孙国正．优化设计及应用[M]．北京：人民交通出版社，2000.
[12] 叶元烈．机械优化理论与设计[M]．北京：中国计量出版社，2001.
[13] 王国安，韩定海．机械工程优化设计理论与方法[M]．西安：陕西科学技术出版社，1997.
[14] 韩林山，武兰英．便携式防汛抢险打桩机减速器优化设计[J]．水利电力机械，1999(4).
[15] 陈屹，谢华．现代设计方法及其应用[M].北京：国防工业出版社，2004.
[16] 万耀青，阮宝湘．机电工程现代设计方法[M]．北京：北京理工大学出版社，1994.
[17] 赵松年，佟杰新．现代设计方法[M].北京：机械工业出版社，1996.
[18] 谢里阳，何雪宏.机电系统可靠性与安全性设计[M].哈尔滨：哈尔滨工业大学出版社，2006.
[19] 川崎義人.可靠性设计[M].王思年，夏琦译.北京：机械工业出版社，1988.
[20] 额田啓三.机械可靠性与故障分析[M].柯发钦译.北京：国防工业出版社，2006.
[21] 成大先.机械设计手册[M].北京：化学工业出版社，2004.
[22] 林述温．机电装备设计[M]．北京：机械工业出版社，2002.
[23] 黄邦彦．现代设计方法基础[M]．北京：中国人民大学出版社，2001.
[24] 欧阳文昭，廖可兵．安全人机工程学[M]．北京：煤炭工业出版社，2002.
[25] 丁玉兰．人机工程学[M]．北京：北京理工大学出版社，2005.
[26] 张文修，梁怡．遗传算法的数学基础[M]．西安：西安交通大学出版社，2003.
[27] 周明．孙树栋．遗传算法原理及应用[M]．北京：国防工业出版社，2003.
[28] 陆金桂，李谦，等．遗传算法原理及其工程应用[M]．徐州：中国矿业大学出版社．1997.
[29] E.Surdrren.Nonlinear integer and discrete programming in mechanical design[J]. ASME Journal of Mechanical Design，1990，112.
[30] J.F.R.G.Fentton，W.L.Cleghorn. A mixed integer discrete-continuous programming mechod and its application to engineering design optimization[J]. Engineering Optimization, 1991,17(4).
[31] 陈定方，等．虚拟设计[M]．北京：机械工业出版社，2007.
[32] 刘宏增，黄靖远．虚拟设计[M]．北京：机械工业出版社，1999.
[33] 孟明辰，韩向利．并行设计[M]．北京：机械工业出版社，1999.
[34] 刘志峰，刘光复．绿色设计[M]．北京：机械工业出版社，1999.